教育部高等学校电子信息类专业教学指导委员会规划教材
高等学校电子信息类专业系列教材

电工学

主　编　张瑾
副主编　蔡睿妍　宋琳
参　编　冯建新 杨阳 卢健 别玉霞

清華大學出版社
北京

内 容 简 介

本书根据当前教学改革要求以及非电专业对电工电子技术的需求，按照先电工技术、后电子技术的顺序，介绍了电工学的基础理论和先进技术，内容设计符合读者认知规律并提供微视频化解难点，同时结合了大量工程应用，帮助读者打好理论基础，锻炼应用能力。

全书共16章，分别为电路的基本概念与基本定律、电路的分析方法、电路的暂态过程、正弦稳态电路分析、三相电路、变压器、三相异步电动机、继电接触器控制系统、安全用电、半导体器件、基本放大电路、集成运算放大器、门电路和组合逻辑电路、触发器和时序逻辑电路、半导体存储器、数模转换和模数转换。

本书既可作为高等院校非电专业电工电子技术类课程教材，也可作为教师和广大社会读者的参考用书。

本书封面贴有清华大学出版社防伪标签，无标签者不得销售。
版权所有，侵权必究。举报：010-62782989，beiqinquan@tup.tsinghua.edu.cn。

图书在版编目(CIP)数据

电工学/张瑾主编. —北京：清华大学出版社，2022.7(2024.12重印)
高等学校电子信息类专业系列教材
ISBN 978-7-302-59644-8

Ⅰ. ①电… Ⅱ. ①张… Ⅲ. ①电工学－高等学校－教材 Ⅳ. ①TM

中国版本图书馆 CIP 数据核字(2021)第 249671 号

责任编辑：王 芳 李 晔
封面设计：李召霞
责任校对：李建庄
责任印制：杨 艳

出版发行：清华大学出版社
网 址：https://www.tup.com.cn, https://www.wqxuetang.com
地 址：北京清华大学学研大厦 A 座 **邮 编**：100084
社 总 机：010-83470000 **邮 购**：010-62786544
投稿与读者服务：010-62776969，c-service@tup.tsinghua.edu.cn
质量反馈：010-62772015，zhiliang@tup.tsinghua.edu.cn
印 装 者：三河市君旺印务有限公司
经 销：全国新华书店
开 本：185mm×260mm **印 张**：20.25 **字 数**：494 千字
版 次：2022 年 7 月第 1 版 **印 次**：2024 年12月第2次印刷
印 数：1501~2000
定 价：79.00 元

产品编号：072968-01

高等学校电子信息类专业系列教材

顾问委员会

谈振辉	北京交通大学（教指委高级顾问）		郁道银	天津大学（教指委高级顾问）
廖延彪	清华大学（特约高级顾问）		胡广书	清华大学（特约高级顾问）
华成英	清华大学（国家级教学名师）		于洪珍	中国矿业大学（国家级教学名师）
彭启琮	电子科技大学（国家级教学名师）		孙肖子	西安电子科技大学（国家级教学名师）
邹逢兴	国防科技大学（国家级教学名师）		严国萍	华中科技大学（国家级教学名师）

编审委员会

主任	吕志伟	哈尔滨工业大学		
副主任	刘旭	浙江大学	王志军	北京大学
	隆克平	北京科技大学	葛宝臻	天津大学
	秦石乔	国防科技大学	何伟明	哈尔滨工业大学
	刘向东	浙江大学		
委员	王志华	清华大学	宋梅	北京邮电大学
	韩焱	中北大学	张雪英	太原理工大学
	殷福亮	大连理工大学	赵晓晖	吉林大学
	张朝柱	哈尔滨工程大学	刘兴钊	上海交通大学
	洪伟	东南大学	陈鹤鸣	南京邮电大学
	杨明武	合肥工业大学	袁东风	山东大学
	王忠勇	郑州大学	程文青	华中科技大学
	曾云	湖南大学	李思敏	桂林电子科技大学
	陈前斌	重庆邮电大学	张怀武	电子科技大学
	谢泉	贵州大学	卞树檀	火箭军工程大学
	吴瑛	战略支援部队信息工程大学	刘纯亮	西安交通大学
	金伟其	北京理工大学	毕卫红	燕山大学
	胡秀珍	内蒙古工业大学	付跃刚	长春理工大学
	贾宏志	上海理工大学	顾济华	苏州大学
	李振华	南京理工大学	韩正甫	中国科学技术大学
	李晖	福建师范大学	何兴道	南昌航空大学
	何平安	武汉大学	张新亮	华中科技大学
	郭永彩	重庆大学	曹益平	四川大学
	刘缠牢	西安工业大学	李儒新	中国科学院上海光学精密机械研究所
	赵尚弘	空军工程大学	董友梅	京东方科技集团股份有限公司
	蒋晓瑜	陆军装甲兵学院	蔡毅	中国兵器科学研究院
	仲顺安	北京理工大学	冯其波	北京交通大学
	黄翊东	清华大学	张有光	北京航空航天大学
	李勇朝	西安电子科技大学	江毅	北京理工大学
	章毓晋	清华大学	张伟刚	南开大学
	刘铁根	天津大学	宋峰	南开大学
	王艳芬	中国矿业大学	靳伟	香港理工大学
	苑立波	哈尔滨工程大学		
丛书责任编辑	盛东亮	清华大学出版社		

前言

FOREWORD

本书是为高等学校非电类工科专业开设电工电子类课程编写的教材。电工电子类课程是重要的技术基础课程，具有基础性、应用性和先进性，通过学习该类课程，读者能够获取电工与电子技术的基本理论、基本知识和基本方法，培养综合运用理论知识解决实际问题的能力和创新精神，具备将电工和电子技术应用于本专业并发展本专业的开阔视野和能力。

本书内容按技术类型可以划分为两部分。电工技术部分以电路分析、变压器、电机、继电器和接触器及其控制为主，具体包括直流电路、单相交流电路、三相电路分析，电机工作原理、电机使用、继电器接触器控制、变压器以及安全用电等。电子技术部分包括模拟电子技术和数字信息技术。模拟电子技术内容包括常用半导体器件、基本放大电路、集成运算放大电路及其在信号运算和处理方面的应用等；数字电子技术内容包括逻辑代数、门电路、组合逻辑电路、触发器、时序逻辑电路、存储器、模数转换和数模转换电路等。

本书精选了传统教学内容，补充了新器件、新技术、新标准，理顺了传统经典与前沿创新的关系；面向工程教育，增加大量工程应用实例，引导读者用工程思维解决问题，达到学以致用的效果；应用先进的信息技术构建新形态教材，用视频讲解来突破知识难点、启发读者解决较复杂的课后习题。

1. 结合传统经典与科技创新，紧跟技术前沿

本书充分考虑内容的基础性、系统性、先进性，在保留传统基础内容的同时，融入新技术、新方法、新标准。第 1 章“电路的基本概念与基本定律”介绍了特高压输电技术，反映了我国特高压输电技术发展现状和长远规划；第 9 章“安全用电”，基于当下电磁辐射污染日趋严重的现实，分析了城市中电磁辐射污染种类及其危害，列出了部分国家及国际组织的工频电磁场暴露限值，以提高读者电磁辐射的知识和防护意识。第 16 章“数模转换和模数转换”除介绍传统数模转换和模数转换芯片外，还介绍了目前广泛应用于智能家居、冷链仓储、医疗卫生等领域的数字温湿度传感器 DHT11，它内置模数转换器，是数据采集技术和温湿度传感技术的综合应用，在智能控制方面比传统器件更优越。

鉴于当前集成电路技术飞速发展、大量经济适用的集成器件得到广泛应用的现状，本书适当减少分立元件电路的介绍，如共集电极放大电路等，而加强集成电路内容，如集成运算放大电路、数字集成电路等。

2. 内容设计遵循教学规律，层层递进，深入浅出

本书从读者的认知规律出发，引导读者积极思考而不是被动接受。第 10 章“半导体元件”讨论的是二极管和三极管，它们是构成现代电子电路的基本元件。在详细介绍它们的结构、工作原理以及应用的基础上，着重补充了对发光二极管工作原理的介绍，使读者了解到发光二极管与普通二极管的区别与联系，说明了发光二极管成为当前主要光源器件的原因。在介绍三极管时，不是直接从三极管的结构入手，而是以三极管发明的故事作为引子，向读者展示了当一个 PN 结正偏，一个 PN 结反偏时，三极管所展现出的特殊现象，这样的安排使读者能够充分理解三极管使用时为何一定要先设定偏置的原因，从而为后续学习三极管放大电路的工作原理打下很好的基础。

第 14 章"触发器和时序逻辑电路"首先给出触发器的概念，根据基本 RS 触发器、钟控 RS 触发器、D 触发器、JK 触发器的电路结构关系和用途，由浅入深，逐步引导读者独立分析各种触发器的状态转换关系，加深读者对基本"记忆"器件的理解；然后以此为基础引入寄存器、计数器等时序逻辑电路，并根据具体芯片，进行基本电路设计；最后，通过 5 个工程应用进一步加强读者对基本寄存器、计数器芯片功能的理解和运用。

3. 加大工程应用比重，突出实用性

本书尽量选择具有工程背景的例题，同时每章最后设置"工程应用"内容，帮助读者开阔视野，了解所学理论在工程中的应用。在解决工程问题过程中，培养工程思维，提升理论联系实际、解决实际问题的能力。

第 1 章"电路的基本概念与基本定律"介绍了电气安全标识、电能输送过程，拓展学生的生活常识，增强本书的实用性；第 2 章"电路的分析方法"介绍了太阳能光伏电池、倒 T 形电阻网络 D/A 转换器及静噪电路，将电路、模电、数电知识穿成线；第 3 章"电路的暂态过程"中介绍了微分电路、积分电路在生活、生产、科研中的应用；第 4 章"正弦稳态电路分析"中阐述了谐振在工程中的利与弊；第 5 章"三相电路"介绍三相电力系统的电源、负载及功率等；第 6 章"变压器"突出包括变压器的运行状态和电气参数计算的工程分析，最后扩展到变压器生活应用实例；第 7 章"三相异步电动机"从机械特性和生产工艺过程的要求出发，对异步电动机的机械特性、启动、制动、调速及其控制性能从基本原理到基本方法进行了详细分析阐述，最终突出面向实际工业生产中电动机选择控制；第 8 章"继电接触器控制系统"详细介绍了继电接触器在三相异步电动机的起动、正反转控制、制动停车控制中的应用。第 9 章"安全用电"介绍了电的危害，以及如何安全用电；第 10 章"半导体元件"从半导体 PN 结入手，扩展到二极管和三极管的工作原理和使用方法；第 11 章"基本放大电路"从放大电路的应用实例入手，讲述电路结构、工作原理以及静态分析与动态分析的分析方法，最终为实现面向实际生产生活应用的放大电路设计提供理论基础。第 12 章"集成运算放大器"从集成电路的优点出发，突出集成运算放大器在信号运算与信号处理中的应用，并将其扩展到面向实际应用的电路设计。第 13 章"门电路和组合逻辑电路"展示了组合逻辑电路在多路数据复用传输、奇偶校验等通信工程方面的应用。第 14 章"触发器和时序逻辑电路"展示了时序逻辑电路在脉冲发生器、信号发生器等方面的应用；第 15 章"半导体存储器"介绍了电子设备的基本元件——半导体存储器；第 16 章"数模转换和模数转换"介绍了常见的数模转换器和模数转换器及其应用。

4. 发挥新形态教材优势，突破内容难点

本书提供 64 个微视频，在每章难点内容处，通过扫描二维码，可以观看作者关于难点解决的讲解视频。部分视频采用现场实验方式，在生动的实验场景中学习抽象理论，在主动探究中收获知识。

本书由张瑾任主编,蔡睿妍、宋琳任副主编,张瑾、蔡睿妍、宋琳统稿,李泽光、刘春玲、王永轩主审,蔡睿妍、宋琳、张瑾、冯建新、杨阳、卢健、别玉霞撰写完成。其中:李泽光校审第1章~第8章;刘春玲校审第9章~第13章,王永轩校审第14章~第16章;蔡睿妍撰写第1章、第3章3.1节~3.3节和3.5节、第14章、第15章;宋琳撰写第2章、第3章3.4节和3.6节、第8章、第9章;张瑾撰写第4章、第5章;冯建新撰写第6章、第7章、第16章;卢健撰写第10章;杨阳撰写第11章、第12章;别玉霞撰写第13章。

在本书的编写过程中,参阅了大量专家与学者的宝贵文献,在此深表感谢!

由于编者水平有限,书中难免存在不足和疏漏之处,恳请广大读者与同行专家批评指正。

编 者

2022年4月于大连

本书由张建江主编，[illegible]任副主编，[illegible]。[illegible]

[illegible]

在本书的编写过程中，参阅了大量有关专家学者的研究成果，在此深表感谢！

由于编者水平有限，书中难免存在不足和疏漏之处，恳请广大读者与同行专家批评指正。

编　者

2022年11月于大连

目录
CONTENTS

第1章 电路的基本概念与基本定律

CHAPTER 1

本章在物理学电路理论的基础上进行拓展，从工程技术的观点考虑，首先讨论电路的基本概念，明确电路中的几个基本物理量，即电压、电流、功率、电位，阐明电压、电流参考方向的意义，给出电路的几种工作状态、额定值、电源的电路模型及其等效电路等基本概念。最后针对电工、电子技术课程的要求，重点讨论电路的基本定律。

虽然本章讨论的是直流电路，但这些基本规律和分析方法只要稍加扩展，也同样适用于交流电路的分析与计算。

1.1 电路的功能与组成

电路，即电流流经的通路，是为了实现某些功能，由若干电工电子设备和元件按照一定的方式连接而成。在现代生活和生产的各个领域，人们常接触到许多形式和功能各不相同的具体电路，例如，家用照明电路、电能输送电路、电视机电路、扩音机电路以及各种自动控制电路等。

1.1.1 电路的功能

概括来说，电路的功能主要包括两方面。

(1) 实现电能的传输和转换。常见的各种照明和动力电路就是用来传输和转换能量的，也称为电力电路。例如，家用照明电路(如图1.1(a)所示)将输电线路传输来的交流电能转化为光能，实现了能量的传输和转换。这类电路要求能量损耗小、效率高，在工业和建筑电气施工中一般称为“强电电路”。

(2) 实现信号的传递和处理。在电子技术和非电量测量中，电路的主要目的是实现信号的传递和处理，也称为电子电路。例如，扩音机电路，如图1.1(b)所示，将声音或音乐经过话筒转换成相应的电信号，再由放大电路把微弱的电信号进行放大、处理，最后再由扬声器将电信号转换成语言或音乐，从而

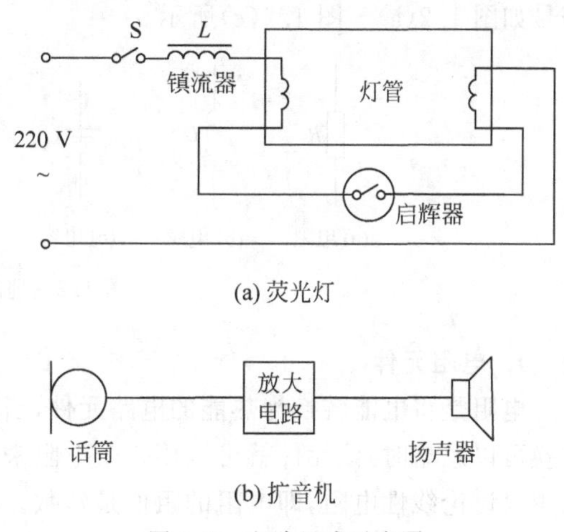

图1.1 电路组成示意图

实现信号的采集、传递和处理。这类电路虽然也有能量的输送和转换,但一般更关注的是如何准确、迅速地传递和处理信号,在工业和建筑电气施工中一般称为“弱电电路”。

1.1.2 电路的组成

任何一个实际电路,无论其复杂程度如何,都无一例外地包含电源、负载和中间环节 3 个组成部分。

电源是电路中能量的来源,是把非电能量转换成电能的供电设备,如发电机、干电池、信号发生器等。负载是把电能转换为非电能量的设备或元件,如电灯、电动机、电炉、扬声器等,分别将电能转换为光能、机械能、热能、声能等。中间环节用于连接电源和负载,起到传输、分配、控制电能的作用,除传输导线和开关以外,还有变压器、熔断器(保险丝)、信号放大、反馈等。通常,不同的电路,中间环节也不尽相同。

1.2 电路元件与电路模型

1.2.1 电路元件

实际电路中,构成电源、负载和中间环节的电路元件种类繁多,电磁性质也比较复杂,为了研究电路的基本规律,需要对实际的电路元件进行科学概括与抽象,突出元件主要的电磁性质,忽略次要的电磁性质的影响,即用一些模型(理想电路元件)来代表实际电路元件的外部功能,使它在主要电磁性能上与实际电路元件或装置相同。这些理想电路元件仅体现一种物理性能。

最基本的理想电路元件有 5 种:电阻元件、电感元件、电容元件、理想电压源和理想电流源。前 3 种理想电路元件为无源元件,电阻元件消耗电能,简称电阻,用符号 R 表示,单位为欧(姆)(符号为 Ω);电感元件以磁场形式存储能量,简称电感,用符号 L 表示,单位为亨(符号为 H);电容元件以电场形式存储能量,简称电容,用符号 C 表示,单位为法(符号为 F)。电感元件和电容元件将在第 3 章中讨论。

后 2 种为有源元件,分别提供恒定电压和电流,且无内部电能损耗。各理想电路元件的符号如图 1.2(a)～图 1.2(e)所示。

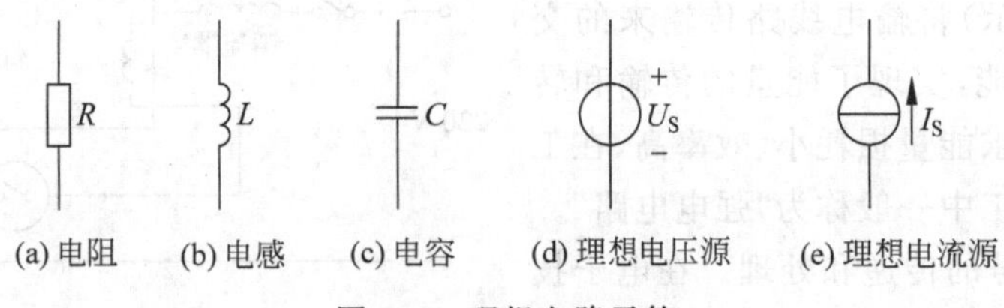

图 1.2 理想电路元件

1. 电阻元件

电阻是将电能转换为热能的电路元件,当某元件通电后将电能转换为热能,而其他能量转换可以忽略时,该元件就可以用一个电阻来表示。电阻可分为线性电阻和非线性电阻,本书中只讨论线性电阻,即电阻的阻值是常数。

2. 理想电压源

理想电压源也称为恒压源、独立电压源，具有两个基本性质。

(1) 端电压恒为 U_S，内阻为 0。

(2) 输出电流的大小与电压无关，是由外电路负载决定的。

理想电压源符号如图 1.2(d)所示，不论负载如何变化，理想电压源对负载提供的电压大小都是 U_S，其中"＋"表示高电位端，"－"表示低电位端，其外特性曲线如图 1.3 所示。

3. 理想电流源

理想电流源也称为恒流源、独立电流源，具有两个基本性质。

(1) 产生的电流恒为 I_S，内阻为无穷大。

(2) 输出端电压的大小与电流无关，是由外电路负载决定的。

理想电流源符号如图 1.2(e)所示，不论负载如何变化，理想电流源对负载提供的电流大小都是 I_S，其中"→"表示提供的电流方向，理想电流源的外特性曲线如图 1.4 所示。

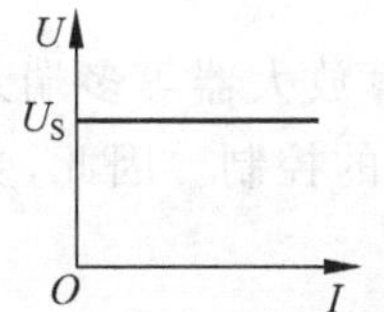

图 1.3　电压源的外特性曲线

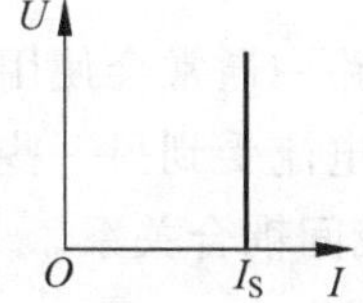

图 1.4　电流源的外特性曲线

发电机、各种电池都是电源，它们产生电能的原理各不相同，但从它们的外部特性来说是类似的，即接上用电负载以后，就能向负载提供电流。

4. 受控电源

除了理想电源外，还有一类电源，其端电压或电流受另一个电压或电流(即控制量)的控制，即受控电源，也称为非独立电源。受控电源包括受控电压源和受控电流源两类。

(1) 受控电压源。为了区别于理想电压源，受控电压源的符号如图 1.5(a)、图 1.5(b)所示，用一个菱形标志取代圆圈。受控电压源是一种四端元件，它含有两条支路：左侧第一条是控制支路：右侧第二条是受控支路。受控支路为一个电压源，如果受第一条支路的电压控制，则称为电压控制电压源(Voltage Controlled Voltage Source，VCVS)，如图 1.5(a)所示，$U_2=\mu U_1$，μ 为增益系数，其单位为无量纲(或者 V/V)；如果受电流控制，则称为电流控制电压源(Current Controlled Voltage Source，CCVS)，如图 1.5(b)所示，输出电压 $U_2=rI_1$，r 为增益系数，其单位为 V/A(定义为电阻的量纲，即欧姆)。

(2) 受控电流源。受控电流源的符号如图 1.5(c)、图 1.5(d)所示，仍用一个菱形标志取代圆圈，受控电流源的受控支路为一个电流源。如果受电压控制，则称为电压控制电流源(Voltage Controlled Current Source，VCCS)，如图 1.5(c)所示，输出电流 $I_2=gU_1$，g 为增益系数，单位为 A/V(定义为电导的量纲，即西门子)；如果受电流控制，则称为电流控制电流源(Current Controlled Current Source，CCCS)，如图 1.5(d)所示，输出电流 $I_2=\beta I_1$，β 为增益系数，其单位为无量纲(或者 A/A)。

独立电源是电路的输入或激励，它为电路提供电压和电流。受控电源则描述电路中两条支路电压和电流间的一种约束关系，它的存在可以改变电路中的电压和电流，使电路特性

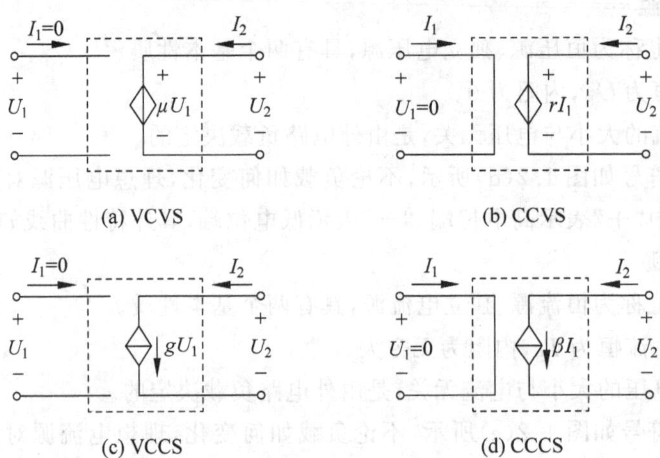

图 1.5 受控电源符号

发生变化。在电子电路中通常会使用各种晶体管、运算放大器等多端元件。这些多端元件的某些端钮的电压或电流受到另一些端钮电压或电流的控制。因此，受控源可以用来模拟多端元件各电压、电流间耦合关系。

1.2.2 电路模型

需要指出的是，模型元件仅是实际电路元件的近似模拟，并不是实际电路元件本身，同时，元件模型化的过程中，还要考虑实际的工作条件。如在直流情况下，一个线圈的模型可以是一个电阻元件，而在低频条件下，就要考虑磁场能量，近似为电阻和电感的串联组合。可见，模型是否恰当，对电路的分析具有重要意义。

由理想电路元件组成的电路称为实际电路的电路模型，本书所讨论的电路均指经过抽象化或理想化的电路模型，而非实际电路。图 1.6(a)是一个简单的照明电路，白炽灯的模型可以用电阻 R 表示，干电池的模型可以用一个端电压为 U_S 的理想电压源和电阻 R_0 串联表示。照明电路的电路模型如图 1.6(b)所示。

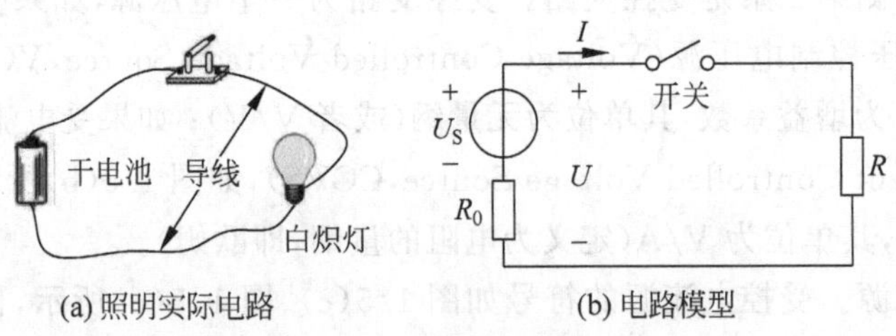

图 1.6 实际电路与电路模型

1.3 电路中的基本物理量与参考方向

在描述电路的电磁过程及状态中，使用了电流、电压、磁通、电荷、电功率、能量等物理量。然而，电路分析中人们主要关心的物理量是电流、电压和功率。下面简单介绍这几个物理量。

1.3.1 电流及其参考方向

电流也称为电流强度，是由电荷有规则地定向移动形成的。如果电流的大小和方向都不随时间变化，则称为直流电流，用大写字母 I 表示；如果电流的大小和方向都随时间变化，则称为交流电流，用小写字母 i 表示。电流的国际制单位为安培，简称安(符号为 A)。

习惯上规定将正电荷运动的方向作为电流的实际方向。但在分析比较复杂的电路时，往往难以确定电流的实际方向，为此，我们引入参考方向(也称为正方向)的概念。即在分析电路前，完全不考虑实际方向，而假设一个电流方向(即参考方向)，然后根据假定的电流参考方向分析电路。参考方向可以任意选定，在电路中用箭头或者双下标变量表示，如图 1.7 所示。在图 1.7(a)中，采用双下标变量表示，电流的参考方向可以写为 I_{ab}，表示电流从 a 点流向 b 点，显然 $I_{ab}=-I_{ba}$。

图 1.7 电流的参考方向

电流的参考方向可以与实际方向相同，也可以与实际方向相反。当两者方向相同时，如图 1.7(a)所示，电流求解结果为正值；否则，如图 1.7(b)所示，电流求解结果为负值。而未标明参考方向的情况下，电流的正负将毫无意义。

1.3.2 电压及其参考方向

将单位正电荷从电路中一点移到另一点，电场力所做的功，称为两点之间的电压。虽然电压是标量，但习惯上也标以方向。如果电压的大小和方向都不随时间变化，则称为直流电压，用大写字母 U 表示；如果电压的大小和方向都随时间变化，则称为交流电压，用小写字母 u 表示。电压的国际制单位为伏特，简称伏(符号为 V)。

电压的实际方向规定为由高电位端指向低电位端。在电路分析求解中，同样采用电压的参考方向。电压的参考方向用正负号或者双下标变量表示，如图 1.8 所示。在图 1.8 (a)中，采用双下标变量表示，电压的参考方向可以写为 U_{ab}，表示 a 端为高电位端("+"极性)，b 端为低电位端("−"极性)，$U_{ab}=-U_{ba}$。

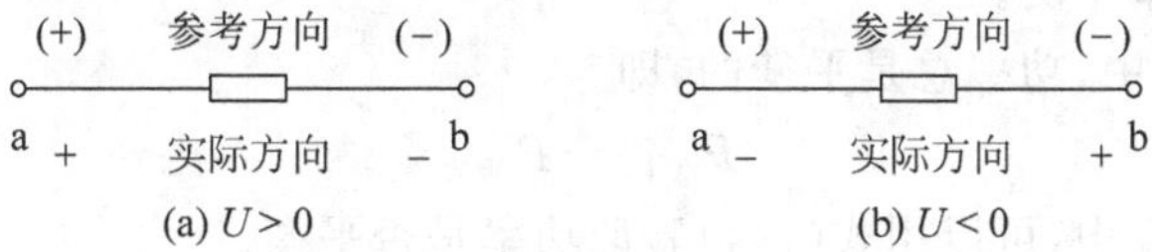

图 1.8 电压的参考方向

显然，假设的电压参考方向与实际方向相同时，如图 1.8(a)所示，电压求解结果为正值；否则，如图 1.8(b)所示，电压求解结果为负值。

在后续电路分析中，将不再考虑实际方向，即使理想电压源、理想电流源的方向也看作参考方向,仅根据参考方向进行电路分析求解。

一个元件或者一段电路中电流和电压的参考方向是可以任意假设的,两者可以一致,也可以不一致。如图 1.9(a)所示,电流的参考方向与电压的参考方向一致,即电流由元件的高电位端流向低电位端,称为关联参考方向;如图 1.9(b)所示,电流的参考方向与电压的参考方向不一致,则称为非关联参考方向。

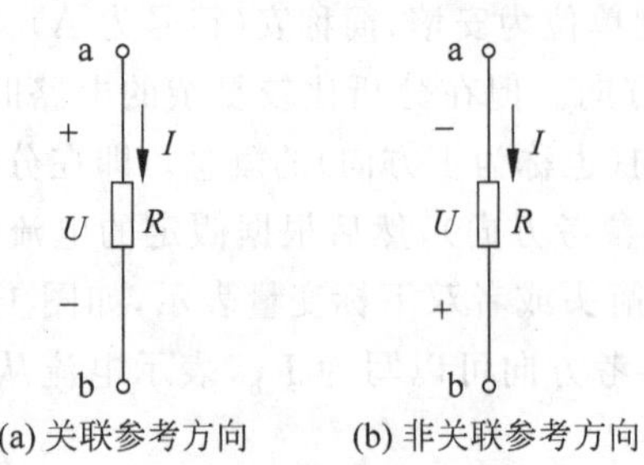

图 1.9 关联参考方向与非关联参考方向

由于电流和电压假定了参考方向,其值有正、负之分,故应用欧姆定律时,必须考虑相互之间参考方向的关系,不可以直接代入数值计算。

在图 1.9(a)中,电阻 R 的电流和电压之间是关联参考方向,欧姆定律写为

$$R=\frac{U}{I} \tag{1.1}$$

在图 1.9(b)中,电阻 R 的电流和电压之间是非关联参考方向,欧姆定律写为

$$R=-\frac{U}{I} \tag{1.2}$$

表达式前面加"−"号。

注意:由于关联(非关联)参考方向是针对某一具体元件或一段电路而言的,在谈到这一问题时,必须说明是在哪一个元件或者哪一段电路上电流和电压为关联或非关联参考方向。

1.3.3 电功率

电功率简称为功率,表征电路元件或一段电路中能量变换的速度,其值等于单位时间内元件所发出或吸收的电能。功率的国际制单位为瓦特,简称瓦(符号为 W)。

在直流电路中,有

$$P=UI \tag{1.3}$$

在电流和电压关联参考方向下,计算出功率为正值,表示该元件(该段电路)吸收功率,将电能转换为其他形式的能量,在实际电路中起负载的作用,称为**负载**;若为负值,则表示该元件(该段电路)发出功率,将其他形式的能量转换为电能,在实际电路中起电源的作用,称为**电源**。若在非关联参考方向下,结论与之相反。

在整个电路中,根据能量守恒定律,各电源发出的功率之和恒等于各负载吸收的功率之和,这种关系称为**功率平衡**。

在一个实际电路中,功率总是平衡的,即

$$P_{发出}=P_{吸收} \tag{1.4}$$

因此,在电路计算中,可以用式(1.4)验证功率是否平衡。

1.4 电路的工作状态和电气设备的额定值

1.4.1 电路的工作状态

实际电路在使用过程中,可能处于有载、空载或短路 3 种不同的状态。下面以简单直流

电路为例具体讨论这 3 种工作状态时的电流、电压和功率。

1. 有载工作状态

电路如图 1.10 所示，电源为理想电压源 E 与等效内阻 R_0 串联，负载为电阻 R。开关 S 闭合，此时有电流 I 通过负载电阻，电路处于有载工作状态。

1) 电压电流关系

图 1.10 所示电路中，电流 I 为

$$I=\frac{E}{R_0+R} \tag{1.5}$$

负载端电压(电源输出电压)为

$$U=IR \tag{1.6}$$

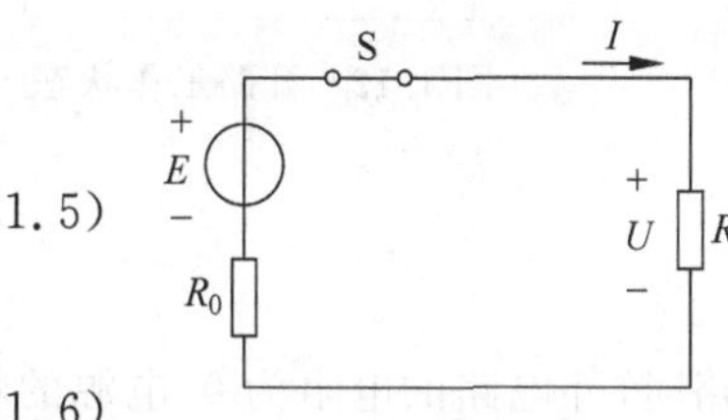

图 1.10 有载工作状态

或

$$U=E-IR_0 \tag{1.7}$$

可见，电源输出电压小于理想电压大小，两者的差值为电源内阻上的压降 IR_0。一般情况下，电源的理想电压 E 和内阻 R_0 是一定的，由式(1.5)可知，电流 I 的大小取决于负载电阻 R，R 越小，电路中的电流 I 就越大，电源输出电压就越小。表示电源输出电压与输出电流关系的曲线称为电源外特性曲线，如图 1.11 所示。

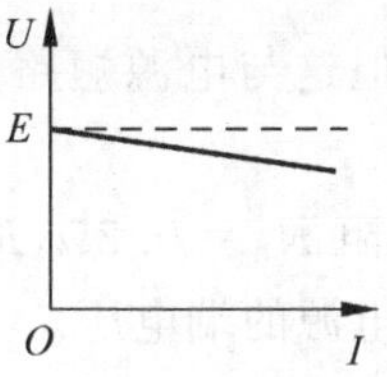

图 1.11 电源外特性曲线

当 $R_0 \ll R$ 时，$U \approx E$，表明当负载变化时，电源的输出电压变化不大，即电源带负载能力强。

2) 功率与功率平衡

在式(1.7)中，等式两边分别乘以电流 I，则可得功率的关系式为

$$UI=EI-I^2R_0 \tag{1.8}$$

或改写为

$$P=P_{\mathrm{E}}-\Delta P \tag{1.9}$$

其中，P 是负载取用功率(电源输出功率)，P_{E} 是电源产生功率，ΔP 是内阻消耗功率。可见，电源产生的功率完全被内阻和负载消耗，电路功率平衡。

根据式(1.5)和电压电流关系式(1.9)，可以另写为

$$P=UI=I^2R=\left(\frac{E}{R_0+R}\right)^2R \tag{1.10}$$

可见，电源输出的功率由负载决定。

2. 开路工作状态

在如图 1.12 所示的电路中，开关 S 打开，电源处于开路工作状态(空载状态)。开路时，对电源而言，电路的负载电阻相当于无穷大，电路电流 I 为 0，此时电源的端电压即开路电压 U(空载电压)等于理想电压源电压 E，电源对外电路不输出功率。

3. 短路工作状态

在如图 1.13 所示的电路中，当电源两端由于某种原因直接连在一起，即电流直接通过短路线返回电源，不通过负载，此时电路所处的状态称为短路工作状态或短接。由于在整个回路中只有电源内阻和部分导线电阻，电流值达到最大，称为短路电流 I_{sc}。短路电流为

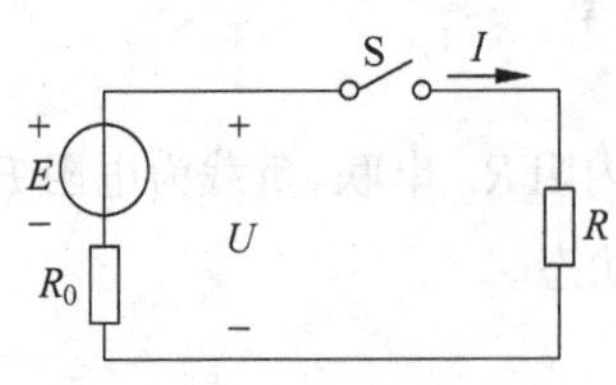

图 1.12 开路工作状态

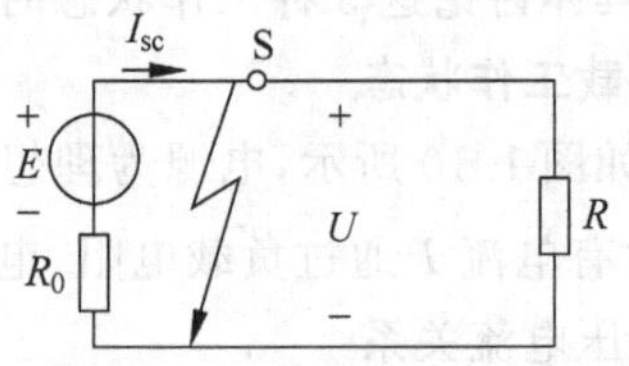

图 1.13 短路工作状态

$$I_{sc}=\frac{E}{R_0} \tag{1.11}$$

短路时，外电路的电阻为 0，电源的输出电压也为 0，故电源产生的功率完全供其内阻消耗，电源输出功率为

$$P_E=\Delta P \tag{1.12}$$

可见，电路中功率仍然平衡。

由于短路电流很大，将产生大量的热量易于烧毁电源、导线以及仪器、仪表等设备。**因此，短路通常是一种事故，应竭力避免。为了防止短路事故所引起的后果，实际电路中应接入熔断器或断路器，一旦发生短路能迅速将故障电路与电源自动断开。**

还要指出，有时为了某种需要，会将电路的某一部分人为地短接，但这与电源短路是两回事。

【例 1.1】 在如图 1.14 所示的电路中，电源电压 E 为 12V，内阻 $R_0=0.2\Omega$，$R_1=2.2\Omega$，$R_2=0.1\Omega$，求开关 S 分别与 1、2、3、4 端相接时电路中的电流和电源的端电压。

视频 1.1

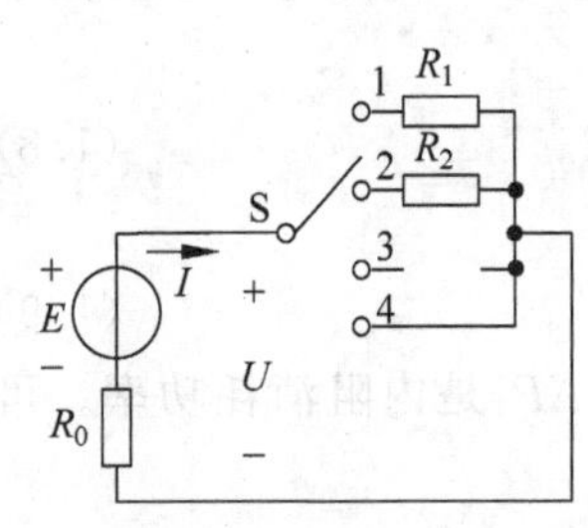

图 1.14 例 1.1 图

【解】 S 与 1 端相接时，有

$$I_{R_1}=\frac{E}{R_0+R_1}=\frac{12}{0.2+2.2}=5(\text{A})$$

$$U_{R_1}=E-I_{R_1}R_0=12-5\times0.2=11(\text{V})$$

S 与 2 端相接时，有

$$I_{R_2}=\frac{E}{R_0+R_2}=\frac{12}{0.2+0.1}=40(\text{A})$$

$$U_{R_2}=E-I_{R_2}R_0=12-40\times0.2=4(\text{V})$$

S 与 3 端相接时(开路工作状态)，有

$$I=0$$

$$U=E=12\text{V}$$

S 与 4 端相接时(短路工作状态)，有

$$I_S=\frac{E}{R_0}=\frac{12}{0.2}=60(\text{A})$$

$$U=0$$

1.4.2 电气设备的额定值

由于电流热效应的影响，电气设备在工作中将发热，导致温度升高。电流越大，温度也越高。如果电气设备的温度超过了某一容许的数值，电气设备的绝缘材料便会迅速变脆，寿

命缩短,甚至被击穿而导致设备损坏。为了使电气设备能够长期、正常运行,生产制造商在给定的工作条件下规定了某些主要参数的容许值,即电气设备的额定值,如额定电压(U_N)、额定电流(I_N)、额定功率(P_N)等,通常标在设备的铭牌上,也可在产品手册中查到,如吹风机"220V 1000W",表示吹风机工作的额定电压是220V,额定功率是1000W。在额定状态下工作,电气设备中的各部件都将工作在最佳状态,性能比较稳定,寿命相对较长。

可见,额定值给定了一个约束、限定的参照标准,一定要注意电气设备的额定值,以免出现不正常的情况或发生事故。在实际运行中,由于电网自身的波动、负载变化或者环境变化等因素,会使电源供给负载的实际运行参数偏离额定值。通常,当电路中的实际值等于额定值时,电气设备的工作状态称为额定状态,即满载;当实际功率或电流大于额定值时,称为过载,过载时间长会使设备很快损坏;当实际功率或电流小于额定值时,称为欠载,不能充分利用设备的能力,经济效益差,如灯泡变暗等。

【例1.2】 一只220V、100W的白炽灯,接在220V的电源上,试求通过电灯的电流和电灯的电阻。如果电灯每晚工作3h,一年消耗多少电能?

【解】 通过电灯的电流为

$$I=\frac{P}{U}=\frac{100}{220}\approx 0.45(\mathrm{A})$$

电灯的电阻为

$$R=\frac{U^2}{P}=\frac{220^2}{100}=484(\Omega)$$

一年消耗的电能为

$$W=Pt=100\times 365\times 3=109.5(\mathrm{kW\cdot h})$$

1.5 基尔霍夫定律

电路问题的研究离不开对电路基本规律的认识。1845年,德国科学家基尔霍夫(G. Kirchhoff)提出了基尔霍夫定律,包括基尔霍夫电流定律(Kirchhoff's Current Law,KCL)和基尔霍夫电压定律(Kirchhoff's Voltage Law,KVL)。基尔霍夫定律体现的是电路结构关系的基本定律,反映了电路中电流、电压之间的约束关系,是电路理论的基础,也是分析计算电路的基本依据。

1.5.1 基本概念

在介绍基尔霍夫定律之前,首先介绍一些有关电路结构的概念。

1. 节点

电路中3个或3个以上元件的连接点,称为节点。在图1.15中有A、B两个节点。

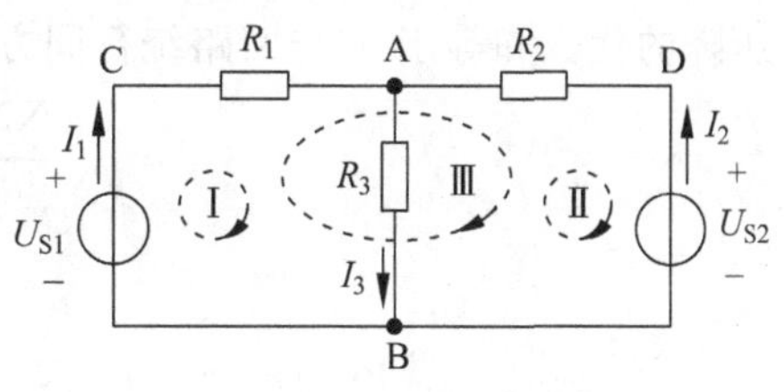

图1.15 基尔霍夫定律

2. 支路

两个节点之间的通路,称为支路。**一条支路中不存在节点**,支路中所有的电路元件都是串联关系,各元件通过同一个电流,称为支路电流。在

图 1.15 中有 3 条支路,支路电流分别是 I_1、I_2 和 I_3。

3. 回路

电路中由一条或多条支路构成的闭合路径,称为回路。在图 1.15 中有 ABCA、ADBA 和 ADBCA 3 个回路。

4. 网孔回路

回路内部不含有其他支路的回路,称为网孔回路。在图 1.15 中有 ABCA 和 ADBA 两个网孔回路。

1.5.2 KCL

KCL 内容可表述为:任一时刻,流出电路任一节点的支路电流之和等于流入该节点的支路电流之和;或表述为:任一时刻,流经电路任一节点的支路电流的代数和(设流入为正,流出为负,或与之相反)等于 0。KCL 的数学表达式为

$$\sum I_{入} = \sum I_{出} \tag{1.13}$$

$$\sum_{k=1}^{n} I_k = 0 \tag{1.14}$$

其中,n 为支路数。在图 1.15 中,A、B 两节点的 KCL 方程如下。

A 节点:

$$I_1 + I_2 = I_3 \quad 或 \quad I_1 + I_2 - I_3 = 0$$

B 节点:

$$I_3 = I_1 + I_2 \quad 或 \quad -I_1 - I_2 + I_3 = 0$$

其中,设流入节点的电流为正,流出为负。

根据 A、B 两节点的 KCL 方程可以看出,二者的 KCL 方程相同。即对具有 n 个节点的电路,可以列出($n-1$)个独立的 KCL 方程。

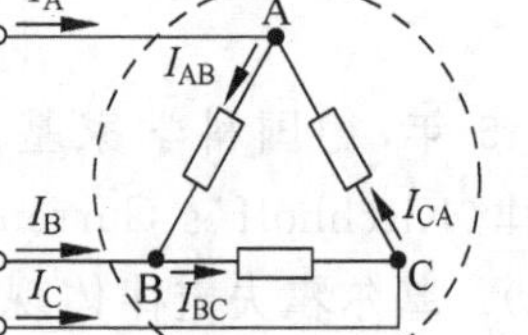

图 1.16 基尔霍夫电流定律的推广

由此可见,**在任一时刻,流入任一节点的电荷数必等于流出的电荷数,而不会累积在该节点,即电荷守恒。**

基尔霍夫电流定律还可以推广到任一闭合电路,即流入(出)任一闭合电路的所有支路电流的代数和为 0,闭合电路可以看作一个广义的节点。在图 1.16 中,$I_A + I_B + I_C = 0$。

视频 1.2

1.5.3 KVL

KVL 内容可表述为:任一时刻,从一点出发沿回路绕行一周,所有电路元件上电位降之和等于电位升之和;或表述为:任一时刻,从一点出发沿回路绕行一周,所有电路元件上电压降的代数和等于 0(与回路绕行同方向为正,相反为负)。KVL 的数学表达式为

$$\sum U_{降} = \sum U_{升} \tag{1.15}$$

或

$$\sum_{k=1}^{b} U_k = 0 \tag{1.16}$$

其中,b 为元件数。在图 1.15 中,3 个回路的 KVL 方程如下(设回路绕行方向均为顺时针)。

ABCA 回路(回路Ⅰ)：

$$R_1I_1+R_3I_3=U_{s1}\quad 或\quad R_1I_1+R_3I_3-U_{s1}=0$$

ADBA 回路(回路Ⅱ)：

$$R_2I_2+R_3I_3=U_{s2}\quad 或\quad -R_2I_2-R_3I_3+U_{s2}=0$$

ADBCA 回路(回路Ⅲ)：

$$R_2I_2+U_{s1}=R_1I_1+U_{s2}\quad 或\quad R_1I_1-R_2I_2-U_{s1}+U_{s2}=0$$

其中元件电压降方向与回路方向一致为正，否则为负。

根据上述 3 个回路的 KVL 方程可以看出，由任意两个方程都可以得出第三个方程。对具有 m 个网孔回路的电路，可以列出 m 个独立的 KVL 方程。

由此可见，**在任一时刻，沿任一回路绕行一周，再回到原出发点，该点电位不变。**

基尔霍夫电压定律还可以推广到回路的部分电路，即电路任意两点间电压等于从起点到终点各元件电压代数和。如图 1.17 中，KVL 方程可写为

$$E=U+RI$$

或

$$U=E-RI$$

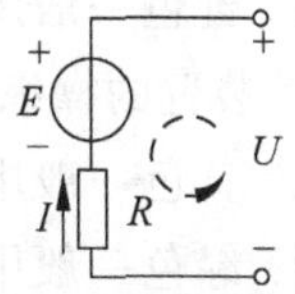

图 1.17　基尔霍夫电压定律的推广

1.6　电位

在电路分析中，特别是电子电路分析中，除了讨论电流、电压等物理量，还经常讨论电路中某一点的电位，即某一点与参考点之间的电压。为计算方便，规定参考点的电位为 0，也称为零电位参考点，在电路图中用符号"⊥"表示，如图 1.18 所示的 b 点。在电路分析时，可以任意选取某一点为参考点。电路中某个元件或某段电路的电压即为两端电位的差值。

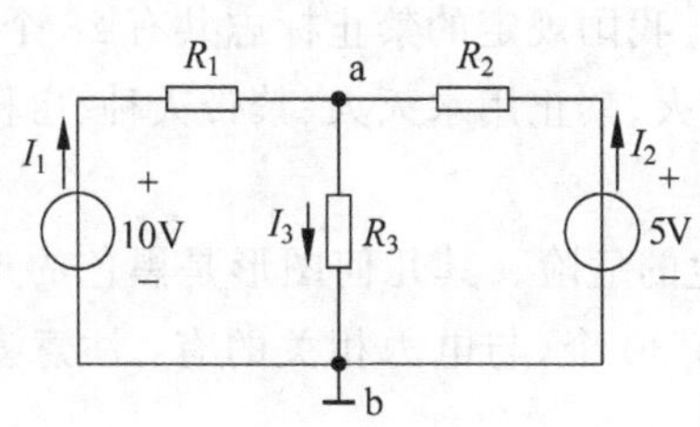

图 1.18　带有参考点的电路图

在电路中，某一点的电位用符号"V+下标"的形式表示，如图 1.18 中 a 点电位符号为 V_a，电位的国际制单位为伏特，简称伏。

一个电路中只能有一个参考点，参考点确定后，其他点的电位与参考点相比，高于参考点，其值为正；低于参考点，其值为负。根据电压与电位的关系，可以写出下列关系式：

$$U_{ab}=V_a-V_b \tag{1.17}$$

图 1.18 中，如果选择 a 点为参考点，$V_a=0$，则 b 点电位 $V_b=-U_{ab}$；如果选择 b 点为参考点，$V_b=0$，则 a 点电位 $V_a=U_{ab}$。

可见，当参考点改变后，电路中其他各点的电位也将发生改变，但任意两点间的电压值是始终不变的。即电路中各点的电位值是相对的，而两点间的电压值是绝对的。因此在电路分析中，参考点确定之后就不应再改变。

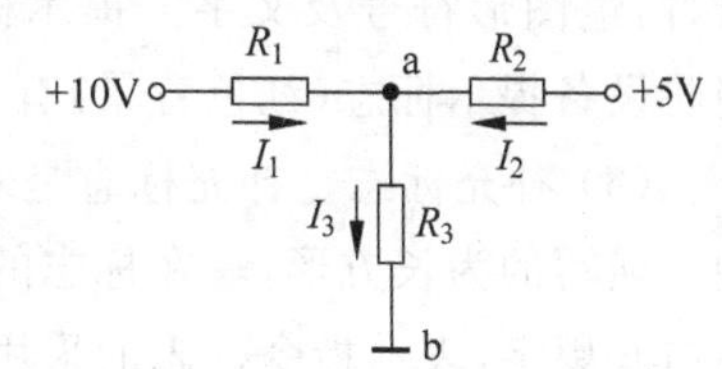

图 1.19　图 1.18 的简化电路图

在电路分析中，特别是在电子电路中，运用电位的概念来分析计算，一般不必画出完整的闭合电路，可以使电路图简化，图 1.18 可简化为图 1.19。

1.7 工程应用

1.7.1 电气工程技术中的安全标识

1. 安全色

安全色是表达安全信息的颜色，表示禁止、警告、指令、提示等意义。正确使用安全色，可以使人员能够对威胁安全、健康的物体环境做出快速反应，迅速发现或分辨安全标志，及时得到提醒，以防止事故、危害发生。

安全色规定为红、黄、绿、蓝4种颜色，其含义和用途分别如下。

(1) 红色一般用来标志禁止、停止、消防和危险。如禁止标志、消防设备、机器停止按钮、制动装置的操纵把手、仪表刻度盘上的极限位置刻度、机器转动部件的裸露部分等。

(2) 黄色一般用于标志注意、警告。如警告人们注意的元件、设备等。

(3) 绿色一般用于标志通行、安全和提供信息。如表示机器启动按钮、安全信号旗等。

(4) 蓝色一般用于标志指令、必须遵守的规定。如指令标志、交通指示标志等。

对比色是使安全色更加醒目的反衬色，有黑、白两种，如安全色需要使用对比色时，应按如下方法使用，即红与白，蓝与白，绿与白，黄与黑。也可以使用红白相间、蓝白相间、黄黑相间条纹表示强化含义。

2. 安全标志

安全标志由图形符号、安全色、几何形状(边框)或文字构成，用于表达特定安全信息。

安全标志的分类为禁止标志、警告标志、指令标志、提示标志4类，还有补充标志。

(1) 禁止标志。禁止标志的含义是不准或制止人们的某些行动。其几何图形是红色带斜杠的圆环(圆环与斜杠相连)，黑色图形符号，白色背景。我国规定的禁止标志共有28个，与电力相关的有禁放易燃物、禁止吸烟、禁止通行、禁止烟火、禁止用水灭火、禁带火种、启机修理时禁止转动、运转时禁止加油等。

(2) 警告标志。警告标志的含义是警告人们可能发生的危险。其几何图形是黑色的正三角形、黑色符号和黄色背景。我国规定的警告标志共有30个，与电力相关的有：注意安全、当心触电、当心爆炸、当心火灾等。

(3) 指令标志。指令标志的含义是必须遵守。其几何图形是圆形，蓝色背景，白色图形符号。指令标志共有15个，与电力相关的有：必须戴安全帽、必须穿防护鞋、必须系安全带、必须戴防护眼镜等。

(4) 提示标志。提示标志的含义是示意目标的方向。其几何图形是方形，绿、红色背景，白色图形符号及文字。提示标志共有13个，其中一般提示标志(绿色背景)的有6个；消防设备提示标志(红色背景)有7个。

(5) 补充标志。补充标志是对前述4种标志的补充说明，以防误解，分为横写和竖写两种。横写的为长方形，写在标志的下方，表示禁止标志的采用红底白字，表示警告标志的采用白底黑字，表示指令标志的采用蓝底白字。竖写的均为白底黑字。

1.7.2 电能的输送

电力系统主要包括发电、输电、用电3个环节。若各发电厂孤立向用户供电，一旦发生故障或停机检修，则造成相应用户停电，供电可靠性很难保障。通常把某一区域的发电厂、变配电设备、用户通过输电线路连接起来，形成一个整体，称为电力系统。电力系统不仅保证了供电可靠性，还可以合理调节各发电厂的发电能力，充分利用水电、核电、风电等清洁能源方式发电，减少火力电发电量，以节省不可再生资源的用量，实现可持续发展。

1. 发电

按照用于发电的能源不同，发电厂可分为火力发电、水力发电、核电、风力发电、太阳能发电、潮汐发电等。我国的电力工业主要以火电和水电为主，其余为核电和风电等。

2. 输电

我国的水利、煤炭资源大多集中在西部欠发达地区，而我国东部发达地区是用电大户。为降低运输成本，发电厂也要就近建设，实现西电东送。一般称220kV以下的输电电压为高压输电，330～750kV的输电电压为超高压输电，直流±800kV、交流1000kV及以上的输电电压为特高压输电。输电线路的形式主要有两种：一种为架空输电线路，另一种为电缆输电线路。

架空输电线路是将裸露线架设在电线杆上进行电能传输，电缆输电线路是将电线埋在地下（土层、沟、管道等）进行电能传输的。架空线路由于裸露在空气中，容易受到外界环境条件影响，而且占用土地资源较多，但投资少，施工、检修和维护都比较方便。电缆线路投资相对较大，但由于其埋设在地下，可避免外力破坏和气象条件影响，不需要架设杆塔，不影响城市美观，可跨海送电，因而这种输电方式近年来越来越多地被采用。

1）输电线路

发电机用3条导线输出三相电流，以架空输电线路为例，除了两根避雷线外，输电导线有3条、6条……总之是3的倍数。架空线路由导线、避雷针、杆塔、绝缘子、金具等构成，如图1.20所示。

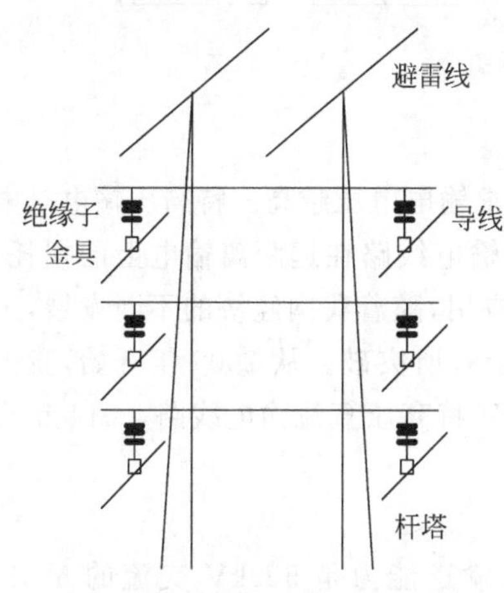

图1.20　架空输电线路的组成

（1）导线是架空线路的主要组成部分，用于传导电流、输送电能，主要采用铝、钢、铝合金等材料制成。10kV以下的线路因受力小而采用铝绞线LJ，35KV用钢芯铝绞线LGJ。

（2）避雷线架设在导线上方且是接地的，故称为架空地线，用于将雷电电流引入大地。重要的输电线路一般采用两根架空地线以将被保护的导线全部置于它的保护范围内。此范围通常用保护角α来表示，α角是指架空地线与最外侧的导线所处的平面和架空地线垂直于地面的平面之间所构成的夹角。α一般取20°～30°（输电线路位置较高时，可能会小于20°，在山区高雷区，甚至可以采用负保护角）。架空地线由于不负担输送电流的功能，所以不要求具有与导线相同的导电率和导线截面，通常采用钢绞线组成。有些输电线路还使用铝合金或铝包钢导线制成的架空地线，这种地线导电性能较好，可以改善线路输电性能，减轻对邻近通信线的干扰。

(3) 杆塔的主要作用是支撑导线和避雷线，分为木制、钢筋混凝土和铁制等。杆塔配电线路的挡距，对于电压为3～10kV的线路，城镇地区为40～50m，郊区为50～100m；对于电压为3kV以下的线路，城镇地区为40～50m，郊区为40～60m；对于电压为6～10kV的线路，一般为100m以下；对于电压为110～220kV的线路，钢筋混凝土杆塔的挡距为150～400m，铁杆的挡距为250～500m。

(4) 绝缘子是用来支撑或悬挂固定的导线并使导线与杆塔之间保持一定绝缘距离的部件。材料包括瓷质、钢化玻璃、硅橡合成等不同类型。绝缘子的形状也有多种，如针式、悬式、棒形等。

(5) 金具是架空线路中用来连接、固定、保护导线及绝缘子的各种金属零件的统称。

2) 高压输电

输送一定的电功率，输出电压越高，输电线中的电流就越小。导线上的能量损耗就越小。但是，输电电压过高会增加绝缘的困难，同时也会增加输电线路向大气的放电，进而引发能量损耗。基于输电技术的现状，综合各种因素，我国远距离输电一般采用110kV、220kV、330kV标准，部分地区采用500kV、750kV的超高压输电。输电电压为110kV时，可将50 000kW送至50～150km的地方；输电电压为220kV时，可将200 000～300 000kW送至200～400km的地方；输电电压为500kV时，可将1 000 000kW送至500km的地方。

然而，大型发电机发出的电压等级一般有10.5kV、13.0kV、15.75kV、18.0kV等，无法满足远距离输电的要求，因而需要先升压，然后再输送，最后降压送给用户，高压输电过程如图1.21所示。

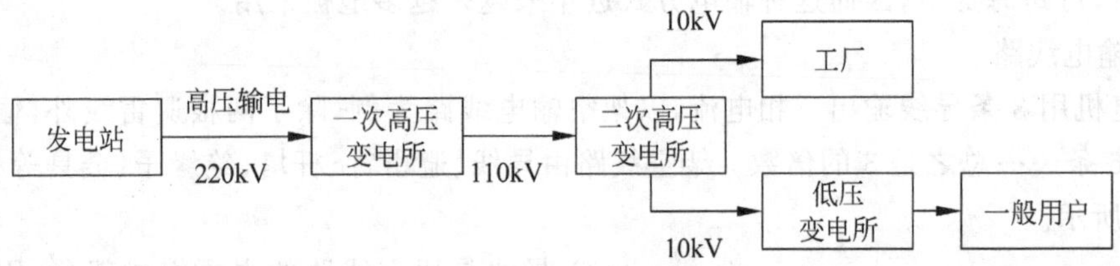

图1.21 高压输电过程示意图

3) 特高压输电

为了降低线路损耗，输送距离越远、输送电能越大要求输电电压越高。特高压输电是电力传输的“高速公路”，既能提升电力运输能力，又能降低输电线路在远距离输电上的损耗。1960年以来，世界各国广泛开展了特高压输电的研究和应用，随着我国经济的不断发展，工业规模不断扩大，我国更加迫切需要在特高压输电技术上有所突破。从2005年开始，我国开始研发特高压输电技术，2010年建成世界第一条800kV特高压直流输电线路，2014年实现特高压直流自主化。

特高压输电技术具有其他技术无法超越的优越性。

(1) 输送容量大。1000kV特高压交流按自然功率输送能力是500kV交流的5倍，±800kV直流特高压输电能力是±500kV线路的两倍多。在采用同种类型的杆塔设计的条件下，1000kV特高压交流输电线路单位走廊宽度的输送容量约为500kV交流输电的3倍。

(2) 节约土地资源。±800kV直流输电方案的线路走廊宽度约为76m，单位走廊宽度输送容量约为84MW/m，是±500kV 直流输电方案的1.3倍，溪洛渡、向家坝、乌东德、白鹤滩水电站送出工程采用±800kV 级直流与采用±600kV 级直流相比，输电线路可以从10回减少到6回。总体来看，特高压交流输电可节省约2/3的土地资源，特高压直流输电可节省约1/4的土地资源。

(3) 输电损耗低。与超高压输电相比，特高压输电线路损耗大大降低，特高压交流线路损耗是超高压线路的1/4，±800kV 直流线路损耗是±500kV 直流线路的39%。

(4) 工程造价省。采用特高压输电技术可以节省大量导线和铁塔材料，以相对较少的投入达到同等的建设规模，从而降低建设成本。在输送同容量条件下，特高压交流输电与超高压输电相比，节省导线材料约一半，节省铁塔用材约2/3。1000kV 交流输电方案的单位输送容量综合造价约为500kV 输电的3/4。

我国特高压交流输电工程——1000kV 晋东南-南阳-荆门特高压交流试验示范工程于2006年年底开工建设。工程北起山西的晋东南变电站，经河南南阳开关站，南至湖北的荆门变电站，线路全长640km，变电容量两端各3 000 000kVA，于2009年1月正式投入运行，是我国目前特高压输电线路系统投入运行的典型代表。

特高压直流输电工程——向家坝-上海特高压直流输电工程是世界上电压等级最高、输送容量最大、送电距离最远、技术水平最先进的特高压直流输电工程，创造了18项世界纪录，成为世界电力工业史上一座里程碑。投入使用以来，每年可向上海输送320亿千瓦时的清洁电能，最大输送功率约占上海高峰负荷的1/3，可节省原煤1500万t，减排二氧化碳超过3000万t。

我国对特高压输电线路系统的建设有着宏远的规划，目前，我国大约有27条特高压输电线路已投入使用，另有近10条正在建设及规划建设中。特高压输电线路实现了西部地区向华东、华中地区、京津地区的电力运输，解决了我国电力能源生产与需求分布不均的突出矛盾，未来我国特高压输电技术将有着极其可观的应用前景。

3. 用电

电能送至用电城市后先进行降压，城市电网的输送电压一般为110～220kV，小区变电所输出电压一般为10kV，用户电压一般为0.4kV。考虑电压损失等因素，用户电压为380V/220V。用户的供电方式，因用户的重要性不同而异。用电设备、用电建筑、用电区域又称为负荷，国家相关规范按照负荷的重要性，对负荷进行了分级，并规定了相应的供电方式。

习题

1.1　电路如图1.22所示，求6Ω电阻两端的电压U和流过电压源的电流I。

1.2　电路如图1.23所示，$U_S=10V$，$I_S=13A$。试分析电路中的U_S和I_S分别是电源还是负载，并判断电路功率是否平衡。

1.3　有一只220V、60W的电灯，接在220V的电源上，求通过电灯的电流和电灯的电阻值。

1.4　有一只110V、60W的电灯，接在380V的电源上，求需要串联电阻的阻值，以及该电阻的功率。

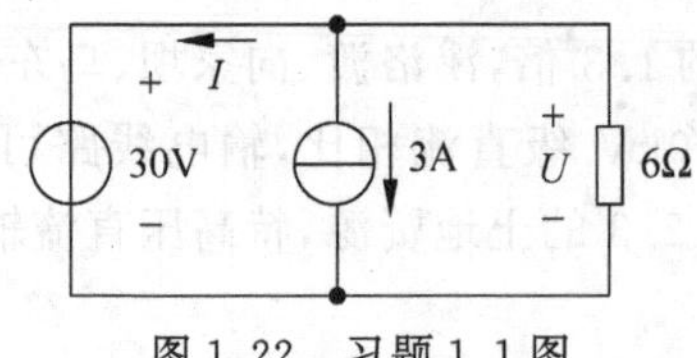

图 1.22 习题 1.1 图

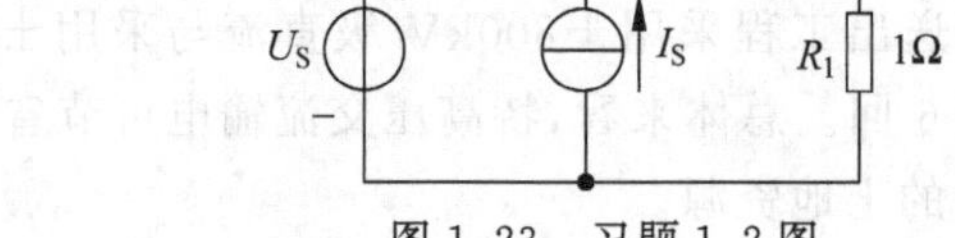

图 1.23 习题 1.2 图

1.5 各支路电流如图 1.24 所示，求电路中的电流 I。

1.6 图 1.25 所示的电路中，$I_1=10\text{mA}$，$I_2=1\text{mA}$，$I_3=2\text{mA}$，求电流 I_4。

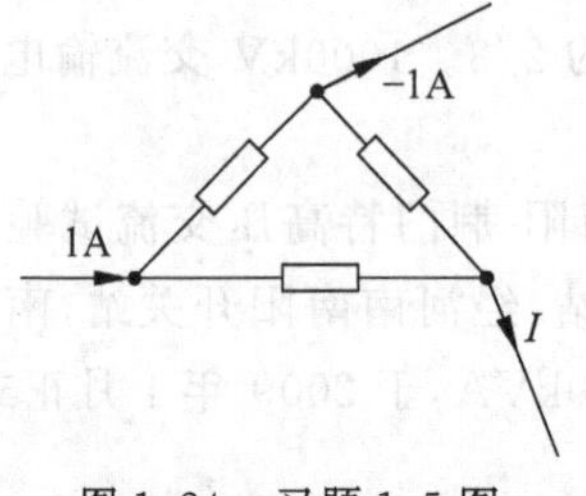

图 1.24 习题 1.5 图

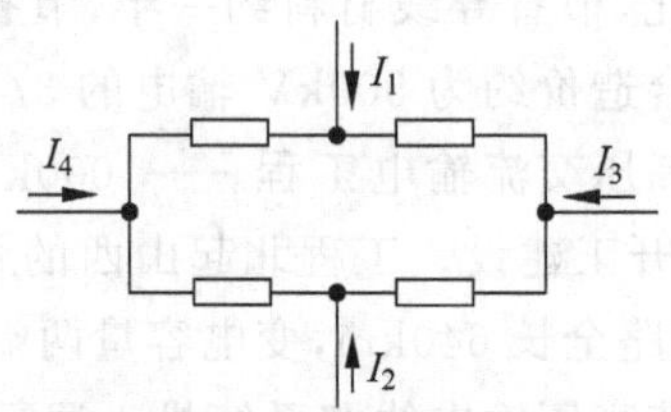

图 1.25 习题 1.6 图

1.7 电路如图 1.26 所示，试计算图中电阻 R_1 和 R_2 的电流。

1.8 电路如图 1.27 所示，试列出独立的 KVL 方程。

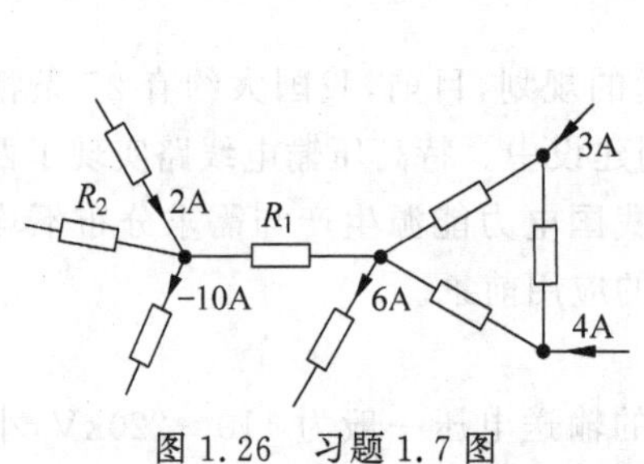

图 1.26 习题 1.7 图

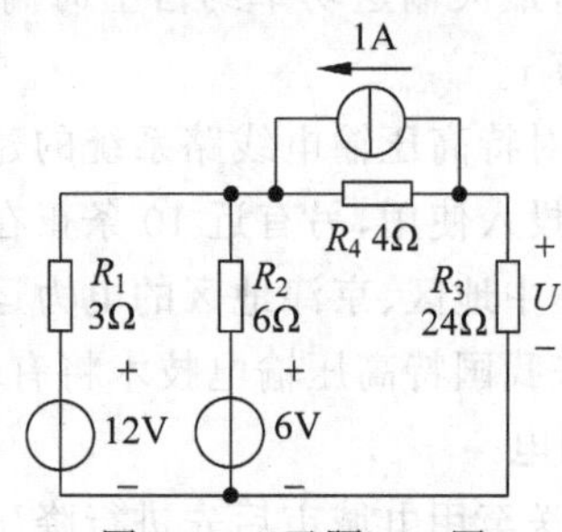

图 1.27 习题 1.8 图

1.9 电路如图 1.28 所示，$I_a=2\text{A}$，$I_b=3\text{A}$，$I_d=-5\text{A}$，$I_h=4\text{A}$，试用 KCL 计算其他电流值。若图中 $U_a=5\text{V}$，$U_b=7\text{V}$，$U_f=-10\text{V}$，$U_h=6\text{V}$，试用 KVL 计算其他电压值。

1.10 电路如图 1.29 所示，求 I_2、U_3，以及电压源的电流 I 和电流源的电压 U。

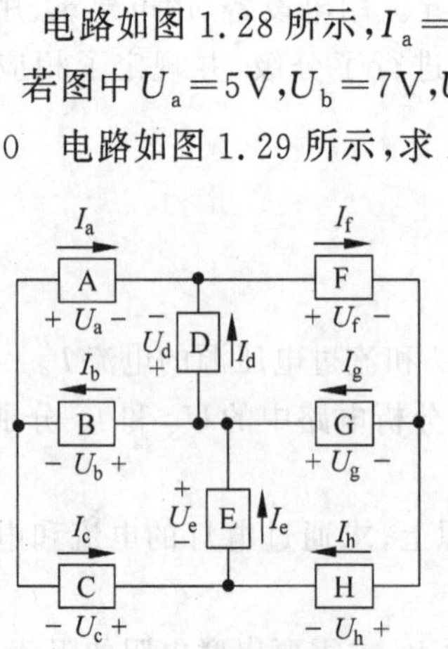

图 1.28 习题 1.9 图

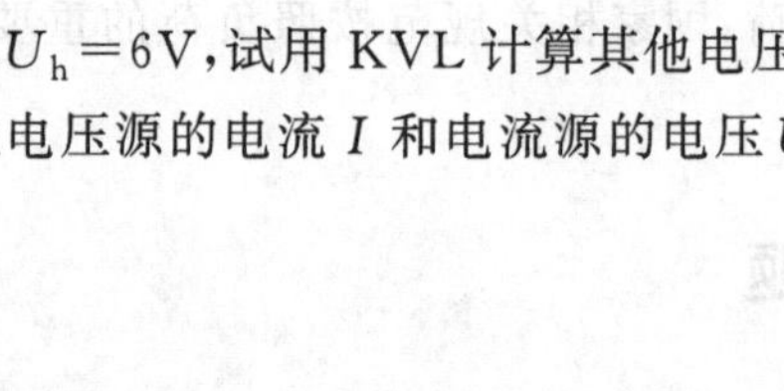

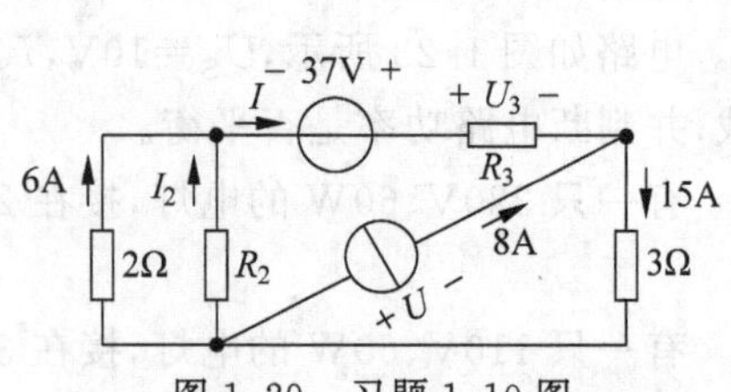

图 1.29 习题 1.10 图

1.11　电路如图 1.30 所示，求电流源两端的电压 U_1、U_2 及其功率，并说明是起电源作用还是负载作用。

1.12　电路如图 1.31 所示，电阻 $R=2\Omega$，求电路中 a 点电位。

图 1.30　习题 1.11 图　　　　图 1.31　习题 1.12 图

1.13　电路如图 1.32 所示，已知 $E_1=5\text{V}$，$E_2=8\text{V}$。在下列两种情况下求各点的电位以及电压 U_{ab} 和 U_{bc}：

(1) 取 a 为参考点。

(2) 取 b 为参考点。

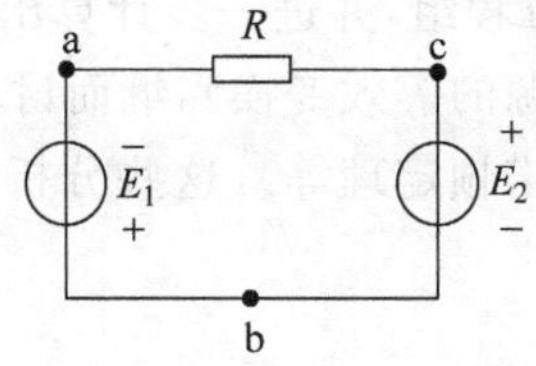

图 1.32　习题 1.13 图

第 2 章 电路的分析方法

CHAPTER 2

大多实际电路可以等效为线性电阻电路，它分析、计算简单，也是学习动态电路、非线性电路的基础，本章只讨论线性电阻电路。

电路分析中的基本方法有两类：一类是等效法，它们是以重要的电路定理及常用的等效变换法为基础的电路分析方法；另一类方法是以元件的约束特性(VAR)和拓扑约束特性(KCL、KVL)为依据，建立电路方程组，并进一步计算出所需要的电参数。本章先介绍常用的电路等效变换(包括电阻和电源的等效变换)，继而讨论几种基本的电路分析方法(支路电流法、叠加定理及戴维南定理和诺顿定理等)，这些分析方法都是以欧姆定律和基尔霍夫定律为基础的。

2.1 电阻的串并联

2.1.1 电阻的串联

1. 串联公式

图 2.1 所示的是 AB 两端之间 n 个电阻的串联连接。

串联电路的两点之间只有一条电流通路，所以通过每个电阻的电流是相同的。

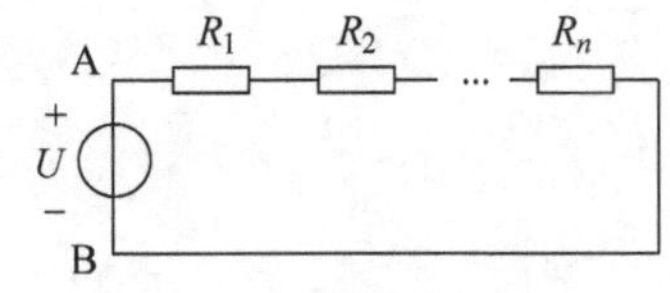

图 2.1 电阻的串联

对如图 2.1 所示的电路应用 KVL，可得

$$U = U_1 + U_2 + \cdots + U_n \tag{2.1}$$

由于每个电阻的电流均为 I，根据欧姆定律有 $U = IR$，代入式(2.1)得

$$U = IR_1 + IR_2 + \cdots + IR_n = I(R_1 + R_2 + \cdots + R_n) = IR_{\text{eq}} \tag{2.2}$$

式(2.2)表示电路中**总电阻的欧姆定律**。其中，R_{eq} 即为 n 个串联电阻的等效电阻，记为

$$R_{\text{eq}} = R_1 + R_2 + \cdots + R_n = \sum_{k=1}^{n} R_k \tag{2.3}$$

电阻串联后的等效电阻值等于各电阻值之和。

2. 分压公式

图 2.1 所示的串联电路，总电流为

$$I = \frac{U}{R_{\text{eq}}} = \frac{U}{R_1 + R_2 + \cdots + R_n} \tag{2.4}$$

则电阻 R_K 的电压为

$$U_K = IR_K = \frac{R_K}{R_1 + R_2 + \cdots + R_n}U$$

可以看出，电源电压在各电阻之间的电压分配与各电阻的阻值成正比，电阻值越大，电阻上的电压就越大，由此得到**分压公式**：

$$U_K = \frac{R_K}{R_1 + R_2 + \cdots + R_n}U \tag{2.5}$$

【例 2.1】

(1) 如图 2.2(a)所示的空载分压器电路，求电压 U_{AD}、U_{BD} 和 U_{CD}。

(2) 若给图 2.2(a)所示的空载分压器加上负载，如图 2.2(b)所示，当 $R_{L3}=560\Omega$，$R_{L2}=220\Omega$，$R_{L1}=560\Omega$ 时，求电压 U_{AD}、U_{BD} 和 U_{CD}。

(3) 当 $R_{L3}=5.6\text{k}\Omega$，$R_{L2}=2.2\text{k}\Omega$，$R_{L1}=2\text{k}\Omega$ 时，求电压 U_{AD}、U_{BD} 和 U_{CD}。

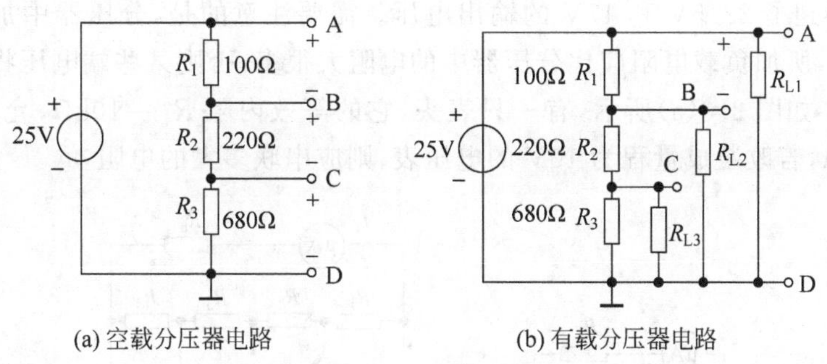

(a) 空载分压器电路　　(b) 有载分压器电路

图 2.2　例 2.1 图

【解】 (1) 因为电压 U_{AD} 等于电源电压，所以 $U_{AD}=25\text{V}$，又根据式(2.5)可得

$$U_{BD} = \frac{R_2 + R_3}{R_1 + R_2 + R_3}U = \frac{220 + 680}{100 + 220 + 680} \times 25 = 22.5(\text{V})$$

$$U_{CD} = \frac{R_3}{R_1 + R_2 + R_3}U = \frac{680}{100 + 220 + 680} \times 25 = 17(\text{V})$$

(2) 电压 U_{AD} 不受负载 R_{L1} 的影响，因为这个负载和电压源直接并联，所以该电压始终等于电压源电压，$U_{AD}=25\text{V}$。为了计算 U_{BD}，先计算 B、D 两端的等效电阻 R'_{L2}：

$$R'_{L2} = \frac{\left(\frac{R_3R_{L3}}{R_3 + R_{L3}} + R_2\right)R_{L2}}{\frac{R_3R_{L3}}{R_3 + R_{L3}} + R_2 + R_{L2}} \approx 155\Omega$$

$$U_{BD} = \frac{R'_{L2}}{R'_{L2} + R_1}E = \frac{155}{155 + 100} \times 25 \approx 15.2(\text{V})$$

$$U_{CD} = \frac{\frac{R_3R_{L3}}{R_3 + R_{L3}}}{\frac{R_3R_{L3}}{R_3 + R_{L3}} + R_2}U_{BD} = \frac{307.1}{307.1 + 220} \times 15.2 \approx 8.9(\text{V})$$

(3) $U_{AD}=25V$,B、D 两端的等效电阻 R'_{L2}:

$$R'_{L2}=\frac{\left(\frac{R_3R_{L3}}{R_3+R_{L3}}+R_2\right)R_{L2}}{\frac{R_3R_{L3}}{R_3+R_{L3}}+R_2+R_{L2}}\approx 600\Omega$$

$$U_{BD}=\frac{R'_{L2}}{R'_{L2}+R_1}E=\frac{600}{600+100}\times 25\approx 21.4(V)$$

$$U_{CD}=\frac{\frac{R_3R_{L3}}{R_3+R_{L3}}}{\frac{R_3R_{L3}}{R_3+R_{L3}}+R_2}U_{BD}\approx 15.6(V)$$

如图 2.2(a)所示的电路是利用电阻的分压原理构成的空载分压器,除了 25V 的电源电压外,我们还得到了 22.5V 和 17V 的输出电压。需要注意的是,分压器中加入负载时,如图 2.2(b)所示,所加负载电阻应比分压器中的电阻大很多,否则某些端电压将显著降低。

【例 2.2】 如图 2.3(a)所示,有一只表头,它的等效内阻 $R_a=10k\Omega$,允许通过的最大电流 $I_a=50\mu A$,若改装成量程为 10V 的电压表,则应串联多大的电阻?

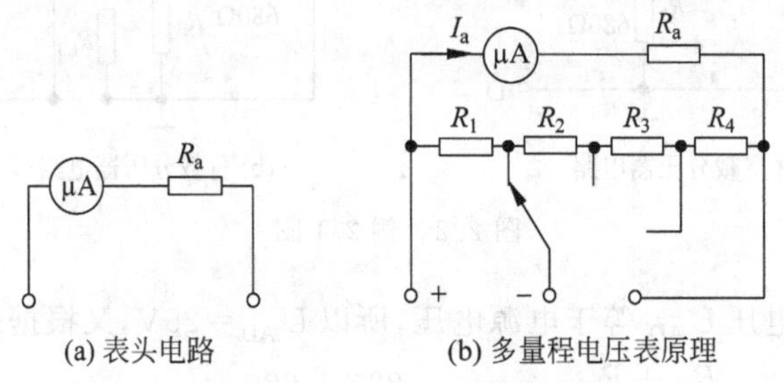

(a) 表头电路　　(b) 多量程电压表原理

图 2.3　例 2.2 电路图

【解】 根据题意可知,当表头满刻度时,表头两端的电压为

$$U_a=I_aR_a=50\times 10^{-6}\times 10\times 10^3=0.5(V)$$

可见,用这个表头测量大于 0.5V 的电压会烧坏表头,需串联分压电阻,以扩大测量范围。设量程扩大到 10V 需要串入的电阻 R_X 为

$$R_X=\frac{U_X}{I_a}=\frac{U-U_a}{I_a}=\frac{10-0.5}{50\times 10^{-6}}=190(k\Omega)$$

当电压表的量程不能满足工作需要时,可通过串联分压电阻的方法来扩大其量程。而多量程电压表的基本原理就是在同一表头上串联不同大小的电阻来改变电表的量程,如图 2.3(b)所示。

3. 串联电路的功率

在任何电器系统中,输入功率都等于消耗或吸收的功率,即串联电阻电路中的总功率等于各个串联电阻功率的总和。对于图 2.1 所示的串联电路,有

$$P_E=P_1+P_2+\cdots+P_n \tag{2.6}$$

电源的输出功率为

$$P_E = EI_s \tag{2.7}$$

电阻消耗的功率(仅给出电阻 R_1 的功率)为

$$P_1 = U_1 I = I^2 R_1 = \frac{U_1^2}{R_1} \tag{2.8}$$

其他电阻消耗的功率可用类似方法计算。

【例 2.3】 求例 2.1 中各电阻的额定功率,并判断每个电阻的标称额定功率(0.25W)是否满足实际功率?如果额定值不够,那么求出要求的最小额定值是多少?

【解】

$$P_1 = U_1 I = I^2 R_1 = \left(\frac{E}{R_1 + R_2 + R_3}\right)^2 R_1 = \left(\frac{25}{100 + 220 + 680}\right)^2 \times 100 = 62.5(\text{mW})$$

$$P_2 = U_2 I = I^2 R_2 = \left(\frac{E}{R_1 + R_2 + R_3}\right)^2 R_2 = \left(\frac{25}{100 + 220 + 680}\right)^2 \times 220 = 0.1375(\text{W})$$

$$P_3 = U_3 I = I^2 R_3 = \left(\frac{E}{R_1 + R_2 + R_3}\right)^2 R_3 = \left(\frac{25}{100 + 220 + 680}\right)^2 \times 680 = 0.425(\text{W})$$

可以看出,R_3 的额定功率超过了 0.25W,如果合上开关,它将被烧毁,应该用 0.5W 的电阻代替。

电阻串联还可以应用在三相交流异步电动机启动时。三相交流异步电动机在启动时的电流比正常工作时要大许多倍,为了限制启动电流,常采用转子电路串电阻的方式来启动(第 7 章会做具体说明)。

2.1.2 电阻的并联

1. 并联公式

两个或两个以上的电阻各自连接在两个相同的节点上,则称它们是并联的,且每一条电流的通路称为一个支路。在如图 2.4 所示的电路中,n 个电阻并联连接,可以看出它们两端具有相同的电压。由欧姆定律可得

$$U = I_1 R_1 = I_2 R_2 = \cdots = I_n R_n \tag{2.9}$$

在节点 a 处应用 KCL 方程,得到总电流 I 为

$$I = I_1 + I_2 + \cdots + I_n = \frac{U}{R_1} + \frac{U}{R_2} + \cdots + \frac{U}{R_n} = U\left(\frac{1}{R_1} + \frac{1}{R_2} + \cdots + \frac{1}{R_n}\right) = \frac{U}{R_{eq}} \tag{2.10}$$

其中,R_{eq} 为 n 个并联电阻的等效电阻值:

$$R_{eq} = \frac{1}{\dfrac{1}{R_1} + \dfrac{1}{R_2} + \cdots + \dfrac{1}{R_n}} \tag{2.11}$$

在处理电阻并联的问题时,一般采用电导的方式更方便,即

$$G_{eq} = G_1 + G_2 + \cdots + G_n \tag{2.12}$$

其中,$G_{eq} = \frac{1}{R_{eq}}, G_1 = \frac{1}{R_1}, G_2 = \frac{1}{R_2}, \cdots, G_n = \frac{1}{R_n}$,电导的单位是 S(西门子,1S=1A/V)。式(2.12)表明:**并联电阻的等效电导等于各电导之和。**

2. 分流公式

考虑如图 2.4 所示的并联电路,任一支路的电流 $I_K = \frac{U}{R_K}$,而由式(2.10)可知:

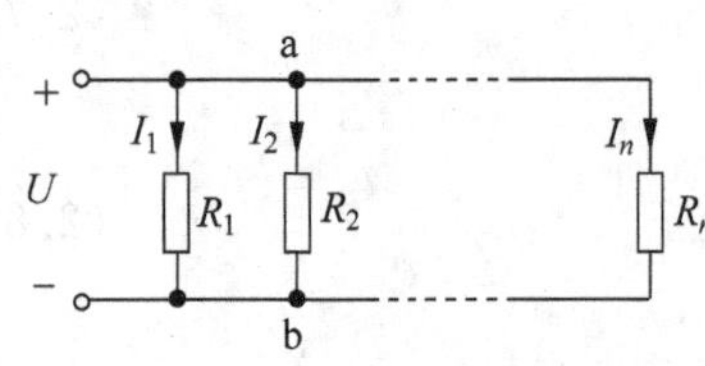

图 2.4 n 个电阻的并联

$$U=IR_{eq} \tag{2.13}$$

将式(2.13)代入可得任一支路电流

$$I_K=\frac{U}{R_K}=\frac{R_{eq}}{R_K}I=\frac{\frac{1}{R_K}}{\frac{1}{R_1}+\frac{1}{R_2}+\cdots+\frac{1}{R_n}}I \tag{2.14}$$

得到的分流公式为

$$I_K=\frac{\frac{1}{R_K}}{\frac{1}{R_1}+\frac{1}{R_2}+\cdots+\frac{1}{R_n}}I \tag{2.15}$$

【例 2.4】 当电流表的量程不能满足工作需要时,可通过并联分流电阻的方法来扩大其量程。图 2.5(a)所示电路是一单量程电流表。如图 2.5(b)所示,有一只表头,它的等效内阻为 $R_a=50\Omega$,允许通过的最大电流 $I_a=100\mu A$,若改装成量程分别为 1mA、10mA 和 100mA 电流表,则应分别并联多大的电阻?

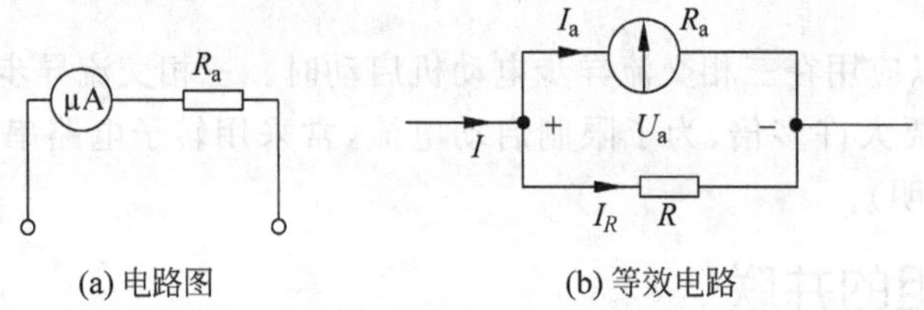

图 2.5 单量程电流表

【解】 根据题意可知,当表头满刻度时,表头两端的电压为

$$U_a=I_aR_a=100\times10^{-6}\times50=5(\text{mV})$$

又知,用这个表头测量大于 100μA 的电流会烧坏表头,需并联分流电阻,以扩大测量范围。则量程扩大到 1mA 需要并入的电阻 R_1 为

$$R_1=\frac{U_a}{I_x-I_a}=\frac{5}{1-0.1}=5.6(\Omega)$$

同理,量程扩大到 10mA 需要并入的电阻 R_2 为 0.51Ω;量程扩大到 100mA 需要并入的电阻 R_3 为 0.05Ω。

住宅的照明电路与家用电器均是并联电路,以确保在一个电路出现问题时,其他电路不受其干扰。另外,汽车、计算机等设备上也大多采用并联连接。为了设计一个汽车供电系统,每增加一个元件都会导致电源输出端电流增大,因此,合理计算每条支路所需的电流至关重要。

【例 2.5】 汽车电器系统中各元件与电源并联。若电源电压为 12V,每一条支路的电流 $I_1=3A$,起动器电阻 $R_2=2\Omega$,照明电阻 $R_3=6\Omega$,收音机电阻 $R_4=10\Omega$,通风设备支路电流 $I_5=1A$,求总电流。

【解】 因为是并联电路,所有元件的端电压均为电源电压 12V,所以应用 KCL 方程有

$$I=I_1+I_2+I_3+I_4+I_5=3+\frac{12}{2}+\frac{12}{6}+\frac{12}{10}+1=13.2(\text{A})$$

3. 并联电路的功率

与串联电路一样，并联电路的总功率也具有可加性，设并联电压为 U，根据图 2.5，有

$$P_E = P_1 + P_2 + \cdots + P_n \tag{2.16}$$

电源的输出功率为

$$P_E = UI \tag{2.17}$$

电阻消耗的功率（仅给出电阻 R_1 的功率）为

$$P_1 = UI_1 = I_1^2 R_1 = \frac{U^2}{R_1} \tag{2.18}$$

其他电阻消耗的功率可用类似方法计算。

【例 2.6】 如图 2.6 所示，放大器通过一个支路连接立体声系统，驱动 4 个扬声器。如果扬声器的最大电压为 15V，电阻为 8Ω 那么放大器应该提供多大的功率？

【解】 扬声器并联连接在放大器的输出端，因此每个支路上的电压相同。每个扬声器的最大功率为

$$P_{max} = \frac{U_{max}^2}{R} = \frac{15^2}{8} = 28.125(\text{W})$$

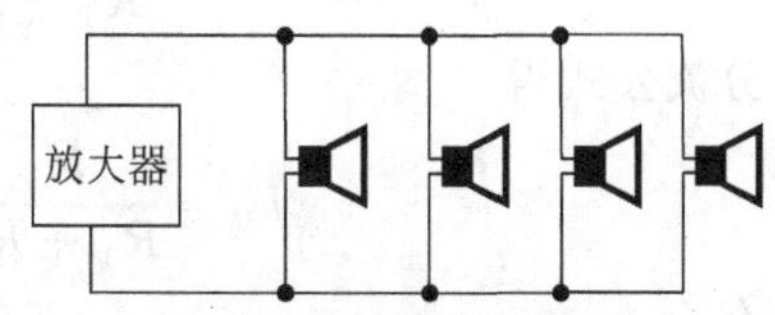

图 2.6　例 2.6 电路图

放大器提供的总功率应该是单个扬声器功率的 4 倍，才能驱动 4 个扬声器，因此：

$$P_{T\max} = 4P_{max} = 4 \times 28.125 = 112.5(\text{W})$$

2.1.3　电阻的串并联

收音机、电视机的音量控制都是电位器作为分压器的应用，因为音量的大小取决于音频信号电压的大小，通过调节电位器可实现音量的调节。

【例 2.7】 图 2.7 所示为具有滑动触头的三端电阻器，电压 U_S 施加于电阻 R 两端，随滑动端 a 的滑动，R_1 可在 0～R 变化，在 a-b 间可得到从 0 到 U_S 的连续可变的电压，这种可变电阻器也称为电位器。若已知电流电压源电压 U_S＝20V，R＝1kΩ，当 U_{ab}＝4V 时，

(1) R_1 为多大？

(2) 若用内阻为 1800Ω 的电压表测量此电压，按图 2.7(b)，求电压表的读数。

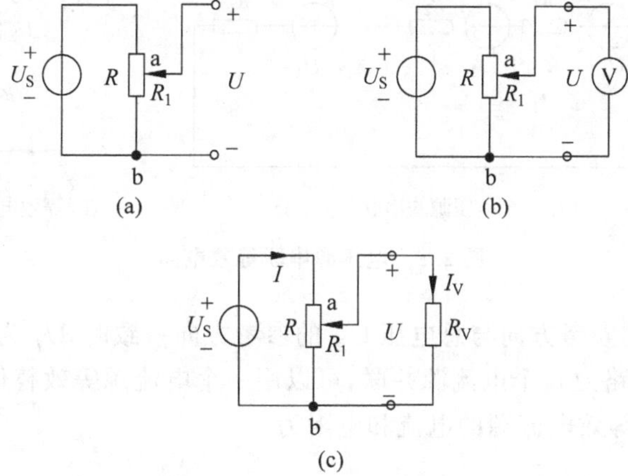

图 2.7　例 2.7 电路图

【解】 (1) 由分压公式可知：

$$\frac{R_1}{R}=\frac{U_{ab}}{U}$$

则有

$$R_1=\frac{U_{ab}}{U}R=200\Omega$$

(2) 用电压表测量时，由于电压表存在电阻，设电阻为 R_V，等效电路如图 2.7(c)所示，可得

$$I=\frac{U_S}{(R-R_1)+\dfrac{R_1R_V}{R_1+R_V}}=\frac{20}{(1000-200)+\dfrac{200\times1800}{200+1800}}=\frac{1}{49}(\text{A})$$

由分流公式得

$$I_V=\frac{R_1}{R_1+R_V}I=\frac{200}{200+1800}\times I=\frac{1}{490}(\text{A})$$

则有

$$U=I_VR_V=\frac{1}{490}\times1800=3.67(\text{V})$$

2.2 电源的串并联

图 2.8(a)所示电路为 n 个电压源的串联，可以用一个电压源等效替代如图 2.8(b)所示，应用 KVL 方程，这个等效电压源的电压和电阻为

$$U_\Sigma=U_1+U_2+\cdots+U_n=\sum_{i=1}^{n}U_i \tag{2.19}$$

$$R_\Sigma=R_1+R_2+\cdots+R_n=\sum_{i=1}^{n}R_i \tag{2.20}$$

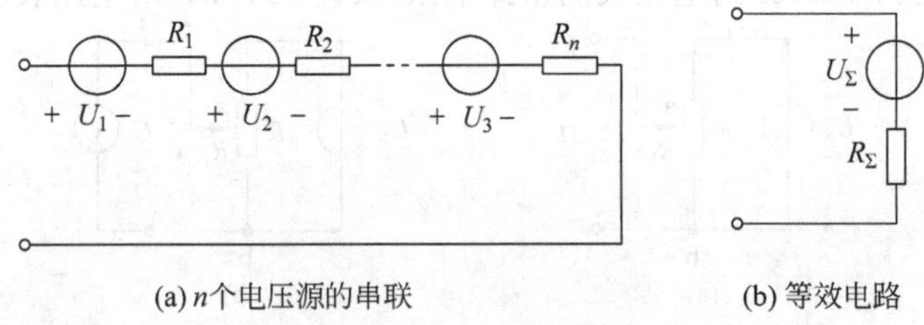

图 2.8 电压源串联等效电路

如果电压源 U_i 的参考方向与总电压 U_Σ 的参考方向一致时，U_i 为正，否则为负。

图 2.9(a)所示电路为 n 个电流源并联，可以用一个电流源等效替代，如图 2.9(b)所示，应用 KCL 方程，这个等效电流源的电流和电阻为

$$I_\Sigma=I_1+I_2+\cdots+I_n=\sum_{i=1}^{n}I_i \tag{2.21}$$

$$R_{\Sigma}=R_1//R_2//R_3//\cdots//R_n \quad 或 \quad G_{\Sigma}=G_1+G_2+\cdots+G_n=\sum_{i=1}^{n}G_i \tag{2.22}$$

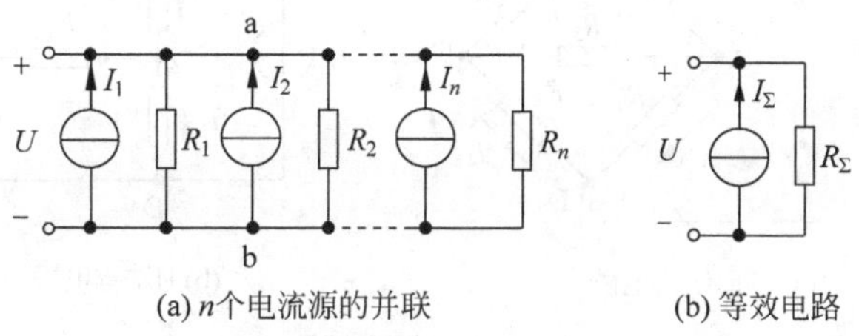

(a) *n*个电流源的并联 (b) 等效电路

图 2.9 电流源并联等效电路

如果电流源 I_i 的参考方向与总电流 I_{Σ} 的参考方向一致时，I_i 为正，否则为负。

2.3 等效变换

等效是电路分析中的一个重要概念。它是在保持电路的外部特性不变的条件下将电路的内部结构进行适当的变化，以使分析变得更加方便，计算更加简单。需要注意的是，等效变换的电路，其内部结构已经发生变化，故其等效只是对外电路而言，即电路的外特性在变换前后保持不变。

2.3.1 电阻的等效变换

1. R/2R 梯形电阻网络

梯形电阻网络是串并联电路的一种特殊形式。图 2.10 中的电路，因其结构存在重复性，像梯子一样，故称为梯形网络。在梯形网络中，若一组电阻的阻值是另一组电阻阻值的两倍，则称之为 R/2R 梯形网络。数模转换器的核心就是一个精密的 R/2R 梯形网络。

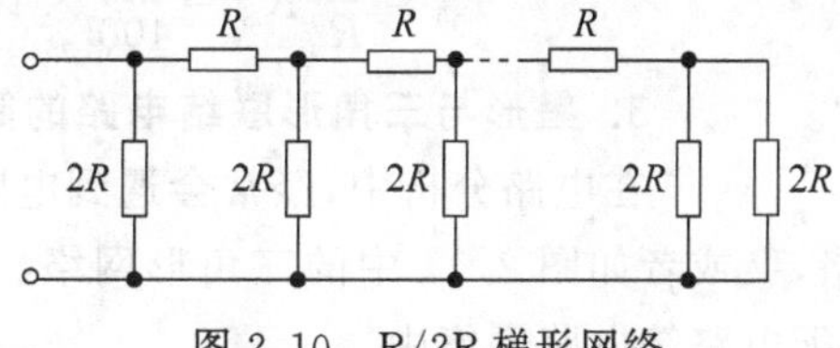

图 2.10 R/2R 梯形网络

2. 惠斯通电桥

图 2.11(a)是最常见的菱形结构电桥网络，图 2.11(b)是 H 桥式电路。当电桥平衡时，电阻 R_5 上没有电流经过，而且它两端电压等于 0。惠斯通电桥是一种特殊形式的电桥，其基于电桥平衡的原理，用于求解未知电阻的值；也可与传感器一起使用，进行张力、温度及压力等量的测量。

由图 2.11 可知，电桥平衡时，由于电阻 R_5 上没有电流经过，所以根据 KVL 方程有电阻 R_1 和 R_2 的端电压相等，电阻 R_3 和 R_4 的端电压相等即 $U_{BA}=U_{BC}$，$U_{AD}=U_{CD}$。也可表示为

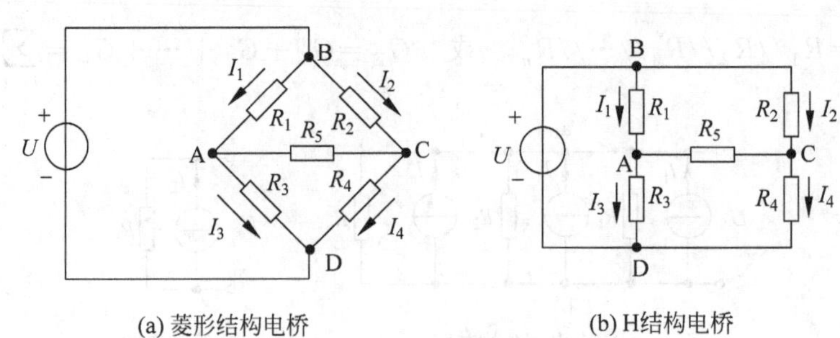

(a) 菱形结构电桥　　(b) H结构电桥

图 2.11　电桥电路

$$\frac{U_{BA}}{U_{AD}}=\frac{U_{BC}}{U_{CD}} \tag{2.23}$$

根据欧姆定律,可将上式表示为

$$\frac{I_1R_1}{I_3R_3}=\frac{I_2R_2}{I_4R_4} \tag{2.24}$$

因为 $I_1=I_3, I_2=I_4$,上式化简为

$$\frac{R_1}{R_3}=\frac{R_2}{R_4} \tag{2.25}$$

电桥平衡时,利用式(2.25),电桥上任意电阻的阻值可由其他电阻求得。

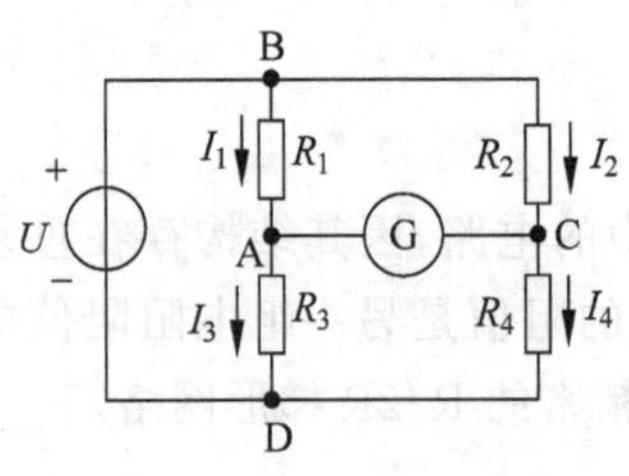

图 2.12　例 2.8 电路图

【例 2.8】 利用惠斯通电桥求解未知电阻,如图 2.12 所示。假设电阻 R_1 未知,若 $R_2=100\Omega$, $R_4=400\Omega$,当调节 R_3 到 1200Ω 时电桥平衡,则电阻 R_1 的阻值是多少?

【解】 因为电桥平衡,检流计上的电流应为 0,根据式(2.25),有

$$R_1=\frac{R_2}{R_4}R_3=\frac{100}{400}\times 1200=300(\Omega)$$

3. 星形与三角形联结电路的等效变换

在电路分析中,经常会遇到电阻既非串联又非并联的情况,如图 2.13 中的星形网络,又或者如图 2.14 中的三角形网络。它们都是三端网络,常见于三相电路、滤波器以及匹配电路等电路网络中。

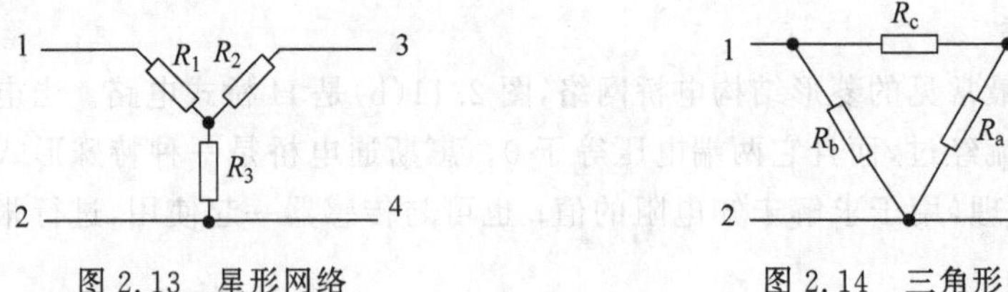

图 2.13　星形网络　　图 2.14　三角形网络

1) △(三角形)—Y(星形)变换

由图 2.13 和图 2.14,有

$$R_{12}(\mathrm{Y})=R_1+R_3 \tag{2.26a}$$

$$R_{12}(\triangle)=R_b//(R_a+R_c) \tag{2.26b}$$

令 $R_{12}(\mathrm{Y})=R_{12}(\triangle)$，有

$$R_{12}=R_1+R_3=R_b//(R_a+R_c)=\frac{R_b(R_a+R_c)}{R_a+R_b+R_c} \tag{2.27a}$$

同理：

$$R_{13}=R_1+R_2=R_c//(R_a+R_b)=\frac{R_c(R_a+R_b)}{R_a+R_b+R_c} \tag{2.27b}$$

$$R_{34}=R_2+R_3=R_a//(R_b+R_c)=\frac{R_a(R_b+R_c)}{R_a+R_b+R_c} \tag{2.27c}$$

式(2.27a)减去式(2.27c)，可得

$$R_1-R_2=\frac{R_c(R_b-R_a)}{R_a+R_b+R_c} \tag{2.28}$$

式(2.28)与式(2.27b)相加，可得

$$R_1=\frac{R_bR_c}{R_a+R_b+R_c} \tag{2.29a}$$

式(2.27b)减去式(2.29a)，可得

$$R_2=\frac{R_aR_c}{R_a+R_b+R_c} \tag{2.29b}$$

式(2.27a)减去式(2.29a)，可得

$$R_3=\frac{R_aR_b}{R_a+R_b+R_c} \tag{2.29c}$$

由式(2.29)，有如下结论：

$$\text{星形电阻}=\frac{\text{三角形网络相邻电阻的乘积}}{\text{三角形网络电阻之和}} \tag{2.30}$$

2) Y-△变换

由式(2.29)，可得

$$R_1R_2+R_2R_3+R_3R_1=\frac{R_aR_bR_c}{(R_a+R_b+R_c)} \tag{2.31}$$

用式(2.29)除式(2.31)，可得

$$R_a=\frac{R_1R_2+R_2R_3+R_3R_1}{R_1} \tag{2.32a}$$

$$R_b=\frac{R_1R_2+R_2R_3+R_3R_1}{R_2} \tag{2.32b}$$

$$R_c=\frac{R_1R_2+R_2R_3+R_3R_1}{R_3} \tag{2.32c}$$

由式(2.32)，有如下结论：

$$\text{三角形电阻}=\frac{\text{星形网络电阻两两乘积之和}}{\text{星形不相邻电阻}} \tag{2.33}$$

若星形网络中 3 个电阻相等，即$R_1=R_2=R_3$，则等效三角形链接中 3 个电阻也相等，有

$$R_{\triangle}=R_a=R_b=R_c=3R_{Y} \tag{2.34a}$$

或

$$R_{Y}=\frac{1}{3}R_{\triangle} \tag{2.34b}$$

【例 2.9】 求图 2.15(a)所示电路的等效电阻R_{ab}，$R=1\text{k}\Omega$。

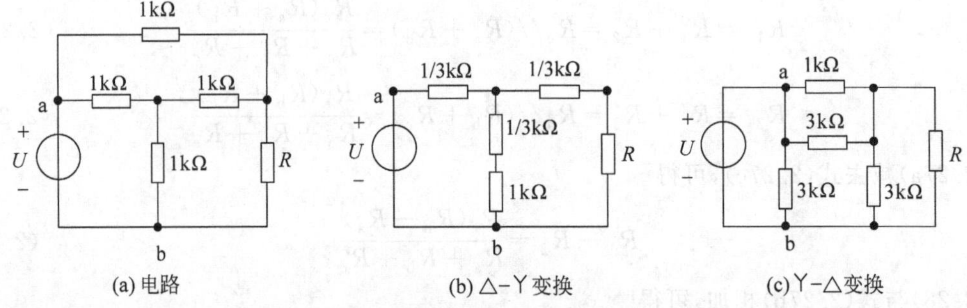

图 2.15 例 2.9 电路图

【解】 (1) △-Y变换。由式(2.29)有：

$$R_1=\frac{R_bR_c}{R_a+R_b+R_c}=\frac{1}{3}(\text{k}\Omega)$$

$$R_2=\frac{R_aR_c}{R_a+R_b+R_c}=\frac{1}{3}(\text{k}\Omega)$$

$$R_3=\frac{R_aR_b}{R_a+R_b+R_c}=\frac{1}{3}(\text{k}\Omega)$$

将图 2.15(a)等效变换成图 2.15(b)所示电路。则 a、b 之间的等效电阻为

$$R_{ab}=\frac{1}{3}+\left(\frac{1}{3}+1\right)//\left(\frac{1}{3}+1\right)=1(\text{k}\Omega)$$

(2) Y-△变换。由式(2.32)，有

$$R_a=\frac{R_1R_2+R_2R_3+R_3R_1}{R_1}=\frac{1\times1+1\times1+1\times1}{1}=3(\text{k}\Omega)$$

$$R_b=\frac{R_1R_2+R_2R_3+R_3R_1}{R_2}=3(\text{k}\Omega)$$

$$R_c=\frac{R_1R_2+R_2R_3+R_3R_1}{R_3}=3(\text{k}\Omega)$$

将图 2.15(a)等效变换成图 2.15(c)所示电路。则 a、b 之间的等效电阻$R_{ab}=3//(1//3+3//1)=1\text{k}\Omega$。

2.3.2 电源的等效变换

若实际电压源的外特性和实际电流源的外特性是相同的，这就意味着，对于接在电源两端的任意给定负载，两种电源将产生相同的电压和电流，这一概念称为**端口等效**。也就是

说，满足端口等效的实际电压源和实际电流源之间可以等效变换。

电压源与电流源的等效变换电路如图 2.16 所示。关于两者的等效变换，有以下结论。

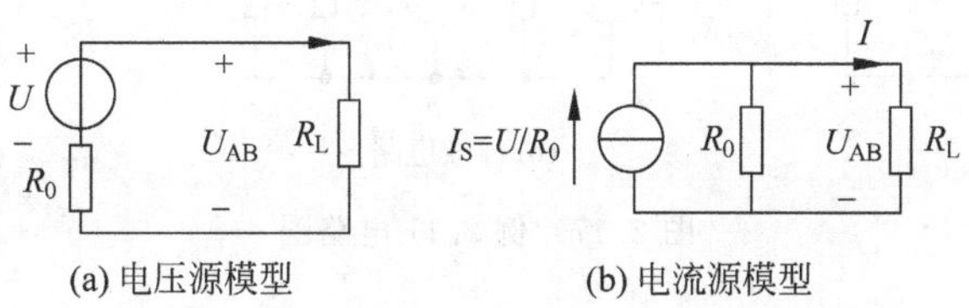

图 2.16　电压源与电流源等效变换模型

(1) 电压源与电流源的等效变换只能对外电路等效，对内电路不等效。

(2) 把电压源变换为电流源时，电流源电流 I_S 等于电压源输出端的短路电流，即 I_S 方向与电压源对外电路输出电流方向相同，电流源中的并联电阻与电压源的串联内阻相等。

(3) 把电流源变换为电压源时，电压源中的端电压 U 等于电流源输出端断路时的端电压，即 U 的方向与电流源对外输出电流方向相同，电压源的串联内阻与电流源的并联电阻相等。

(4) 理想电流源与理想电压源之间不能进行等效变换。

由电源的串并联可知，电压源的串联和电流源的并联都可以实现电路化简，因此，在并联电路中，常将电压源等效变换成电流源后进行电路化简；在串联电路中，常将电流源等效变换成电压源后做电路化简。

【例 2.10】 在如图 2.16(b)所示的电路中，若 $I_S=4\text{mA}$，$R_0=5\text{k}\Omega$，$R_L=20\text{k}\Omega$，用电源的两种电路模型分别求电压 U 和电流 I，并计算电源内部的损耗功率和内阻电压。

【解】 (1) 计算电压 U 和电流 I。根据图 2.16(b)，可得

$$I=\frac{R_0}{R_0+R_L}I_S=\frac{5}{5+20}\times 4=0.8(\text{mA})$$

$$U_{AB}=I\cdot R_L=0.8\times 20=16(\text{V})$$

将实际电流源模型等效为如图 2.16(a)所示的实际电压源模型，则有

$$U=I_SR_0=4\times 5=20(\text{V})$$

$$I=\frac{U}{R_0+R_L}=\frac{20}{5+20}=0.8(\text{mA})$$

$$U_{AB}=I\cdot R_L=0.8\times 20=16(\text{V})$$

(2) 计算内阻电压和电源内部损耗的功率。根据图 2.16(b)，可得

$$U_{AB}=16(\text{V})$$

$$\Delta P=\frac{U_{AB}^2}{R_0}=\frac{16^2}{5}=51.2(\text{mW})$$

在图 2.16(a)中，

$$\Delta P=I^2R_0=0.8^2\times 5=3.2(\text{mW})$$

可见，电源等效模型对外电路等效，对内电路并不等效。

【例 2.11】 如图 2.17(a)所示电路，利用电源等效变换法求节点 a、b 之间的电压 U_{ab}。

【解】 根据图 2.17 的变换次序，最后化简为图 2.17(c)所示电路，由此可得

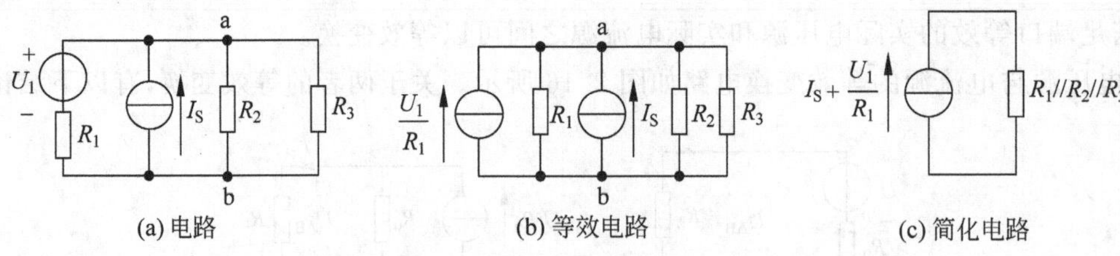

图 2.17　例 2.11 电路图

$$U_{ab}=\frac{\dfrac{U_1}{R_1}+I_S}{\dfrac{1}{R_1}+\dfrac{1}{R_2}+\dfrac{1}{R_3}}$$

对于例 2.10 所得结论,可将其表达成通用形式,即任意两节点之间的电压为

$$U_{ab}=\frac{\dfrac{U_1}{R_1}+I_S}{\dfrac{1}{R_1}+\dfrac{1}{R_2}+\dfrac{1}{R_3}}=\frac{\sum\limits_i \dfrac{U_i}{R_i}+\sum\limits_i I_{Si}}{\sum\limits_i \dfrac{1}{R_i}} \tag{2.35}$$

其中,$\sum\limits_i I_{Si}$ 是流入节点的电流源的电流代数和。

需要注意的是,各支路上电源电压与节点电压 U_{ab} 的参考方向相同,取正号;否则,取负号。

【例 2.12】　求图 2.18(a)所示电路中 1Ω 电阻上的电流 I。

视频 2.1

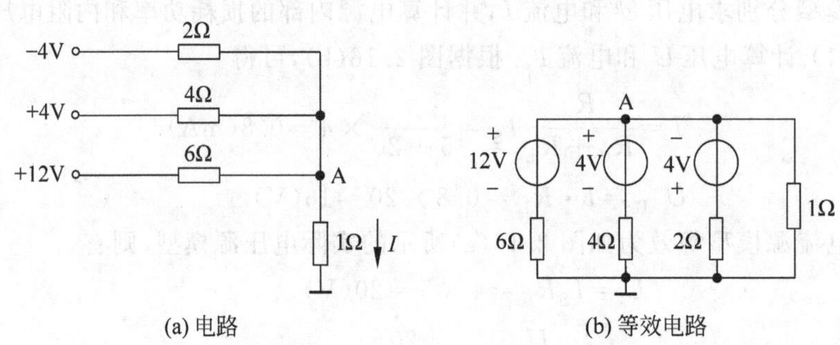

图 2.18　例 2.12 电路图

【解】　将图 2.18(a)变换成图 2.18(b)所示的电路,节点 A 和零电位参考点如图所示。由节点电压公式(2.35),有

$$U_{A0}=\frac{\sum\limits_i \dfrac{U_i}{R_i}}{\sum\limits_i \dfrac{1}{R_i}}=\frac{-\dfrac{4}{2}+\dfrac{4}{4}+\dfrac{12}{6}}{\dfrac{1}{2}+\dfrac{1}{4}+\dfrac{1}{6}+\dfrac{1}{1}}=\frac{12}{23}(\text{V})$$

$$I=\frac{\dfrac{12}{23}}{1}=\frac{12}{23}(\text{A})$$

【例 2.13】　如图 2.19(a)所示电路,已知 $U_1=12\text{V}$,$U_2=-6\text{V}$,$I_S=1\text{A}$,$R_1=3\Omega$,$R_2=$

6Ω，$R_3=4\Omega$，$R_L=2\Omega$，试用电源等效变换的方法求电阻 R_L 的电流 I，并分析功率平衡。

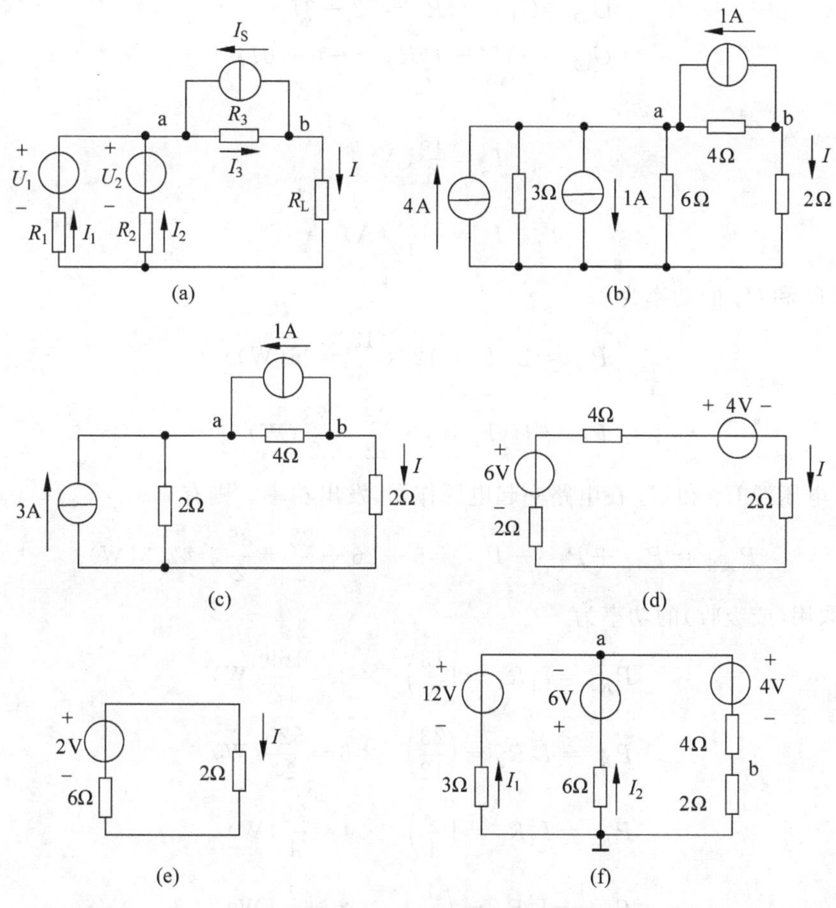

图 2.19　例 2.13 电路图

【解】（1）根据图 2.19 的变换次序，最后化简为图 2.19(e)所示电路，由此可得

$$I=\frac{2}{6+2}=0.25(\mathrm{A})$$

（2）根据图 2.19(a)，针对节点 b，列 KCL 方程，有

$$I_3=I_S+I=1+\frac{1}{4}=\frac{5}{4}(\mathrm{A})$$

则有

$$U_{ab}=I_3R_3=\frac{5}{4}\times 4=5(\mathrm{V})$$

$$P_{I_S}=U_{ab}I_S=5\times 1=5(\mathrm{W})$$

由此可知，电流源 I_S 起电源作用，发出功率。

对图 2.19(a)做电源等效变换如图 2.19(f)所示，为求 I_1、I_2，先求节点电压 U_{a0}：

$$U_{a0}=\frac{\frac{12}{3}-\frac{6}{6}+\frac{4}{6}}{\frac{1}{3}+\frac{1}{6}+\frac{1}{6}}=\frac{11}{2}(\mathrm{V})$$

因为，

$$U_{a0}=U_1-I_1R_1=12-3I_1$$
$$U_{a0}=-U_2-I_2R_2=-6-6I_2$$

所以，

$$I_1=\frac{13}{6}(\mathrm{A})$$
$$I_2=-\frac{23}{12}(\mathrm{A})$$

则电压源 U_1 和 U_2 的功率为

$$P_{U_1}=U_1I_1=12\times\frac{13}{6}=26(\mathrm{W})$$
$$P_{U_2}=U_2I_2=6\times\frac{23}{12}=\frac{23}{2}(\mathrm{W})$$

由此可知，电压源 U_1 和 U_2 在电路中起电源作用，发出功率。则有

$$P_{发出}=P_{I_S}+P_{U_1}+P_{U_2}=5+26+\frac{23}{2}=\frac{85}{2}=42.5(\mathrm{W})$$

各电阻所取用（或吸收）的功率为

$$P_{R_1}=I_1^2R_1=\left(\frac{13}{6}\right)^2\times3=\frac{169}{12}(\mathrm{W})$$
$$P_{R_2}=I_2^2R_2=\left(\frac{23}{12}\right)^2\times6=\frac{529}{24}(\mathrm{W})$$
$$P_{R_3}=I_3^2R_3=\left(\frac{5}{4}\right)^2\times4=\frac{25}{4}(\mathrm{W})$$
$$P_{R_L}=I^2R_L=\left(\frac{1}{4}\right)^2\times2=\frac{1}{8}(\mathrm{W})$$

则有

$$P_{吸收}=P_{R_1}+P_{R_2}+P_{R_3}+P_{R_L}=\frac{169}{12}+\frac{529}{24}+\frac{25}{4}+\frac{1}{8}=\frac{1020}{24}=42.5(\mathrm{W})$$

所以，$P_{发出}=P_{吸收}$，功率平衡。

2.4 叠加定理

叠加定理：电路中任意元件上流过的电流或其两端的电压，等于每个独立源单独作用时产生的电流或电压的代数和。

采用叠加定理可以帮助我们分析包含多个独立源的线性电路，但是叠加定理必须注意以下两点。

(1) 每次计算仅考虑一个独立源，其他电源除源：电压源短路（电压设为 0V），电流源断路（电流设为 0A）。

(2) 叠加定理的基础是线性性质，因此它并不适用于非线性电路，不适用于求解功率。如果要求功率，必须先利用叠加定理计算流经元件的电流或电压，之后再计算功率。

【例 2.14】 分别用节点电压公式和叠加定理,求图 2.20(a)所示电路中,100Ω 电阻 R_2 上的电流 I_2。

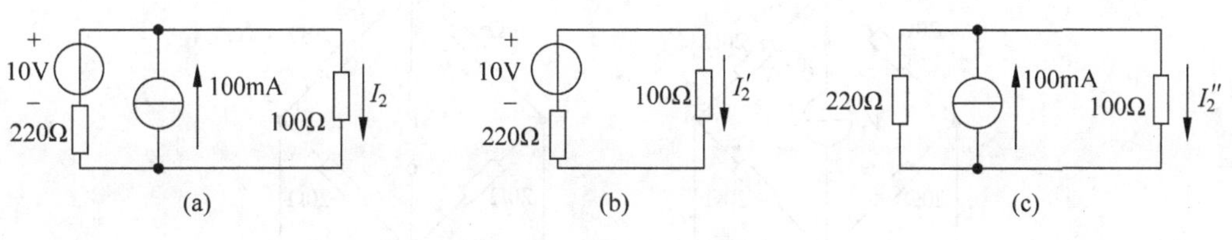

图 2.20 例 2.14 电路图

【解】 (1) 由节点电压公式(2.35),得

$$U_{ab}=\frac{\sum_i \frac{U_i}{R_i}}{\sum_i \frac{1}{R_i}}=\frac{\frac{10}{220}+0.1}{\frac{1}{220}+\frac{1}{100}}=10(\text{V})$$

$$I_2=\frac{U_{ab}}{R_2}=\frac{10}{100}=0.1(\text{A})$$

(2) 由电压源单独作用时,电流源开路,如图 2.20(b)所示,则有

$$I_2'=\frac{U}{R_1+R_2}=\frac{10}{220+100}=31.2(\text{mA})$$

由电流源单独作用时,电压源短路,如图 2.20(c)所示。利用分流公式,有

$$I_2''=\frac{R_1}{R_1+R_2}I_S=\frac{220}{220+100}\times 100=68.8(\text{mA})$$

则电阻 R_2 上的总电流为

$$I_2=I_2'+I_2''=31.2+68.8=100(\text{mA})=0.1(\text{A})$$

【例 2.15】 若改变上例中电流源的方向,如图 2.21(a)所示,用叠加定理求 100Ω 电阻上的电流。

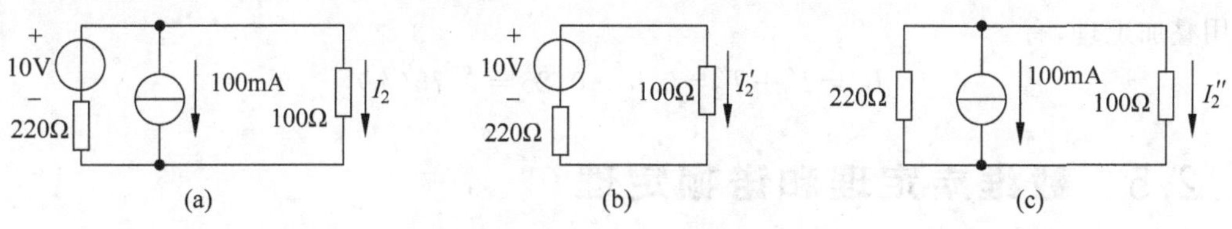

图 2.21 例 2.15 电路图

【解】 由电压源单独作用时,电流源开路,如图 2.21(b)所示。

$$I_2'=\frac{U}{R_1+R_2}=\frac{10}{220+100}=31.2(\text{mA})$$

由电流源单独作用时,电压源短路,如图 2.21(c)所示。利用分流公式,有

$$I_2''=-\frac{R_1}{R_1+R_2}I_S=-\frac{220}{220+100}\times 100=-68.8(\text{mA})$$

则电阻 R_2 上的总电流为

$$I_2=I_2'+I_2''=31.2-68.8=-37.6(\text{mA})$$

【例 2.16】 使用叠加定理,计算图 2.22(a)中的电流 I_2。

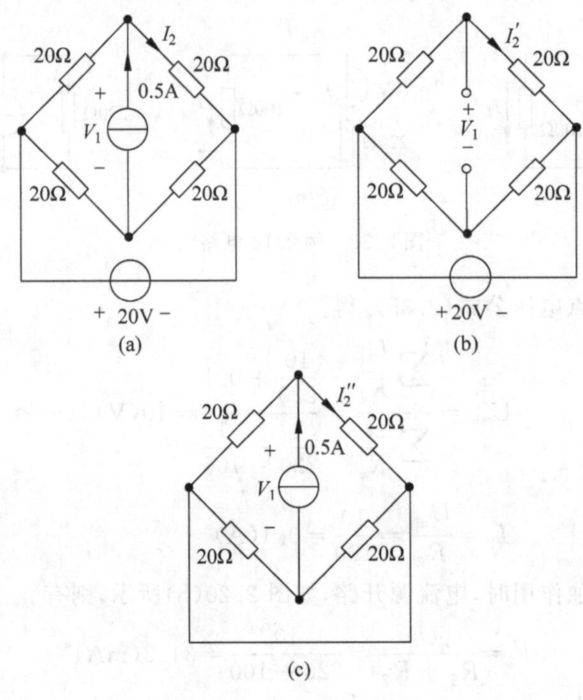

图 2.22 例 2.16 电路图

【解】 考虑 20V 电压源的作用,如图 2.22(b)所示。

$$I'_2=\frac{20\text{V}}{(20+20)\Omega}=0.5(\text{A})$$

考虑 0.5A 电流源的作用,如图 2.22(c)所示。

$$I''_2=\frac{20}{20+20}\times 0.5=0.25(\text{A})$$

利用叠加定理,有

$$I_2=I'_2+I''_2=0.5+0.25=0.75(\text{A})$$

2.5 戴维南定理和诺顿定理

2.5.1 戴维南定理

实际电路中经常会有可变负载,而其他元件则固定不变的情况。例如电源插座,它可以连接不同的电器,从而形成可变负载。可变负载每改变一次,就要对整个电路重新分析一遍,为了避免这个问题,戴维南定理提供了一种用等效电路取代电路中不变部分的方法。

戴维南定理:任意有源二端线性网络都可以由一个理想电压源与内阻串联的电源来等效代替,等效电源的电动势 E 等于有源二端网络的开路电压,等效电源的内阻 R_0 为移去所有电源后(电压源短路,电流源断路)二端网络的等效电阻。

求解任意二端网络的戴维南等效网络如图 2.23(a)所示,应遵循以下步骤。

(1) 移去网络中端口连接的负载,并给网络的端口标号(高电位标 a,低电位标 b)。

(2) 求解二端口网络的开路电压 U_{ab}，注意 $U_{ab}=U$。

(3) 移去所有电源后(电压源短路，电流源断路)求二端网络的等效电阻，即等效电源的内阻 R_0。

(4) 画出戴维南等效电路，如图 2.23(b)所示。

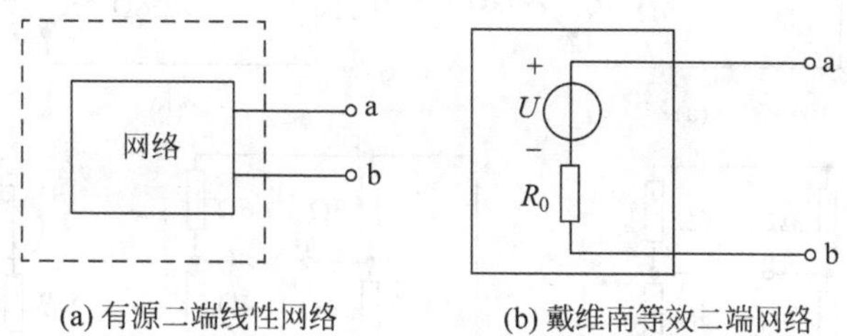

(a) 有源二端线性网络　　(b) 戴维南等效二端网络

图 2.23　戴维南定理等效网络

【例 2.17】 用戴维南定理求图 2.24(a)所示电路中 2Ω 电阻的电流 I_2。

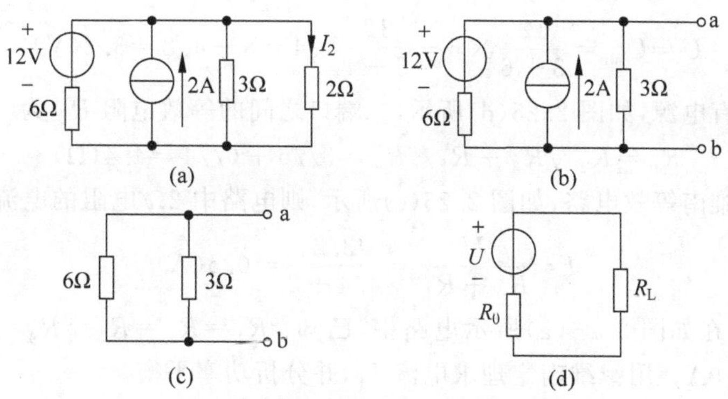

图 2.24　例 2.17 电路图

【解】 (1) 移去网络中端口连接的任意负载，并给网络的端口标号(高电位标 a，低电位标 b)。如图 2.24(b)所示，高低电位的标注与所选参考电流方向相同。

(2) 图 2.24(b)所示电路的开路电压 U_{ab} 为

$$U_{ab}=\frac{\sum\limits_i \dfrac{U_i}{R_i}+I_S}{\sum\limits_i \dfrac{1}{R_i}}=\frac{\dfrac{12}{6}+2}{\dfrac{1}{6}+\dfrac{1}{3}}=8(\text{V})$$

(3) 移去所有电源，如图 2.24(c)所示，二端网络的等效电阻为

$$R_0=3//6=2(\Omega)$$

(4) 画出戴维南等效电路，如图 2.24(d)所示，则电路中 2Ω 电阻的电流为

$$I_2=\frac{U}{R_0+R_L}=\frac{8}{2+2}=2(\text{A})$$

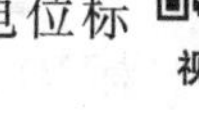

视频 2.2

【例 2.18】 用戴维南定理求图 2.25(a)所示电路中 2Ω 电阻的电流 I。

【解】 (1) 移去二端网络所连接的负载，并给网络的端口标号(高电位标 a，低电位标 b)，如图 2.25(b)所示，高低电位的标注与所选参考电流方向相同。

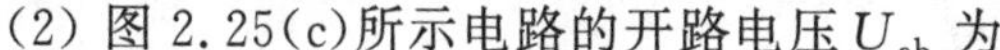

(2) 图 2.25(c)所示电路的开路电压 U_{ab} 为

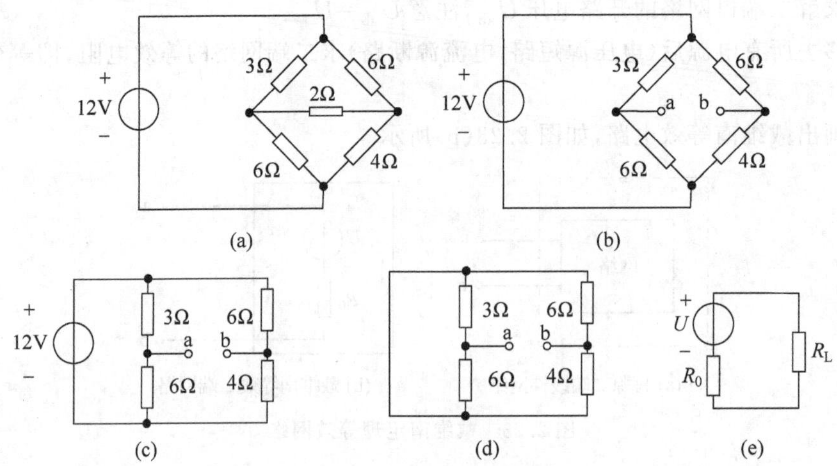

图 2.25 例 2.18 电路图

$$U=U_{ab}=\frac{12}{3+6}\times 6-\frac{12}{6+4}\times 4=8-4.8=3.2(\mathrm{V})$$

(3) 移去所有电源，如图 2.25(d)所示，二端口之间的等效电阻 R_0 为

$$R_0=R_1//R_3+R_2//R_4=3//6+6//4=4.4(\Omega)$$

(4) 画出戴维南等效电路，如图 2.25(e)所示，则电路中 2Ω 电阻的电流为

$$I=\frac{U}{R_0+R_L}=\frac{3.2}{4.4+2}=0.5(\mathrm{A})$$

【例 2.19】 在如图 2.26(a)所示电路中，已知：$R_1=R_2=R_3=R_4=2\Omega$，$U_{S1}=15\mathrm{V}$，$U_{S2}=25\mathrm{V}$，$I_S=10\mathrm{A}$。用戴维南定理求电流 I_4，并分析功率平衡。

视频 2.3

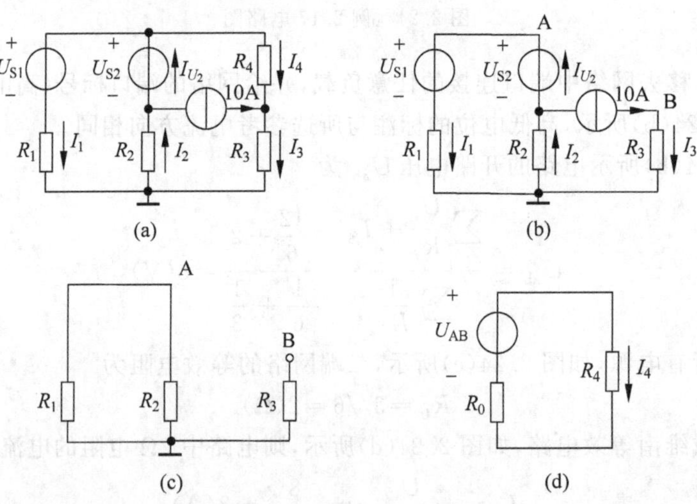

图 2.26 例 2.19 电路图

【解】 (1) 移去网络中端口连接的负载 R_4，并给网络的端口标号(高电位标 A，低电位标 B)。如图 2.26(b)所示，高低电位的标注与所选参考电流方向相同。由如图 2.26(b)所示电路，有

$$2I_1+15=25-2(I_1+10)$$

$$I_1=-\frac{5}{2}(\text{A})$$

$$U_{AO}=U_{S1}+I_1R_1=15-5=10(\text{V})$$

$$U=U_{AB}=U_{AO}+U_{OB}=10-I_SR_3=10-10\times 2=-10(\text{V})$$

移去所有电源(见图 2.26(c)),二端口 A、B 之间的等效电阻 R_0 为

$$R_0=R_1//R_2+R_3=2//2+2=3(\Omega)$$

画出戴维南等效电路,如图 2.26(d)所示,则电路中的电流 I_4 为

$$I_4=\frac{U_{AB}}{R_0+R_4}=\frac{-10}{3+2}=-2(\text{A})$$

负号表示参考方向与实际电流方向相反。

(2) 根据图 2.26(a),有

$$I_3=I_4+I_S$$
$$I_1+I_3=I_2$$
$$I_S+I_{U_2}=I_2$$
$$I_1R_1+U_{S1}=U_{S2}-I_2R_2$$
$$U_{I_S}=I_3R_3+I_2R_2$$

代入已知条件,有

$$I_3=8(\text{A})$$
$$I_1+8=I_2$$
$$10+I_{U_2}=I_2$$
$$2I_1+15=25-2I_2$$
$$U_{I_S}=16+2I_2$$

整理得:

$$I_1-I_2=-8$$
$$I_2-I_{U_2}=10$$
$$I_1+I_2=5$$
$$U_{I_S}=16+2I_2$$

解得:

$$I_1=-\frac{3}{2}(\text{A}),\quad I_2=\frac{13}{2}(\text{A}),\quad I_{U_2}=-\frac{7}{2}(\text{A}),\quad U_{I_S}=29(\text{V})$$

由此可知,电压源 U_{S1} 和电流源 I_S 起电源作用,电压源 U_{S2} 起负载作用。则电源发出功率为

$$P_{U_{S1}}=U_{S1}I_1=15\times\frac{3}{2}=\frac{45}{2}(\text{W})$$

$$P_{I_S}=U_{I_S}I_S=29\times 10=290(\text{W})$$

$$P_{发出}=P_{I_S}+P_{U_{S1}}=290+\frac{45}{2}=312.5(\text{W})$$

各电阻所取用(或吸收)的功率为

$$P_{R_1}=I_1^2R_1=\left(-\frac{3}{2}\right)^2\times 2=4.5(\mathrm{W})$$

$$P_{R_2}=I_2^2R_2=\left(\frac{13}{2}\right)^2\times 2=84.5(\mathrm{W})$$

$$P_{R_3}=I_3^2R_3=(8)^2\times 2=128(\mathrm{W})$$

$$P_{R_4}=I_4^2R_4=(-2)^2\times 2=8(\mathrm{W})$$

$$P_{U_{S2}}=U_{S2}I_{U_2}=25\times\left(\frac{7}{2}\right)=\frac{175}{2}(\mathrm{W})$$

则有

$$P_{吸收}=P_{U_{S2}}+P_{R_1}+P_{R_2}+P_{R_3}+P_{R_4}=312.5(\mathrm{W})$$

所以,$P_{发出}=P_{吸收}$,功率平衡。

许多实际电路的作用是为负载提供功率,在通信等应用中,人们希望传递给负载最大的功率。那么,什么样的负载加入到系统时,才能使负载从系统中获得最大功率?在计算线性电路的分析中,戴维南等效电路是非常有用的,假设除负载以外的电路用戴维南等效电路替代,负载电阻 R_L 可调,如图 2.27 所示,则该电路传输给负载的功率为

$$P_L=I^2R_L=\left(\frac{U}{R_0+R_L}\right)^2R_L$$

当 U 和 R_0 是固定的,改变负载电路 R_L 时,功率与负载的关系曲线如图 2.28 所示。

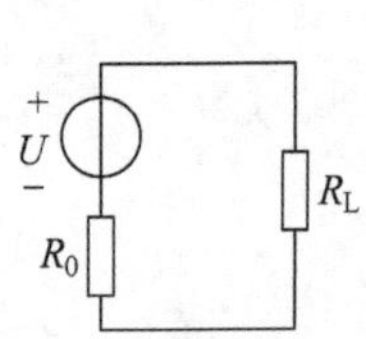

图 2.27 戴维南等效电路

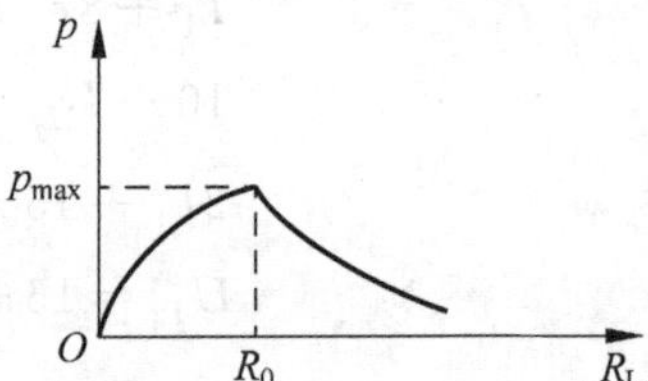

图 2.28 功率与负载的关系曲线

当负载电阻与加在该负载上网络的戴维南等效电阻相等时,负载从网络中获得最大功率,这就是最大功率传输定理。

负载吸收的最大功率为

$$P_{L(\max)}=\frac{U^2}{4R_L}$$

【例 2.20】 求图 2.29(a)所示电路网络 ab 实现最大功率传输时的负载电阻 R_L,并计算相应的最大功率。

【解】 根据图 2.29 的变换次序,最后化简为图 2.29(e)所示电路,由此可知,戴维南等效电路的电动势 $E=2\mathrm{V}$,$R_0=2\Omega$。则实现最大功率传输时的负载电阻 $R_L=R_0=2\Omega$,最大功率为

$$P_{\max}=\frac{E^2}{4R_L}=\frac{2^2}{4\times 2}=0.5(\mathrm{W})$$

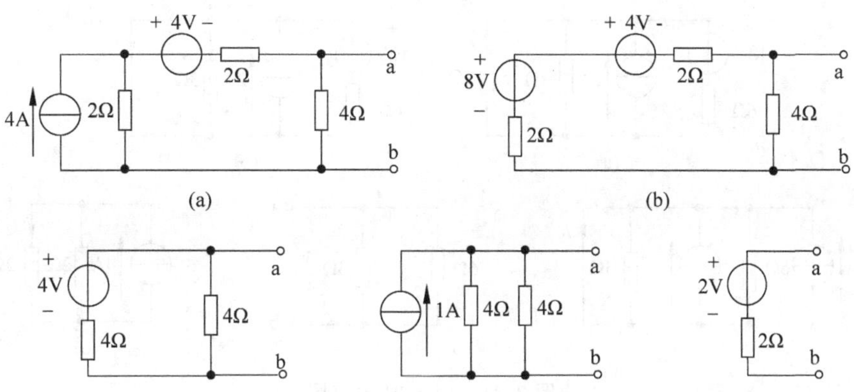

图 2.29　例 2.20 电路图

2.5.2　诺顿定理

既然戴维南定理将一个有源二端口网络等效为一个理想电压源和一个电阻的串联组合，那么根据电源的等效变换，一个理想电压源和一个电阻的串联可以变换为一个理想电流源和一个电阻的并联组合，如图 2.30 所示。这个结论就是诺顿定理，它是由美国贝尔实验室的科学家 E. L. Norton 于 1926 年提出的。

要求解任意二端网络的诺顿等效网络，遵循以下步骤。

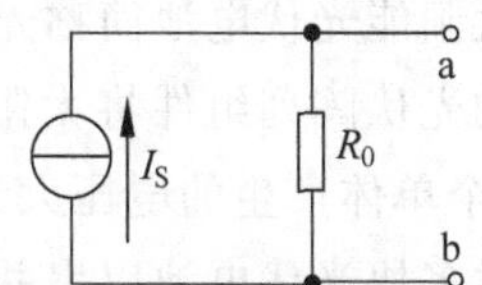

图 2.30　诺顿定理等效电路图

(1) 移去网络中端口连接的任意负载，并给网络的端口标号(高电位标 a，低电位标 b)。

(2) 求解二端口网络的短路电流 I_S。

(3) 移去所有电源后(电压源短路，电流源断路)求二端口之间的等效电阻，即等效电源的内阻 R_0。

(4) 画出诺顿等效电路。

【例 2.21】　用诺顿定理求图 2.24(a)所示电路中 2Ω 电阻的电流 I_2。

【解】　(1) 移去网络中端口连接的负载 2Ω 电阻，并给网络的端口标号(高电位标 a，低电位标 b)，如图 2.31(a)所示。

(2) 用导线将 a、b 端口连接(短路)，如图 2.31(b)所示；利用电源等效变换化简，如图 2.31(c)所示电路，可以看出

$$I_S = 4(\text{A})$$

(3) 移去所有电源(电压源短路，电流源断路)，如图 2.31(d)所示电路，得

$$R_0 = 3//6 = 2(\Omega)$$

画出诺顿等效电路，如图 2.31(e)所示。利用分流公式，2Ω 电阻的电流 I_2 为

$$I_2 = \frac{2}{2+2} \times 4 = 2(\text{A})$$

一般情况下，求出戴维南等效电路和诺顿等效电路其中之一，就可以得到另一种等效电

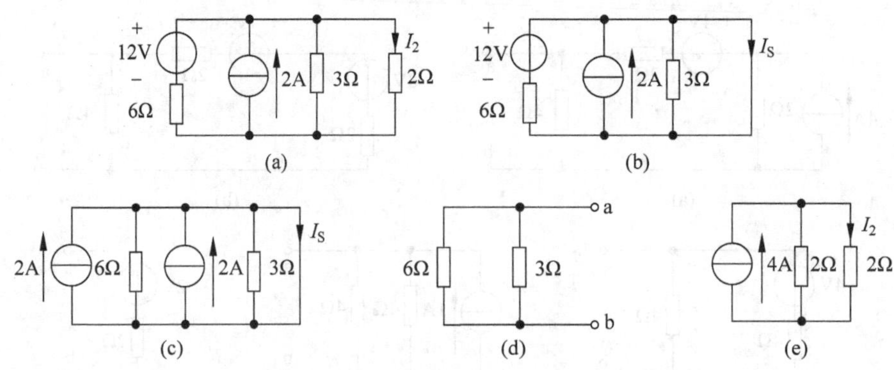

图 2.31　例 2.21 电路图

路。但是，若二端网络的等效电阻 $R_0=0$，则该二端网络只有戴维南等效电路(理想电压源)，而不存在诺顿等效电路；若二端网络的等效电阻 $R_0=\infty$，该二端网络只有诺顿等效电路(理想电流源)，而不存在戴维南等效电路。

2.6　工程应用

2.6.1　太阳能光伏电池

太阳能光伏电池简称光伏(Photo Voltaic，PV)电池。光伏发电系统利用光电效应原理制成的光伏阵列组件将太阳能直接转换为电能。光伏电池单体是用于光电转换的最小单元，一个单体产生的电压大约为 0.45V，工作电流为 20～25mA/cm^2，一般的光伏电池板都是通过多块光伏电池以串并联的方式组成光伏阵列而工作，如图 2.32 所示。

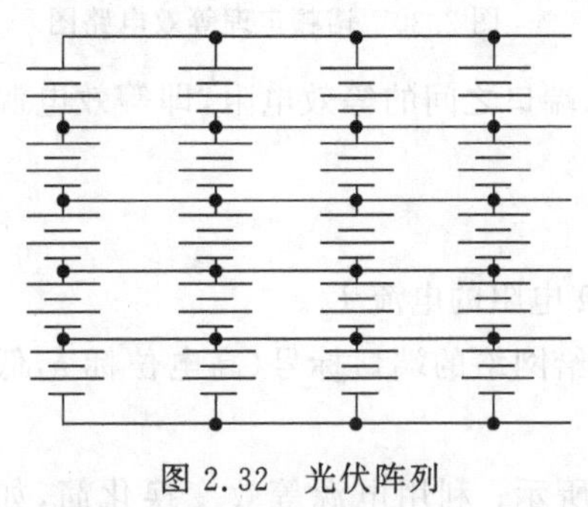
图 2.32　光伏阵列

假定光伏阵列各光伏电池的输出特性和内特性相同，则光伏阵列可看作先由 n 个光伏电池并联成一组，然后再由相同特性的 m 个光伏电池组串联而成。

2.6.2　带开关输入的倒 T 形网络模拟二进制编码

为了能够使用数字电路处理模拟信号，必须把模拟信号转换成相应的数字信号，方能送入数字系统进行处理。同时，往往还要求把处理后得到的数字信号再转换成相应的模拟信号，作为最后的输出。我们把从数字信号到模拟信号的转换称为数-模(D/A)转换。图 2.33 是利用 R/2R 电阻网络构成的倒 T 形电阻网络 D/A 转换器。

在图 2.33(a)中，因为集成运算放大器反相输入端 V_- 的电位始终接近于 0，所以无论开关合到哪一边，都相当于接到了零电位上，流过每个之路的电流也始终不变。因此，可得到如图 2.33(b)所示的等效电路。

多个开关同时接电源 V_{REF} 端时，总输出电压为各个开关分别单独接入电源时的各输出之和，有

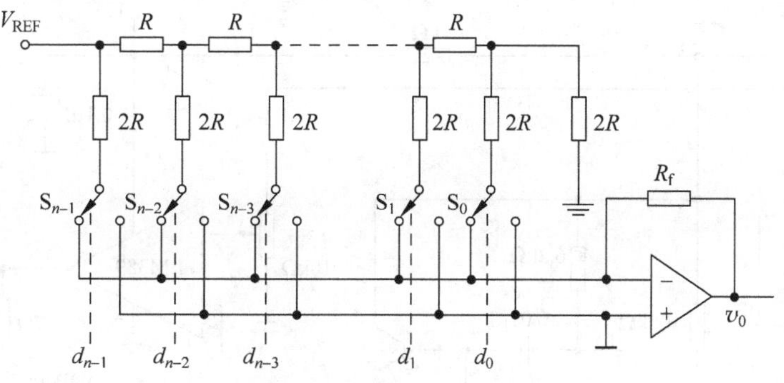

(a) 倒T形电阻网络D/A转换器

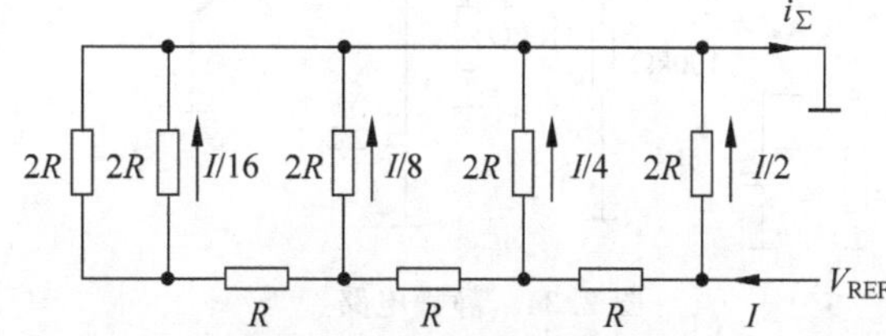

(b) 倒T形电阻网络支路电流的等效电路

图 2.33 带开关输入的倒 T 形网络模拟二进制编码

$$i_{\Sigma}=\frac{V_{\mathrm{REF}}}{R}\left(\frac{D_0}{2^4}+\frac{D_1}{2^3}+\frac{D_2}{2^2}+\frac{D_3}{2^1}\right)=\frac{V_{\mathrm{REF}}}{2^4\times R}\sum_{i=0}^{3}(D_i\cdot 2^i)$$

输出电压为

$$v_{\mathrm{o}}=-i_{\Sigma}R_{\mathrm{f}}=-\frac{R_{\mathrm{f}}}{R}\cdot\frac{V_{\mathrm{REF}}}{2^4}\sum_{i=0}^{3}(D_i\cdot 2^i)$$

对于 n 位输入的倒 T 形电阻网络 D/A 转换器，在求和放大器的反馈电阻阻值为 R 的条件下，输出模拟电压的计算公式为

$$v_{\mathrm{o}}=-\frac{R_{\mathrm{f}}}{R}\cdot\frac{V_{\mathrm{REF}}}{2^n}\sum_{i=0}^{n-1}(D_i\cdot 2^i)$$

2.6.3 静噪电路

由于在调频接收中存在门限效应，因此在系统设计时要尽可能地降低门限值。为了获得较高的输出信噪比，在鉴频器的输入端的输入信噪比要在门限值之上。但在调频通信和调频广播中，经常会遇到无信号或弱信号的情况，这时输入信噪比就低于门限值，输入端的噪声就会急剧增加。为此，要采用静噪电路来抑制这种噪声。

静噪的方式和电路是多种多样的，常用的是用静噪电路去控制接收机的低频放大器，如图 2.34 所示。电路中可以看到本章前面介绍的并联电路、串联及分压电路等，该电路还涉及基本放大电路的知识，具体将在第 11 章进行介绍。

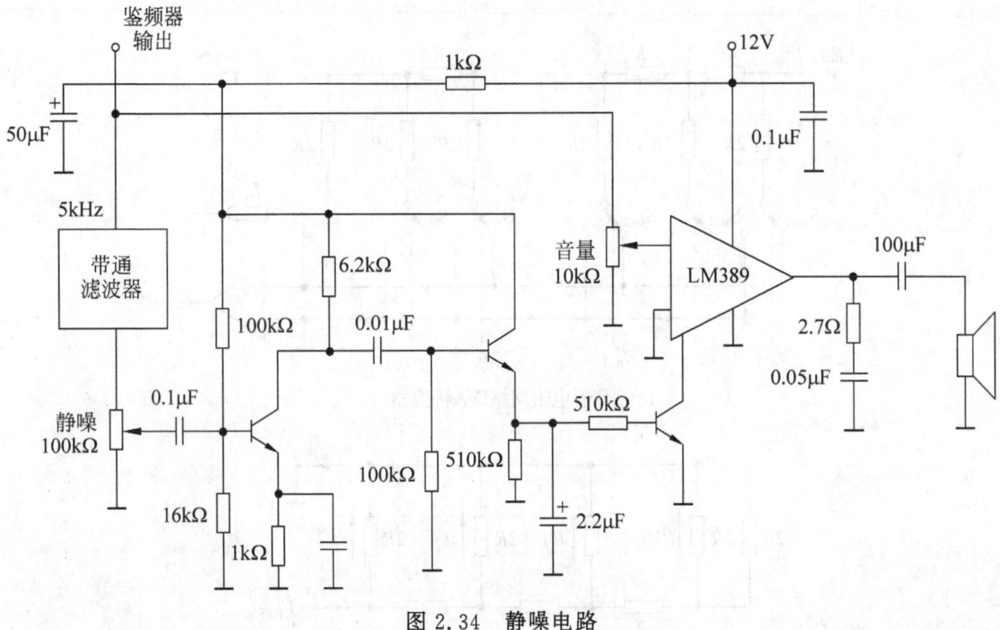

图 2.34　静噪电路

习题

2.1　在如图 2.35 所示电路中，用电源变换的方法求 1Ω 电阻的电流 I。

2.2　用电源等效变换的分析方法，求如图 2.36 所示电路中的电流 I。

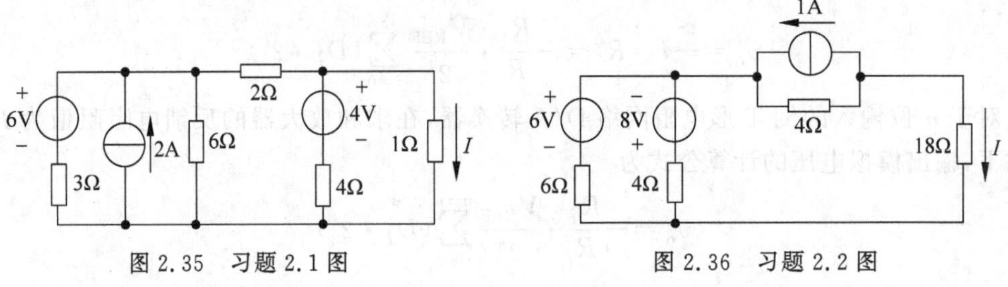

图 2.35　习题 2.1 图　　　图 2.36　习题 2.2 图

2.3　应用电源等效变换求图 2.37 所示电路的电压 U。

2.4　用电源等效变换求图 2.38 所示各支路的电流，其中 $U_{S1}=12\text{V}$，$U_{S2}=15\text{V}$，$R_1=3\Omega$，$R_2=1.5\Omega$，$R_3=9\Omega$。

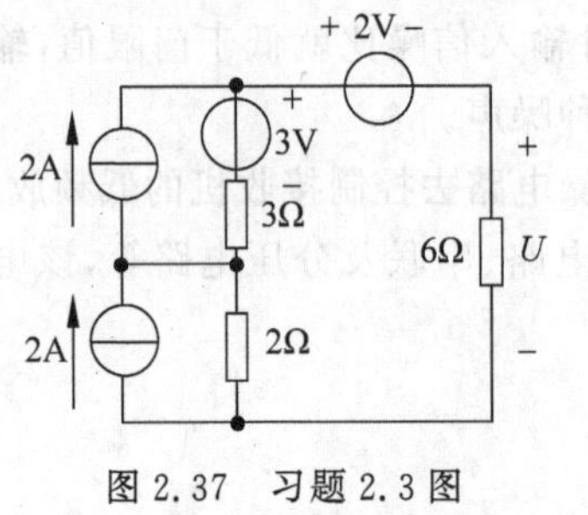

图 2.37　习题 2.3 图

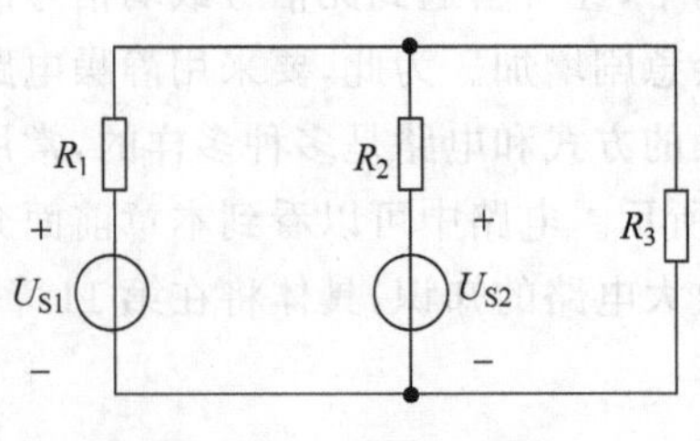

图 2.38　习题 2.4 图

2.5 用叠加定理求如图 2.39 所示电路中的电流 I。

2.6 用叠加原理求图 2.40 所示电路中 4Ω 电阻上的电流 I 以及电压 U。

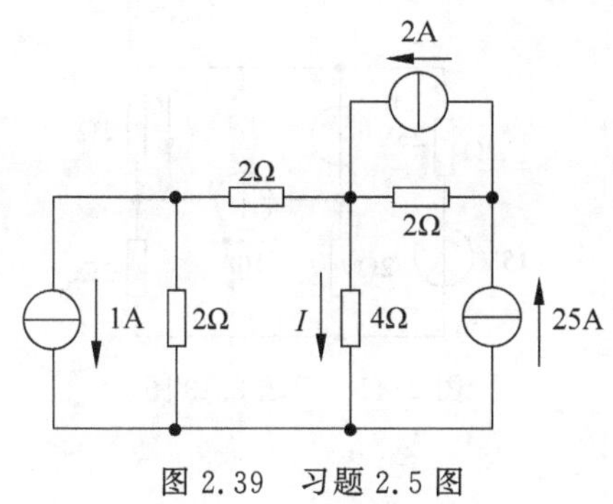

图 2.39 习题 2.5 图

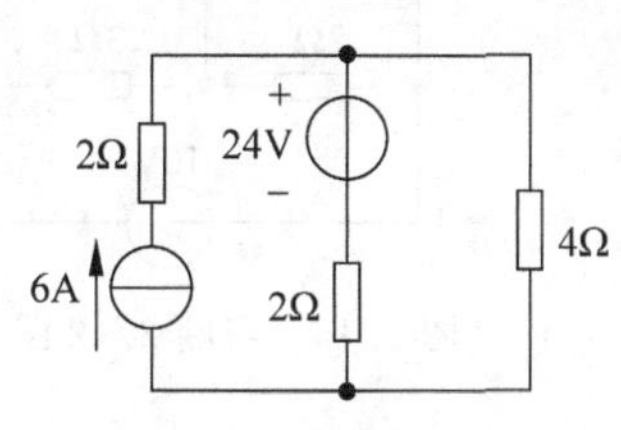

图 2.40 习题 2.6 图

2.7 用戴维南定理求如图 2.41 所示电路中的电流 I。

2.8 用戴维南定理计算如图 2.42 所示电路中的电流 I。

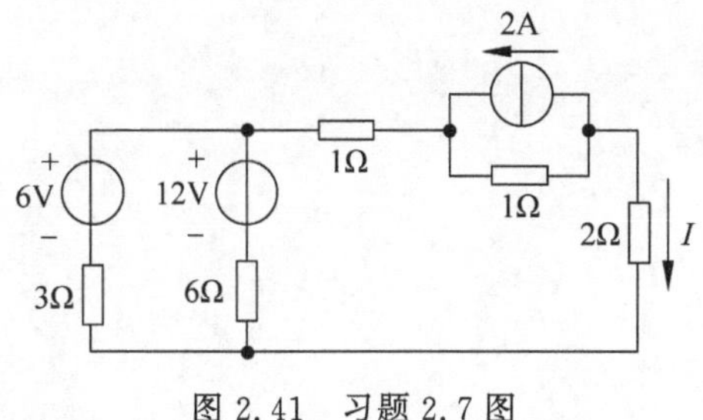

图 2.41 习题 2.7 图

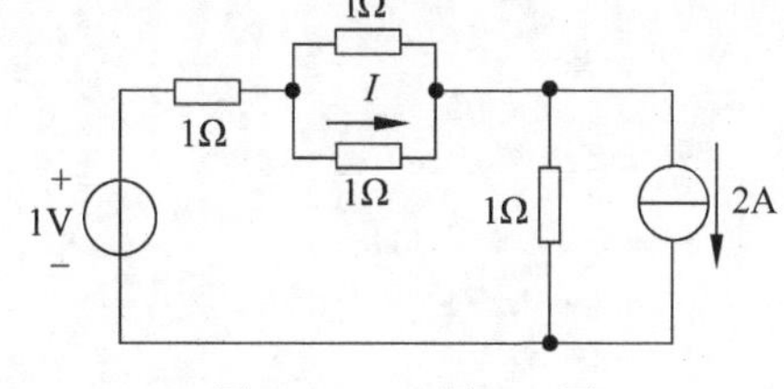

图 2.42 习题 2.8 图

2.9 用戴维南定理计算图 2.43 中的 1Ω 电阻的电压 U。

2.10 用戴维南定理计算图 2.44 中的电流 I。

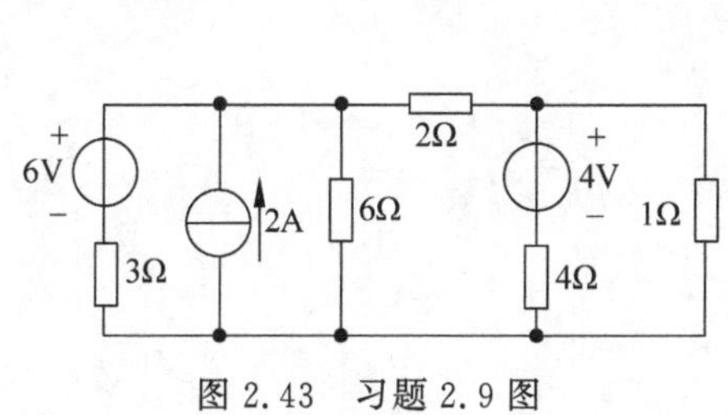

图 2.43 习题 2.9 图

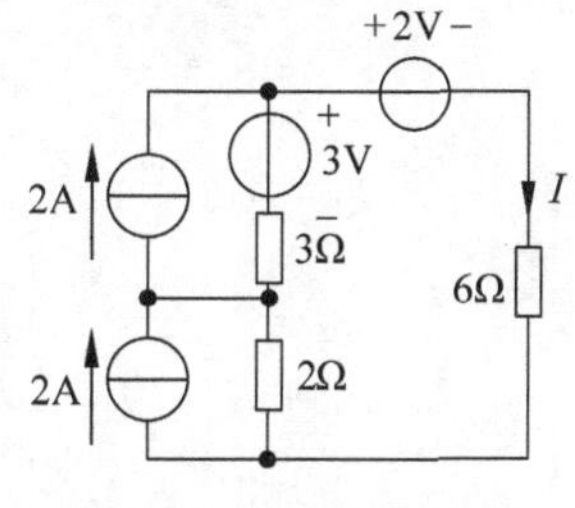

图 2.44 习题 2.10 图

2.11 用戴维南定理计算图 2.45 中的电流 I。

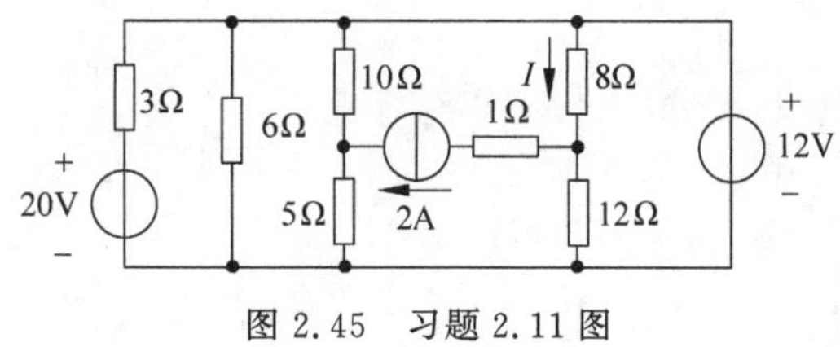

图 2.45 习题 2.11 图

视频 2.4

2.12 用戴维南定理计算图 2.46 中通过理想电压源的电流。

2.13 用戴维南定理计算图 2.47 中的电流 I。

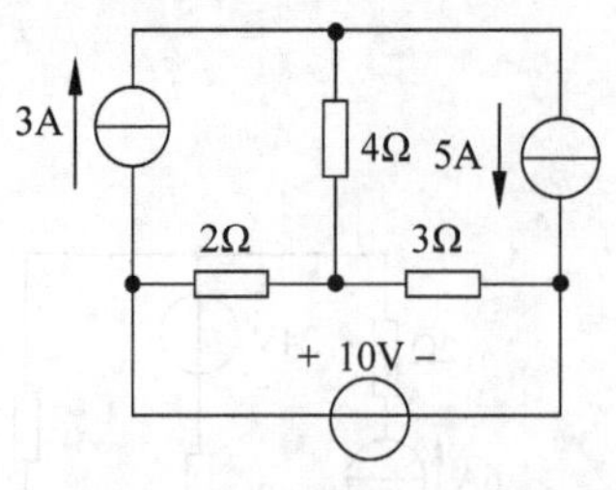

图 2.46 习题 2.12 图

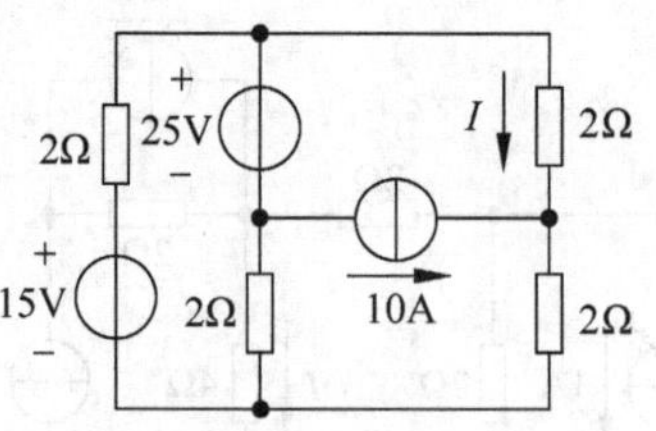

图 2.47 习题 2.13 图

第3章 电路的暂态过程

CHAPTER 3

前面我们讲过无源元件,包括电阻、电容和电感元件。电阻元件是将电能转化为热能,这种转换是不可逆的,故称为耗能元件。而电容和电感元件能将电源提供的能量转换为其他形式的能量并存储起来,称为储能元件。

直流电路的分析与计算,是在电路长期处于稳定状态下进行的,稳定状态简称"稳态"。而在含有储能元件的电路中,电路发生变化的瞬间到稳定状态之间,或者电路由一种稳定状态到另一种稳定状态之间总有一个"过渡过程",即"暂时状态",简称"暂态"。本章主要分析暂态过程中电路的电压和电流。

3.1 电容元件和电感元件

3.1.1 电容元件

电容器由两块彼此靠近、中间被线性介质绝缘的金属板构成,介质有空气、绝缘纸、云母、陶瓷等。电容器能够存储和释放电场能量。用电容元件来表示电容器存储电荷的电磁特性,其符号及规定的电压和电流参考方向如图3.1所示。

在电容元件两端加上电压 u,电容被充电,两极板上将出现电量相等的异性电荷 q(单位库仑),两极板间形成电场。两极板的电荷量为

$$q = Cu \tag{3.1}$$

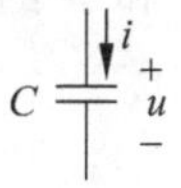

图3.1 电容元件

其中,C 为电容器的电容量,简称电容,反映了电容器存储电荷的能力。电容的单位是法拉(F),工程上常用微法(μF)或皮法(pF),换算关系为

$$1\mu\text{F} = 10^{-6}\text{F}$$

$$1\text{pF} = 10^{-6}\mu\text{F} = 10^{-12}\text{F}$$

根据式(3.1),电容可以表示为

$$C = \frac{q}{u} \tag{3.2}$$

电容的大小与制造工艺有关,有

$$C = \frac{\varepsilon A}{d} \tag{3.3}$$

其中,A 为两个极板相对面积,d 为极板间距离,ε 为介质的介电常数。

当两极板上的电荷量 q 发生变化时,电路中就会产生电流,即电流等于极板间电荷的时

间变化率：

$$i=\frac{\mathrm{d}q(t)}{\mathrm{d}t}=C\frac{\mathrm{d}u(t)}{\mathrm{d}t} \tag{3.4}$$

式(3.4)是在 u 和 i 关联参考方向下(如图 3.1 所示)得出的，如果 u 和 i 是非关联参考方向，则等式右边要加一个负号。当电压恒定时，电压变化率为零，电流为零，故**电容元件在直流电路中相当于开路**。

当电容元件两端电压增加时，电容元件从电源取用能量(充电)，并以电场能量的形式储存在极板之间，电场能量增大；当电压减小时，电容元件将储存的电能释放出来(放电)，电容的电场能量减小。它通过加在两端电压的变化来进行能量交换，本身不消耗能量。电容器存储能量的计算公式为

$$W_C=\int_0^t ui\,\mathrm{d}t=\int_0^u Cu\,\mathrm{d}u=\frac{1}{2}Cu^2 \tag{3.5}$$

3.1.2 电感元件

电感器是用漆包线或纱包线在绝缘管上绕一定的圈数构成，绝缘管可以是空心的，也可以装有磁心或铁芯。若线圈中无铁磁物质(即空心)，称为线性线圈，它能够存储和释放磁场能量。电感元件用来表示电感器的主要电磁特性，如图 3.2 所示。

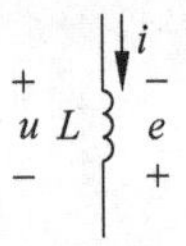

i + − u L e − +

图 3.2 电感元件

线圈中通以电流 i，将在其周围激发磁场，从而在线圈中形成与电流相交链的磁通 Φ，两者的方向遵循右手定则。假设该线圈有 N 匝，将每匝线圈相连的磁通之和称为该线圈的磁链，记为 Ψ，则有

$$\Psi=N\Phi \tag{3.6}$$

磁链 Ψ 与通过线圈的电流 i 之比，称为电感，即

$$L=\frac{\Psi}{i}\quad 或\quad \Psi=Li \tag{3.7}$$

Ψ 和 Φ 的单位为韦伯(Wb)，电感的单位为亨利(H)，工程上常使用毫亨(mH)，换算关系为

$$1\mathrm{mH}=10^{-3}\mathrm{H}$$

当电路中的电流发生变化时，Ψ 和 Φ 都将发生变化，并在线圈中产生感生电动势 e。图 3.2 中，由电磁感应定律可得线圈的感生电动势为

$$e=-N\frac{\mathrm{d}\Phi}{\mathrm{d}t}=-\frac{\mathrm{d}\Psi}{\mathrm{d}t} \tag{3.8}$$

将式(3.7)代入，得

$$u=-e=\frac{\mathrm{d}\Psi}{\mathrm{d}t}=L\frac{\mathrm{d}i}{\mathrm{d}t} \tag{3.9}$$

当电流恒定时，电流变化率为零，电压为零，故**电感元件在直流电路中相当于短路**。

当流过电感元件的电流增大时，电感元件从电源取用能量，并转换为磁场能量存储在电感元件中，磁场能量增大；当电流减小时，电感元件释放能量，转换为其他形式的能量，磁场能量减小。因此，电感元件是一种储能元件，它通过流过电流的变化进行能量转换，本身不消耗能量。电感元件存储能量的计算公式为

$$W_L=\int_0^t ui\,dt=\int_0^i Li\,di=\frac{1}{2}Li^2 \tag{3.10}$$

3.2　换路定则和初始值

电路的暂态过程是在电路发生变化(如接通、切断、短路、参数变化、连接形式的改变等)时出现的,将这些改变简称为"换路"。在换路过程中,电路中的能量将发生变化,但能量是不能跃变的,因此,换路之后必然出现一个能量连续变化的过程。

含有储能元件的电路中,稳态时,电容元件存储的电场能量和电感元件存储的磁场能量通常不能发生跃变,原因很简单,如电容元件,当其电场能量跃变时,根据式(3.4),其电压将发生跃变,使得 $du(t)/dt=\infty$,则 $i=\infty$,这显然是不可能的。根据式(3.9)同样可知,电感元件的磁场能量也不可能跃变。

由以上分析可以看出:含有储能元件的电路发生换路时,在换路瞬间,电容元件的电压 u_C 和电感元件的电流 i_L 均不能跃变,即保持换路前瞬间的数值,称之为**换路定则**。

设 $t=0$ 为换路瞬间,$t=0_-$ 为换路前的一瞬间,$t=0_+$ 为换路后的一瞬间,则换路定则可表示为

$$u_C(0_+)=u_C(0_-) \tag{3.11}$$

$$i_L(0_+)=i_L(0_-) \tag{3.12}$$

在 $t=0_+$ 瞬间,电路中各元件的电压和电流,称为**初始值**,如电容元件的电压初始值表示为 $u_C(0_+)$,电感元件的电流初始值表示为 $i_L(0_+)$等。

式(3.11)和式(3.12)说明换路瞬间,电容元件两端的电压和电感元件流过的电流是"连续的"。换路定则使用时应注意以下几点。

(1) 换路定则只适用于换路瞬间。

(2) 0_+ 和 0_- 在数值上都等于 0,0_+ 指从正值趋于 0,0_- 指从负值趋于 0。

(3) 在换路过程中,除了电容元件的电压 u_C 和电感元件的电流 i_L,其他元件的电压、电流都可以跃变。

(4) 在 $t=0_+$ 瞬间,电容元件可用 $U_S=u_C(0_-)$ 的电压源置换,电感元件可用 $I_S=i_L(0_-)$ 的电流源置换,进而求解除 $u_C(0_+)$ 和 $i_L(0_+)$之外的初始值。

下面举例说明如何用换路定则确定电路元件参数的初始值。

【例 3.1】 在如图 3.3 所示电路中,$R_1=1\text{k}\Omega$,$R_2=2\text{k}\Omega$,$C=10\mu\text{F}$,$L=10\text{mH}$,$I_S=1\text{mA}$,$t=0$ 时开关 S 打开,求电路中各支路电流、电感和电容元件电压的初始值。

【解】 由换路定则得

$$u_C(0_+)=u_C(0_-)=0$$

$$i_L(0_+)=i_L(0_-)=0$$

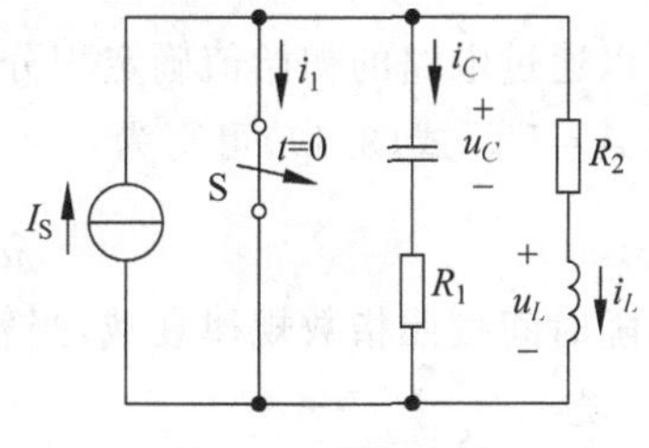

图 3.3　例 3.1 图

视频 3.1

由 KCL 得

$$i_1(0_+)=0$$

$$i_C(0_+)=I_S-i_L(0_+)=1-0=1(\text{mA})$$

由 KVL 得

$$u_L(0_+)=u_C(0_+)+R_1 i_C(0_+)-R_2 i_L(0_+)$$
$$=0+1\times10^3\times1\times10^{-3}-0$$
$$=1(\text{V})$$

3.3 RC 电路的响应

只包含一个储能元件或者经过等效简化后只有一个独立储能元件的线性电路，其微分方程都是一阶常系数线性微分方程，这种电路统称为一阶电路。

3.3.1 RC 电路的零输入响应

零输入响应是指电路中没有外加激励的作用，仅由储能元件的原始储能引起的响应。在如图 3.4 所示电路中，换路前开关 S 处在位置 1 上，电源对电容充电。换路后开关 S 处在位置 2 上，RC 电路与电源断开，于是电容 C 通过电阻 R 放电，电路中的响应 u_C、u_R、i 均是由电容元件的原始储能引起的，即 RC 电路的零输入响应。

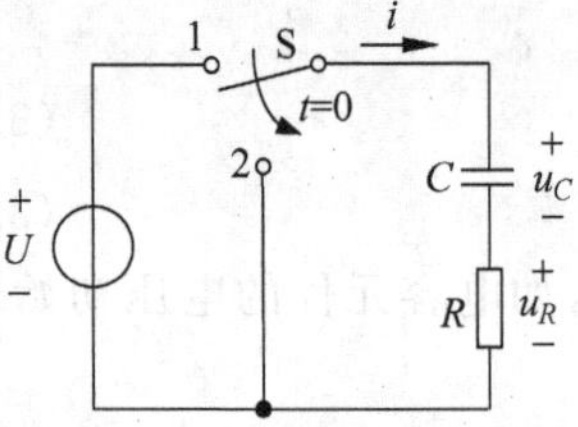

图 3.4 RC 电路零输入响应电路

换路后，根据 KVL 可列出电路方程为：

$$u_C+u_R=0 \tag{3.13}$$

即

$$u_C+Ri=0 \tag{3.14}$$

代入 $i=C\dfrac{\mathrm{d}u_C(t)}{\mathrm{d}t}$，得

$$u_C+RC\frac{\mathrm{d}u_C(t)}{\mathrm{d}t}=0 \tag{3.15}$$

式(3.15)为一阶常系数齐次微分方程，令其通解为：

$$u_C=A\mathrm{e}^{pt} \tag{3.16}$$

代入式(3.15)，消除公因子 $A\mathrm{e}^{pt}$，得该微分方程的特征方程为：

$$RCp+1=0$$

其特征根为：

$$p=-\frac{1}{RC}$$

故式(3.15)的通解为：

$$u_C=A\mathrm{e}^{-\frac{1}{RC}t} \tag{3.17}$$

可以通过电路的初始值确定积分常数 A。设 $t=0_+$ 时刻，电容元件充电电压 $u_C(0_+)=U_0$，则 $A=U_0$，式(3.17)可写为：

$$u_C=u_C(0_+)\mathrm{e}^{-\frac{1}{RC}t}=U_0\mathrm{e}^{-\frac{1}{RC}t} \tag{3.18}$$

其随时间按照指数规律衰减，当暂态过程结束，电路处于稳定状态时，电容两端的电压等于 0。设

$$\tau=RC \tag{3.19}$$

τ 具有时间的量纲，称其为 RC 电路的时间常数。式(3.18)可重写为：

$$u_C = U_0 e^{-\frac{t}{\tau}}$$

当 $t=\tau$ 时，得

$$u_C = U_0 e^{-1} = 0.368U_0 \tag{3.20}$$

可见，时间常数 τ 是电容元件从初始值 U_0 放电到 $0.368U_0$ 所需的时间。τ 与 R 和 C 的乘积有关，R、C 越大，τ 也越大。在一定的初始电压 U_0 下，R 越大，放电电流越小，电容两极板的电荷全部放掉需要的时间就越长；而 C 越大，电容充到电压 U_0 所存储的电荷就越多，放电时间也就越长。时间常数 τ 反映了暂态过程持续时间的长短，从理论上来看，只有经过 $t=\infty$ 时间，电路才会达到新的稳定状态。但实际工程上认为经过 $t=3\tau\sim5\tau$ 时间，暂态过程就已结束。暂态过程非常短暂，时间常数 τ 的数量级在毫秒或微秒范围。

【例 3.2】 图 3.5 所示电路中，电源电压 $U=100\text{V}$，$R_1=3\Omega$，$R_2=6\Omega$，$R=2\Omega$，$C=10\mu\text{F}$，开关 S 打开前电路已处于稳定状态，$t=0$ 时开关 S 打开，经过 $t_1=10\mu\text{s}$ 时，试计算电容元件的电压 $u_C(t_1)$。

【解】 $t=0_-$ 时，

$$u_C(0_-) = \frac{R_1//R_2}{R_1//R_2+R}U = \frac{\frac{3\times6}{3+6}}{\frac{3\times6}{3+6}+2}\times100 = 50(\text{V})$$

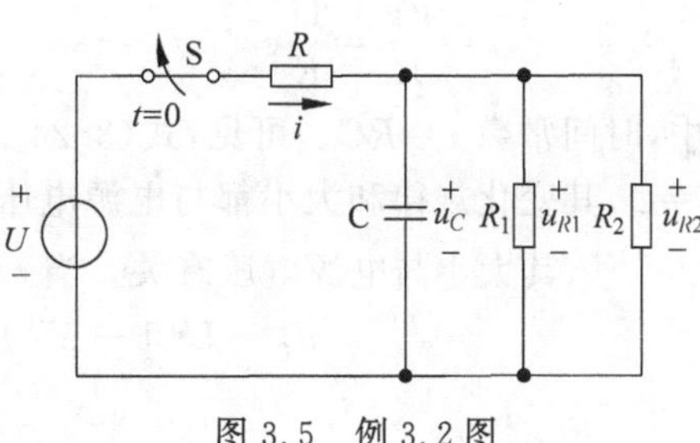

图 3.5 例 3.2 图

视频 3.2

根据换路定则，得

$$U_0 = u_C(0_+) = u_C(0_-) = 50(\text{V})$$

换路后，电压源与右侧电路断开，不起作用，电容元件 C 通过电阻 R_1 和 R_2 支路放电，时间常数为

$$\tau = (R_1//R_2)C = \frac{3\times6}{3+6}\times10\times10^{-6} = 20(\mu\text{s})$$

根据 RC 电路零输入响应表达式，得

$$u_C(t_1) = 50e^{-\frac{10\times10^{-6}}{20\times10^{-6}}} = 50e^{-0.5} = 50\times0.607 = 30.35(\text{V})$$

3.3.2 RC 电路的零状态响应

零状态响应是指电路中储能元件的原始储能为 0，电路的响应是由电源激励所产生的。在如图 3.6 所示电路中，换路前开关 S 断开，电容两极板上没有电荷，电容元件电压等于 0。换路后开关 S 闭合，电容元件开始充电，当电容电压等于电源电压时，电路达到稳态，电路中的响应 u_C、u_R、i 均是由电源作用引起的，即 RC 电路的零状态响应。

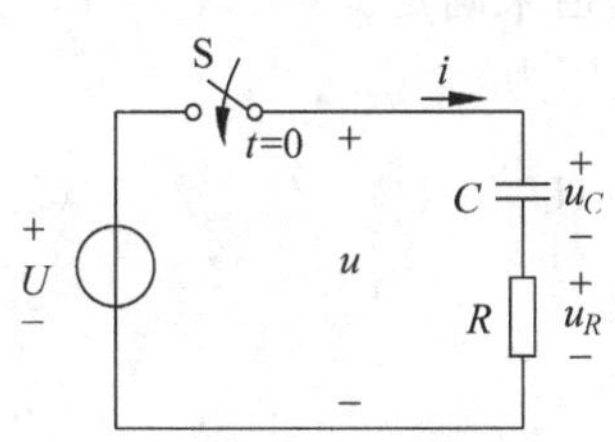

图 3.6 RC 电路零状态响应电路

换路前后的电路相当于在 RC 支路电路加上一个阶跃电压 u，其表达式为

$$u = \begin{cases} 0, & t<0 \\ U, & t\geqslant0 \end{cases} \tag{3.21}$$

换路后，根据 KVL 可列出电路方程为

$$U=u_R+u_C=Ri+u_C=RC\frac{\mathrm{d}u_C}{\mathrm{d}t}+u_C \tag{3.22}$$

式(3.22)为一阶常系数非齐次微分方程，其通解包括两部分：齐次方程通解和非齐次方程特解。齐次方程通解即为式(3.16)的解 Ae^{pt}，且 $p=-1/(RC)$。非齐次方程的特解即换路后的稳态值，故式(3.22)的通解为

$$u_C=Ae^{pt}+U=Ae^{-\frac{1}{RC}t}+U \tag{3.23}$$

积分常数 A 仍可以通过电路的初始值确定，即 $A=-U$。

因此，RC 电路的零状态响应为

$$u_C=Ae^{pt}+U=U-Ue^{-\frac{1}{RC}t}=U(1-e^{-\frac{t}{\tau}})=u_C(\infty)(1-e^{-\frac{t}{\tau}}) \tag{3.24}$$

$$u_R=U-u_C=Ue^{-\frac{t}{\tau}} \tag{3.25}$$

$$i=\frac{u_R}{R}=\frac{U}{R}e^{-\frac{t}{\tau}} \tag{3.26}$$

其中，时间常数 $\tau=RC$。可见，式(3.24)由两个分量组成：一个是不随时间变化的稳态分量 $u_C'=U$，其变化规律和大小都与电源电压有关；另一个是按指数规律衰减的暂态分量 $u_C''=-Ue^{-t/\tau}$，其大小与电源电压有关。当 $t=\tau$ 时，得

$$u_C=U(1-e^{-1})=U(1-0.368)=0.632U \tag{3.27}$$

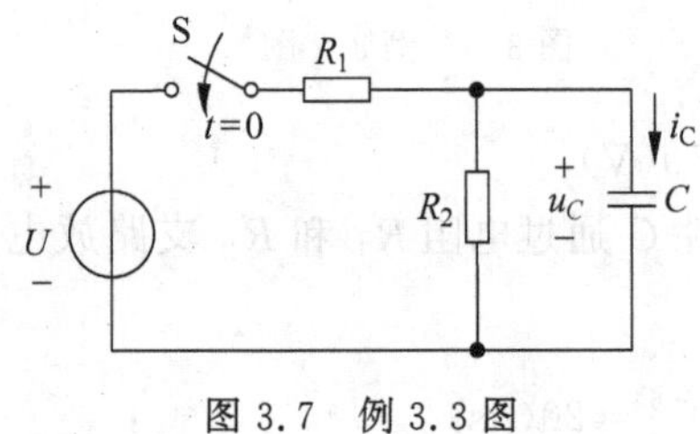

图 3.7 例 3.3 图

【例 3.3】 在如图 3.7 所示的电路中，$U=9\mathrm{V}$，$R_1=6\mathrm{k\Omega}$，$R_2=9\mathrm{k\Omega}$，$C=1000\mathrm{pF}$，$u_C(0_-)=0\mathrm{V}$。当 $t=0$ 时开关闭合，求 $t\geqslant0$ 时的电压 u_C。

【解】

$$\tau=(R_1//R_2)C=\frac{6\times10^3\times9\times10^3}{(6+9)\times10^3}\times1000\times10^{-12}=3.6(\mu\mathrm{s})$$

$$u_C=U(1-e^{-\frac{t}{\tau}})=9-9e^{-\frac{t}{3.6\times10^{-6}}}\ \mathrm{V}$$

3.3.3 RC 电路的全响应

全响应是指电源激励和储能元件的初始值均不为 0，电路的响应称为全响应，即零输入响应和零状态响应的叠加。在如图 3.6 所示的电路中，若换路前 $u_C(0_-)=U_0$，换路后电路 KVL 方程同式(3.22)，故其通解为 $u_C=Ae^{pt}+U$。但两种情况下电容两极板上电压初始值不同，因此积分常数 A 的值不同，但仍可以通过电路的初始值来确定。

在 $t=0_+$ 时刻，$u_C(0_+)=U_0$，则 $A=U_0-U$，此时电容电压为

$$u_C=U+Ae^{-\frac{1}{RC}t}=U+(U_0-U)e^{-\frac{1}{RC}t}=U+(U_0-U)e^{-\frac{t}{\tau}} \tag{3.28}$$

或

$$u_C=U_0e^{-\frac{t}{\tau}}+U(1-e^{-\frac{t}{\tau}}) \tag{3.29}$$

其中，时间常数 $\tau=RC$。显然，式(3.29)中第一项同式(3.19)，即零输入响应；第二项同式(3.24)，即零状态响应。故一阶电路的全响应可写为

全响应＝零输入响应＋零状态响应

因此,电路暂态分析中的全响应是零状态响应和零输入响应叠加的结果。

式(3.28)也包括两项：第一项是稳态分量,即换路后达到稳定状态时电容的电压值；第二项是暂态分量,故全响应还可以写为

全响应＝稳态分量＋暂态分量

3.4　RL 电路的响应

3.4.1　RL 电路的零输入响应

图 3.8 所示是一个 RL 串联电路,$t<0$ 时,开关位于 1 处,电路已处于稳态,当 $t=0$ 时,开关位于位置 2 处。由图 3.8 可知,当 $t\geqslant 0$ 时,无外接激励,电路为零输入电路。当 $t<0$ 时,有

$$i_L(0_-)=\frac{U}{R}$$

$t>0$ 时,根据 KVL 方程,有

$$u_R+u_L=0$$

即

$$i_LR+L\frac{\mathrm{d}i_L}{\mathrm{d}t}=0$$

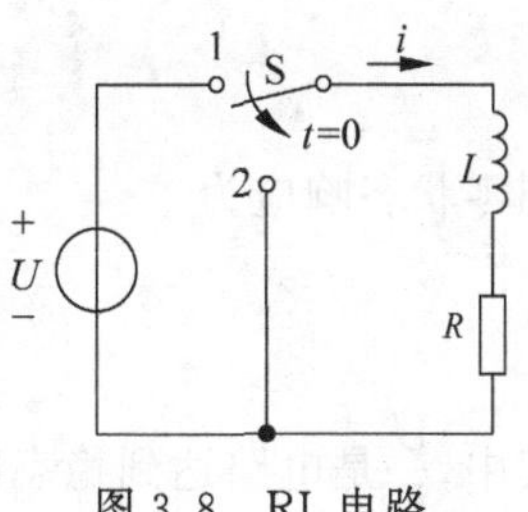

图 3.8　RL 电路

这是一个一阶常系数齐次线性方程,对应的特征方程为

$$p+\frac{R}{L}=0$$

特征根为

$$p=-\frac{R}{L}$$

通解为

$$i_L(t)=A\mathrm{e}^{-\frac{t}{\frac{L}{R}}}$$

根据换路定则有 $i_L(0_-)=i_L(0_+)$,代入上式得电感元件电流的零输入响应为

$$i_L(t)=i_L(0_+)\mathrm{e}^{-\frac{t}{\frac{L}{R}}}=i_L(0_+)\mathrm{e}^{-\frac{t}{\tau}} \tag{3.30}$$

其中

$$\tau=\frac{L}{R} \tag{3.31}$$

称为 RL 电路的时间常数。当电阻单位为欧姆,电感单位取亨时,单位为秒。RL 电路的零输入响应与 RC 电路的零输入响应类似,当 t 为$(3\sim5)\tau$ 时,i_L 稳态值仅为 $i_L(0_+)$时的 5%～0.7%。

3.4.2　RL 电路的零状态响应

对于如图 3.9 所示的电路,当 $t<0$ 时,电路处于稳态,即 $i_L(0_-)=0$,电路为零状态。

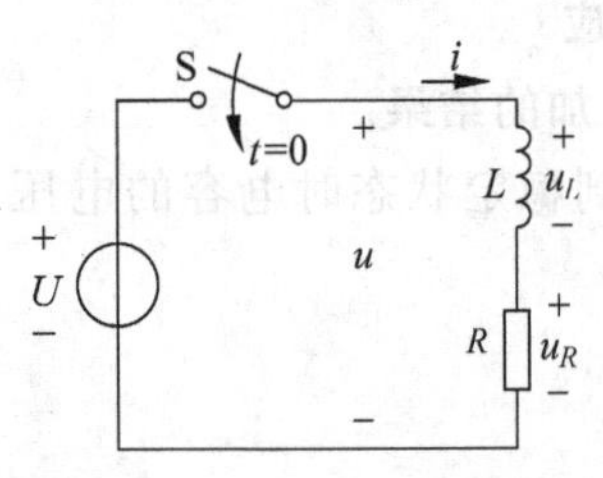

图 3.9 RL 电路零状态响应电路

当 $t=0$ 时，开关闭合。$t>0$ 时，根据 KVL 方程，有

$$u_R + u_L = U$$

即

$$i_L R + L\frac{\mathrm{d}i_L}{\mathrm{d}t} = U$$

上式是一个非齐次线性方程，通解为

$$i_{L1}(t) = A\mathrm{e}^{-\frac{t}{\frac{L}{R}}}$$

特解为

$$i_{L2}(t) = \frac{U}{R}$$

于是有

$$i_L(t) = \frac{U}{R} + A\mathrm{e}^{\frac{-t}{\tau}}$$

根据换路定则，有 $i_L(0_-) = i_L(0_+) = 0$，代入上式得

$$A = -\frac{U}{R}$$

则零状态响应为

$$i_L(t) = \frac{U}{R}(1 - \mathrm{e}^{\frac{-t}{\tau}})$$

其中，$\frac{U}{R}$是电路达到稳态时电感的电流 $i_L(\infty)$，因此上式可以写成

$$i_L(t) = i_L(\infty)(1 - \mathrm{e}^{\frac{-t}{\tau}}) \tag{3.32}$$

3.4.3 RL 电路的全响应

在如图 3.10 所示的电路中，换路前电路达到稳态，$i_L(0_-) = \frac{U}{R_0 + R}$。当 $t=0$ 时，开关闭合。

1. 零输入响应

当 $t>0$ 时，可得

$$i_L(t) = i_L(0_+)\mathrm{e}^{-\frac{t}{\frac{L}{R}}}$$

根据换路定则，有

$$i_L(0_-) = i_L(0_+) = \frac{U}{R_0 + R}$$

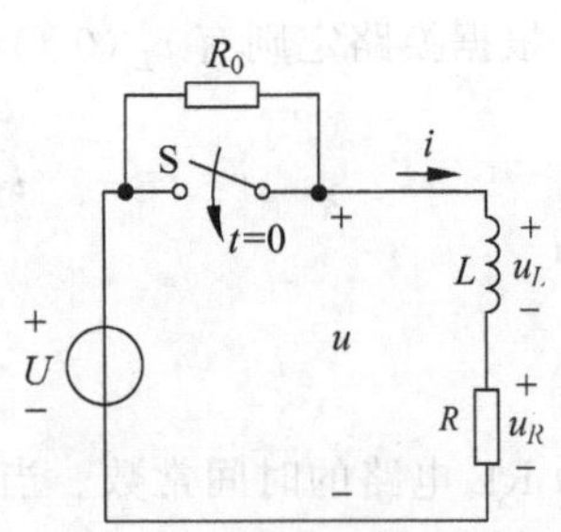

图 3.10 RL 电路的全响应电路

2. 零状态响应

换路后电路与图 3.9 相同，故其零状态响应为

$$i_L(t) = i_L(\infty)(1 - \mathrm{e}^{\frac{-t}{\tau}})$$

3. 全响应

由于全响应=零输入响应+零状态响应，则该电路的全响应为

$$i_L(t)=i_L(0_+)e^{\frac{-t}{\tau}}+i_L(\infty)(1-e^{\frac{-t}{\tau}})$$
$$=i_L(\infty)+[i_L(0_+)-i_L(\infty)]e^{-\frac{t}{\tau}} \tag{3.33}$$

式(3.33)右边第一项是稳态分量，第二项是暂态分量。同样地，RL电路的全响应还可以表示为稳态响应与暂态响应的和，即

全响应=稳态响应+暂态响应

3.5 一阶线性电路的三要素法

由3.3节和3.4节的分析可知，RC、RL一阶电路的全响应均可以表示为稳态分量和暂态分量两部分。当外加激励为直流电源时，其通式可写为

$$f(t)=f(\infty)+Ae^{-\frac{t}{\tau}} \tag{3.34}$$

其中，$f(t)$是待求的电压或电流，$f(\infty)$是稳态分量(即稳态值)，$Ae^{-t/\tau}$是暂态分量。在$t=0_+$时刻，$f(t)=f(0_+)$，代入式(3.34)，得

$$A=f(0_+)-f(\infty)$$

式(3.34)可写为

$$f(t)=f(\infty)+[f(0_+)-f(\infty)]e^{-\frac{t}{\tau}} \tag{3.35}$$

式(3.35)是分析一阶线性电路暂态过程中电压电流响应的一般公式，只要得到$f(0_+)$、$f(\infty)$和τ 3个"要素"，就可以写出电路的响应，该方法也称为**三要素法**。要素中的时间常数τ与特征根有关，而特征根又是由对应的齐次线性常微分方程求得的，因此，τ只取决于电路的参数和结构，与激励无关。求取时，首先去掉激励(理想电压源短路，理想电流源开路)，然后求从储能元件两端看过去的戴维宁等效电阻R，则RC、RL电路的时间常数τ可分别由式(3.19)和式(3.31)求得。

【例3.4】 如图3.11所示的电路原处于稳态，当$t=0$时，开关闭合。$I_S=2A$，$R_1=2\Omega$，$R_2=2\Omega$，$L=1H$，求换路后电感的电流。

【解】 根据换路定则，有

$$i_L(0_-)=i_L(0_+)=1A$$

换路后电路达到稳态时有

$$i_L(\infty)=0A$$

求换路后电路的等效电阻，得到时间常数为

$$\tau=\frac{L}{R_2}=0.5s$$

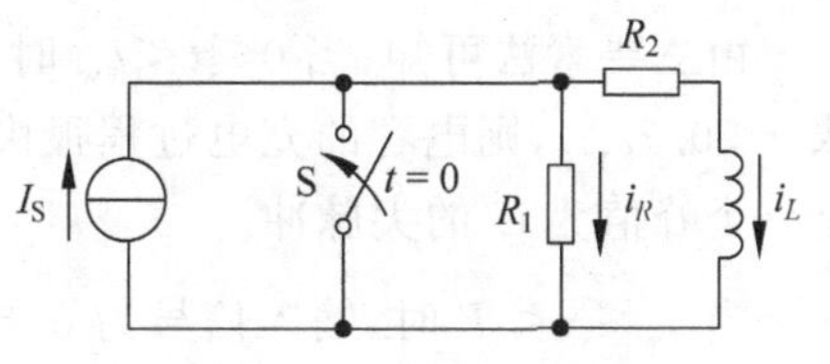

图3.11 例3.4题图

代入式(3.33)得

$$i_L(t)=i_L(\infty)+[i_L(0_+)-i_L(\infty)]e^{-\frac{t}{\tau}}=e^{-2t}A$$

【例3.5】 如图3.12所示电路在换路前已达稳态。当$t=0$时开关接通，求$t>0$的$u_C(t)$。

【解】 换路前电路已达稳定状态，有

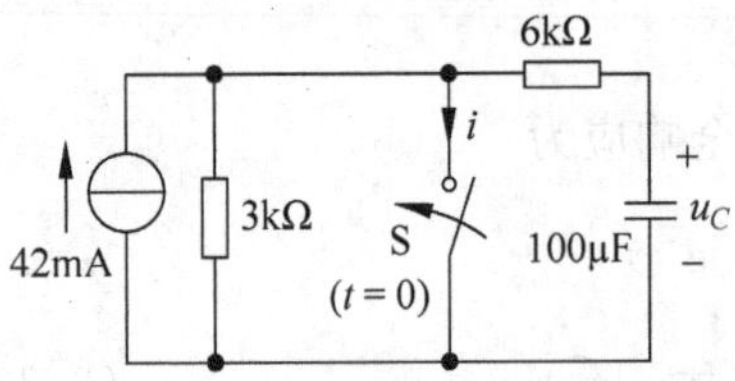

图 3.12 例 3.5 图

$$u_C(0_+) = u_C(0_-) = 42 \times 10^{-3} \times 3 \times 10^3 = 126(\mathrm{V})$$

换路后，电容元件放电，再次达到稳定状态，有

$$u_C(\infty) = 0$$

$$\tau = RC = 6 \times 10^3 \times 100 \times 10^{-6} = 0.6(\mathrm{s})$$

换路后电容元件的电压为

$$\begin{aligned} u_C(t) &= u_C(\infty) + [u_C(0_+) - u_C(\infty)]\mathrm{e}^{-\frac{t}{\tau}} \\ &= 0 + (126 - 0) \times \mathrm{e}^{-\frac{t}{0.6}} \\ &= 126\mathrm{e}^{-\frac{5t}{3}}(\mathrm{V}) \end{aligned}$$

3.6 工程应用

在电子技术中，一阶电路有着广泛的应用，例如，微分电路、积分电路、去抖动电路等。本节将对这些电路做一简单介绍。

3.6.1 微分电路

把 RC 电路连接成如图 3.13(a)所示电路。设 $u_C(0_-)=0$，输入信号是占空比为 50% 的脉冲信号，幅度为 U，其输入波形如图 3.13(b)中 u_i 所示。

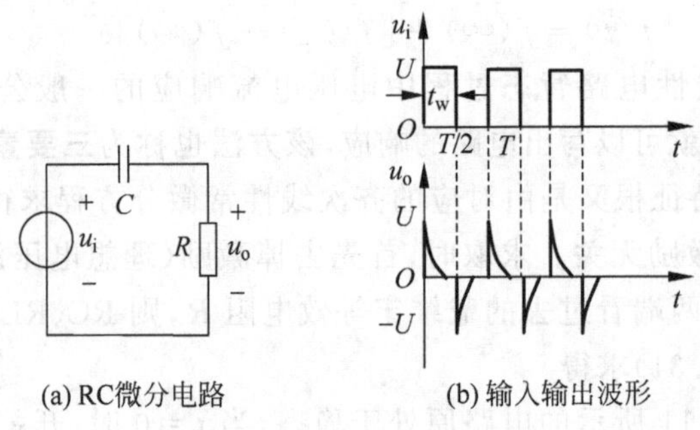

(a) RC微分电路　　(b) 输入输出波形

图 3.13 RC 微分电路波形

由三要素法可知，当 $0 \leqslant t < t_\mathrm{w}$ 时，输出电压 $u_\mathrm{o}(t) = U\mathrm{e}^{-\frac{t}{\tau}}$。如果时间常数 $\tau \ll t_\mathrm{w}$（一般取 $\tau < 0.2t_\mathrm{w}$），则电容的充电过程很快完成，输出电压也跟着很快衰减到 0，因而输出 $u_\mathrm{o}(t)$ 是一个峰值为 U 的尖脉冲。

当 $t_\mathrm{w} \leqslant \tau < T$ 时，输入信号为 0，电容放电，其输出电压 $u_\mathrm{o}(t) = -U\mathrm{e}^{-\frac{t-t_\mathrm{w}}{\tau}}$。如果时间常数 $\tau \ll t_\mathrm{w}$，则放电过程很快完成，输出 $u_\mathrm{o}(t)$ 是一个峰值为 $-U$ 的负尖脉冲，波形如图 3.13(b)中 u_o 所示。

因为 $\tau \ll t_\mathrm{w}$，电路充放电很快，除了电容刚开始充电或放电极短的一段时间外，有

$$u_C(t) \approx u_\mathrm{i}(t)$$

则输出 $u_\mathrm{o}(t)$ 的表达式为

$$u_\mathrm{o}(t) = i(t)R = RC\frac{\mathrm{d}u_C(t)}{\mathrm{d}t} \approx RC\frac{\mathrm{d}u_\mathrm{i}(t)}{\mathrm{d}t} \tag{3.36}$$

式(3.36)表明输出电压近似地与输入电压的微分成正比，因此称为微分电路。在电子技术中，常用微分电路把矩形脉冲变换成尖脉冲，作为触发器的触发信号，或用来触发可控硅(晶闸管)，用途十分广泛。

3.6.2　积分电路

把 RC 电路连接成如图 3.14(a)所示电路。当时间常数 $\tau \gg t_w$ 时，在整个脉冲持续时间内，电容两端电压缓慢增长，$u_C(t)$ 还未增长到稳态值脉冲已消失，电容开始缓慢放电，输出电压 $u_o(t)$ 如图 3.14(b)所示。

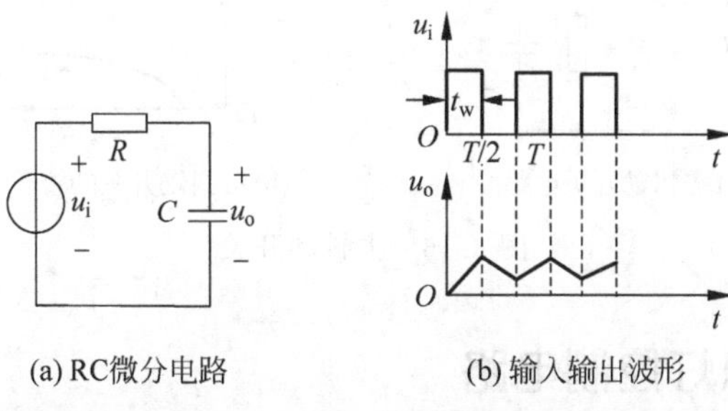

(a) RC微分电路　　(b) 输入输出波形

图 3.14　RC 积分电路波形

因为充放电过程非常缓慢，所以有

$$u_o(t) = u_C(t) \ll u_R(t)$$

则

$$u_i(t) = u_R(t) + u_o(t) \approx u_R(t) = i(t)R$$

进而

$$u_o(t) = \frac{1}{C}\int i(t)\,dt \approx \frac{1}{RC}\int u_i(t)\,dt \tag{3.37}$$

式(3.37)表明输出电压近似地与输入电压的积分成正比，因此称这种电路为积分电路。在脉冲电路中，可应用积分电路把矩形脉冲变换为锯齿波电压。锯齿波信号的应用很广泛，在开关电源设计、示波器、测量仪器和通信系统中极其常见。在开关电源设计中，锯齿波电压信号常在 PWM 控制方式中作为与误差电压信号比较的参考信号。电视机中显像管荧光屏上的光点，是靠磁场变化进行偏转的，也是用锯齿波电流来控制的。

3.6.3　去抖动开关

当开关闭合时，两触点在完全闭合前，存在接触抖动，进而产生电压抖动，这就是所谓的开关抖动。如图 3.15(a)所示为一个理想开关的响应，而图 3.15(b)是一个实际开关的响应。通常情况下，对于一些基本电路，如电灯、收音机、电动机等，开关抖动不是主要问题。但是对于数字电路，如计算机，开关抖动就存在潜在的问题。例如，敲击键盘按键时出现开关抖动，计算机无法计算敲击了多少次，因此，数字电路通常需要去抖动的开关。图 3.16(a)为一个 RC 开关去抖动电路，图 3.16(b)为去抖动开关的暂态响应。由图 3.16(a)可以看出，开关闭合后，电容充电，即使出现抖动，由于 C 两端的电压不能突变，v_0 缓慢上升；开关断开后，电容通过负载电阻 R 放电。必须保证 C 由稳态电压充电到开启电压或放电到关闭电压的延迟时间大于或等于 10ms。

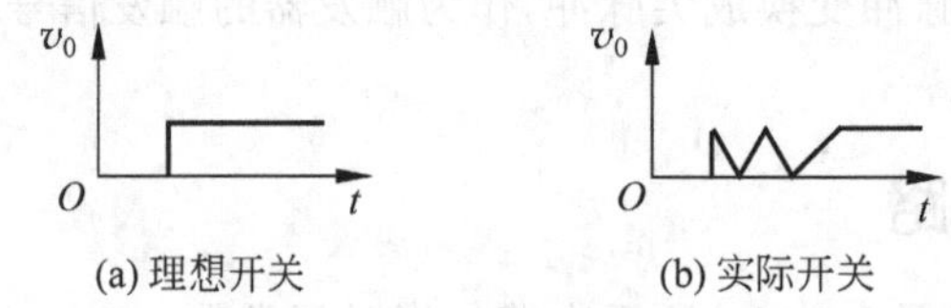

(a) 理想开关　　(b) 实际开关

图 3.15　开关瞬态响应

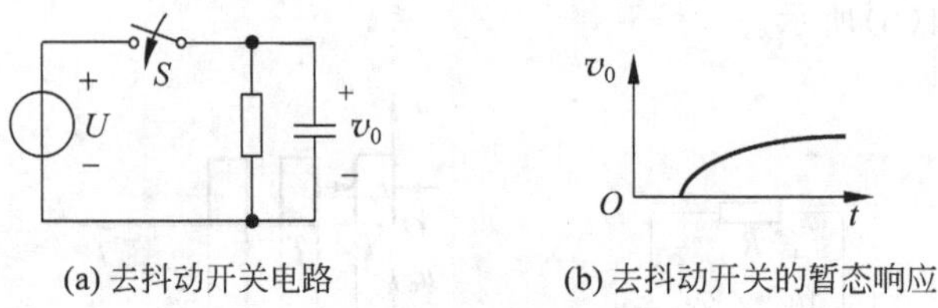

(a) 去抖动开关电路　　(b) 去抖动开关的暂态响应

图 3.16　去抖动开关

3.6.4　延时熄灯控制电路

如图 3.17 所示是一个延时熄灯控制电路，开关 SW1 按下后，电容充电，三极管导通，继电器作用使电灯回路接通，电灯点亮。当开关 SW1 断开，电容开始放电，当电容两端电压小于 0.7V 时，三极管截止，继电器关闭，电灯熄灭。

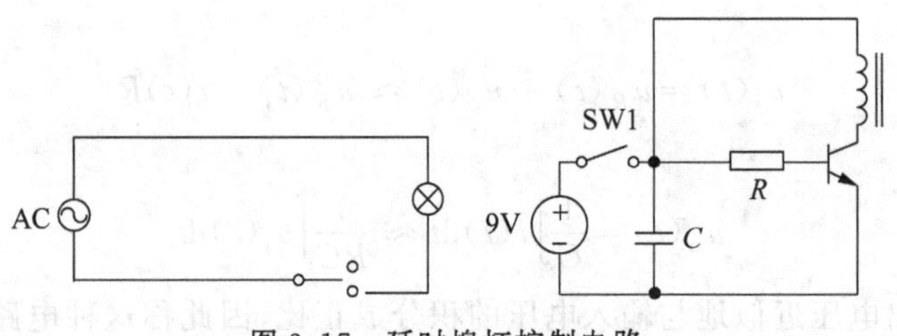

图 3.17　延时熄灯控制电路

习题

3.1　在如图 3.18 所示的电路中，$R_1=200\Omega$，$R_2=100\Omega$，$C=10\mu F$，$L=1H$，$U=100V$，$I=2A$，试求 i_1、i_2 和 i_3 的稳态值。

3.2　在如图 3.19 所示的电路中，开关已断开很长一段时间，在 $t=0$ 时刻开关闭合。试求 i_1、i_2、i_3、i_4 和 u_C 的初始值和稳态值。

3.3　电路如图 3.20 所示，试求 i_L、u 和 u_C 的稳态值。

3.4　在如图 3.21 所示的电路中，开关闭合时电路已达到稳定状态。$t=0$ 时开关打开，求换路后电容 u_C 和电流 i_C 的初始值和稳态值。

3.5　在如图 3.22 所示的电路中，$I_S=1mA$，$R=10k\Omega$，$C=1\mu F$。在 $t=0$ 时刻断开开关，试求电压 $u(t)$ 的表达式。

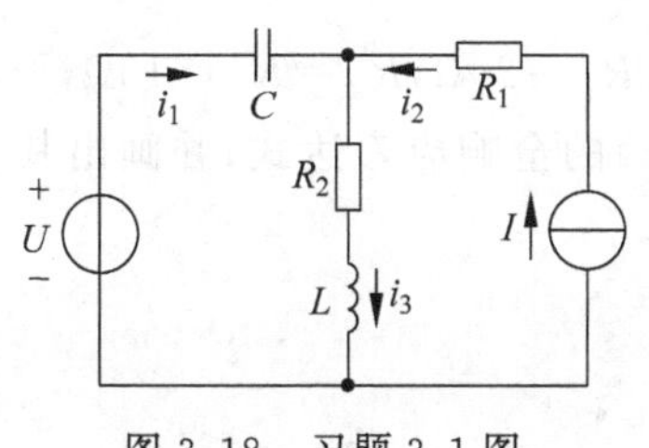

图 3.18　习题 3.1 图

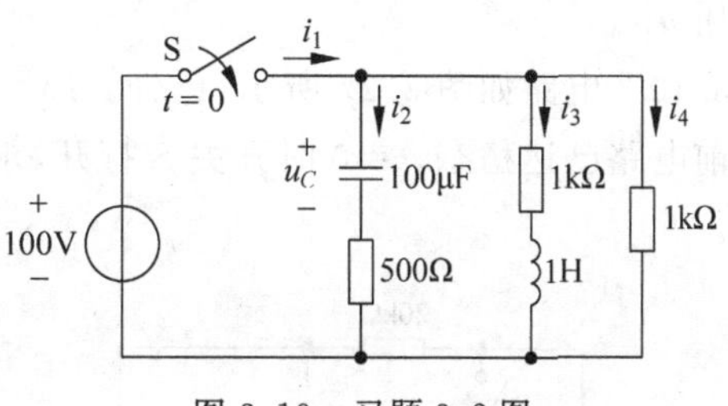

图 3.19　习题 3.2 图

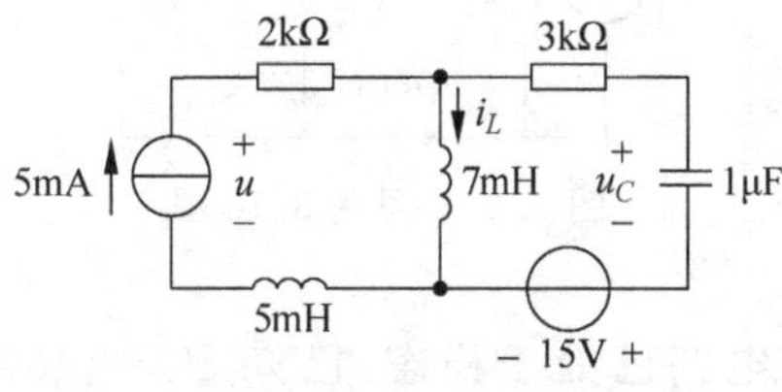

图 3.20　习题 3.3 图

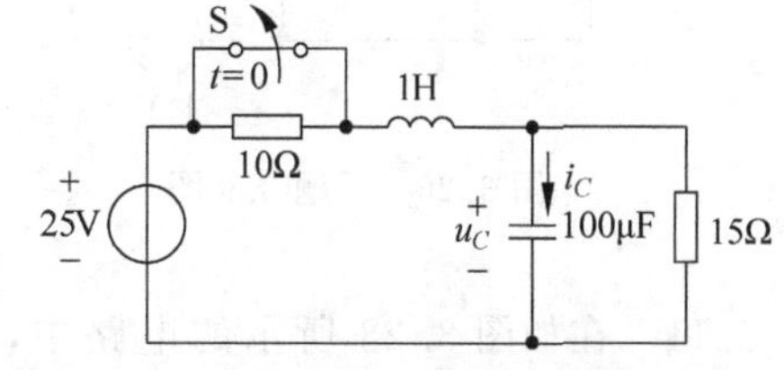

图 3.21　习题 3.4 图

3.6　在 $t=0$ 时刻，将一个已充电的 10μF 电容与一个伏特表相连，电路如图 3.23 所示。该伏特表的模型为电阻，在 $t=0$ 时刻，电表的读数为 50V；当 $t=30$s 时，电表的读数为 25V。试求伏特表的电阻。

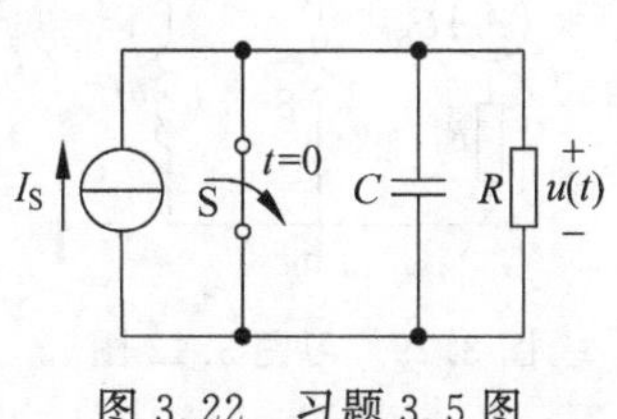

图 3.22　习题 3.5 图

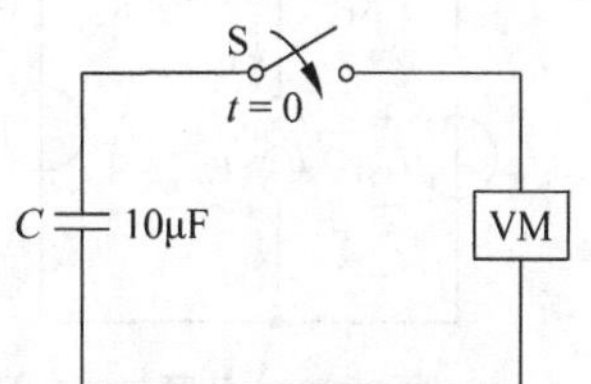

图 3.23　习题 3.6 图

3.7　在如图 3.24 所示的电路中，电源电压 $U=100$V，$R_1=3\Omega$，$R_2=6\Omega$，$R=2\Omega$，$C=10\mu$F，开关 S 闭合前电路已处于稳定状态。$t=0$ 时开关 S 闭合，试求电压 $u_{R1}(t)$、$u_{R2}(t)$ 和 $u_C(t)$ 的表达式。经过 $t_1=5\mu$s 时，试计算电容元件的电压 $u_C(t_1)$。

3.8　电路如图 3.25 所示，$u_C(0_-)=8$V，试求 $t\geqslant 0$ 时的 u_C 和 u_o。

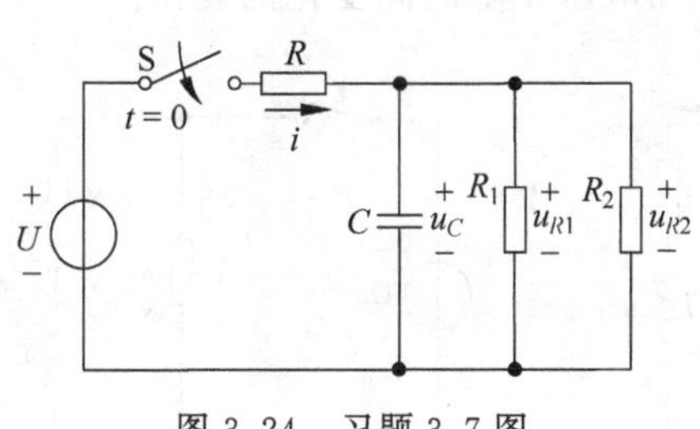

图 3.24　习题 3.7 图

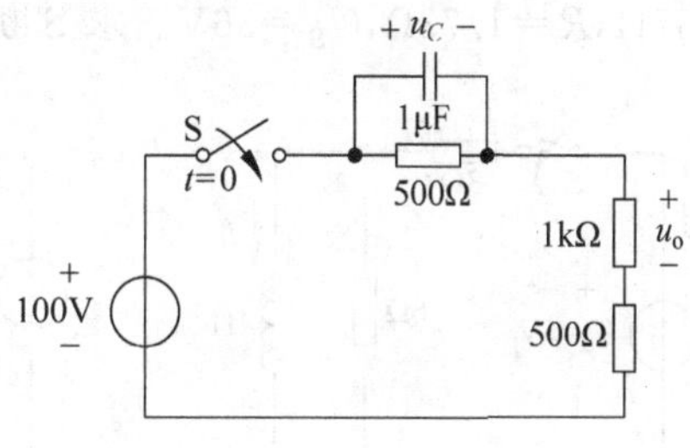

图 3.25　习题 3.8 图

3.9　电路如图 3.26 所示，换路前已处于稳态，$t=0$ 时刻开关 S 闭合，试求 $t\geqslant 0$ 时电容

的电压 u_C。

3.10　电路如图 3.27 所示，已知：$I_S=2A, L=1H, R_1=20\Omega, R_2=R_3=10\Omega$，开关 S 动作前电路已达稳态，$t=0$ 时开关 S 打开，求换路后 $i_L(t)$ 的全响应表达式，并画出其变化曲线。

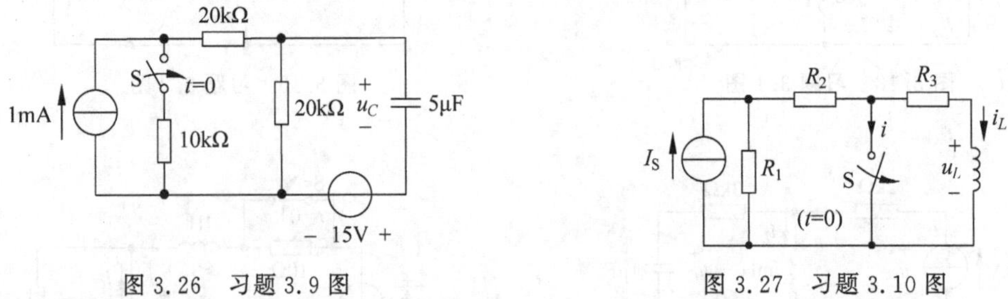

图 3.26　习题 3.9 图　　　　图 3.27　习题 3.10 图

3.11　在如图 3.28 所示的电路中，开关闭合前电路已处于稳态，已知 $U_{S1}=100V$，$U_{S2}=50V, L=5H, R_1=100\Omega, R_2=50\Omega$。求换路后 $i_L(t)$ 的表达式。

3.12　如图 3.29 所示电路在换路前已处于稳态，已知 $U_S=100V, L=0.1H, R_1=20\Omega, R_2=R_3=50\Omega$。求换路后 a、b 两端的电压 $u_{ab}(t)$，并定性地画出其变化曲线。

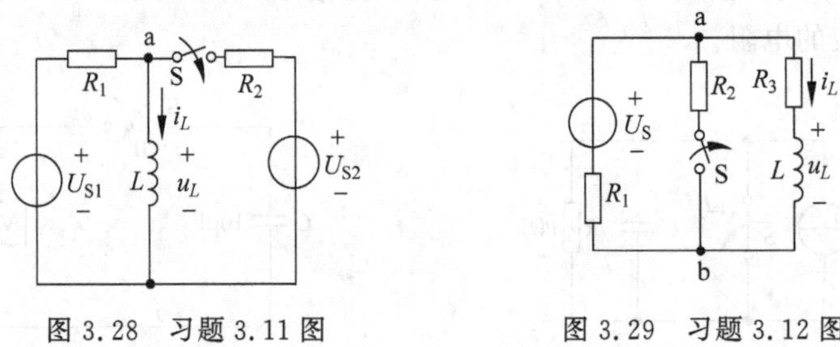

图 3.28　习题 3.11 图　　　　图 3.29　习题 3.12 图

3.13　在如图 3.30 所示的电路中，当 $t=0$ 时开关 S 闭合，求换路后 $i_L(t)$ 的表达式。

3.14　在如图 3.31 所示的电路中，如在稳定状态下 8Ω 电阻被短路，试问短路后经过多少时间电流 i 达到 15A。

3.15　电路如图 3.32 所示，开关 S 闭合时电路已处于稳定状态，R_L 与 L 分别表示某发电机励磁绕组的等效电阻和等效电感，R 是续流电阻。已知：$R_L=0.173\Omega, L=0.237H, R=1.73\Omega, U_S=36V$。求 S 断开后，电流 i 和电压 u 随时间变化的规律。

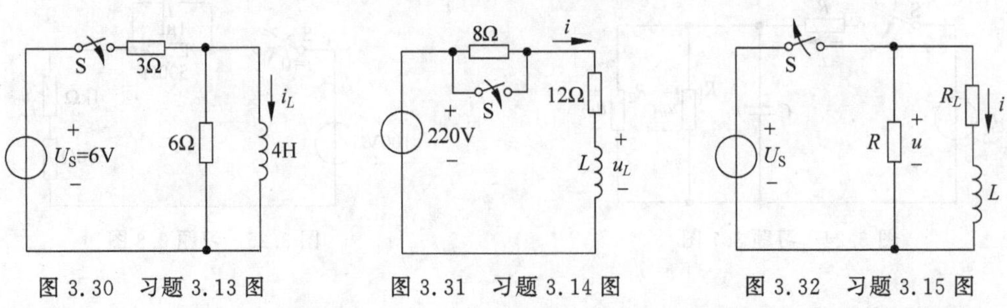

图 3.30　习题 3.13 图　　图 3.31　习题 3.14 图　　图 3.32　习题 3.15 图

3.16　电路如图 3.33 所示，换路前电路已处于稳态，试用三要素法求 $t\geqslant 0$ 时的 i_1、i_2 和 i_L。

3.17　电路如图 3.34 所示，换路前电路已处于稳态，试用三要素法求 $t\geqslant 0$ 时的 u_C。

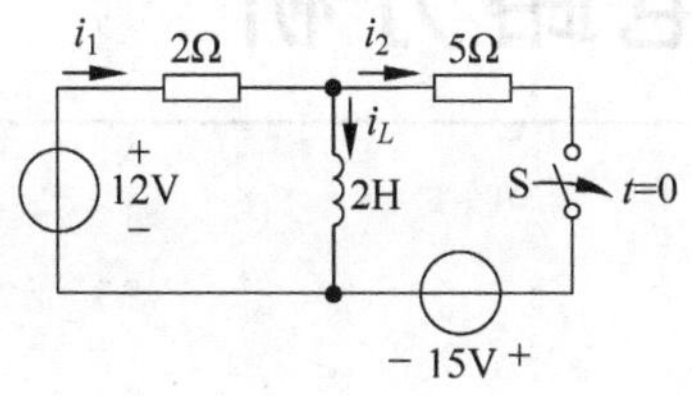

图 3.33　习题 3.16 图

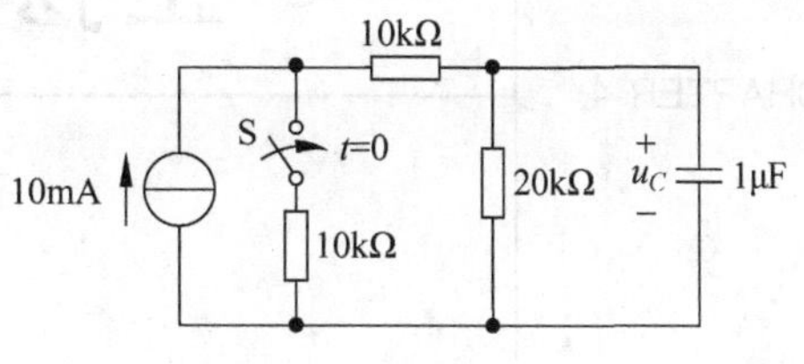

图 3.34　习题 3.17 图

第4章

CHAPTER 4

正弦稳态电路分析

100多年前，托马斯·爱迪生发明了电灯，当时社会主要使用的电能形式是直流电。然而，随着技术的改进和用电侧需求的增加，直流电很快就被新形式的交流电(大小和方向都随时间做周期性变化)所取代。尽管近年来由于新能源的发展和高科技的兴起，沉默多年的直流电可能重新夺回统治地位，但是仅就目前来说，在全球范围内直流电的市场份额还远远不能与交流电匹敌，因为交流电具有其独特的优势。

4.1 正弦电压和电流

交流电的优点首先表现在发电和配电方面：利用建立在电磁感应原理基础上的交流发电动机可以很经济方便地把水流能、风能、化学能等其他形式的能转化为电能；交流电源和交流变电站与同功率的直流电源和直流换流站相比，造价非常低廉；交流电可以方便地通过变压器进行升压和降压，这给配送电能带来极大的方便；使用交流电的电动机在结构上比直流电动机结构更简单，维护方便，成本更低。

另外在通信领域，携带语言、音乐、图像信息的电信号都可以看成是恒定分量和不同频率的正弦分量的叠加，对其中正弦分量的研究是该信号研究的重要组成部分，所以在电气工程、电子工程、通信工程等领域，对正弦稳态电路的研究与分析具有很强的理论意义和实际意义。

4.1.1 正弦电压和电流的概念

在如图4.1所示的直流电路中，直流电压、电流的大小和方向不变，当电路达到稳态时，电流总是从直流电压源的正极流出，经电阻流回负极，负载电压与电流如图4.2所示。

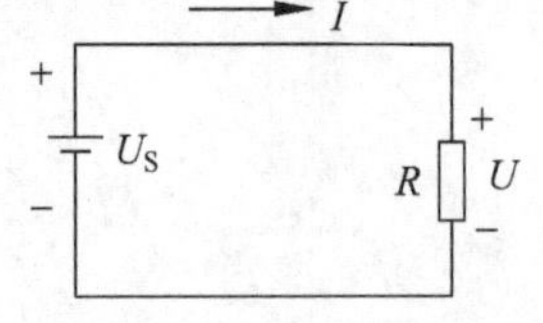

图4.1 直流电路

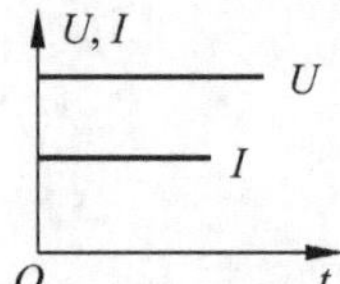

图4.2 直流电压和电流

在如图4.3所示的正弦交流电路中，电阻上的电压与电流随时间按正弦规律周期性变化，称为**正弦电压**和**正弦电流**，其波形如图4.4所示。

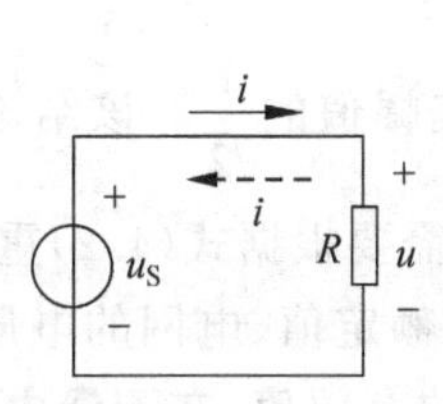

图 4.3 正弦交流电路

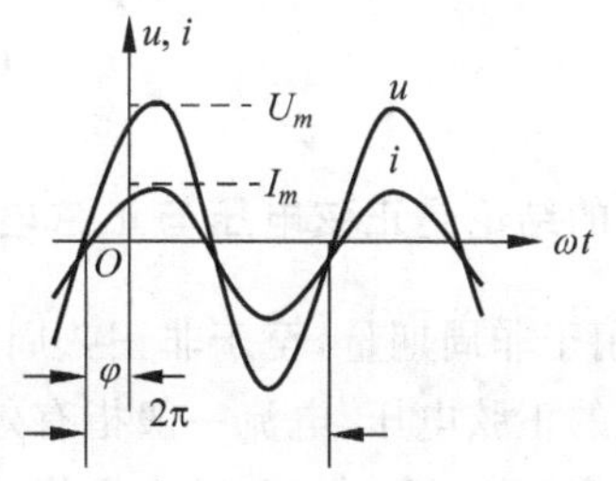

图 4.4 正弦电压和电流

正弦电压、电流可以用正弦函数表示，也可以用余弦函数表示，本书采用正弦函数，则图 4.4 中正弦电压与电流对应的表达式为

$$u(t)=U_{\mathrm{m}}\sin(\omega t+\varphi)$$

$$i(t)=I_{\mathrm{m}}\sin(\omega t+\varphi) \tag{4.1}$$

由于正弦电压和电流的方向是周期性变化的，为研究方便，规定电路图上电压与电流的表示方向均为参考方向，由于代表了正弦电压、电流正半周的方向，所以也称**正方向**。在图 4.3 中，负半周的电流实际方向与图中虚线箭头方向一致。

在正弦交流电路中，不仅存在按正弦规律变化的电压和电流，还存在正弦磁链、正弦电荷等许多物理量，今后统称所有随时间按正弦规律变化的物理量为**正弦量**，式(4.1)描述了正弦量在 t 时刻的大小，称为**瞬时值**，用小写 $u(t)$ 和 $i(t)$ 表示。

由式(4.1)知道正弦量的特征集中表现在幅度的大小、变化的快慢及初始相位 3 方面，它们分别用幅值(U_{m}、I_{m})、角频率 ω、相位 φ 3 个要素来描述，称为**特征量**，特征量一旦确定，正弦量将被唯一确定。

4.1.2 特征量

1. 幅值 U_{m}、I_{m}

幅值也称最大值或振幅、峰值，一般用大写字母表示，以示与小写字母表示的瞬时值相区别。当 $\sin(\omega t+\varphi)=1$ 时正弦量取得最大值 U_{m}、I_{m}；当 $\sin(\omega t+\varphi)=-1$ 时正弦量取得最小值 $-U_{\mathrm{m}}$、$-I_{\mathrm{m}}$。最大值与最小值的差称为**峰-峰值**，常用于实验仪器上。

在电工技术中，电流的有效值较好地描述了电流的热效应，我们规定，如果正弦电流 $i(t)$通过电阻 R 在一个周期内产生的热量与直流电流 I 通过同一电阻在相同时间内产生的热量相等，则这个直流电流 I 就是正弦电流 $i(t)$的有效值。简言之，**正弦电流 $i(t)$ 的有效值就是和它的热效应相同的直流值。**

根据这一定义，有效值 I 与瞬时值 $i(t)$的关系式为

$$\int_0^T i^2(t)R\,\mathrm{d}t=I^2RT \tag{4.2}$$

由此可得

$$I=\sqrt{\frac{1}{T}\int_0^T i^2(t)\,\mathrm{d}t}=\sqrt{\frac{1}{T}\int_0^T I_{\mathrm{m}}^2\sin^2(\omega t+\varphi_i)\,\mathrm{d}t}=\frac{I_{\mathrm{m}}}{\sqrt{2}} \tag{4.3}$$

同理有

$$U=\frac{U_{\mathrm{m}}}{\sqrt{2}} \tag{4.4}$$

可以得到的结论是**正弦电压与正弦电流的有效值是其幅值的$\frac{1}{\sqrt{2}}$**。该结论只适用于正弦量，并不适用于非周期量，至于非正弦周期量的有效值则需要根据式(4.2)重新计算。

工程上说的正弦电压、电流一般指有效值，如设备铭牌额定值、电网的电压等级等。一般人们所说的交流380V或220V电压指的都是交流电压的有效值，**在测量中，交流测量仪表指示的电压、电流读数一般为有效值**。

【例4.1】 一个用电器耐压300V，它是否可以接在220V的交流线路上？

【解】 因为交流电源电压$U=220\mathrm{V}$，所以由式(4.4)得其最大值$U_{\mathrm{m}}=220\sqrt{2}\approx311\mathrm{V}$，大于用电器的耐压上限300V，用电器会因过压而损坏。所以耐压300V的用电器不可以接在220V的交流线路上。

2. 角频率

正弦量变化的快慢可以用周期、频率、角频率等来表示。

正弦量变化一次所需时间称为**周期**，用T表示，单位为秒(s)，在单位时间(1s)内变化的次数称为**频率**，用f表示，单位是赫兹(Hz)，周期与频率的关系为

$$T=\frac{1}{f} \tag{4.5}$$

在我国以及世界很多国家，电力系统采用的标准频率是50Hz，称为**工频**，美国和日本采用60Hz，还有的国家采用40Hz。另外，不同的技术领域使用不同的频率，例如，有线通信的频率范围为300～500Hz，无线通信中使用的频率为30～30 000kHz，最高可达300GHz，高频炉的频率为200～300kHz，收音机中波段频率为530～1600kHz，移动通信的频率是900～1800MHz，人耳可听的音频范围是20Hz～20kHz。

正弦量在单位时间内变化的角度称为**角频率**，用ω表示，单位为弧度/秒(rad/s)。一个频率为f的正弦量在单位时间内共经历了$2\pi f$弧度的角度变化，结合式(4.5)得ω、T、f三者之间的关系为

$$\omega=2\pi f=\frac{2\pi}{T} \tag{4.6}$$

3. 相位和初相位

在幅值确定后，正弦量的瞬时值主要是由$\omega t+\varphi$决定，正弦量$f(t)=A_{\mathrm{m}}\sin(\omega t+\varphi)$中的$(\omega t+\varphi)$称为正弦量的**相位**，$t=0$时的相位称为**初相**。在正弦交流电路的研究中，常常要讨论同频率正弦量间的相位关系，并用相位差来表示。

例如，正弦电压$u=U_{\mathrm{m}}\sin(\omega t+\varphi_u)$和正弦电流$i=I_{\mathrm{m}}\sin(\omega t+\varphi_i)$的相位差表示为

$$\Delta\varphi=(\omega t+\varphi_u)-(\omega t+\varphi_i)=\varphi_u-\varphi_i \tag{4.7}$$

其中，φ_u和φ_i分别为正弦电压和正弦电流的初相。**$\Delta\varphi$的值介于±180°之间**。$\Delta\varphi=0°$则称它们**同相**，二者的变化“步调”一致；若$\Delta\varphi>0°$则称电压**超前**于电流，即电压比电流先到达某一个特定值如最大值或零；$\Delta\varphi<0°$则称电压**滞后**于电流；若$\Delta\varphi=90°$，称两者**正交**，$\Delta\varphi=180°$则称二者**反相**。

图4.5中电压u_1超前电流i，电压u_2落后于电流i。如果几个同频率的正弦量的计时

起点改变，正弦量的相位和初相随即改变，但它们的相位差恒定不变。通常任意选定一个正弦量为**参考正弦量**，当参考正弦量一经确定，则各正弦量之间的相位关系就可以确定，这种思路在正弦交流电路分析中常常用到。

【例 4.2】 已知某正弦交流电路中，负载电压 $u=5\sqrt{2}\sin(\omega t+30°)$，负载电流 $i=3\sin(\omega t-45°)$。

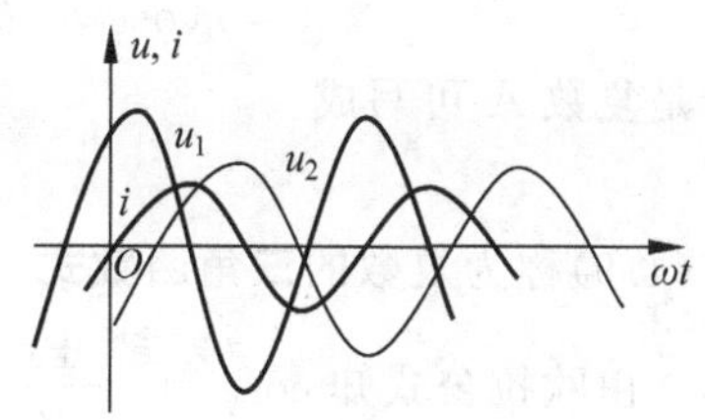

图 4.5　正弦量的相位差

(1) 分别求出电压、电流的最大值、有效值、初相以及电压与电流的相位差。

(2) 若以电压为参考正弦量，则电流与它的相位关系如何？

【解】 (1) 设电压、电流最大值分别为 U_m、I_m，有效值为 U、I，初相分别为 φ_u、φ_i，则

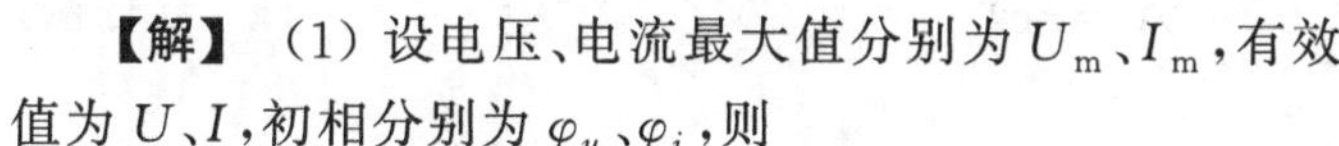

$$U_m=5\sqrt{2}(\text{V}),\quad I_m=3(\text{A}),\quad U=\frac{5\sqrt{2}}{\sqrt{2}}=5(\text{V}),\quad I=\frac{3}{\sqrt{2}}\approx 2.12(\text{A})$$

$$\varphi_u=30°,\quad \varphi_u=-45°,\quad \Delta\varphi=\varphi_u-\varphi_i=30°-(-45°)=75°$$

(2) 以电压为参考正弦量，电流与之相比，滞后电压 75°。

4.2　正弦量的相量表示法

在 4.1 节中分别用正弦函数和波形图来描述正弦电压和电流，这种表达方式分别称为三角函数表达法和波形图法。三角函数式在求解正弦量的瞬时值时比较方便，而波形图法更形象直观，但二者的不足是，在涉及两个正弦量的运算时需要进行三角函数的变换运算，公式烦琐、过程冗长。

观察正弦量的表达式 $f(t)=A_m\sin(\omega t+\varphi)$，一个正弦量由振幅(有效值)、角频率、初相这 3 个特征量唯一确定。事实上，本章所研究的正弦量都是同频率正弦交流电源激励下产生的响应，频率往往是已知的。这样一来，确定一个正弦量就只剩下振幅(有效值)与相位(初相)两个量，即由两个特征量就可以唯一确定一个正弦量。

确定一个复数也只需要两个量，如实部和虚部，或者模与辐角，于是产生了用复数的两个量分别表示正弦量的两个要素从而简化正弦量的分析和运算的思路，这就是正弦量的**相量表示法**。在电路分析中，人们采用相量法使正弦电流电路的分析与运算变得更加简便。

4.2.1　复数及其运算

在数学中，用 $A=a+\text{j}b$ 来表示一个复数，其中 a、b 分别为复数的**实部**和**虚部**，记为 $a=\text{Re}[A]$，$b=\text{Im}[A]$，j 称为**虚数单位**，$\text{j}^2=-1$。

1. 复数的几种表示形式

复平面与复数 A 如图 4.6 所示，图中横轴表示复数的实部，称为实轴，以 +1 为单位；纵轴表示复数的虚部称为虚轴，以 +j 为单位。复数 A 记作

$$A=a+\text{j}b \tag{4.8}$$

式(4.8)称作复数的**代数式**。

复数还可以用复平面上的有向线段表示，其中 OA 称为复数 A 的**模**，记作 r，φ 称为复

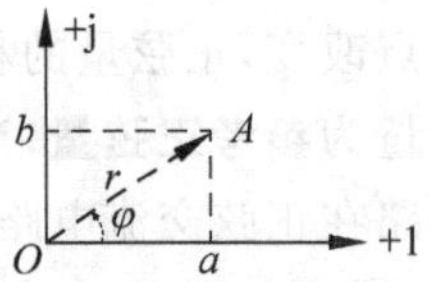

数的**辐角**。r、φ 与实部 a 和虚部 b 满足如下关系：

$$r=\sqrt{a^2+b^2},\quad \varphi=\arctan\frac{b}{a}$$

$$a=r\cos\varphi,\quad b=r\sin\varphi$$

图 4.6 复平面与复数

于是复数 A 可写成

$$A=r(\cos\varphi+\mathrm{j}\sin\varphi) \tag{4.9}$$

式(4.9)称为复数的**三角函数式**。

由欧拉公式知 $\cos\varphi=\dfrac{\mathrm{e}^{\mathrm{j}\varphi}+\mathrm{e}^{-\mathrm{j}\varphi}}{2}$，$\sin\varphi=\dfrac{\mathrm{e}^{\mathrm{j}\varphi}-\mathrm{e}^{-\mathrm{j}\varphi}}{2\mathrm{j}}$，代入式(4.9)得

$$A=r\mathrm{e}^{\mathrm{j}\varphi} \tag{4.10}$$

式(4.10)称为**复数的指数式**。

为了书写方便，在工程应用中，经常将复数表示成 $A=r\angle\varphi$，称为复数的**极坐标式**。

2. 复数的运算

复数的加减运算，通常采用代数式。例如，已知 $A_1=a_1+\mathrm{j}b_1$，$A_2=a_2+\mathrm{j}b_2$，则有

$$A_1\pm A_2=(a_1\pm a_2)+\mathrm{j}(b_1\pm b_2) \tag{4.11}$$

复数的乘除运算通常采用指数式或者极坐标式，其运算如下：

$$A_1=r_1\mathrm{e}^{\mathrm{j}\varphi_1}=r_1\angle\varphi_1,\quad A_2=r_2\mathrm{e}^{\mathrm{j}\varphi_2}=r_2\angle\varphi_2$$

$$A_1A_2=r_1r_2\mathrm{e}^{\mathrm{j}(\varphi_1+\varphi_2)}=r_1r_2\angle(\varphi_1+\varphi_2) \tag{4.12}$$

$$\frac{A_1}{A_2}=\frac{r_1\mathrm{e}^{\mathrm{j}\varphi_1}}{r_2\mathrm{e}^{\mathrm{j}\varphi_2}}=\frac{r_1}{r_2}\mathrm{e}^{\mathrm{j}(\varphi_1-\varphi_2)}=\frac{r_1}{r_2}\angle(\varphi_1-\varphi_2) \tag{4.13}$$

所以有结论：**几个复数相乘，积的模等于各复数模的积，积的辐角等于各复数辐角的和；几个复数相除，商的模等于各复数模的商，商的辐角等于各复数辐角的差。**

4.2.2 相量的概念

用来表示正弦量的复数称为**相量**，记作 $\dot{A}=r\angle\varphi$，只有用来表示**正弦量**的复数才允许在字母上加"·"，以表示与其他复数的区别。

1. 最大值相量(幅值相量)与有效值相量

相量的模取自正弦量的最大值，则称为**最大值相量**或者**振幅相量**，用 $\dot{U}_\mathrm{m}$ 或 $\dot{I}_\mathrm{m}$ 表示；如果相量的模取自正弦量的有效值，则称为**有效值相量**，记作 $\dot{U}$ 或 $\dot{I}$。例如，正弦电流 $i=5\sqrt{2}\sin(\omega t+30°)$，最大值相量为 $\dot{I}_\mathrm{m}=5\sqrt{2}\angle 30°\mathrm{A}$，有效值相量为 $\dot{I}=5\angle 30°\mathrm{A}$。

【例 4.3】 已知某工频电路中，负载的电流相量 $\dot{I}=32\angle 15°\mathrm{A}$，试求电流瞬时值 i。

【解】 由 $\dot{I}=32\angle 15°\mathrm{A}$ 知道，电流的有效值 $I=32\mathrm{A}$，初相 $\varphi=15°$，得 $I_\mathrm{m}=32\sqrt{2}\mathrm{A}$，又 $f=50\mathrm{Hz}$，所以 $\omega=2\pi f=314\mathrm{rad/s}$，由电流相量对应得到电流瞬时值为

$$i=32\sqrt{2}\sin(314t+15°)(\mathrm{A})$$

2. 相量与正弦量的关系

相量与正弦量是一种对应关系，取出正弦量的两个要素就可以写成相量式，同理，知道

了相量式，就可以对应得到出正弦量的完整表达，但是二者有着本质的区别。

正弦量是一个随时间变化的实数，相量是一个以正弦量的幅值或者有效值为模、以初相为辐角的复常数，因此，**正弦量并不等于相量，二者仅仅是对应的关系**。经证明，正弦量 $f(t)$ 与其最大值相量 $\dot{A}_m$ 的关系如下：

$$f(t)=\mathrm{Re}[\dot{A}_m e^{j\omega t}] \tag{4.14}$$

4.2.3 相量图

在复平面上，根据**同频**正弦量的相量大小与相位关系，用具有初始位置的有向线段画出的图形称为**相量图**。

【例 4.4】 已知 $i_1=7.07\cos(\omega t)\mathrm{A}$，$i_2=20\sin(\omega t+30°)\mathrm{A}$，$i_3=10\sqrt{2}\sin(\omega t-45°)\mathrm{A}$，求相应的相量 $\dot{I}_1$、$\dot{I}_2$、$\dot{I}_3$，并画出相量图。

【解】 (1) 由于 i_1 是余弦函数表达，所以首先应该化成正弦式后，才能将其对应相量与其他电流相量画在同一个相量图中。

$$i_1=7.07\cos(\omega t)=7.07\sin 90°(\mathrm{A})$$

所以

$$I_1=\frac{7.07}{\sqrt{2}}=5(\mathrm{A}),\quad \varphi_1=90°,\quad \dot{I}_1=5\angle 90°(\mathrm{A})$$

(2) 由 $i_2=20\sin(\omega t+30°)\mathrm{A}$，得

$$I_2=\frac{20}{\sqrt{2}}=14.14(\mathrm{A}),\quad \varphi_2=30°,\quad \dot{I}_2=14.14\angle 30°(\mathrm{A})$$

$$I_3=\frac{10\sqrt{2}}{\sqrt{2}}=10(\mathrm{A}),\quad \varphi_3=45°,\quad \dot{I}_3=10\angle -45°(\mathrm{A})$$

(3) 画出 3 个相量相量图，如图 4.7 所示。

正弦量的相量有两种表示方法：相量式和相量图。**相量只代表正弦周期量，不代表非正弦周期量；只有同频率的正弦量才能将相应的相量画在同一相量图中。**

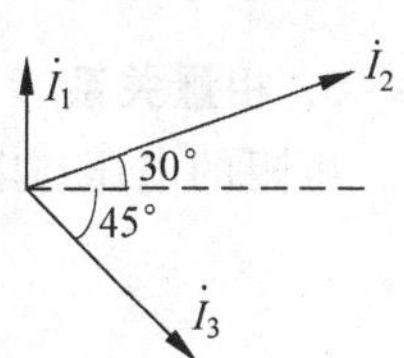

图 4.7 相量图

4.2.4 相量的运算

相量法是为了简化正弦量的运算，而正弦量的运算转换成相量运算应按照以下规则进行：

若干个同频率正弦量的线性组合的相量，等于各个正弦量对应的相量的同样的线性组合。

【例 4.5】 已知 $u_1=4\sqrt{2}\sin(628t+60°)\mathrm{V}$，$u_2=12\sqrt{2}\sin(628t+45°)\mathrm{V}$，求 u_1+u_2。

【解】 根据规则，首先由瞬时电压表达式得到

$$\dot{U}_1=4\angle 60°(\mathrm{V}),\quad \dot{U}_2=12\angle 45°(\mathrm{V})$$

则 u_1+u_2 对应的相量为

$$\dot{U}_1+\dot{U}_2=4\angle 60°+12\angle 45°$$

$$=(2+\mathrm{j}2\sqrt{3})+(6\sqrt{2}+\mathrm{j}6\sqrt{2})$$
$$=(2+6\sqrt{2})+\mathrm{j}(2\sqrt{3}+6\sqrt{2})$$
$$=15.9\angle 48.73°(\mathrm{V})$$

所以

$$u_1+u_2=15.9\sqrt{2}\cos(628t+48.73°)(\mathrm{V})$$

4.3 单一参数正弦交流电路中电压与电流的关系

首先研究正弦电路中单一参数元件电路的电压与电流关系,复杂的正弦电路无外乎这些单一参数元件的组合。

4.3.1 单一电阻元件的正弦交流电路

一个线性单一电阻元件电路如图 4.8 所示,其中电压、电流采取关联方向。凡电阻参数的作用比较突出而其他参数的影响可以忽略不计的电路都可以采用该电路模型,例如,白炽灯、电热毯、电炉等用电器接入交流电路时,就可以抽象为这一模型。

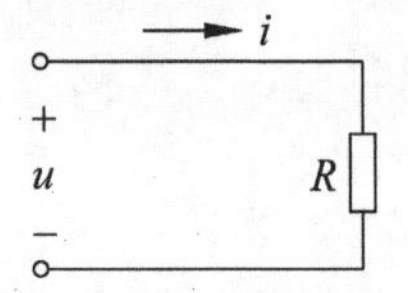

图 4.8 单一电阻元件的正弦交流电路

1. 电压与电流的基本关系

电阻的电压和电流遵循的基本关系由欧姆定律确定,设电流 $i=\sqrt{2}I\sin\omega t$,则

$$u=\sqrt{2}RI\sin\omega t \tag{4.15}$$

2. 频率、相位、有效值关系

观察 u 和 i 的瞬时值,二者频率都是 ω,它们的相位差 $\Delta\varphi=\varphi_u-\varphi_i=0°$。所以,**单一电阻元件的交流电路中,电压与电流频率相同,相位相同**。二者的**有效值关系**是

$$U=RI \tag{4.16}$$

3. 相量关系

电阻的电压与电流有效值相量分别为

$$\dot{U}=RI\angle 0°,\quad \dot{I}=I\angle 0°,\quad \frac{\dot{U}}{\dot{I}}=\frac{RI\angle 0°}{I\angle 0°}=R$$

得到

$$\dot{U}=R\dot{I} \tag{4.17}$$

在单一电阻元件交流电路中,电阻的电压与电流波形和相量图分别如图 4.9 和图 4.10 所示。

4. 功率

电压瞬时值 u 与电流瞬时值 i 的乘积称为**瞬时功率**,用 p 表示,单位为瓦[特](W),电阻元件的瞬时功率为

$$p=ui=2UI\sin^2\omega t=UI[1-\cos2\omega t] \tag{4.18}$$

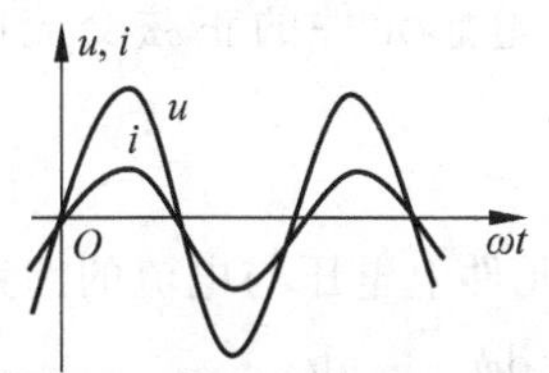

图 4.9　单一电阻元件的电压与电流

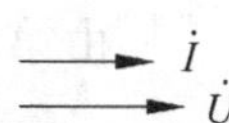

图 4.10　单一电阻元件的电压与电流相量图

由于瞬时功率不容易测量又很难表达电流做功的效果，所以在工程上，通常引用平均功率用以衡量电路电流做功、电能消耗的规模。**平均功率**指的是瞬时功率在一个周期内的平均值，用 P 表示，单位为瓦[特](W)。**在交流测量中，交流功率表所显示的读数都是平均功率**。

$$P=\frac{1}{T}\int_0^T p\,\mathrm{d}t \tag{4.19}$$

电阻元件的平均功率为

$$\begin{aligned}P&=\frac{1}{T}\int_0^T p\,\mathrm{d}t=\frac{1}{T}\int_0^T UI[1-\cos 2\omega t]\mathrm{d}t\\&=UI=\frac{U^2}{R}=I^2R\end{aligned} \tag{4.20}$$

电阻元件电压 u、电流 i、瞬时功率 p 的波形如图 4.11 所示，瞬时功率 p 与时间轴围成的阴影部分表示电阻消耗电能的情况。从图 4.11 中可以看出，电压、电流同为正值或同为负值，p 均大于零，表明电阻元件在交流电路中始终吸收和获取电能，所以电阻是一种**耗能元件**。

【例 4.6】　一个电阻丝电阻 50Ω，接于电压 $u=220\sqrt{2}\sin(314t+15°)$V 的电源上，求电压相量 $\dot{U}$ 和电流瞬时值 i。

【解】　(1) 由电源电压瞬时值可知：

$$\dot{U}=220\angle 15°(\mathrm{V})$$

(2) 求电流 i 可以有两种方法。一种是直接根据电压与电流的基本关系得到

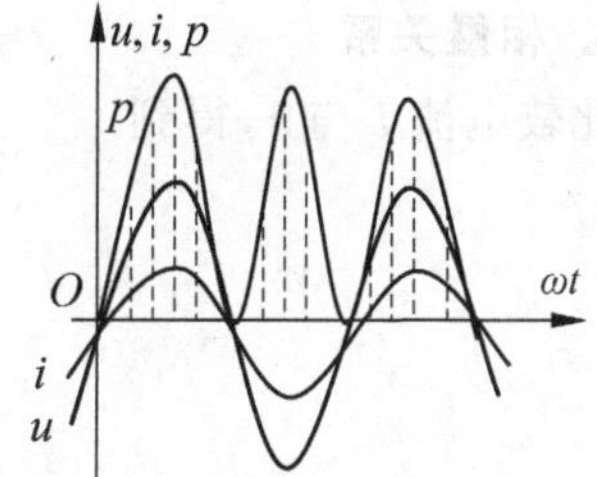

图 4.11　电阻元件的电压、电流和功率

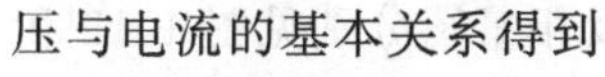

$$i=\frac{u}{R}=\frac{220\sqrt{2}}{50}\sin(314t+15°)=4.4\sqrt{2}\sin(314t+15°)(\mathrm{A})$$

另一种是由电流相量对应求得

$$\dot{I}=\frac{\dot{U}}{R}=\frac{220\angle 15°}{50}=4.4\angle 15°(\mathrm{A})$$

得

$$i=4.4\sqrt{2}\sin(314t+15°)(\mathrm{A})$$

4.3.2　单一电感元件的正弦交流电路

在电动机、变压器、照明系统、电子与通信系统中都广泛应用电感线圈，尽管实际的电感

线圈形状各异，但它们都可以抽象为**电感元件**，单一电感元件的正弦交流电路如图 4.12 所示。

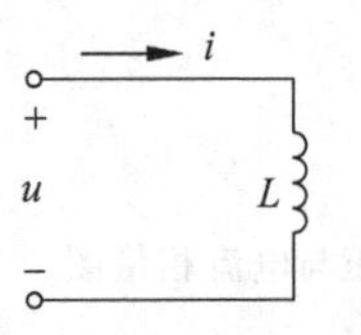

图 4.12 单一电感元件的正弦交流电路

1. 电压与电流的基本关系

由第 3 章的讨论可知电感元件上电压与电流的约束关系，即

$$u=\frac{\mathrm{d}\psi}{\mathrm{d}t}=L\frac{\mathrm{d}i}{\mathrm{d}t} \tag{4.21}$$

2. 频率、相位、有效值关系

设 $i=\sqrt{2}I\sin\omega t$，根据式(4.21)有

$$u=L\frac{\mathrm{d}i}{\mathrm{d}t}=\sqrt{2}\omega LI\cos\omega t=\sqrt{2}\omega LI\sin(\omega t+90^\circ)$$

观察 u 和 i 的瞬时值，二者**频率相同**，相位差为

$$\Delta\varphi=90^\circ \tag{4.22}$$

在单一电感元件的正弦交流电路中，电压与电流频率相同，相位上电压超前电流 90°。

电压与电流的**有效值关系**为

$$U=\omega LI \tag{4.23}$$

为了使上式更接近欧姆定律的形式，设

$$\omega L=X_L \tag{4.24}$$

则

$$U=X_LI \tag{4.25}$$

其中，X_L 体现了电感线圈对交流电流的阻碍作用，称为**感抗**，单位为欧(姆)。频率越高，X_L 越大，阻碍作用越明显。直流情况下 $\omega=0$，$X_L=0$，电感可以近似为电阻为 0 的导线，相当于短路。可见电感元件有“**通直阻交**”的作用。

3. 相量关系

比较电流 i 与 u，得到

$$\begin{aligned}\dot{I}&=I\angle 0^\circ\\ \dot{U}&=X_LI\angle 90^\circ\\ &=\mathrm{j}X_L\dot{I}=\mathrm{j}\omega L\dot{I}\end{aligned} \tag{4.26}$$

在单一电感元件交流电路中，电感元件的电压与电流波形以及相量图分别见图 4.13 和图 4.14。

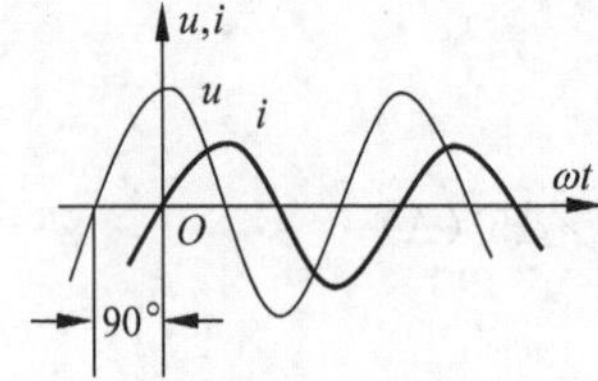

图 4.13 单一电感元件的电压与电流

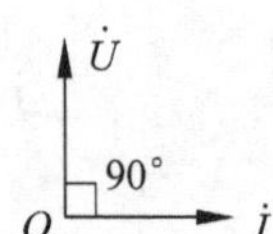

图 4.14 单一电感元件的电压与电流相量图

4. 功率

电感元件的瞬时功率为

$$\begin{aligned} p &= ui = \sqrt{2}U\sin(\omega t + 90°)\sqrt{2}I\sin\omega t \\ &= 2UI\sin\omega t\cos\omega t \\ &= UI\sin 2\omega t \end{aligned} \tag{4.27}$$

平均功率为

$$\begin{aligned} P &= \frac{1}{T}\int_0^T p\,\mathrm{d}t \\ &= \frac{1}{T}\int_0^T UI\sin 2\omega t\,\mathrm{d}t \\ &= 0 \end{aligned} \tag{4.28}$$

电感元件的电压 u、电流 i、瞬时功率 p 的波形如图 4.15 所示。瞬时功率 p 与时间轴围成的阴影部分表示电感储能与放能情况。从图 4.15 中看出，在第一个和第三个 1/4 周期内，p 为正，电感从电源吸收、获取能量并以磁场能形式存储起来。

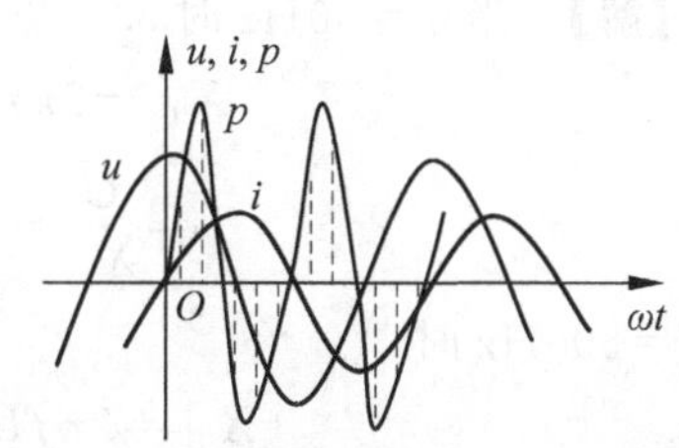

图 4.15　电感元件的电压、电流和功率

在第二和第四个 1/4 周期中，p 为负，说明此时电感在放出能量。而电感元件并不能“生产”电能，所以它发出的能量来自第一个和第三个 1/4 周期内电感储存的磁场能量，所以电感元件是一个**储能元件**。

可以看到一个周期内，阴影面积的代数和为零，它表明**一个周期中，电感元件消耗电能做功为零**。

综上所述，除电阻真正消耗电能对外做功，电感并不消耗电能，只是与电源进行能量交换，为了区别做功的功率和用于交换的功率，我们称平均功率为**有功功率**，仍然用 P 表示；称与电源进行交换的功率为**无功功率**，用 Q 表示，单位为乏，记为 Var。

无功功率定义为瞬时功率的最大值，用以衡量储能元件与电源交换能量的规模。电阻元件和电感元件的无功功率分别为

$$Q_R = 0$$

$$Q_L = U_L I_L = I_L^2 X_L = \frac{U_L^2}{X_L} \tag{4.29}$$

【例 4.7】 在图 4.12 的单一电感元件交流电路中，电源频率为工频，$L = 1\text{H}$。

(1) 已知 $i = 3\sqrt{2}\sin(\omega t)\text{A}$，求电压 u。

(2) 已知 $\dot{U} = 20\angle -60°\text{V}$，求电流 $\dot{I}$ 并画出相量图。

【解】 (1) 求电压 u 有两种方法。

方法一：由电压和电流的基本关系直接写出电压表达式

$$u = L\,\frac{\mathrm{d}i}{\mathrm{d}t} = 1 \times \omega \times 3\sqrt{2}\cos\omega t = 942\sqrt{2}\sin(\omega t + 90°)(\text{V})$$

方法二：先求相量，再将相量对应写成电压瞬时表达式。

$$X_L = \omega L = 2\pi f L = 314(\Omega)$$

由 i 得知 $\dot{I} = 3\angle 0°\text{A}$，所以

$$\dot{U}=\mathrm{j}X_L\dot{I}=314\times 3\angle(0°+90°)=942\angle 90°(\mathrm{V})$$

那么 $u=942\sqrt{2}\sin(\omega t+90°)\mathrm{V}$，与前面结论一致。

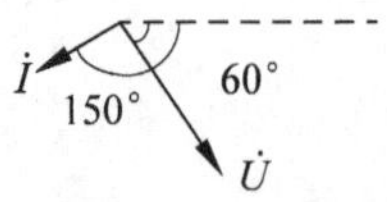

(2) $\dot{I}=\frac{\dot{U}}{\mathrm{j}X_L}=\frac{20\angle-60°}{314\angle 90°}\angle-150°=0.06\angle-150°(\mathrm{A})$

相量图如图 4.16 所示。

图 4.16　例 4.7 相量图

【例 4.8】 把一个 1H 的电感元件接于工频电压为 10V 的正弦交流电流上，求电流是多少？如果电源频率改为 500Hz 而保持电压值不变，则电流是多少？

【解】 当 $f=50\mathrm{Hz}$ 时，

$$X_L=2\pi fL=2\times 3.14\times 50\times 1=314(\Omega)$$

$$I=\frac{U}{X_L}=\frac{10}{314}=31.8(\mathrm{mA})$$

当 $f=500\mathrm{Hz}$ 时，

$$X_L=2\pi fL=2\times 3.14\times 500\times 1=3140(\Omega)$$

$$I=\frac{U}{X_L}=\frac{10}{3140}=3.18(\mathrm{mA})$$

可见，当电压有效值一定时，频率越高，感抗越大，电流有效值越小。

4.3.3 单一电容元件的正弦交流电路

在电子通信、计算机、电子系统中，电容器非常常见，例如，收音机中的调谐电路，计算机存储器中的动态 RAM 等都有电容性质的结构存在。单一电容元件的正弦交流电路如图 4.17 所示。

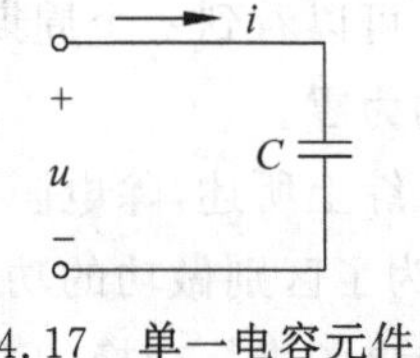

图 4.17　单一电容元件的正弦交流电路

1. 电压与电流的基本关系

由第 3 章可知，电容元件的电流电压的约束关系是

$$i=C\frac{\mathrm{d}u}{\mathrm{d}t} \tag{4.30}$$

2. 频率、相位、有效值关系

设 $u=\sqrt{2}U\sin\omega t$，根据式(4.30)有

$$\begin{aligned}i&=C\frac{\mathrm{d}u}{\mathrm{d}t}=\sqrt{2}U\omega C\cos\omega t\\&=\sqrt{2}U\omega C\sin(\omega t+90°)\end{aligned} \tag{4.31}$$

观察 u 和 i 的瞬时值表达式，两者**频率相同**，**相位差为**

$$\Delta\varphi=-90°$$

在单一电容元件的正弦交流电路中，电压与电流频率相同，相位上电压落后电流 90°。

电压与电流的**有效值关系**为 $I=\omega CU$。为了保持与欧姆定律的形式一致，定义

$$X_C=\frac{1}{\omega C} \tag{4.32}$$

则

$$U = X_C I \tag{4.33}$$

X_C 反映了电容元件阻碍交流电流的能力,称为容抗,单位为欧[姆]。电源频率越高,X_C 越小,对电流阻碍作用越小。在直流情况下,X_C 趋于无穷大,可相当于断路。可见,电容元件有"**隔直通交**"的作用。

3. 相量关系

比较 u 和 i,得到 $\dot{U}=U\angle 0°$,$\dot{I}=U\omega C\angle 90°$

$$\dot{U} = -\mathrm{j}X_C\dot{I} = \frac{1}{\mathrm{j}\omega C}\dot{I} \tag{4.34}$$

单一电容元件交流电路中,电容元件的电压与电流正弦波形及相量图分别如图 4.18 和图 4.19 所示。

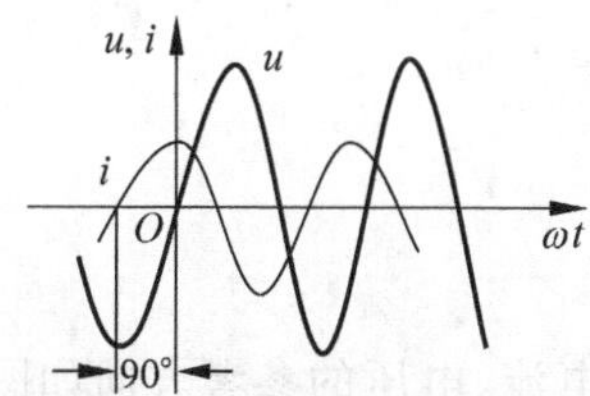

图 4.18 单一电容元件的电压与电流

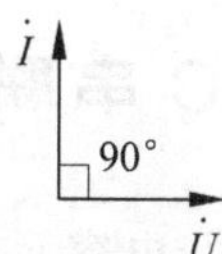

图 4.19 单一电容元件的电压与电流相量图

4. 功率

电容元件瞬时功率为

$$\begin{aligned} p &= ui = \sqrt{2}U\sin\omega t\sqrt{2}I\sin(\omega t + 90°) \\ &= 2UI\sin\omega t\cos(\omega t + \varphi) \\ &= UI\sin 2\omega t \end{aligned} \tag{4.35}$$

平均功率为

$$\begin{aligned} P &= \frac{1}{T}\int_0^T p\,\mathrm{d}t = \frac{1}{T}\int_0^T UI\sin 2(\omega t + \varphi)\,\mathrm{d}t \\ &= 0 \end{aligned} \tag{4.36}$$

无功功率为

$$Q_C = U_C I_C = I_C^2 X_C = \frac{U_C^2}{X_C} \tag{4.37}$$

电压 u、电流 i、瞬时功率 p 的波形如图 4.20 所示。在第二、四个 1/4 周期里,p 为正,电容从电源获取能量,电容被充电,由此增加的电能以电场能量的形式存储起来;第一、第三个 1/4 周期中,电容在释放能量,释放的能量来自于第二、四个 1/4 周期中储存的电场能量。可见电容元件也是一个**储能元件。一个周期中,电容元件消耗电能做功为零。**

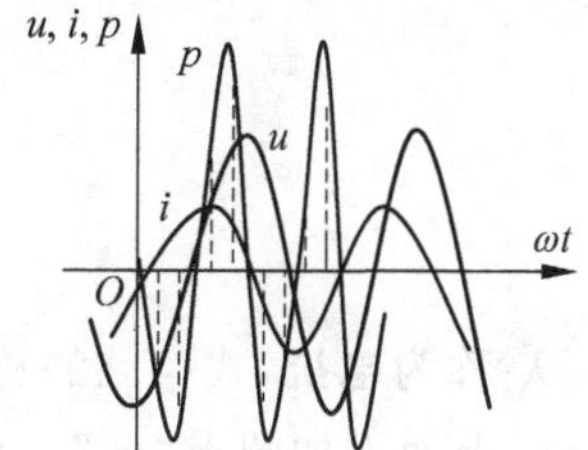

图 4.20 电容元件的电压、电流和功率

【例 4.9】 在一个工频正弦交流电路中,只接有一个 $C=20\mu\mathrm{F}$ 的电容。已知流经电容的电流 $i=5\sqrt{2}\sin(\omega t+30°)\mathrm{A}$,求电源电压 U、$\dot{U}$、u。

【解】 已知 $I=5\text{A},\varphi_i=30°$,得

$$X_C=\frac{1}{\omega C}=\frac{1}{2\pi fC}=\frac{1}{2\pi\times 50\times 20\times 10^{-6}}=159.2(\Omega)$$

$$U=X_C I=796.2(\text{V})$$

因为电容元件的电压落后于电流 90°,所以

$$\varphi_u=\varphi_i-90°=-60°$$

得

$$\dot{U}=796.2\angle-60°(\text{V})$$

$$u=796.2\sqrt{2}\sin(314t-60°)(\text{V})$$

在实际应用中,单一参数的电路并不普遍,而对于 RLC 串联以及并联电路的研究则更具有实际意义。本书重点研究 RLC 串联电路。

4.4 RLC 串联电路

在电阻、电感与电容元件串联的交流电路中,各电流、电压的参考方向如图 4.21 所示。

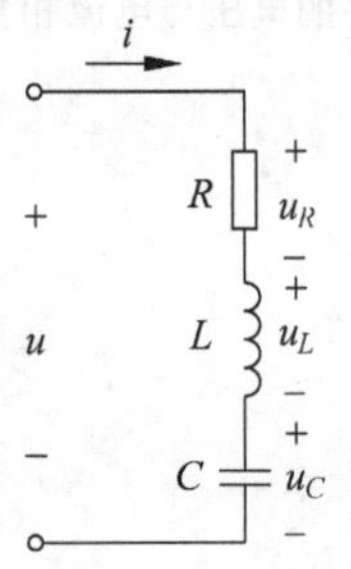

图 4.21 RLC 串联电路

4.4.1 阻抗和导纳的概念

1. 阻抗

在正弦电源电压 u 作用下,产生正弦电流 i,设由电流 i 引起的电压分别为 u_R、u_L、u_C,根据基尔霍夫定律可得

$$u=u_R+u_L+u_C=Ri+L\frac{\text{d}i}{\text{d}t}+\frac{1}{C}\int i\,\text{d}t \tag{4.38}$$

由于 u_R、u_L、u_C 与 u 均是同频率正弦电压,它们能够改写成相应的相量形式,实现 RLC 串联电路时域模型到相量模型的转换。式(4.38)的相量表示为

$$\dot{U}=\dot{U}_R+\dot{U}_L+\dot{U}_C \tag{4.39}$$

在 RLC 串联电路中,取电流做基准参考相量,设为 $\dot{I}$,则式(4.39)写成

$$\dot{U}=R\dot{I}+\text{j}X_L\dot{I}-\text{j}X_C\dot{I}=[R+\text{j}(X_L-X_C)]\dot{I} \tag{4.40}$$

令

$$X=X_L-X_C$$

则

$$Z=R+\text{j}X \tag{4.41}$$

$$\dot{U}=Z\dot{I} \tag{4.42}$$

其中,X 称为**电抗**,式(4.42)称为**欧姆定律的相量形式**,Z 称为**阻抗**,单位是欧[姆]。Z 不是相量,上面不加圆点"·"。与电阻类似,它也体现了对电流的阻碍作用。根据式(4.41)得**阻抗模**和**阻抗角**分别为

$$|Z|=\sqrt{R^2+(X_L-X_C)^2} \tag{4.43}$$

$$\varphi = \arctan\frac{X_L - X_C}{R} \tag{4.44}$$

还可以从另一角度研究它们。设 $\dot{I}=I\angle\varphi_i$，$\dot{U}=U\angle\varphi_u$，代入式(4.42)得

$$Z=\frac{\dot{U}}{\dot{I}}=\frac{U\angle\varphi_u}{I\angle\varphi_I}=\frac{U}{I}\angle(\varphi_u-\varphi_i) \tag{4.45}$$

又可得

$$|Z|=\frac{U}{I},\quad \varphi=\varphi_u-\varphi_i \tag{4.46}$$

当频率一定时，则由于电路参数不同，会使得电路表现出如下不同的性质：

(1) 若 $X_L>X_C$，则 $\varphi>0$，电压的相位超前电流，此时电路呈**感性**；

(2) 若 $X_L<X_C$，则 $\varphi<0$，电压的相位落后电流，此时电路呈**容性**；

(3) 若 $X_L=X_C$，则 $\varphi=0$，电压与电流同相，此时电路呈**阻性**。

电路呈阻性的原因是感抗的作用与容抗的作用相互抵消，这种现象称为**串联谐振**，将在4.7节中详细讨论。

RLC串联电路的结论具有普遍意义，单一电阻电路、电感元件电路、电容元件电路只是RLC串联电路的特例。

2. 导纳

阻抗的倒数称为**导纳**，记为 Y，$Y=\frac{1}{Z}$，Y 单位为西[门子](S)，其中

$$Y=G+\mathrm{j}B \tag{4.47}$$

其中，实部 G 为电导，虚部 B 为电纳。导纳在并联交流电路的分析中更为常用。

4.4.2 电压三角形、阻抗三角形和功率三角形

1. 电压三角形

以串联电路中电路 i 的相量 $\dot{I}$ 为参考相量，设 $\dot{I}=I\angle 0°$，得到如图4.22所示的相量图。

依据图4.22中的相量关系，

$$\dot{U}=\dot{U}_R+\dot{U}_L+\dot{U}_C$$

$$U=\sqrt{U_R^2+(U_L-U_C)^2}\neq U_L+U_C+U_R \tag{4.48}$$

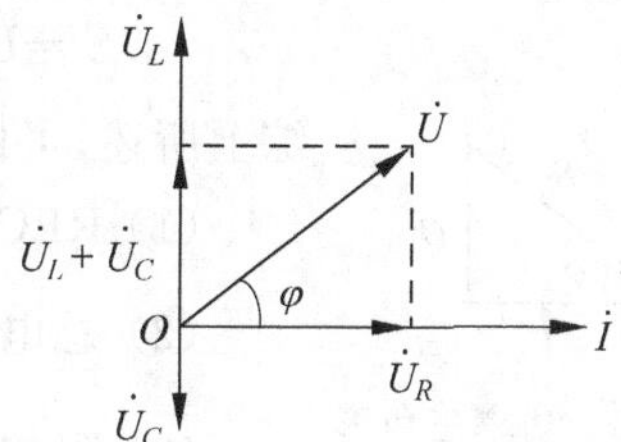

图4.22　RLC串联电路的相量图

可见，在正弦交流电路中，基尔霍夫定律只适用于瞬时值和相量值，并不适用于有效值(最大值)。

电压与电流的相位差为

$$\varphi=\arctan\frac{U_L-U_C}{U_R}=\arctan\frac{IX_L-IX_C}{IR}=\arctan\frac{X_L-X_C}{R}$$

设 $\dot{U}_L+\dot{U}_C=\dot{U}_X$，$\dot{U}_X$ 称为电抗电压相量，则 $\dot{U}$、$\dot{U}_X$、$\dot{U}_R$ 的关系，可以用一个三角形表

示,称为**电压三角形**,如图 4.23 所示。

2. 阻抗三角形

将电压三角形的各边即各相量的有效值均除以有效值 I,重新得到的三角形与电压三角形是相似三角形,称为**阻抗三角形**,如图 4.24 所示,它描述了 $|Z|$、R、X 三者之间的关系,也进一步验证了电压与电流的相位差 φ 与阻抗角相等的结论。

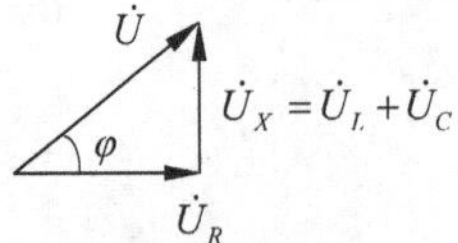

图 4.23 RLC 串联电路的电压三角形

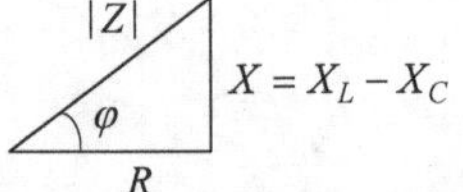

图 4.24 RLC 串联电路的阻抗三角形

阻抗模、阻抗角与电阻、电抗的关系如下

$$|Z|\cos\varphi=R,\quad |Z|\sin\varphi=X=X_L-X_C,\quad \varphi=\arctan\frac{X_L-X_C}{R} \tag{4.49}$$

3. 功率三角形

将电压三角形的各边即各相量的有效值均乘以有效值 I,重新得到的三角形与电压三角形仍然是相似三角形,称为**功率三角形**,如图 4.25 所示,可得

$$S=UI\quad P=S\cos\varphi,\quad Q=S\sin\varphi,\quad S=\sqrt{P^2+Q^2} \tag{4.50}$$

工程上把 S 定义为**视在功率**,单位为伏安,记为 V·A。当 U、I 分别为电气设备的额定电压和额定电流时,它们的乘积就是额定视在功率,记为

$$S_N=U_NI_N \tag{4.51}$$

如果说一台变压器容量为 600kV·A,则是指它的视在功率为 600kV·A。

如果电路中接有多个负载,那么电源的总容量 S、总有功功率 P 和总无功功率 Q 按功率三角形的关系得出,即

$$\sum P=P_1+P_2+\cdots$$
$$\sum Q=Q_1+Q_2+\cdots$$
$$S=UI=\sqrt{\left(\sum P\right)^2+\left(\sum Q\right)^2} \tag{4.52}$$

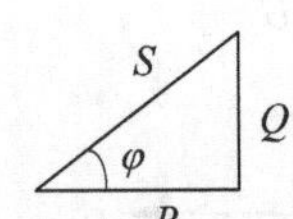

图 4.25 功率三角形

综上所述,可以得到以下结论:

(1) RLC 串联电路中各电压与电流都是同频率的正弦量;

(2) 总电压的有效值:$U=\sqrt{U_R^2+(U_L-U_C)^2}\neq U_R+U_L+U_C$;

(3) 阻抗模:$|Z|=\dfrac{U}{I}=\sqrt{R^2+(X_L-X_C)^2}\neq\dfrac{u}{i}$;

(4) 总电压 u 与总电流 i 的相位差等于电路的阻抗角。

【例 4.10】 在 RLC 串联电路中,已知 $f=100\text{Hz}$,$L=0.01\text{H}$,$C=100\mu\text{F}$,$R=10\Omega$,总电流 $I=0.5\text{A}$,求总电压 U,总电压相量 $\dot{U}$,总电压瞬时值 u。

【解】 (1) 设 $\dot{I}=0.5\angle 0°\text{A}$,有

$$X_L=\omega L=2\pi fL=6.28\Omega$$

$$X_C = \frac{1}{\omega C} = \frac{1}{2\pi f C} = 15.92\Omega$$

得

$$U_L = IX_L = 3.14\text{V},\quad U_C = IX_C = 7.96\text{V},\quad U_R = IR = 5\text{V}$$

$$U = \sqrt{U_R^2 + (U_L - U_C)^2} = \sqrt{5^2 + (3.14 - 7.96)^2} = 6.94(\text{V})$$

(2) 根据阻抗公式得到 $Z = R + \text{j}(X_L - X_C) = 10 - \text{j}9.64\Omega$,所以得到

$$\varphi = \arctan(-0.964) = -43.9^\circ$$

$$\dot{U} = 6.94\angle -43.9^\circ\text{V}$$

(3) 对应于相量 $\dot{U}$ 得到瞬时值

$$u = 9.81\sin(628t - 43.9^\circ)\text{V}$$

4.5 正弦电路的相量分析法

通过前面的分析,不难发现,如果将线性直流电路的电阻推广为阻抗,电导推广为导纳,恒定电压和电流推广为电压和电流的相量,那么所有关于直流电路提出的各种分析方法、定理、公式与等效变换的结论将完全适用于正弦电路的分析与计算。求出相量形式的解答后,再根据相量与正弦量的对应关系,求得正弦量的瞬时表达式,这种方法称为**正弦交流电路的相量分析法**。

【例 4.11】 RLC 串联电路如图 4.26 所示,其中 $R = 15\Omega$,$L = 12\text{mH}$,$C = 5\mu\text{F}$,端电压 $u = 100\sqrt{2}\sin(5000t)\text{V}$,试求电路中各元件的电压相量以及各电压的正弦量。

分析:由图 4.26 得出电路的相量模型如图 4.27 所示。本例由已知得 $\dot{U} = 100\angle 0^\circ\text{V}$,待求相量为 $\dot{U}_R$、$\dot{U}_L$ 和 $\dot{U}_C$ 以及 u_R、u_L、u_C。

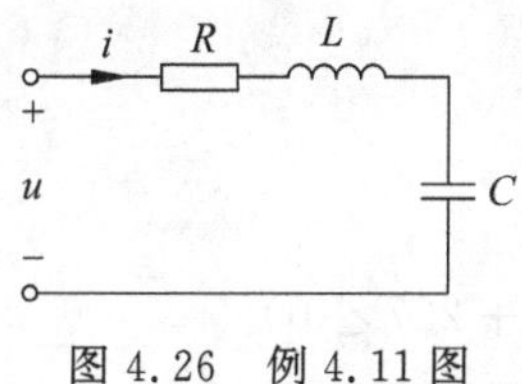

图 4.26　例 4.11 图

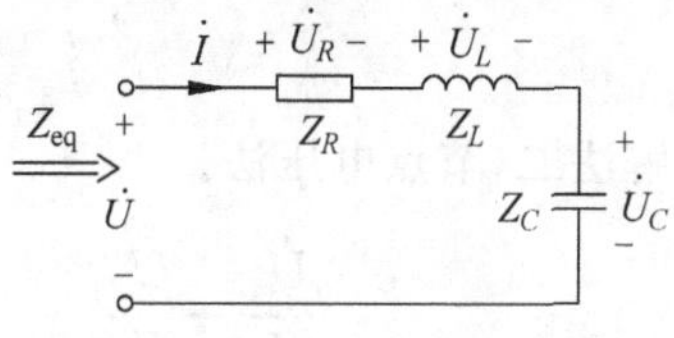

图 4.27　相量模型

【解】 根据各电路元件参数,可求得各阻抗如下:

$$Z_R = 15\Omega$$

$$Z_L = \text{j}\omega L = \text{j}60\Omega$$

$$Z_C = -\text{j}\frac{1}{\omega C} = -\text{j}40\Omega$$

$$Z_{\text{eq}} = Z_R + Z_L + Z_C = (15 + \text{j}20)\,\Omega = 25\angle 53.13^\circ\Omega$$

$$\dot{I} = \frac{\dot{U}}{Z_{\text{eq}}} = \frac{100\angle 0^\circ}{25\angle 53.13^\circ} = 4\angle -53.13^\circ(\text{A})$$

各元件电压相量为

$$\dot{U}_R = R\dot{I} = 60\angle -53.13°\text{V}$$

$$\dot{U}_L = \text{j}\omega L\dot{I} = 240\angle 36.87°\text{V}$$

$$\dot{U}_C = -\text{j}\,\frac{1}{\omega C}\dot{I} = 160\angle -143.13°\text{V}$$

各元件电压正弦量为

$$u_R = 60\sqrt{2}\sin(5000t - 53.13°)\text{V}$$

$$u_L = 240\sqrt{2}\sin(5000t + 36.87°)\text{V}$$

$$u_C = 160\sqrt{2}\sin(5000t - 143.13°)\text{V}$$

【例 4.12】 某正弦交流电路相量模型如图 4.28 所示，已知 $\dot{U}_1 = 230\angle 0°\text{V}$，$\dot{U}_2 = 227\angle 0°\text{V}$，$Z_1 = Z_2 = 0.1 + \text{j}0.5\Omega$，$Z_3 = 5 + \text{j}5\Omega$。试求电流 $\dot{I}_3$。

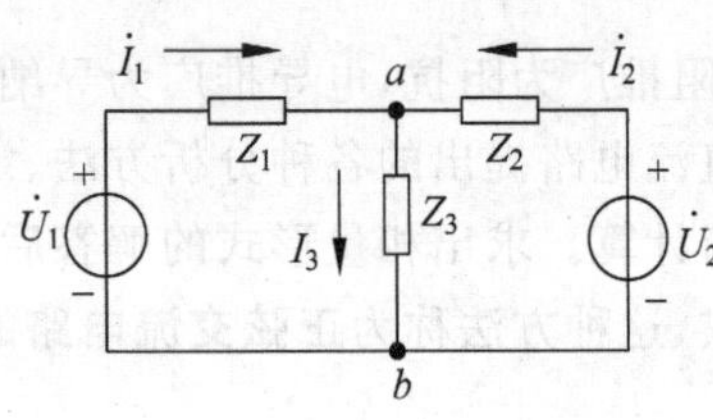

图 4.28　例 4.12 图

【解】 (1) 解法一，支路电流法。由 KCL 及 KVL 可列出：

$$\left.\begin{aligned} &\dot{I}_1 + \dot{I}_2 - \dot{I}_3 = 0 \\ &\dot{I}_1 Z_1 + \dot{I}_3 Z_3 = \dot{U}_1 \\ &\dot{I}_2 Z_2 + \dot{I}_3 Z_3 = \dot{U}_2 \end{aligned}\right\}$$

将已知数据代入，得

$$(0.1 + \text{j}0.5)\dot{I}_1 + (5 + \text{j}5)\dot{I}_3 = 230\angle 0°$$

$$(0.1 + \text{j}0.5)\dot{I}_2 + (5 + \text{j}5)\dot{I}_3 = 227\angle 0°$$

解得

$$\dot{I}_3 = 31.3\angle -46.1°\text{A}$$

(2) 解法二，节点电压法。

$$\dot{U}_{\text{ab}} = \frac{\dfrac{\dot{U}_1}{Z_1} + \dfrac{\dot{U}_2}{Z_2}}{\dfrac{1}{Z_1} + \dfrac{1}{Z_2} + \dfrac{1}{Z_3}} = \frac{\dfrac{1}{0.1 + \text{j}0.5}(230\angle 0° + 227\angle 0°)}{\dfrac{1}{0.1 + \text{j}0.5} + \dfrac{1}{0.1 + \text{j}0.5} + \dfrac{1}{5 + \text{j}5}}$$

$$= \frac{(5 + \text{j}5)(230\angle 0° + 227\angle 0°)}{2(5 + \text{j}5) + (0.1 + \text{j}0.5)}(\text{V})$$

$$\dot{I}_3 = \frac{\dot{U}_{\text{ab}}}{Z_3} = \frac{(230\angle 0° + 227\angle 0°)}{2(5 + \text{j}5) + (0.1 + \text{j}0.5)} = \frac{457(10.1 - \text{j}10.5)}{10.1^2 + 10.5^2}$$

$$= 31.3\angle -46.1°(\text{A})$$

(3) 解法三，电源的等效变换法。将实际电压源转换为实际电流源，如图 4.29 所示。图中等效电流源的电流为

$$\dot{I}_S=\frac{\dot{U}_1}{Z_1}+\frac{\dot{U}_2}{Z_2}=\frac{1}{0.1+j0.5}(230\angle 0°+227\angle 0°)\text{A}$$

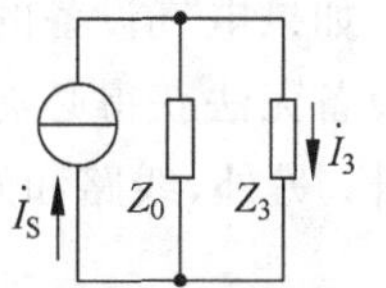

图 4.29 电源等效变换

等效内阻抗为

$$Z_0=\frac{Z_1Z_2}{Z_1+Z_2}=\frac{0.1+j0.5}{2}\Omega$$

因此,有

$$\dot{I}_3=\frac{Z_0}{Z_0+Z_3}\dot{I}_S=\frac{\frac{0.1+j0.5}{2}}{\frac{0.1+j0.5}{2}+(5+j5)}\times\frac{(230\angle 0°+227\angle 0°)}{0.1+j0.5}$$

$$=\frac{230\angle 0°+227\angle 0°}{0.1+j0.5+2(5+j5)}=\frac{457(10.1-j10.5)}{10.1^2+10.5^2}$$

$$=31.3\angle -46.1°(\text{A})$$

(4) 解法四,叠加原理。在图 4.28 中,将电源 $\dot{U}_2$ 除源后,由电源 $\dot{U}_1$ 单独产生的电流为

$$\dot{I}'_3=\frac{Z_2}{Z_2+Z_3}\times\frac{\dot{U}_1}{Z_1+\frac{Z_2Z_3}{Z_2+Z_3}}$$

将电源 $\dot{U}_1$ 除源后,由电源 $\dot{U}_2$ 单独作用产生的电流为

$$\dot{I}''_3=\frac{Z_1}{Z_1+Z_3}\times\frac{\dot{U}_2}{Z_2+\frac{Z_1Z_3}{Z_1+Z_3}}$$

将 $Z_1=Z_2=0.1+j0.5\Omega$,$Z_3=5+j5\Omega$,$\dot{U}_1=230\angle 0°\text{V}$,$\dot{U}_2=227\angle 0°\text{V}$ 代入,有

$$\dot{I}_3=\dot{I}'_3+\dot{I}''_3=\frac{\dot{U}_1+\dot{U}_2}{Z_1+2Z_3}=\frac{230\angle 0°+227\angle 0°}{0.1+j0.5+2(5+j5)}$$

$$=31.3\angle -46.1°\text{A}$$

本例还可以用戴维南定理、诺顿定理等其他方法求解,请读者自行计算。

4.6 功率因数的提高

由于储能元件与电源存在能量交换,真正用于做功的电能只有视在功率 S 乘以 $\cos\varphi$,定义 $\cos\varphi$ 为**功率因数**。

4.6.1 提高功率因数的意义

当前用电设备普遍为感性负载,例如变压器、电动机、继电器、荧光灯等,它们的功率因数往往比较低下,比如生产中常用的异步电动机在额定负载时的功率因数为 0.7～0.9,如果在轻载时,它的功率因数将变得更低。其他的如工频炉、电焊变压器以及荧光灯等负载的功率因数也较低,荧光灯甚至为 0.5 左右。

如果电气设备的设计容量即设备的视在功率不变，则由于功率因数 $\cos\varphi$ 低下，使得用电设备无法获得必需的有功功率，为此只能加大其设计容量，由此带来设备制造成本将大幅上升。另外，线路和发电机绕组上的功率损耗为

$$\Delta p = I^2 r \tag{4.53}$$

其中，r 是线路以及发电机绕阻上的电阻。而

$$I = \frac{P}{U\cos\varphi} \tag{4.54}$$

当发电机电压 U 和输出的有功功率 P 一定时，功率因数越低，线路电路电流 I 越大，不但使输电线材料和线路损耗增加，还将使线路电压上升，用户电压下降，必要时还需在系统上加装调压设备，如带负荷调压器等。

由此可见，**功率因数的提高能使设备容量得到充分利用，降低线路的功率损耗和电压损失**。按照供用电规则，高压供电企业平均功率因数不能低于 0.95，其他单位不低于 0.9。

4.6.2 提高功率因数的方法

提高功率因数的途径有两个：一是提高用电设备自身的功率因数，例如，三相异步电动机在轻载时，降低绕组上的电压可以提高其功率因数；二是用其他设备加以补偿。我们重点研究第二种方法。

电容元件与电感元件共处时其储能与放能过程相反，通过接入电容，能够让电容元件补偿电路一部分或全部的无功功率，使部分或全部的能量交换发生在电容和电感之间。接入电容应该满足以下原则：必须保证感性负载的原工作状态不受影响，即负载的端电压、电流、有功功率都不能因接入电容元件而改变。因此，电容元件接入的方式是并接于感性负载的两端，其电路图与相量图分别如图 4.30(a)和图 4.30(b)所示。

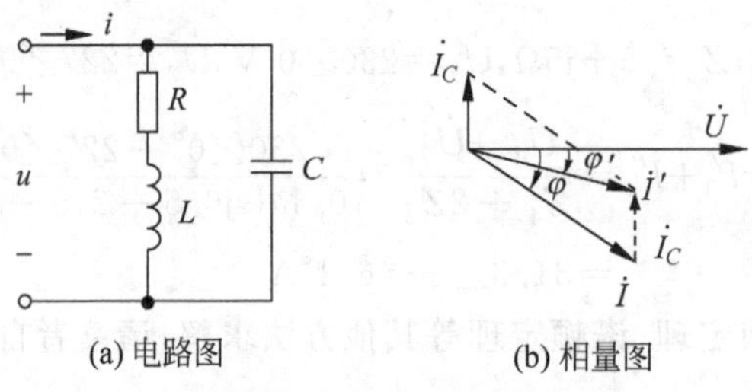

(a) 电路图　　(b) 相量图

图 4.30　功率因数的提高

由图 4.30(b)可见，补偿后的电流滞后于电压的相位差 φ' 较 φ 变小，因此 $\cos\varphi'$ 增加，整个系统的功率因数被提高，同时线路电流降低。感性负载由于其端电压及电路参数没有改变，有功功率的消耗和自身功率因数并未改变。

我们说**提高功率因数，并不是指提高感性负载的功率因数，而是指提高电源或电网的功率因数**。

在图 4.30(b)中，

$$I_C = I\sin\varphi - I'\sin\varphi' = \frac{P\sin\varphi}{U\cos\varphi} - \frac{P\sin\varphi'}{U\cos\varphi'} = \frac{P}{U}(\tan\varphi - \tan\varphi')$$

又 $I_C = U\omega C$，所以

$$U\omega C=\frac{P}{U}(\tan\varphi-\tan\varphi')$$

由此得补偿电容

视频 4.1

$$C=\frac{P}{\omega U^2}(\tan\varphi-\tan\varphi') \tag{4.55}$$

上述利用电容进行补偿的结果使电路仍呈感性，可以设想，如果将电路补偿成容性，仍然可以达到预期的目的，但不同的是所需电流 I_C 会更大，在电源电压不变前提下意味着需要并联更大的电容，这与补偿成感性电路的方案比不经济。另外，提高功率因数一般不考虑将功率因数补偿到 1，因为这样所需的电容值太大，而效果不明显。考虑到谐振的问题，一般只将功率因数提高至 0.9 左右。

【例 4.13】 有一功率为 $P=10\text{kW}$，$\cos\varphi=0.6$ 的电动机，接在 220V、$f=50\text{Hz}$ 的电源上。

(1) 试求将功率因数提高到 0.95 时，需并联多大的电容器；

(2) 求并联电容前后线路中的总电流；

(3) 如将功率因数从 0.95 再提高到 1，并联电容值还需增加多少？

【解】 (1) 补偿电容值增加

$$\varphi=\arccos(0.6)=53.1°,\quad \varphi'=\arccos(0.95)=18.2°$$

$$\begin{aligned}C&=\frac{P}{\omega U^2}(\tan\varphi-\tan\varphi')\\&=\frac{10\times10^3}{314\times220^2}\times(\tan53.1°-\tan18.2°)\\&=\frac{10\times10^3}{314\times220^2}\times(1.33-0.33)=658(\mu\text{F})\end{aligned}$$

(2) 未并联电容时电路中的电流为

$$I=\frac{P}{U\cos\varphi}=\frac{10\times10^3}{220\times0.6}=75.76(\text{A})$$

并联电容后电路中的电流为

$$I'=\frac{P}{U\cos\varphi'}=\frac{10\times10^3}{220\times0.95}=47.8(\text{A})$$

可见，线路中的电流减小了很多。

(3) 将功率因数从 0.95 再提高到 1 所需增加的电容值为

$$C'=\frac{10\times10^3}{314\times220^2}\times(\tan18.2°-\tan0°)=217(\mu\text{F})$$

当功率因数接近 1 时，再继续提高它所需要增加的电容值很大。

4.7 工程应用

4.7.1 谐振现象

在含有电感和电容元件的电路中，电路的端电压与电路中的电流一般是不同相的。但当电路的参数以及电源频率之间满足一定条件时，电路端电压与电路中的电流会呈现同相的现象即**电路呈现阻性**，称为**谐振**。在电压源激励的 RLC 串联电路中发生谐振，称为**串联谐振**，在电流源激励的 GCL 并联电路中发生的谐振称为**并联谐振**。

4.7.2 谐振原理

1. 串联谐振

在电压源激励的 RLC 串联电路中，阻抗为 $Z=R+\mathrm{j}(X_L-X_C)$，当

$$X_L=X_C$$

即

$$\omega L=\frac{1}{\omega C}$$

时，**电路呈阻性，电压与电流同相**，此时称该电路发生**串联谐振**，发生谐振时的角频率为

$$\omega_0=\frac{1}{\sqrt{LC}} \tag{4.56}$$

当 $X_L=X_C$ 时，$|Z|$ 最小，在电源电压一定时，电路中电流有效值 $I=\dfrac{U}{\sqrt{R^2+(X_L-X_C)}}=\dfrac{U}{R}$最大。串联谐振时电路的特点归纳如下。

(1) **电压与电流同相，电路呈阻性，电感元件与电容元件的串联阻抗为零。**

(2) **电路中阻抗模最小，电流有效值最大。**

(3) **串联谐振时，电感电压与电容电压大小相等，相位相反，互相抵消，电源电压与电阻电压相等**，串联谐振又称为**电压谐振**。

设串联谐振时，

$$\frac{X_L}{R}=\frac{X_C}{R}=Q \tag{4.57}$$

Q 称为谐振电路的**品质因数**。由式(4.57)有

$$Q=\frac{U_L}{U}=\frac{U_C}{U} \tag{4.58}$$

当 $X_L=X_C\gg R$，则 $Q\gg 1$，于是 $U_L=U_C=QU\gg U$，谐振时电感电压和电容电压往往远比电压源电压大得多，即产生**过电压**。

2. 并联谐振

在电流源激励的 GCL 并联电路中，并联电路阻抗 Z 的倒数即导纳 Y 为

$$Y=\frac{1}{R}+\mathrm{j}\omega C+\frac{1}{\mathrm{j}\omega L}=\frac{1}{R}+\mathrm{j}\left(\omega C-\frac{1}{\omega L}\right)=G+\mathrm{j}(B_C-B_L) \tag{4.59}$$

其中，G 为**电导**，B_C 为**容纳**，B_L 为**感纳**。

由式(4.59)可知，当 $B_C=B_L$，即 $\omega C=\dfrac{1}{\omega L}$时电路发生谐振，谐振角频率为

$$\omega_0=\frac{1}{\sqrt{LC}} \tag{4.60}$$

导纳模$|Y|$最小，在电感与电容上产生的电流也很大。

并联谐振时电路的特点归纳如下。

(1) **电压与电流同相，电路成阻性，电感元件与电容元件的并联阻抗为∞**。

(2) **电路中导纳模最小，电压有效值最大**。

(3) **在并联谐振中，电感电流与电容电流大小相等，相位相反，互相抵消，所以电源电流与电导电流**相等，并联谐振也称为**电流谐振**。

设并联谐振时，

$$Q=\frac{R}{X_L}=\frac{R}{X_C} \tag{4.61}$$

当 $\omega C=\frac{1}{\omega L}\gg G$ 时，I_L 与 I_C 将远大于电源电流 I。即，如果并联电路采用电流源供电，谐振时电感线圈和电容器中产生的电流可能比电流源电流大得多，即产生**过电流**。

由式(4.61)又得

$$Q=\frac{I_L}{I}=\frac{I_C}{I} \tag{4.62}$$

在实际应用中，常以电感线圈和电容器构成并联谐振电路，如图 4.31 所示，如果计算谐振频率或者品质因数，则必须画出如图 4.32 所示的等效电路，式(4.61)中的电阻值、电感系数将换成等效电路下的 R'、L'。

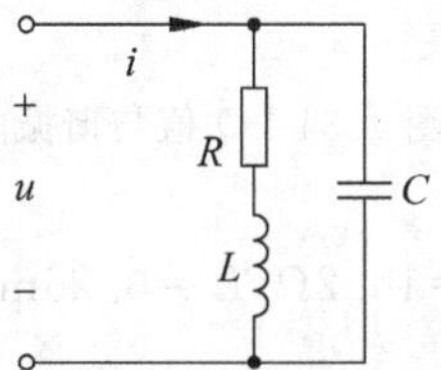

图 4.31　电感线圈和电容器并联电路

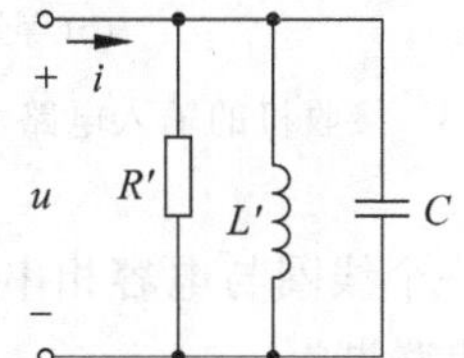

图 4.32　图 4.31 的等效电路

4.7.3 谐振在工程中的应用

根据应用领域的不同，有时谐振会被加以利用，如电子技术中常应用谐振进行选频，而有的领域如电力工程中则需要避免谐振的发生。

1. 串联谐振在工程中的应用

由于串联谐振时，电感和电容上的过电压能击穿电气设备的绝缘，所以应尽量避免。而在电信工程中，例如在无线电接收机中，当外来信号很微弱时，可以用电压谐振获取较高的电压信号。图 4.33(a)是接收机中典型的输入电路。它的作用是将需要收听的信号从天线所接收的许多频率不同的信号之中挑选出来，其他不需要的信号则尽量加以抑制。

输入电路的主要部分是天线线圈 L_1 和由电感线圈 L、可变电容 C 组成的串联谐振电路，其等效电路如图 4.33(b)所示。天线所收到的各种频率不同的信号都会在 LC 谐振电路中电感应出相应的电动势，如 e_1、e_2、e_3，R 是线圈 L 的电阻。调节电路使之谐振在所需信号频率上，此时回路中只有该频率的电流最大，在可变电容或电感上，这种频率的电压最高，而电路中其他频率的信号受到了谐振电路对偏离谐振点的输出信号的抑制，使得它们即使出现在接收机里，也会因为其幅度太低而不会带来什么影响。

同样是串联谐振电路，电路的选择性却并不相同，电路选择性的优劣表现在对非谐振频率的输入信号的抑制能力。

将电路中电流、电压随频率变化的曲线称为**谐振曲线**，以电阻的电压曲线为例，如图4.34所示，可以看出，Q 越大，曲线在谐振点附近的形状就越尖锐，而稍微偏离谐振频率的信号就大大削弱，这说明该电路对非谐振频率的输入具有较强的抑制能力，选择性更好。但是，Q 值高会引起通频带（电流或电压下降到最大值的 $\frac{1}{\sqrt{2}}$ 所对应的频率范围）过窄，从而影响到语言和图像等信号在传输时的传输质量，所以选择性和通频带宽度这对矛盾参数需要在设计中加以兼顾。

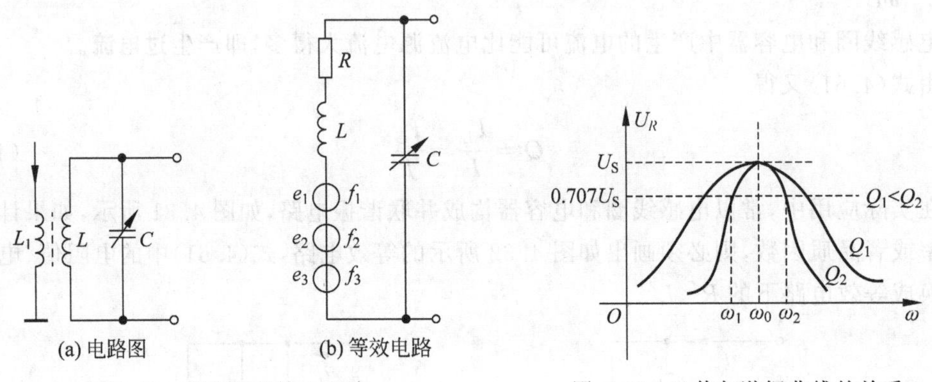

图4.33　接收机的输入电路　　　　图4.34　Q 值与谐振曲线的关系

【例4.14】 一个线圈与电容相串联，线圈电阻 $R=16.2\Omega$，$L=0.26\text{mH}$，当把电容调节到100pF时发生串联谐振。

(1) 求谐振频率和品质因数；

(2) 设外加电压为 $10\mu\text{V}$，其频率等于电路的谐振频率，求电路中的电流和电容电压；

(3) 若外加电压仍为 $10\mu\text{V}$，但其频率比谐振频率高10%，再求电容电压。

【解】 (1) 谐振频率和品质因数分别为

$$f_0=\frac{1}{2\pi\sqrt{LC}}=\frac{1}{2\pi\sqrt{0.26\times10^{-3}\times100\times10^{-12}}}\approx9.88\times10^5(\text{Hz})$$

$$Q=\frac{\omega_0 L}{R}=\frac{2\pi f_0 L}{R}=\frac{2\pi\times9.88\times10^5\times0.26\times10^{-3}}{16.2}\approx99.5$$

(2) 谐振时的电流和电容电压为

$$I_0=\frac{U}{R}=\frac{10\times10^{-6}}{16.2}\approx0.617(\mu\text{A})$$

$$X_C=\frac{1}{\omega_0 C}=\frac{1}{(2\pi\times9.88\times10^5)\times100\times10^{-12}}\approx1612(\Omega)$$

$$U_C=X_C I_0=1612\times0.617\times10^{-6}=0.995(\text{mV})$$

或

$$U_C=QU=99.5\times10\times10^{-6}=0.995(\text{mV})$$

(3) 电源频率比电路谐振频率高 10% 的情形：

$$f'=(1+0.1)f_0=1.1\times 9.88\times 10^5=1.09\times 10^6(\text{Hz})$$

$$X'_L=\omega' L=(2\pi\times 1.09\times 10^6)\times 0.26\times 10^{-3}\approx 1780(\Omega)$$

$$X'_C=\frac{1}{\omega' C}=\frac{1}{(2\pi\times 1.09\times 10^6)\times 100\times 10^{-12}}=1460(\Omega)$$

$$|Z'|=\sqrt{R^2+(X'_L-X'_C)^2}=\sqrt{(16.2)^2+(1780-1460)^2}\approx 320(\Omega)$$

$$U'_C=\frac{U}{|Z'|}\times X'_C=\frac{10\times 10^{-6}}{320}\times 1460\approx 0.046(\text{mV})$$

比较 U'_C 和 U_C 可见，对于偏离电路谐振频率的信号，其响应显著下降。有些收音机就是利用这个道理选择所要收听的电台广播，而抑制其他电台信号的干扰。

2. 并联谐振在工程中的应用

并联谐振在无线电工程和工业电子技术中有很多的应用，例如，利用并联谐振时阻抗高的特点来选择信号或清除干扰。在收音机的中频放大电路中，与中频变压器的初级线圈并联在一起的谐振电容封装在变压器中，由此组成的并联谐振电路被要求谐振在固定频率，比如 465kHz 上，主要起选频、中频信号耦合和阻抗匹配作用。具体来说，一是能够谐振在某一要求的频率上，达到选频作用；二是由于并联谐振时等效阻抗非常大，该级放大电路的放大能力将得到显著提高。另外，为了与每一级放大电路相匹配，负载一般采用并联谐振电路，因为它在谐振时的阻抗比串联谐振电路大得多。

在调谐放大器中，谐振回路多采用并联谐振回路，除此之外，并联谐振还广泛应用于工业制造及自动化中，如在调制器充电电源制造中的应用、电子镇流器中的应用，等等。

习题

4.1　试求下列正弦量的振幅相量和有效值相量。

(1) $i_1=25\sin\omega t\,\text{A}$　(2) $i_2=-10\sin\left(\omega t+\frac{\pi}{2}\right)\text{A}$　(3) $u=15\sin(\omega t-135°)\text{V}$

4.2　已知某正弦电压的 $U_m=210\text{V}$，$\varphi_u=-30°$，正弦电流 $I_m=10\text{A}$，电流超前电压 60°，写出电压电流瞬时值 u 和 i 的表达式。

4.3　指出下列各式的错误。

(1) $i=5\sin(\omega t-30°)=5e^{-j30°}\text{A}$。

(2) $U=100e^{j45°}=100\sqrt{2}\sin(\omega t+45°)\text{V}$。

(3) $i=10\sin\omega t$。

(4) $I=10\angle 30°\text{A}$。

(5) $\dot{I}=20e^{20°}\text{A}$。

4.4　在如图 4.35 所示的相量图中，已知各正弦量的角频率是 ω，试写出各正弦量的瞬时值表达式及其相量。

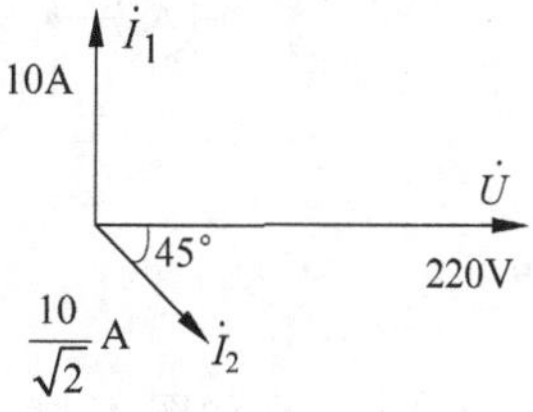

图 4.35　习题 4.4 图

4.5　指出下列各式哪些是对的？哪些是错的？

$$\frac{u}{i}=X_L,\quad \frac{U}{I}=\mathrm{j}\omega L,\quad \frac{\dot{U}}{\dot{I}}=X_L,\quad \dot{I}=-\mathrm{j}\frac{\dot{U}}{\omega L}$$

$$u=L\frac{\mathrm{d}i}{\mathrm{d}t},\quad \frac{U}{I}=X_C,\quad \frac{U}{I}=\omega C,\quad \dot{U}=-\frac{\dot{I}}{\mathrm{j}\omega C}$$

4.6 已知某二端元件的电压、电流采用的是关联参考方向，若其电压、电流的瞬时值表示式分别为

(1) $u_1(t)=15\sin(100t+30°)\,\text{V}, i_1(t)=3\sin(100t+30°)\,\text{A}$。

(2) $u_2(t)=10\sin(400t+50°)\,\text{V}, i_2(t)=2\cos(400t+50°)\,\text{A}$。

(3) $u_3(t)=10\sin(200t+60°)\,\text{V}, i_3(t)=5\sin(200t+150°)\,\text{A}$。

试判断每种情况下二端元件分别是什么元件？

4.7 如图 4.36 所示的正弦电压施加于感抗 $X_L=5\Omega$ 的电感元件上，试写出通过该元件的电流的相量表达式。

4.8 电路如图 4.37 所示，已知 $u=100\sin(10t+45°)\,\text{V}, i_1=i=10\sin(10t+45°)\,\text{A}$，$i_2=20\sin(10t+135°)\,\text{A}$。试判断元件 1、2 和 3 的性质及数值。

图 4.36 习题 4.7 图　　图 4.37 习题 4.8 图

4.9 在如图 4.38 所示的各电路中，除 A_0 和 V_0 外，其余电流表和电压表的读数在图上都已标出，试求电流表 A_0 或电压表 V_0 的读数。

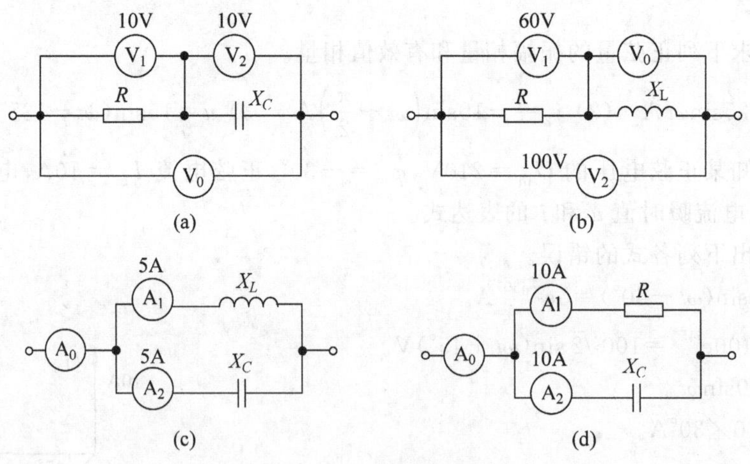

图 4.38 习题 4.9 图

4.10 在如图 4.39 所示的电路中，电压表和电流表的读数已知，求图中电压 u 和电流 i 的有效值。

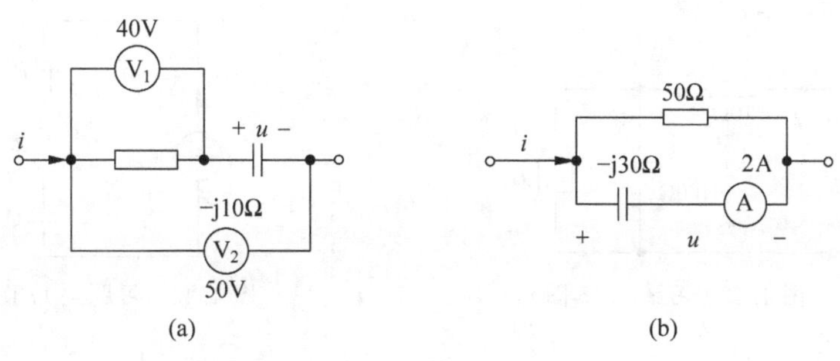

图 4.39　习题 4.10 图

4.11　有一 CJ0-10A 交流接触器，其线圈数据为 380V、30mA、50Hz，线圈电阻 1.6kΩ，试求线圈电感。

4.12　荧光灯管与镇流器串联接到交流电压上，可看作为 RL 串联电路。如已知某灯管的等效电阻 $R_1=280\Omega$，镇流器的电阻和电感分别为 $R_2=20\Omega$ 和 $L=1.65\text{H}$，电源电压 $U=220\text{V}$，试求电路中的电流和灯管两端与镇流器上的电压。这两个电压加起来是否等于 220V？

4.13　无源二端网络如图 4.40 所示，输入端的电压和电流分别为

$$u=220\sqrt{2}\sin(314t+20^\circ)\text{V}$$
$$i=4.4\sqrt{2}\sin(314t-33^\circ)\text{A}$$

试求此二端网络由两个元件串联的等效电路和元件的参数值，并求二端网络的功率因数及输入的有功功率和无功功率。

4.14　如图 4.41 所示是一移相电路。如果 $C=0.01\mu\text{F}$，输入电压 $u_1=\sqrt{2}\sin 6280t\,\text{V}$，今欲使输出电压 u_2 在相位上前移 60°，问应配多大的电阻 R？此时输出电压的有效值 U_2 等于多少？

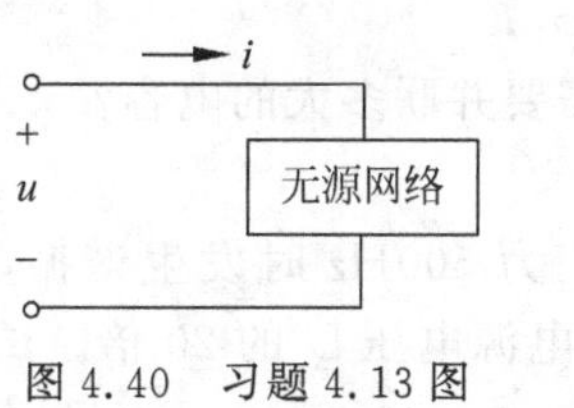

图 4.40　习题 4.13 图

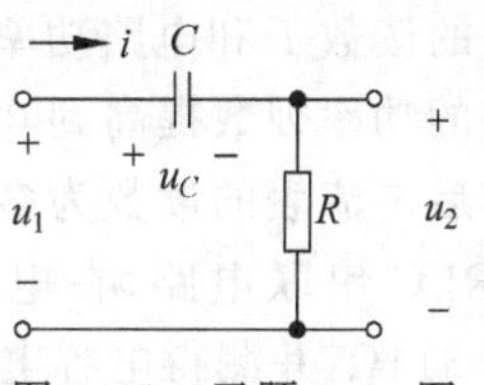

图 4.41　习题 4.14 图

4.15　在如图 4.42 所示的电路中，$U_1=220\text{V}$，Z_1 吸收的平均功率 $P_1=800\text{W}$，功率因数 $\lambda=0.8$。求电压有效值 U 和电流有效值 I。

4.16　今有 40W 的荧光灯一个，使用时灯管与镇流器(可近似的把镇流器看作纯电感)串联在电压为 220V，频率为 50Hz 的电源上。已知灯管工作时属于纯电阻负载，灯管两端的电压等于 110V，试求镇流器的感抗和电感。这时电路的功率因数等于多少？

4.17　已知如图 4.43 所示的电路中，$i_S=10\sqrt{2}\sin 10^3 t\,\text{A}$，$R=0.5\Omega$，$L=1\text{mH}$，$C=2\times 10^{-3}\text{F}$，试求电压 u。

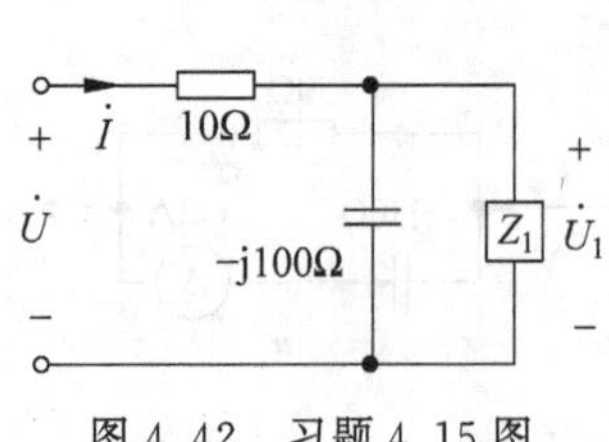

图 4.42 习题 4.15 图

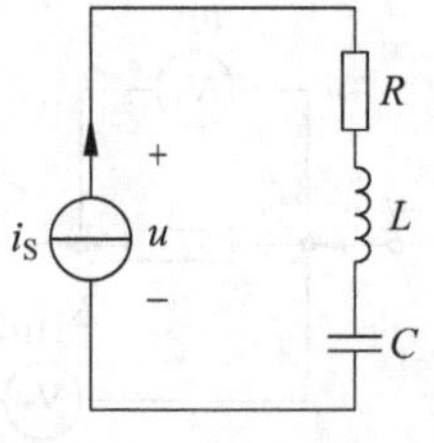

图 4.43 习题 4.17 图

4.18 在如图 4.44 所示的电路中，已知 $U=24\text{V}$，求电流有效值 I_1、I_2、I_3 和 I。

4.19 如图 4.45 所示，已知某感性负载接于 220V、频率 50Hz 的交流电源上，其吸收的平均功率为 40W，端口电流 $I=0.66\text{A}$，试求感性负载的功率因数。如使功率因数提高到 0.9，则需并联多大电容？

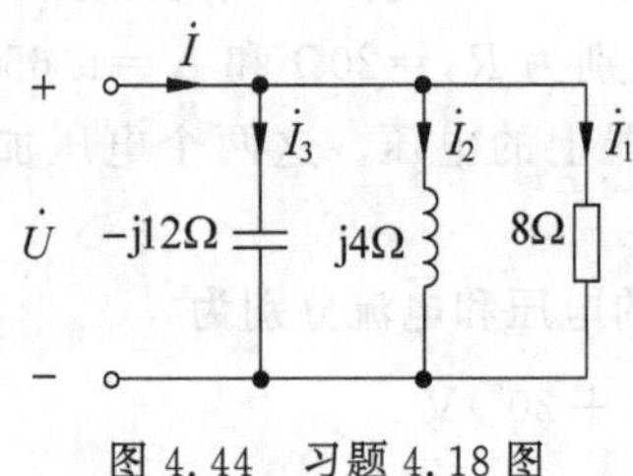

图 4.44 习题 4.18 图

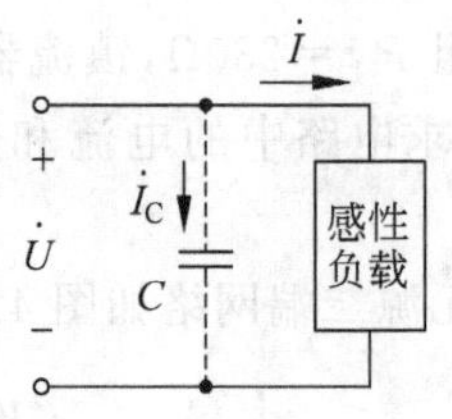

图 4.45 习题 4.19 图

4.20 功率为 40W 的白炽灯和荧光灯各 100 只并联在电压 220V 的工频交流电源上，设荧光灯的功率因数为 0.5(感性)，求总电流以及总功率因数。如通过并联电容把功率因数提高到 0.9，问电容应为多少？求这时的总电流。

4.21 如图 4.46 所示，$U=220\text{V}$，$f=50\text{Hz}$，$R_1=10\Omega$，$X_1=10\sqrt{3}\,\Omega$，$R_2=5\Omega$，$X_2=5\sqrt{3}\,\Omega$。

(1) 求电流表的读数 I 和电路功率因数 $\cos\varphi_1$；

(2) 欲使电路的功率因数提高到 0.866，则需要并联多大的电容？

(3) 并联电容后电流表的读数为多少？

4.22 某一 RLC 串联电路，在电源频率 f 为 500Hz 时发生谐振，谐振时电流 I 为 0.2A，容抗 X_C 为 314Ω，并测得电容电压 U_C 为电源电压 U 的 20 倍。试求该电路的 R、L 和电源电压 U。

4.23 如图 4.47 所示的 RLC 并联电路处于谐振中，已知 $i_S=0.1\sqrt{2}\sin(10^3 t)\text{A}$，$L=0.2\text{H}$，电容电流有效值 $I_C=2\text{A}$，求 R 和 C 的值。

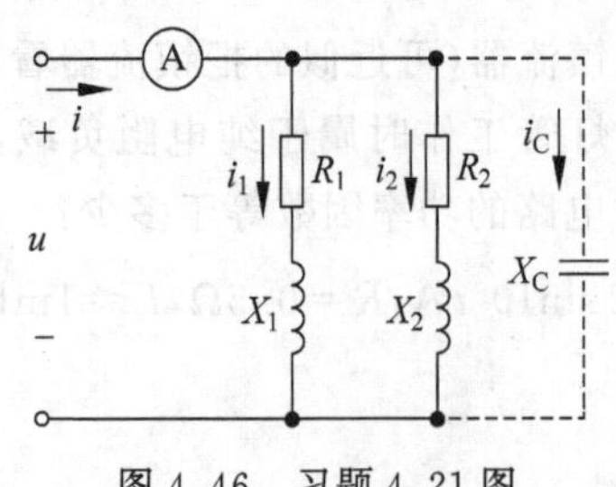

图 4.46 习题 4.21 图

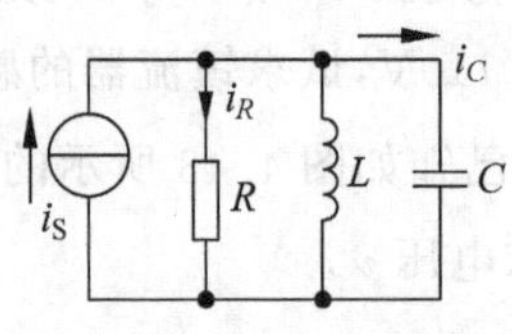

图 4.47 习题 4.23 图

第5章 三相电路

CHAPTER 5

三相电力系统由三相电源、三相负载和三相输电线路组成。在目前国内外的电力系统中，电能的生产、传输、分配大都采用三相制，而工业生产与制造业常用的容量较大的动力用电设备也大都采用三相交流电。在发电方面，对于相同尺寸的发电机，三相式比单相式可提高功率约50%；在输电方面，相同输电条件下，三相输电线路比单相输电节省有色金属约25%；在配电方面，三相变压器比单相变压器更经济，在不增加任何设备的情况下，可供三相负载和单相负载共同使用。用电设备也由于三相电流能产生旋转磁场这一特殊性质而具有结构简单、成本低、运行可靠、维护方便等优点。

5.1 三相电源

三相交流电压通常由三相交流发电机产生。三相交流发电机主要由固定的定子和可动的转子组成。图5.1(a)是两磁极三相发电机的原理示意图。定子铁芯槽中嵌有AX、BY、CZ三绕组，它们相互独立，形状、尺寸、匝数完全相同，在空间彼此相差120°，分别称为A相绕组、B相绕组、C相绕组。当转子以均匀角速度ω转动时，每相绕组依次切割磁力线，在三相绕组中产生**频率相同**、**幅值相等**、**相位互差120°**的正弦感应电压，从而形成如图5.1(b)所示的**对称三相电源**，记作u_A、u_B、u_C。其中电源正极标注A、B、C并被称为始端，电源负极标注X、Y、Z称为末端。

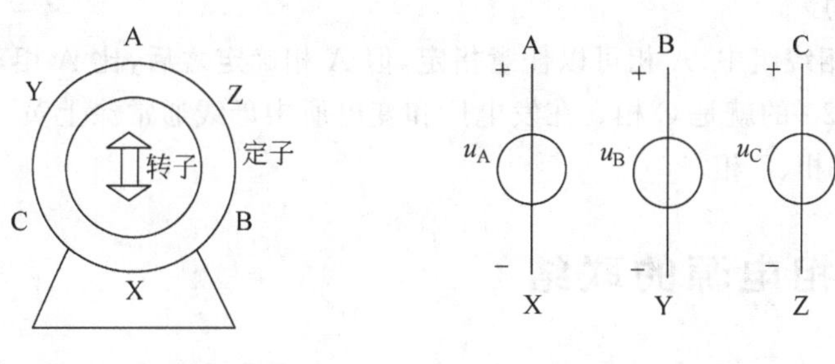

(a) 三相发电机原理示意图

(b) 对称三相电源

图5.1 三相发电机原理图及对称三相电源

对称三相交流电压的表示方法有多种，瞬时值表达为

$$\begin{cases} u_A = U_m \sin(\omega t) \\ u_B = U_m \sin(\omega t - 120°) \\ u_C = U_m \sin(\omega t + 120°) \end{cases} \tag{5.1}$$

也可以用相量表示为

$$\dot{U}_A = U_p\angle 0° \quad \dot{U}_B = U_p\angle -120° \quad \dot{U}_C = U_p\angle 120°$$

其中，U_p 是相量的有效值。三相对称电压的波形图如图 5.2 所示，相量图如图 5.3 所示。

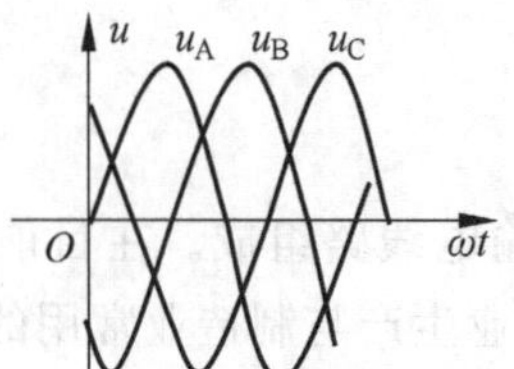

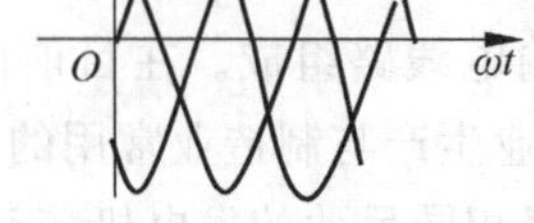

图 5.2 对称三相电源波形图　　图 5.3 三相对称电压相量图

观察式(5.1)以及波形图和相量图，可以得出：**对称三相电压的瞬时值代数和为零，对称三相电压的相量和也为 0**，即

$$u_A(t) + u_B(t) + u_C(t) = 0 \tag{5.2}$$

$$\dot{U}_A + \dot{U}_B + \dot{U}_C = 0 \tag{5.3}$$

对于三相对称电源的这一独有现象既要合理地加以利用，又要对它可能造成的危害有相应的防范措施。

从图 5.2 可以看出，对称三相电压到达零值(最大值)的先后顺序是不同的。通常把这样的先后顺序称为三相电源的**相序**，相序分为**正序**(顺序)和**负序**(逆序)两种。u_A 比 u_B 超前 120°，u_B 比 u_C 超前 120°，这时三相电压的相序为 A—B—C 或 B—C—A 或 C—A—B，称为正序；如果反之，则 u_A 比 u_C 超前 120°，u_C 又比 u_B 超前 120°，三相电源的相序为 A—C—B 或 C—B—A 或 B—A—C，称为负序。相序在电力工程中非常重要，例如，三相发电机或三相变压器并联运行以及三相电动机接入电源时，都要考虑相序问题。以后如果不加说明，均默认为是正序。

在发电机三相绕组中，A 相可以任意指定，但 A 相确定之后，比 A 相落后 120°的就是 B 相，比 B 相落后 120°的就是 C 相。在发电厂和变电所中母线通常涂上黄、红、绿 3 种颜色来分别表示 A 相、B 相、C 相。

5.2 三相电源的联结

根据三相绕组的联结方式的不同，将三相电源的联结分为星形(Y形)联结和三角形(△形)联结。

5.2.1 三相电源星形联结

三相电源星形联结是指将三相绕组的末端连接起来，如图 5.4 所示。联结点称为**中点**或**零点**，从中点引出的导线为**中线**，俗称**零线**，担负着负载中点与电源中点间的连接；从始端 A、B、C 引出三根导线称为**相线**或**端线**，俗称**火线**，用以连接负载或电力网。

火线与中线间的电压即电源电压或负载电压称为**相电压**，有效值为 U_p；流经每相电源或负载的电流称为**相电流**，有效值用 I_p 表示；两火线之间的电压即任意两始端间的电压称为**线电压**，有效值用 U_l 表示；流经端线的电流叫**线电流**，有效值用 I_l 表示。中线上的电流称为**中线电流**，一般用 I_N 或 I_O 表示。工程上所说的三相电路的电压都是指线电压。

根据基尔霍夫定律，求得星形联结的 3 个线电压与相电压的关系为

$$\begin{cases} u_{AB}=u_A-u_B \\ u_{BC}=u_B-u_C \\ u_{AC}=u_A-u_C \end{cases} \tag{5.4}$$

三相电压又可以表示为相量的形式：

$$\begin{cases} \dot{U}_{AB}=\dot{U}_A-\dot{U}_B \\ \dot{U}_{BC}=\dot{U}_B-\dot{U}_C \\ \dot{U}_{CA}=\dot{U}_C-\dot{U}_A \end{cases} \tag{5.5}$$

由于所有线电压和相电压为同频率交流电压，所以可以将线电压与相电压绘于同一相量图中，如图 5.5 所示。

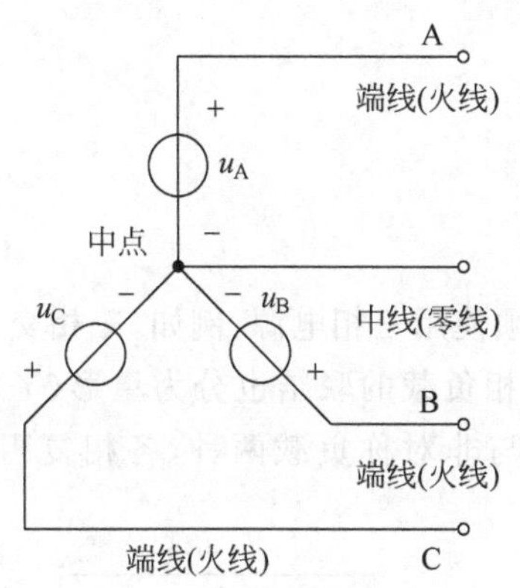

图 5.4　三相电源的星形联结

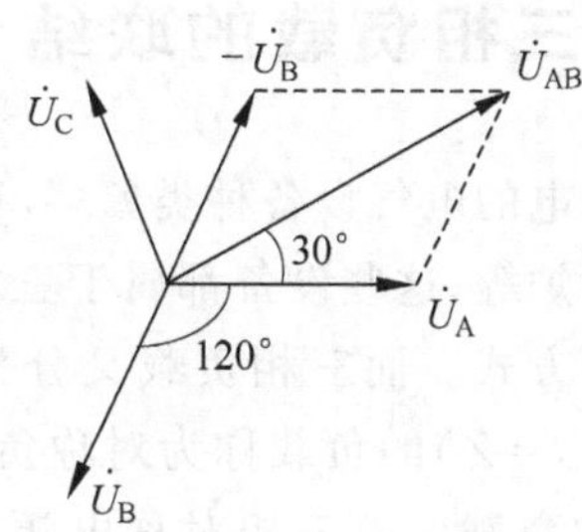

图 5.5　三相电源星形联结各电压相量图

由相量图 5.5 可知，A 相的线电压与相电压之间的关系为

$$\dot{U}_{AB}=\sqrt{3}\dot{U}_A\angle 30° \tag{5.6}$$

与之相对称，其余两相的线电压与相电压关系为

$$\dot{U}_{BC}=\sqrt{3}\dot{U}_B\angle 30° \tag{5.7}$$

$$\dot{U}_{CA}=\sqrt{3}\dot{U}_C\angle 30° \tag{5.8}$$

线电压与相电压有效值关系为

$$U_l=\sqrt{3}U_p \tag{5.9}$$

可见，**三相对称电源星形(Y)联结，线电压大小是相电压的$\sqrt{3}$倍，相位超前对应的相电压 30°**。

5.2.2 三相电源三角形联结

3个对称电压源依次首尾相连,形成一个闭合路径,从3个联结点引出端线去连接负载或电力网,称为**三角形联结**,如图5.6所示。

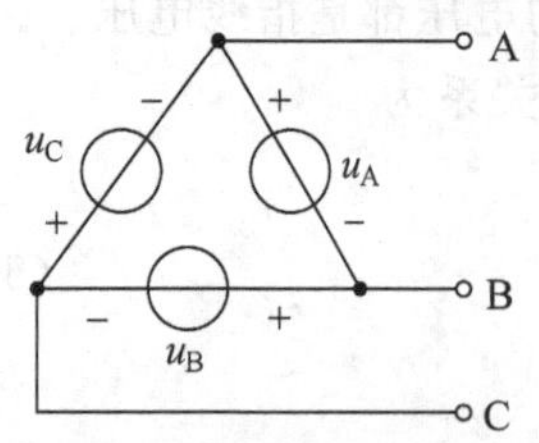

图5.6 三相电源的三角形联结

3个绕组串联成闭合回路,如果它们完全对称,那么依据式(5.2)和式(5.3),回路中就不会有电流产生。但在实际发电机中,三相绕组有时很难做到完全对称,所以合成电压并不能严格为零,因而电路中会有环流。如果绕组的联结顺序、首尾弄错,就会引起大的环流,致使电源烧坏,发电机烧毁,因此生产实际中,三相发电机的绕组很少采用三角形联结。

可以知道,**三相对称电源三角形联结,线电压与相电压大小相等,相位相同**。写成相量的形式,即

$$\begin{cases}\dot{U}_{AB}=\dot{U}_{A}\\ \dot{U}_{BC}=\dot{U}_{B}\\ \dot{U}_{CA}=\dot{U}_{C}\end{cases} \tag{5.10}$$

线电压与相电压有效值关系为

$$U_l=U_p \tag{5.11}$$

5.3 三相负载的联结

使用交流电的电气设备种类繁多,很多设备必须使用三相电源,例如,三相交流电动机、大功率三相电炉等,这些设备都属于三相负载。三相负载的联结也分为星形(Y)和三角形(△)两种联结方式。而三相负载又分为对称负载与非对称负载两种,各相复阻抗均相等($Z_A=Z_B=Z_C=Z$)的负载称为**对称负载**;否则称为**非对称负载**。由三相对称电源和三相对称负载构成的电路叫作**对称三相电路**。三相电源与三相负载的联结方式组合起来共有Y-Y、Y-△、△-Y、△-△以及Y-Y_0等多种,其中Y-Y_0联结指的是在电源与负载之间有4条联结线路,即3条端线与1条中线,这种供电电路叫作**三相四线制**,常用于照明电路,如图5.7所示。

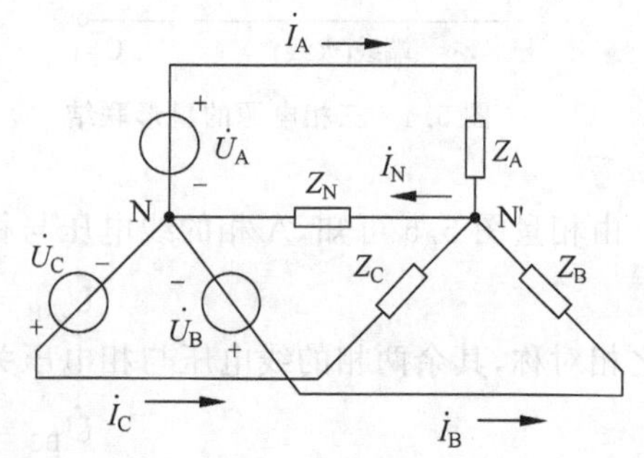

图5.7 Y-Y_0联结

在三相负载联结中,我们重点讨论电路中电流的关系,因为三相负载无论哪种联结,都是接于对称三相电源,而对称三相电源在不同联结方式下线电压与相电压的关系已经由5.2节的结论给出,所以与之相连的三相负载的电压关系也就可以根据具体的电路联结得出,在这里不再赘述。

5.3.1 三相负载星形联结

在Y-Y_0联结中，设通过三相负载的每条端线的线电流相量为 $\dot{I}_A$、$\dot{I}_B$、$\dot{I}_C$，电流的参考方向均由电源指向负载，相电流是流过每相负载的电流，参考方向与线电流的方向一致，即指向中点 N′。从图 5.7 可以看出，**三相对称负载星形(Y形)联结，线电流与相电流大小相等，相位相同**。

在Y-Y_0联结中，还有一种电流，即电源中点 N 与负载中点 N′之间的电流，即中线电流 $\dot{I}_N$，方向由 N′指向 N，则 $\dot{I}_N$ 为 3 个线电流(此时也是相电流)之和，即

$$\dot{I}_N = \dot{I}_A + \dot{I}_B + \dot{I}_C \tag{5.12}$$

如果三相负载对称，则根据式(5.12)有

$$\dot{I}_N = \dot{I}_A + \dot{I}_B + \dot{I}_C = \frac{\dot{U}_A}{Z_A} + \frac{\dot{U}_B}{Z_B} + \frac{\dot{U}_C}{Z_C} = \frac{\dot{U}_A + \dot{U}_B + \dot{U}_C}{Z} = 0 \tag{5.13}$$

这时中线电流为 0，既然中线电流为 0，就可以省去，这样的供电制称为**三相三线制**，例如，常见的三相异步电动机就只需要 3 根输电线，因为它的三相绕组对称。

在三相对称电路分析中，首先选择三相对称电源中的一相电源电压为参考相量，一般选择 A 相；然后，按照电路联结中的线电压与相电压关系，求该相负载的相电压，并按照单相交流电路的计算方法求解负载的相电流，再根据相电流与线电流的关系，得出该相负载的线电流；最后，按照对称性直接写出其他两相负载的电量。

【例 5.1】 在如图 5.8 所示的电路中，已知电源线电压 $U_l = 380\text{V}$，各项负载阻抗 $Z = (40 + \text{j}30)\Omega$，试求中线阻抗分别为 $Z_N = 0$(短路)，$Z_N = (1 + \text{j}3)\Omega$，$Z_N = \infty$(开路)时，各相负载的电压、相电流和线电流。

【解】 (1) $Z_N = 0$ 时，电源相电压为

$$U_p = \frac{U_l}{\sqrt{3}} = \frac{380}{\sqrt{3}} = 220(\text{V})$$

负载相电压等于电源相电压，即

$$U_A = U_B = U_C = U_p = 220\text{V}$$

设 $\dot{U}_A = 220\angle 0°\text{V}$，可得

$$\dot{I}_A = \frac{\dot{U}_A}{Z} = \frac{220\angle 0°}{40 + \text{j}30} = 4.4\angle -36.9°(\text{A})$$

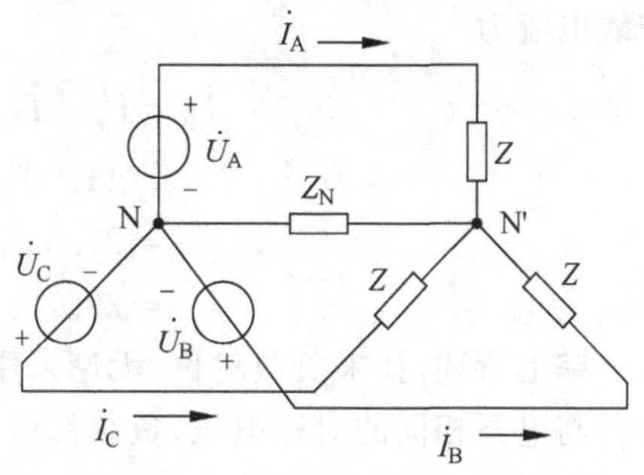

图 5.8 例 5.1 图

由对称关系可得

$$\dot{I}_B = 4.4\angle(-36.9° - 120°) = 4.4\angle -156.9°(\text{A})$$

$$\dot{I}_C = 4.4\angle(-36.9° + 120°) = 4.4\angle 83.1°(\text{A})$$

由于负载作星形联结，所以负载线电流等于相电流，即 $I_l = I_p = 4.4\text{A}$。

(2) 因为电源及负载都对称，中线不起作用，所以 $Z_N = (1 + \text{j}3)\Omega$、$Z_N = \infty$ 时各相负载的电压、电流值都与 $Z_N = 0$ 时一样。

由上面的讨论知道，三线四线制在负载完全对称的情况下可以简化为三相三线制的供

电形式，但对于不对称三相负载来说，例如照明用电时，由于电灯使用情况各不相同，为了保证负载获取额定电压，就必须使用三相四线制，而且在使用中，必须确保中线的安全，因为只有中线存在，才能保证无论负载对称与否，负载电压都等于电源相电压，从而满足负载的工作条件。**照明电路一般不允许在中性线(干线)上接入熔断器或闸刀开关。**

【例 5.2】 在图 5.9 中，电源电压对称，线电压 $U_l=380\text{V}$；负载为电灯组，在额定电压下其电阻分别为 $R_A=5\Omega, R_B=10\Omega, R_C=20\Omega$。试求：负载相电压、负载电流及中线电流。

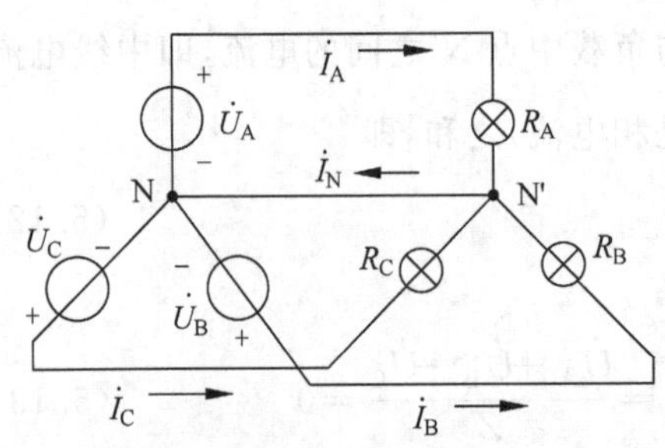

图 5.9 例 5.2 图

【解】 在负载不对称而有中线(其上电压降可忽略不计)的情况下，负载电压和电源电压一样，仍然也是对称的，但是各相电流则不能由某一相的结果对称得出，必须逐一计算。

由于中线的存在，各相负载的相电压有效值仍然相等，均为 $\frac{380}{\sqrt{3}}=220\text{V}$。

设 $\dot{U}_A=220\angle 0^\circ\text{V}$，则 $\dot{U}_B=220\angle -120^\circ\text{V}$，$\dot{U}_C=220\angle 120^\circ\text{V}$，各相电流为

$$\dot{I}_A=\frac{\dot{U}_A}{R_A}=\frac{220\angle 0^\circ}{5}=44\angle 0^\circ(\text{A})$$

$$\dot{I}_B=\frac{\dot{U}_B}{R_B}=\frac{220\angle -120^\circ}{10}=22\angle -120^\circ(\text{A})$$

$$\dot{I}_C=\frac{\dot{U}_C}{R_C}=\frac{220\angle 120^\circ}{20}=11\angle 120^\circ(\text{A})$$

中线电流为

$$\begin{aligned}\dot{I}_N&=\dot{I}_A+\dot{I}_B+\dot{I}_C\\&=44\angle 0^\circ+22\angle -120^\circ+11\angle 120^\circ\\&=27.5-\text{j}9.45\\&=29.1\angle -19^\circ(\text{A})\end{aligned}$$

综上所述，如果负载对称，无论采用三相四线制还是星形三相三线制，各负载两端都能取得与电源相同的对称电压，负载都可以正常工作；如果负载不对称，那么采用三相四线制同样可以使负载取得对称电压保证工作。但是不对称负载采用星形三相三线制联结，则每相负载获取的电压有可能低于或高于自身的额定工作电压，造成用电设备的损坏。

【例 5.3】 电路如图 5.10 所示，三相电源对称，线电压 $U_l=380\text{V}$；负载为电灯组，在额定电压下其电阻分别为 $R_A=5\Omega, R_B=10\Omega, R_C=20\Omega$。试求：

(1) A 相短路而中线存在时，各相负载上的电压；

(2) A 相短路而中线断开时，各相负载上的电压；

(3) A 相断开而中线存在时，各相负载上的电压；

(4) A 相断开而中线也断开时，各相负载上的电压。

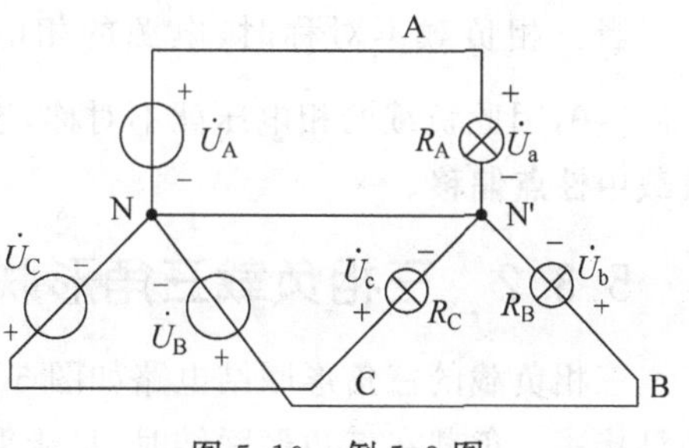

图 5.10　例 5.3 图

【解】 (1) A 相短路时,短路电流很大,会将该相熔断器熔断,而由于中线的存在,B 相和 C 相未受影响,相电压仍为 220V。

(2) 当 A 相短路而中线又断开时,N′与 A 同电位,因此负载各相电压为

$$\dot{U}_a=0,\quad U_a=0$$

$$\dot{U}_b=\dot{U}_{BA},\quad U_b=380\text{V}$$

$$\dot{U}_c=\dot{U}_{CA},\quad U_c=380\text{V}$$

在此情况下,B 相与 C 相的电灯组上所加的电压都超过电灯的额定电压(220V),这是不被允许的。

(3) A 相断开而中线存在时,B 相和 C 相未受影响,相电压仍为 220V。

(4) A 相断开而中线也断开时,电路成为单相电路,即 B 相的电灯组和 C 相的电灯组串联,接在线电压 $U_{BC}=380$V 的电源上,两相电流相同。B、C 相负载电压为

$$U_b=\frac{U_{BC}R_B}{R_B+R_C}=\frac{380\times 10}{10+20}\approx 127(\text{V})$$

$$U_C=\frac{U_{BC}R_c}{R_b+R_c}=\frac{380\times 20}{10+20}\approx 253(\text{V})$$

计算表明,B 相负载的电压低于电灯的额定电压,而 C 相负载电压高于电灯的额定电压。这都是不被允许的。

从例 5.3 可以看出,中线的作用是把负载端中性点与电源端中性点强制成为等电位,保证负载相电压平衡。如果中线开路,那么将使各相电压失去平衡,负载不能工作在额定电压下,工作状态"失常"。

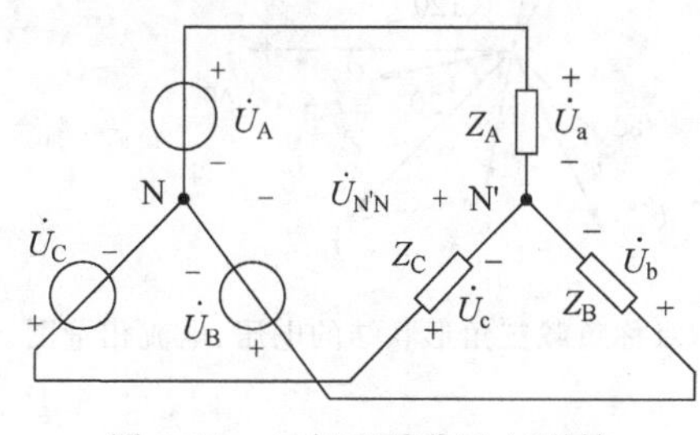

图 5.11　三相不对称Y-Y联结

当不对称的三相负载连接成星形而中线又断开时,就不能按照对称三相电路的方法进行分析。例如,电源对称而负载不对称的三相三线制Y-Y联结的电路如图 5.11 所示,这类不对称电路的计算常采用**中点电压法**。

由图 5.11 可知:

$$\dot{U}_{N'N}=\frac{\dfrac{\dot{U}_A}{Z_A}+\dfrac{\dot{U}_B}{Z_B}+\dfrac{\dot{U}_C}{Z_C}}{\dfrac{1}{Z_A}+\dfrac{1}{Z_B}+\dfrac{1}{Z_C}}\tag{5.14}$$

$\dot{U}_{N'N}$ 为中点 N′与 N 之间的电压,称为**中点电压**。于是有

$$\begin{cases}\dot{U}_a=\dot{U}_A-\dot{U}_{N'N}\\ \dot{U}_b=\dot{U}_B-\dot{U}_{N'N}\\ \dot{U}_c=\dot{U}_C-\dot{U}_{N'N}\end{cases}\tag{5.15}$$

视频 5.1

当三相负载不对称时，电源的相电压 $\dot{U}_A$、$\dot{U}_B$、$\dot{U}_C$ 虽然对称，但根据式(5.14)可知 $\dot{U}_{N'N}\neq 0$，因此负载的相电压就不对称，这种负载端中点与电源中点不再等电位的现象称为**负载中性点偏移**。

5.3.2 三相负载三角形联结

三相负载的三角形联结电路如图 5.12 所示，它与三相电源联结时可以构成Y-△、△-△两种接法。负载在三角形联结时，只能采用三相三线制。每相负载的相电压就是电源对应的线电压，设电源线电压为 $\dot{U}_{AB}$、$\dot{U}_{BC}$、$\dot{U}_{CA}$，三相负载分别为 Z_A、Z_B、Z_C，则每相负载的相电流 $\dot{I}_{AB}$、$\dot{I}_{BC}$、$\dot{I}_{CA}$ 分别为

$$\dot{I}_{AB}=\frac{\dot{U}_{AB}}{Z_A},\quad \dot{I}_{BC}=\frac{\dot{U}_{BC}}{Z_B},\quad \dot{I}_{CA}=\frac{\dot{U}_{CA}}{Z_C} \tag{5.16}$$

若负载对称，则负载的相电流也是对称的，即大小相等，相位互差 120°。

设三相对称负载的线电流分别为 $\dot{I}_A$、$\dot{I}_B$、$\dot{I}_C$，由基尔霍夫电流定律可以得到：

$$\dot{I}_A=\dot{I}_{AB}-\dot{I}_{CA},\quad \dot{I}_B=\dot{I}_{BC}-\dot{I}_{AB},\quad \dot{I}_C=\dot{I}_{CA}-\dot{I}_{BC} \tag{5.17}$$

由式(5.17)知道，若负载对称，各线电流也是对称的。对称负载的线电压与相电流和线电流的相量关系如图 5.13 所示。

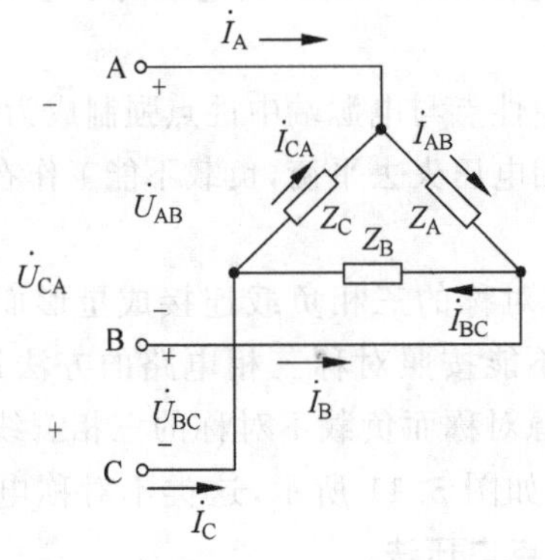

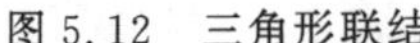

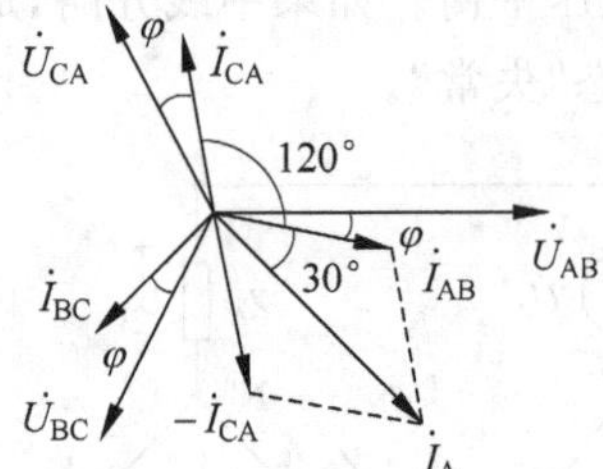

视频 5.2

图 5.12 三角形联结　　图 5.13 对称负载三角形联结的电压、电流相量图

由图 5.13 中相量关系可以得出：**三相对称负载三角形联结，线电流大小是相电流的 $\sqrt{3}$ 倍，相位滞后对应的相电流 30°**。即

$$\begin{cases}\dot{I}_A=\sqrt{3}\,\dot{I}_{AB}\angle-30^\circ\\ \dot{I}_B=\sqrt{3}\,\dot{I}_{BC}\angle-30^\circ\\ \dot{I}_C=\sqrt{3}\,\dot{I}_{CA}\angle-30^\circ\end{cases} \tag{5.18}$$

$$I_l=\sqrt{3}\,I_p \tag{5.19}$$

【**例 5.4**】 在如图 5.12 所示的电路中，已知对称三相三线制的电压为 380V，每相阻抗为 $Z=10+\mathrm{j}10\Omega$，输电线阻抗忽略不计，求每相负载电流和线电流。

【解】　设 $\dot{U}_{AB}=380\angle 0°V$，每相负载的阻抗 $Z=10+j10=10\sqrt{2}\angle 45°\Omega$，则各相相电流为

$$\dot{I}_{AB}=\frac{\dot{U}_{AB}}{Z}=\frac{380\angle 0°}{10\sqrt{2}\angle 45°}=26.9\angle -45°(A)$$

对称得出

$$\dot{I}_{BC}=26.9\angle -165°(A)$$

$$\dot{I}_{CA}=26.9\angle 75°(A)$$

根据式(5.18)得出各线电流为

$$\dot{I}_{A}=\sqrt{3}\dot{I}_{AB}\angle -30°=46.5\angle -75°(A)$$

$$\dot{I}_{B}=\sqrt{3}\dot{I}_{BC}\angle -30°=46.5\angle -165°(A)$$

$$\dot{I}_{C}=\sqrt{3}\dot{I}_{CA}\angle -30°=46.5\angle 45°(A)$$

【例 5.5】　对称三相负载分别联结成星形和三角形，电路如图 5.14 所示，求两种接线方式下的线电流的关系。

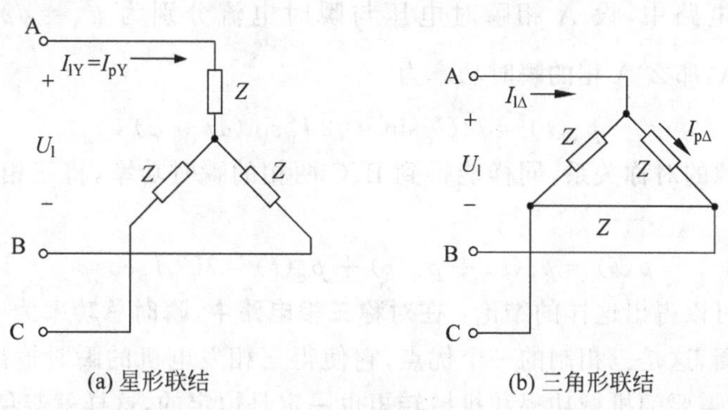

图 5.14　例 5.5 图

【解】　负载为星形联结时，有

$$I_{lY}=I_{pY}=\frac{U_l/\sqrt{3}}{|Z|}$$

负载为三角形联结时，有

$$I_{lY}=\sqrt{3}I_{pY}=\sqrt{3}\frac{U_l}{|Z|}$$

即

$$\frac{I_{Y}}{I_{\triangle}}=\frac{1}{3}$$

上述结论在工程实际中常应用于三相笼型电动机的起动环节。因为电动机起动会带来较大的起动电流，该电流对电动机自身和线路负载都有一定的危害，因而在起动时，一些电动机采取降压起动方式。其原理是电动机起动时将其定子绕组连接成星形，等到转速接近

额定值时再切换接成三角形。这样，起动时定子每相绕组上的电压降为正常工作电压的$\frac{1}{\sqrt{3}}$，起动时的电流降为直接起动时的$\frac{1}{3}$。

5.3.3 三相负载联结方式的选择

灵活运用三相负载的两种联结方式，可以使负载在不同电源条件下正常工作。联结方式要依据电源电压和负载额定电压来选择，其原则是，负载的实际电压应等于其额定电压。

(1) 负载的额定电压等于电源线电压的$\frac{1}{\sqrt{3}}$时，负载应采用星形联结方式。

(2) 负载的额定电压等于电源线电压时，负载应采用三角形联结方式。

例如，负载额定电压为220V，如果电源线电压为380V，则负载应接成星形，若电源线电压为220V，则负载应接成三角形。

5.4 三相电路的功率

在三相对称电路中，设A相瞬时电压与瞬时电流分别为$u_A=\sqrt{2}U_p\sin\omega t\,\text{V}$，$i_A=\sqrt{2}I_p\sin(\omega t-\varphi)\text{A}$，那么A相的瞬时功率为

$$p_a(t)=\sqrt{2}U_p\sin\omega t\sqrt{2}I_p\sin(\omega t-\varphi)$$

依据三相电源的对称关系，同样能得到B、C两相的瞬时功率，将三相电路瞬时功率相加，得到

$$p(t)=p_a(t)+p_b(t)+p_c(t)=3U_pI_p\cos\varphi \tag{5.20}$$

从式(5.20)可以得出这样的结论：**在对称三相电路中，瞬时总功率为一常量**，这种性质称为**瞬时功率平衡**，这是三相制的一个优点，它使得三相发电机的瞬时输出功率为常值，据此，推动它旋转所需要的机械功率和机械转矩也一定是恒定的，这样就避免了发电机在运转时的震动。

由于瞬时总功率是一个常数，所以平均功率就等于这个常数，即

$$P=3U_pI_p\cos\varphi \tag{5.21}$$

其中，U_p、I_p分别为每相的相电压与相电流有效值，φ为二者的相位差。

由于三相电源、三相负载的线电压、线电流比它们的相电压、相电流更容易测量，所以三相功率一般用线电压与线电流表示，设线电压、线电流有效值分别为U_l、I_l，当负载作星形联结时有

$$U_p=\frac{U_l}{\sqrt{3}},\quad I_p=I_l$$

代入式(5.21)，得

$$P=\sqrt{3}U_lI_l\cos\varphi$$

负载作三角形联结时，有

$$U_p=U_l,\quad I_p=\frac{I_l}{\sqrt{3}}$$

则有

$$P=\sqrt{3}U_1 I_1\cos\varphi$$

可见无论哪种情况，都有

$$P=3U_p I_p\cos\varphi=\sqrt{3}U_1 I_1\cos\varphi \tag{5.22}$$

其中功率因数仍然指的是每相负载的功率因数。

同理，对称三相负载的无功功率也等于三相无功功率的代数和，无论是何种联结方式都有

$$Q=3U_p I_p\sin\varphi=\sqrt{3}U_1 I_1\sin\varphi \tag{5.23}$$

三相交流电路的视在功率定义为

$$S=\sqrt{P^2+Q^2} \tag{5.24}$$

将式(5.22)和式(5.23)代入式(5.24)，得到

$$S=3U_p I_p=\sqrt{3}U_1 I_1 \tag{5.25}$$

值得注意的是，上式是在各相负载对称的前提下得出的计算公式，在不对称三相电路中，各相电压与电流之间没有特定的对称关系，仍依照式(5.24)计算，非对称负载的视在功率并不等于各相视在功率的代数和，即$S\neq S_a+S_b+S_c$。

【例5.6】 已知三相电源线电压为380V，对称三相负载，负载$Z=10\angle 36.9°\Omega$，试求当三相负载为星形联结和三角形联结时的平均功率。

【解】 星形联结：

$$U_1=380\text{V},\quad I_1=I_p=\frac{380/\sqrt{3}}{10}=22(\text{A})$$

$$P=\sqrt{3}U_1 I_1\cos\varphi=\sqrt{3}\times 380\times 22\times\cos 36.9°=11.58(\text{kW})$$

三角形联结：

$$U_1=U_p=380\text{V},\quad I_1=\sqrt{3}I_p=\sqrt{3}\times\frac{380}{10}=65.82(\text{A})$$

$$P=\sqrt{3}U_1 I_1\cos\varphi=\sqrt{3}\times 380\times 65.82\times\cos 36.9°=34.7(\text{kW})$$

【例5.7】 额定电压为220V的三相对称负载，其阻抗为$Z=6.4+\text{j}4.8\Omega$，欲接入线电压为220V的三相电网上。

(1) 应如何联结？其总功率为多少？

(2) 如接入线电压为380V的电网，应如何联结？总功率为多少？

【解】 (1) 线电压与相电压相等，所以应为三角形联结：

$$P=3U_p I_p\cos\varphi=3\times 220\times\frac{220}{\sqrt{6.4^2+4.8^2}}\times\frac{6.4}{\sqrt{6.4^2+4.8^2}}=14.5(\text{kW})$$

(2) 线电压是相电压的$\sqrt{3}$倍，所以应为星形联结：

$$P=3U_p I_p\cos\varphi=3\times 220\times\frac{220}{\sqrt{6.4^2+4.8^2}}\times\frac{6.4}{\sqrt{6.4^2+4.8^2}}=14.5(\text{kW})$$

5.5 工程应用——智能电网

经过近年大量研究与探索，世界各国逐渐认同电网智能化建设的必要性，并倾向于使用"Smart Grid"表示智能电网，中国将之翻译为**"智能电网"**，并在国内统一推广这一概念。

在2009年5月召开的"2009特高压输电技术国际会议"上，中国国家电网公司正式提出**"坚强智能电网"**的概念，并计划于2020年基本完成中国的坚强智能电网。

智能电网是将先进的传感量测技术、信息通信技术、分析决策技术、自动控制技术和能源电力技术相结合，并与电网基础设施高度集成而形成的新型现代化电网。

坚强智能电网是以特高压电网为骨干网架、各级电网协调发展的坚强网架为基础，以通信信息平台为支撑，具有信息化、自动化、互动化特征，包含电力系统的发电、输电、变电、配电、用电和调度各个环节，覆盖所有电压等级，实现"电力流、信息流、业务流"的高度一体化融合的现代电网。

智能电网主要内涵是坚强可靠、经济高效、清洁环保、透明开放、友好互动，它将推动智能小区、智能城市的发展，提升人们的生活品质。

(1) 让生活更便捷。家庭智能用电系统既可以实现对空调、热水器等智能家电的实时控制和远程控制，又可以为电信网、互联网、广播电视网等提供接入服务，还能够通过智能电能表实现自动抄表和自动转账交费等功能。

(2) 让生活更低碳。智能电网可以接入小型家庭风力发电和屋顶光伏发电等装置，并推动电动汽车的大规模应用，从而提高清洁能源消费比重，减少城市污染。

(3) 让生活更经济。智能电网可以促进电力用户角色转变，使其兼有用电和售电两重属性；能够为用户搭建一个家庭用电综合服务平台，帮助用户合理选择用电方式，节约用能，有效降低用能费用支出。

在智能电网建设中，信息通信技术将成为支撑智能电网发展的主要技术手段，带给人们信息化、自动化、互动化的丰富体验。

例如，通过信息通信网络技术构建智能电网的神经系统，用以感知、收集外部信息并完成信息加工、整合，进而在电网中枢的控制下，对外界做出反应。

在智能电网中，人们可以通过多媒体交互的方式获取更详尽、更准确、更实时的电力相关信息，比如通过空间信息技术进行地理定位和遥感；运用物联网技术，实现人与人、人与物，乃至物与物之间随时随地的沟通，有效地对电力传输系统的电厂、大坝、变电站、高压输电线路直至用户终端进行智能化处理，对电力系统的运行状态进行实时监控和自动故障处理，确定电网整体的健康水平，触发可能导致电网故障发展的早期预警、确定是否需要立即进行检查或采取相应措施，分析电网系统的故障、电压降低、电能质量差、过载和其他不良状态，并基于分析结果采取适当控制行动。

习题

5.1 已知对称星形联结三相电源的A相电压为 $u_{AN}=311\cos(\omega t-30°)$ V，试写出各线电压瞬时表达式。

5.2　星形联结的对称三相电源的相序为 A、B、C，已知相电压 $u_A=10\sin\omega t\,\mathrm{V}$，请问线电压 u_{CA} 的表达式是什么？

5.3　在某对称星形连接的三相负载电路中，已知线电压 $u_{AB}=380\sqrt{2}\sin\omega t\,\mathrm{V}$，写出 C 相的相电压有效值相量。

视频 5.3

5.4　电路如图 5.15 所示，对称三相电路中，若 $\dot{U}_{AB}=380\angle 30^\circ\mathrm{V}$，$Z=(100+\mathrm{j}100)\Omega$，求 $\dot{I}_A$、$\dot{I}_B$ 和 $\dot{I}_C$。

5.5　三相对称负载连成三角形接于线电压 380V 的三相电源上，已知每相负载 $Z=(8+\mathrm{j}6)\Omega$。求：负载端的相电压、相电流、线电流。

5.6　如图 5.16 所示负载三角形联结的对称三相电路中，已知负载阻抗 $Z=R+\mathrm{j}X_L=38\angle 30^\circ\Omega$。若线电流 $\dot{I}_A=10\sqrt{3}\angle -60^\circ\mathrm{A}$，求线电压的有效值。

视频 5.4

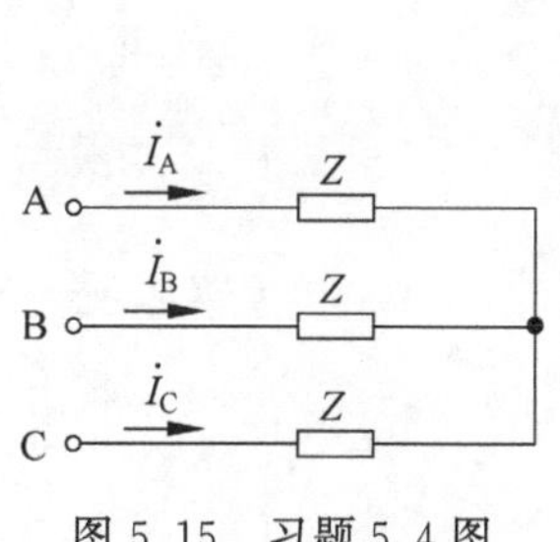

图 5.15　习题 5.4 图

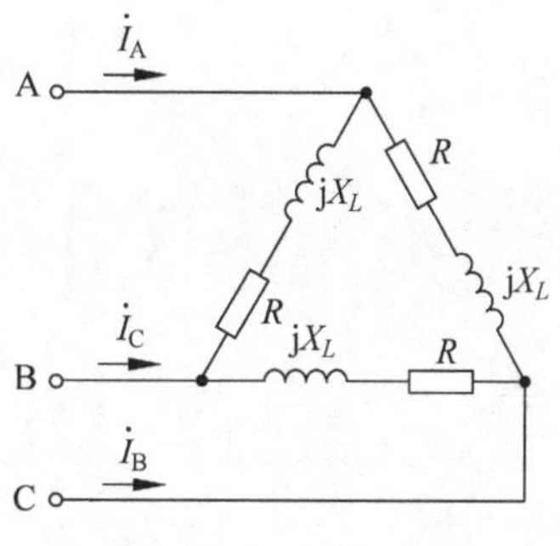

图 5.16　习题 5.6 图

5.7　对称三相电源的线电压 $U_L=230\mathrm{V}$，对称负载阻抗 $Z=(12+\mathrm{j}16)\Omega$，忽略端线阻抗，负载分别为星形和三角形联结时，负载的线电流之比是多少？

视频 5.5

5.8　一个联结成三角形的负载，其各相阻抗 $Z=(16+\mathrm{j}24)\Omega$，接在线电压为 380V 的对称三相电源上。

视频 5.6

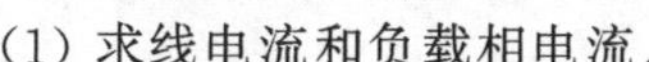

(1) 求线电流和负载相电流。

(2) 设负载中一相断路，求线电流和相电流。

(3) 设一条端线断路，再求线电流和相电流。

视频 5.7

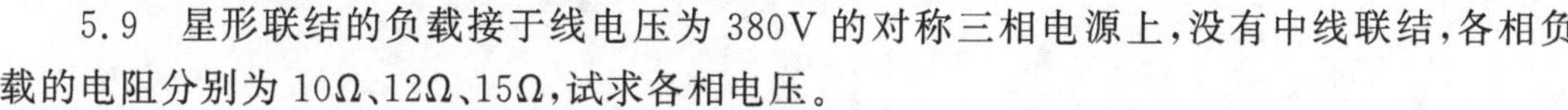

5.9　星形联结的负载接于线电压为 380V 的对称三相电源上，没有中线联结，各相负载的电阻分别为 10Ω、12Ω、15Ω，试求各相电压。

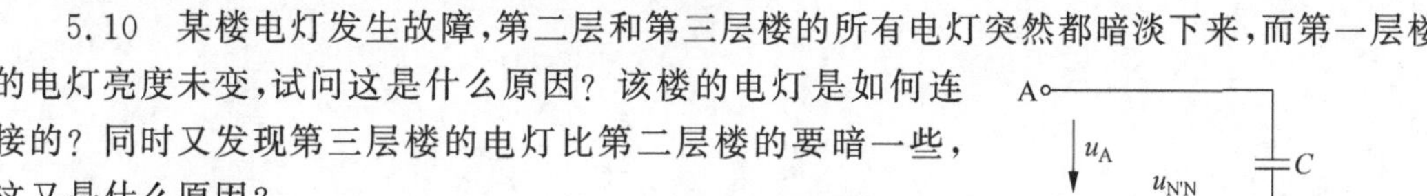

5.10　某楼电灯发生故障，第二层和第三层楼的所有电灯突然都暗淡下来，而第一层楼的电灯亮度未变，试问这是什么原因？该楼的电灯是如何连接的？同时又发现第三层楼的电灯比第二层楼的要暗一些，这又是什么原因？

5.11　如图 5.17 所示的电路是一种相序指示器，由一个电容器 C 和两只信号灯组成。将相序指示器 3 个端头接到相序未知的 3 根相线上，如果 $X_C=R_B=R_C=R$，$U_p=220\mathrm{V}$，试证明：如果电容器所接的是 A 相，则灯光较亮的是 B 相，较暗的是 C 相，从而确定电源的相序 A、B、C。

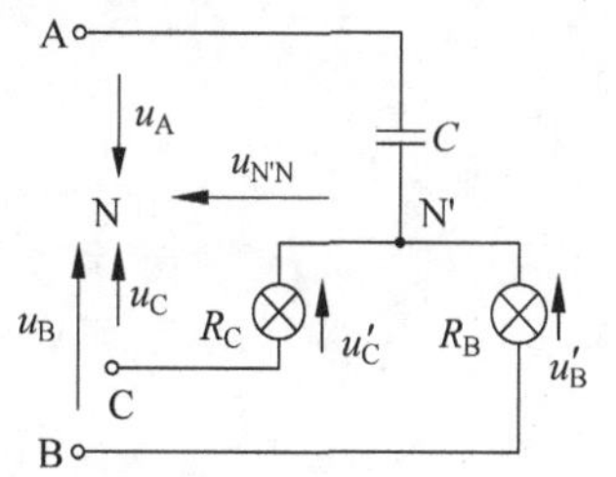

图 5.17　习题 5.11 图

5.12　已知星形联结的负载各相阻抗为 $Z=(10+j15)\Omega$，接于线电压为 380V 的对称三相电源，求此负载的功率因数和吸收的平均功率。

5.13　有一个三相异步电动机，其绕组接成三角形，接在线电压 $U_l=380\text{V}$ 的电源上，从电源所取的功率 $P_1=11.43\text{kW}$，功率因数 $\cos\varphi=0.87$，试求电动机的相电流和线电流。

5.14　某三相对称负载总有功功率为 5.5kW，现按三角形联结法把它接在线电压为 380V 的三相电源线路中，设此刻该负载取用的线电流 $I_l=19.5\text{A}$，求此负载的相电流 I_p、功率因数和每相阻抗的模。

视频 5.8

5.15　如果电压相等，输送功率相等，距离相等，线路功率损耗相等，则三相输电线（设负载对称）的用铜量为单相输电线的用铜量的 3/4。试证明之。

第 6 章 变压器

CHAPTER 6

变压器(Transformer)是一种常见的电气设备,在电力系统和电子线路中应用广泛。变压器是应用电磁感应原理改变交流电压值的能量转换装置,它能够将高电压降为低电压,或将低电压升为高电压,它在高效、经济的电能产生、电能传输、电能使用方面发挥着重要的作用;同时,广泛用于低功耗、小电流的电子线路和控制线路,比如完成电源与负载阻抗匹配以获得最大功率传递,或进行电路间隔离,或在保证交流通路下隔断电路间直流等。

变压器主要构件是铁芯(磁芯)和绕组,绕组通常包含两组或以上的线圈。电路符号常用 T 作为编号的开头。

6.1 变压器基本结构

变压器的主要功能有电压变换、电流变换、阻抗变换、隔离、稳压(磁饱和变压器)等。按照用途变压器可以分为电力变压器和特殊变压器(电炉变压器、整流变压器、工频试验变压器、调压器、矿用变压器、音频变压器、中频变压器、高频变压器、冲击变压器、仪用变压器、电子变压器、电抗器、互感器等)。电力工业中常采用高压输电,以减小远距离传输中的线路损耗。在到达目的地后,再由配电变压器降低电压等级,以降低电气设备的绝缘等级和保证用电安全。

按照结构划分,变压器有心式变压器和壳式变压器。心式变压器的心柱被绕组所包围,心式结构的绕组和绝缘装配比较容易,所以电力变压器常常采用这种结构,如图 6.1 所示。壳式变压器用铁芯包围绕组的顶面、底面和侧面,壳式变压器的机械强度较好,常用于低压、大电流的变压器或小容量电讯变压器,如图 6.2 所示。

图 6.1 心式变压器

图 6.2 壳式变压器

按照相位划分,变压器有单相变压器和三相变压器。单相变压器的铁芯上只有一个绕组,只能将一相电源变压到二次输出,如图 6.3 所示。三相变压器的一个铁芯上绕 3 个绕组,可以同时将三相电源变压到二次绕组,如图 6.4 所示。单相变压器容量比较少。一般用于民用需要单相电源的地方,如家用电器等,适宜在负荷密度较小的低压配电网中应用和推广。三相变压器广泛适用于交流 50～60Hz,电压 660V 以下的电路中,广泛用于进口重要设备、精密机床、机械电子设备、医疗设备、整流装置、照明等。在大型变电站和发电厂中,也采用 3 个单相变压器组合成一个三相变压器,称为“组合式三相变压器”。

图 6.3　单相变压器

图 6.4　三相变压器

6.1.1 绕组结构

绕组是变压器的电路部分,用纸包或纱包的绝缘扁线或圆线绕成,划分为输入电能的绕组和输出电能的绕组。输入电能的绕组即为一次绕组(原线圈),输出电能的绕组为二次绕组(副线圈)。一次绕组和二次绕组互不相连,且具有不同的匝数、电压和电流,其中电压较高的绕组称为高压绕组,电压较低的绕组称为低压绕组。

绕组的结构有同心式绕组和交叠式绕组。同心式绕组的高、低压绕组以同心方式套装在心柱上,组结构简单、制造方便,国产电力变压器均采用这种结构,如图 6.5 所示。交叠式绕组的高、低压绕组沿心柱高度方向互相交叠地放置,如图 6.6 所示,交叠式绕组可以有效减少漏磁,用于特种变压器中。

图 6.5　同心式绕组

图 6.6　交叠式绕组

除了铁芯和绕组关键构件，变压器还需具有器身、油箱、变压器油、散热器、绝缘套管、分接开关、继电保护装置等部件。

6.1.2 额定值

变压器额定值包括额定电压、额定容量、额定电流和额定频率4个额定值。

额定电压是铭牌规定的各个绕组在空载、指定分接开关位置下的端电压。一次额定电压U_{1N}是二次侧开路时一次绕组正常工作允许的电压有效值，二次额定电压U_{2N}是一次绕组加额定电压时二次绕组输出电压的有效值。针对单相变压器，U_{1N}是一次电压，U_{2N}是二次侧空载时的电压。针对三相变压器，U_{1N}是一次线电压，U_{2N}是二次线电压。

额定容量S_N是在铭牌规定的额定状态下变压器输出视在功率的保证值，是传送功率的最大能力，单位是伏安(V·A)或千伏安(kV·A)。针对单相变压器，额定容量S_N是二次额定电压U_{2N}和额定电流I_{2N}的乘积，即

$$S_N = U_{2N} I_{2N} \approx U_{1N} I_{1N} \tag{6.1}$$

对于三相变压器则有

$$S_N = \sqrt{3} U_{2N} I_{2N} \approx \sqrt{3} U_{1N} I_{1N} \tag{6.2}$$

额定电流是根据额定容量和额定电压算出的电流。一次额定电流I_{1N}是一次绕组允许的最大电流有效值，二次额定电流I_{2N}是二次绕组允许的最大电流有效值。针对三相变压器，I_{1N}是一次线电流，I_{2N}是二次线电流。

额定频率是一秒内交流电所变化的周期数。我国的标准工频规定为50Hz。

6.2 变压器的工作原理

6.2.1 变压器感应电动势

变压器是利用电磁感应原理制成的静止用电器。变压器一次绕组、二次绕组互不相连，能量的传递靠磁耦合，单相变压器示意图如图6.7所示。铁芯由高导磁硅钢片叠成，通常厚0.35mm或0.5mm，铁芯的磁导率比周围空气或其他物质的磁导率高得多，磁通的绝大部分经过铁芯形成闭合通路，磁通的闭合路径称为磁路，11′为一次绕组，22′为二次绕组。

当变压器的一次绕组11′接在交流电源上时，铁芯中便产生闭合的磁通，即主磁通ϕ，原、副线圈中的ϕ相同。经过空气或其他非导磁介质(比如油)闭合的磁通，是漏磁通ϕ_σ。

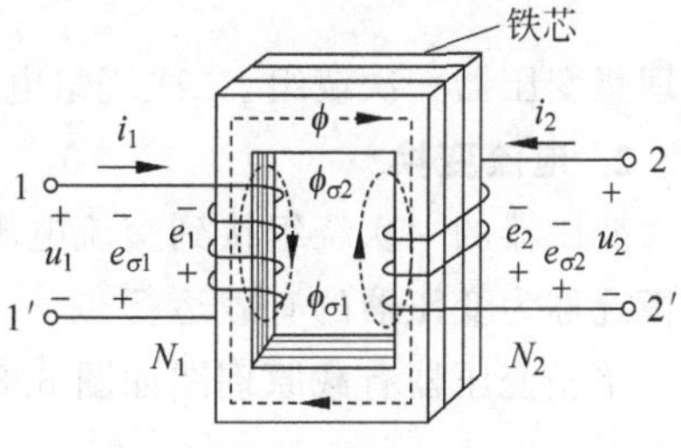

图6.7 单相变压器

由法拉第电磁感应定律可知，一次绕组、二次绕组中主磁通的感应电动势为$e_1 = -N_1 \dfrac{d\phi}{dt}$、$e_2 = -N_2 \dfrac{d\phi}{dt}$；一次绕组、二次绕组中漏磁通的感应电动势为$e_{\sigma1} = -N_1 \dfrac{d\phi_{\sigma1}}{dt} = -L_{\sigma1} \dfrac{di_1}{dt}$、$e_{\sigma2} = -N_2 \dfrac{d\phi_{\sigma2}}{dt} = -L_{\sigma2} \dfrac{di_2}{dt}$，其中，$L_{\sigma1}$和$L_{\sigma2}$分别为一

次绕组、二次绕组的漏磁电感，N_1、N_2 为一次绕组、二次绕组的匝数。

由一次绕组的交变回路可得：$u_1=R_1i_1+e_1+e_{\sigma 1}$，$R_1$ 是一次绕组导线的电阻。

由二次绕组的交变回路可得：$u_2=R_2i_2+e_2+e_{\sigma 2}$，$R_2$ 是二次绕组导线的电阻。

6.2.2 理想变压器

由于一次绕组电阻 R_1 和漏磁通 $\phi_{\sigma 1}$ 较小，其电压降也较小，与主磁电动势 e_1 相比可忽略，故**理想变压器绕组电阻、漏磁通近似为 0，涡流忽略不计**，有 $u_1=e_1$，同理 $u_2=e_2$，相量表示为 $\dot{U}_1=\dot{E}_1$，$\dot{U}_2=\dot{E}_2$。理想变压器有电压变换、电流变换、阻抗变换的作用。

1. 电压变换

设 $\varphi=\varphi_{\mathrm{m}}\sin\omega t$，则

$$e_1=-N_1\frac{\mathrm{d}\phi}{\mathrm{d}t}=-N_1\frac{\mathrm{d}\phi_{\mathrm{m}}\sin\omega t}{\mathrm{d}t}=-\omega N_1\phi_{\mathrm{m}}\cos\omega t=\omega N_1\phi_{\mathrm{m}}\sin\left(\omega t-\frac{\pi}{2}\right) \quad (6.3)$$

$$e_2=-N_2\frac{\mathrm{d}\phi}{\mathrm{d}t}=-N_2\frac{\mathrm{d}\phi_{\mathrm{m}}\sin\omega t}{\mathrm{d}t}=-\omega N_2\phi_{\mathrm{m}}\cos\omega t=\omega N_2\phi_{\mathrm{m}}\sin\left(\omega t-\frac{\pi}{2}\right) \quad (6.4)$$

则两个绕组感应电动势的有效值 E_1 及 E_2 分别为

$$E_1=\frac{E_{1\mathrm{m}}}{\sqrt{2}}=\frac{1}{\sqrt{2}}\omega N_1\phi_{\mathrm{m}}=\frac{1}{\sqrt{2}}2\pi fN_1\phi_{\mathrm{m}}=4.44N_1f\phi_{\mathrm{m}} \quad (6.5)$$

$$E_2=\frac{E_{2\mathrm{m}}}{\sqrt{2}}=\frac{1}{\sqrt{2}}\omega N_2\phi_{\mathrm{m}}=\frac{1}{\sqrt{2}}2\pi fN_2\phi_{\mathrm{m}}=4.44N_2f\phi_{\mathrm{m}} \quad (6.6)$$

因此，$U_1=E_1=4.44N_1f\phi_{\mathrm{m}}$，$U_2=E_2=4.44N_2f\phi_{\mathrm{m}}$。

令 $k=\dfrac{N_1}{N_2}$，称变压器的变比，也叫匝数比，可得

$$\frac{\dot{U}_1}{\dot{U}_2}=\frac{N_1}{N_2} \quad (6.7)$$

$$\frac{U_1}{U_2}=\frac{E_1}{E_2}=\frac{N_1}{N_2}=k \quad (6.8)$$

即理想变压器一次绕组、二次绕组电压有效值之比，等于其变比。

2. 电流变换

变压器的一次绕组接到交流电源，二次绕组接负载阻抗时，二次绕组中有电流流过，这种情况称为变压器的有载运行。

单相变压器有载原理图如图 6.8 所示，变压器负载电流 i_2 通过二次绕组，i_2 大小与负载 Z_{L} 有关，$\dot{I}_2=-\dfrac{\dot{U}_2}{Z_{\mathrm{L}}}$。

变压器有载时，磁动势 N_2i_2 所产生的磁通与原来磁路的磁通抵消，导致磁路的磁通量减少，两绕组的感应电动势 e_1、e_2 降低。为了保证前后主磁通不变，一次绕组相应于 i_2 产生一次侧负载电流 i_1，则 i_1 和 i_2 共同产生磁动势 $N_1i_1+N_2i_2$。

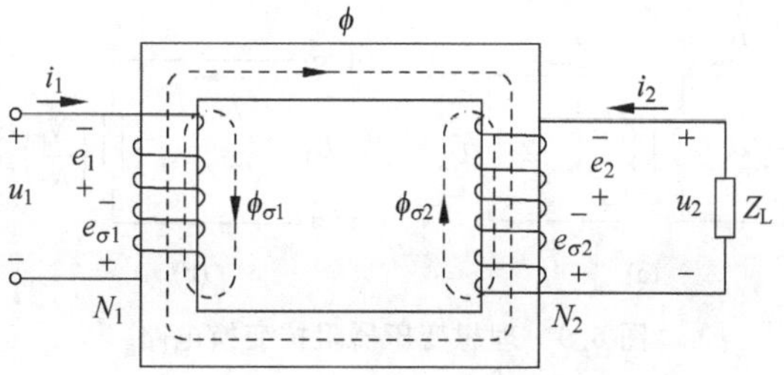

图 6.8 单相变压器有载原理图

当一次侧交流电源 U_1、f 不变时，则 Φ_m 基本不变，近于常数；空载情况下仅有一次绕组磁动势 $N_1 i_{1o}$ 与有载情况下 i_1 和 i_2 共同产生的磁动势 $N_1 i_1 + N_2 i_2$ 平衡，即磁动势平衡，有

$$N_1 i_{1o} = N_1 i_1 + N_2 i_2 \tag{6.9}$$

式(6.9)表明，当变压器有载时，建立主磁通的励磁磁动势是一次和二次绕组的合成磁动势。一般情况下，空载一次侧电流 i_{1o}，即励磁电流是输入交流电流的 10%，很小可以忽略，于是有

$$N_1 i_1 + N_2 i_2 \approx 0 \tag{6.10}$$

$$N_1 i_1 \approx -N_2 i_2 \tag{6.11}$$

因此有

$$\frac{\dot{I}_1}{\dot{I}_2} = -\frac{N_2}{N_1} \tag{6.12}$$

$$\frac{I_1}{I_2} = -\frac{N_2}{N_1} = -\frac{1}{k} \tag{6.13}$$

理想变压器一次绕组、二次绕组电流有效值之比(不含方向)与其变比成反比。

变压器负载运行，一次绕组、二次绕组电流紧密联系。i_2 的增加或减小，必然同时引起 i_1 的增加或减小。相应地，二次侧向负载输出的功率增加或者减小时，一次侧从电网吸收的功率必然同时增加或者减小。

通过一次绕组、二次绕组的磁动势平衡和电磁感应关系可以看出，一次绕组从电源吸收的电功率，通过耦合磁场为媒介传递到二次绕组并输出给负载，这就是变压器进行的能量传递的原理。理想变压器一次绕组、二次绕组的功率相等，$P_1 = P_2$(即同一方的电压和电流两值乘积)，一次绕组的功率 P_1 即输入功率，二次绕组的功率 P_2 即输出功率，因此理想变压器本身无功率损耗。理想变压器既不耗能，也不储能，在电路中仅仅起着传递能量的作用。但是，实际变压器总存在损耗，输出功率 P_2 不等于输入功率 P_1。

3. 阻抗变换

理想变压器二次侧负载可以等效到一次侧，使得电路分析变得更加直观简洁，阻抗变换电路如图 6.9 所示。

设 Z_1 是一次侧的等效阻抗，是由 11′接线端看进去的阻抗；Z_2 是二次侧负载阻抗，由二次侧的电压和电流决定。

由式(6.7)和式(6.12)得

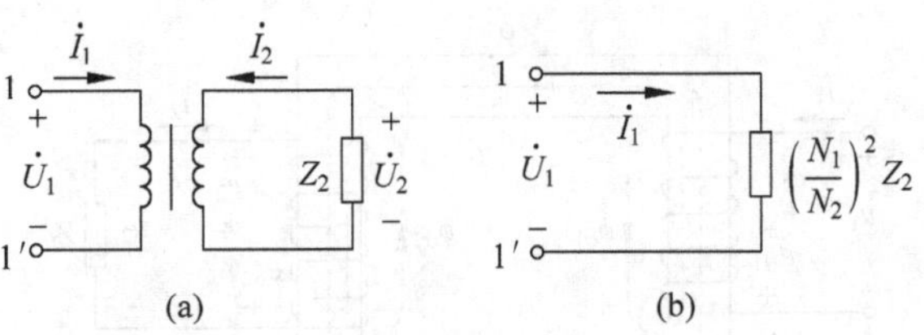

图 6.9　理想变压器阻抗变换电路

$$Z_1=\frac{\dot{U}_1}{\dot{I}_1}=-\left(\frac{N_1}{N_2}\right)^2\frac{\dot{U}_2}{\dot{I}_2} \tag{6.14}$$

$$-\frac{\dot{U}_2}{\dot{I}_2}=Z_2 \tag{6.15}$$

$$Z_1=\left(\frac{N_1}{N_2}\right)^2 Z_2 \tag{6.16}$$

理想变压器一次侧等效阻抗与二次侧负载阻抗之比等于变比的平方。

【例 6.1】　电压源 u_1 的有效值 $U_1=50\text{V}$，$R_s=100\Omega$，负载为扬声器，其等效电阻 $R_L=8\Omega$。

(1) 在图 6.10(a)中，求解输出功率。

(2) 将负载 R_L 通过 $\frac{N_1}{N_2}=3.5$ 的变压器接到信号源上，如图 6.10(b)所示，求解输出功率。

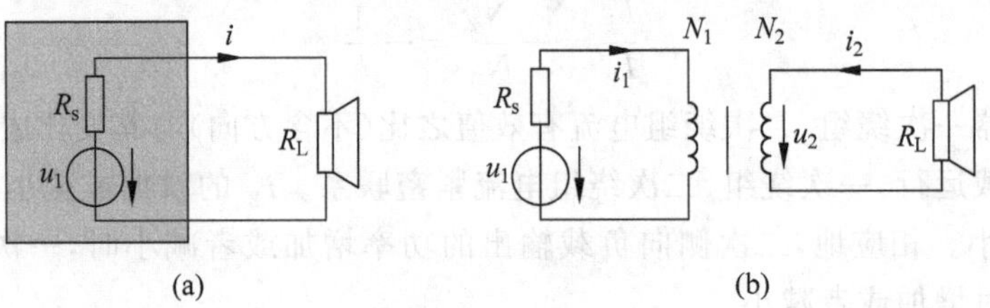

图 6.10　例 6.1 电路图

【解】　(1) 将负载直接接到信号源上，得到的输出功率为

$$P_L=\left(\frac{U_1}{R_s+R_L}\right)^2 R_L=\left(\frac{50}{100+8}\right)^2\times 8=1.7(\text{W})$$

(2) 将负载通过变压器接到信号源上，利用式(6.16)可得负载 R_L 等效为一次侧负载 R_L' 为

$$R_L'=\left(\frac{N_1}{N_2}\right)^2 R_L=3.5^2\times 8=98(\Omega)$$

则得到的输出功率为

$$P_L=\left(\frac{U_1}{R_s+R_L'}\right)^2 R_L'=\left(\frac{50}{100+98}\right)^2\times 98=6.25(\text{W})$$

由例 6.1 可知，通过加入变压器进行阻抗变换，负载扬声器可以提高输出功率，合理选

择变压器匝数比，可以得到负载扬声器的最大输出功率。

6.3 变压器工程分析

在忽略绕组电容的基础上，考虑绕组电阻、漏磁通和由于铁芯的有限磁导率而导致的一定励磁电流等的影响，可以建立接近实际变压器的较完整模型。通常可以采用基于物理推理的等效电路法和基于经典磁耦合电路理论的数学法两种分析方法。由于物理概念清晰，等效电路法在工程界应用广泛。

6.3.1 基本方程

在一次侧回路中，应用基尔霍夫第二定律可得 $u_1=R_1i_1+e_1+e_{\sigma1}$，其中，一次绕组电阻为 R_1。同理，在二次侧回路中，$e_2=u_2-R_2i_2-e_{\sigma2}$，其中，二次绕组电阻为 R_2。

各电压、电流的相量表达式为

$$\dot{U}_1=R_1\dot{I}_1+\dot{E}_{\sigma1}+\dot{E}_1=R_1\dot{I}_1+\mathrm{j}X_{\sigma1}\dot{I}_1+\dot{E}_1=(R_1+\mathrm{j}X_{\sigma1})\dot{I}_1+\dot{E}_1 \tag{6.17}$$

$$\dot{E}_2=\dot{U}_2-\dot{I}_2R_2-\dot{E}_{\sigma2}=\dot{U}_2-R_2\dot{I}_2-\mathrm{j}X_{\sigma2}\dot{I}_2=\dot{U}_2-(R_2+\mathrm{j}X_{\sigma2})\dot{I}_2 \tag{6.18}$$

其中，$Z_1=R_1+\mathrm{j}X_{\sigma1}$，$Z_2=R_2+\mathrm{j}X_{\sigma2}$。$Z_1$ 是一次绕组感性阻抗，Z_2 是二次绕组感性阻抗。

由于空载情况下的一次绕组电流 $\dot{I}_{1o}$ 就是励磁电流 $\dot{I}_m$，由式(6.7)、式(6.9)和式(6.16)可得变压器负载运行的基本方程为

$$\begin{cases}\dot{U}_1=Z_1\dot{I}_1+\dot{E}_1\\ \dot{E}_2=\dot{U}_2-Z_2\dot{I}_2\\ N_1\dot{I}_m=N_1\dot{I}_1+N_2\dot{I}_2\\ \dot{E}_1=-\dot{I}_mZ_m\\ \dfrac{\dot{E}_1}{\dot{E}_2}=k\end{cases}$$

6.3.2 等效电路

根据变压器负载运行的基本方程，可以得到变压器等效电路，如图 6.11 所示，该电路一次绕组、二次绕组在电气上相互独立。

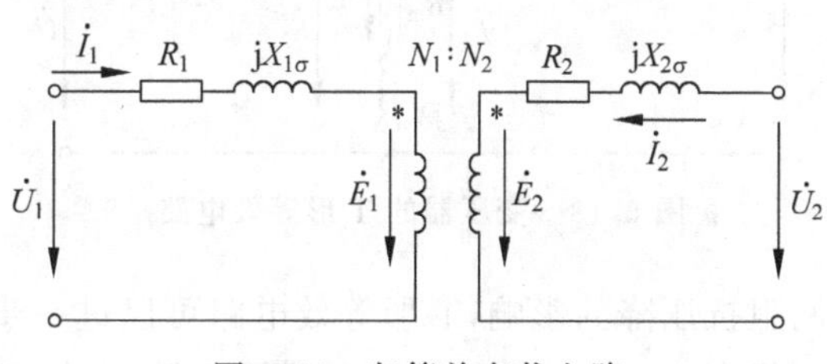

图 6.11 归算前有载电路

进一步简化计算，通过将二次绕组匝数从 N_2 变成 N_1，使二次侧的各个物理量都发生相应变化，而不改变一次绕组和二次绕组原有电磁关系的过程，称为归算。

如果归算前后二次绕组的磁动势保持不变，电功率及损耗保持不变，则对一次侧变换是等效的。如图 6.11 所示有载电路归算后的等效电路如图 6.12 所示。

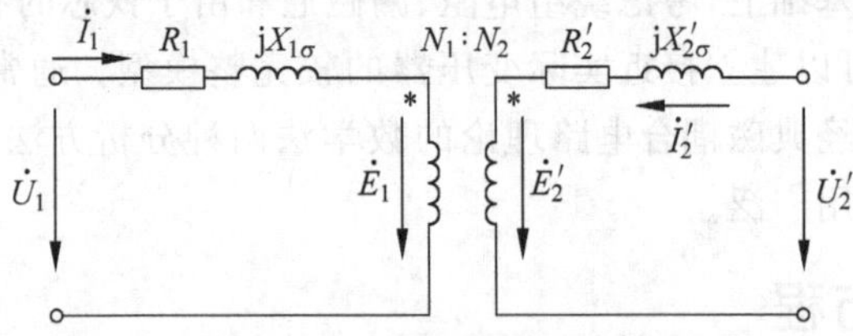

图 6.12 归算后等效电路

归算后二次侧各个物理量分别如下计算。

电压 $E_2'=\dfrac{N_1}{N_2}E_2=kE_2=E_1$，同理，$E_{2\sigma}'=kE_{2\sigma}$，$U_2'=kU_2$。

根据归算前后的磁势不变，可得 $I_2'=\dfrac{N_2I_2}{N_1}=\dfrac{1}{k}I_2$。

根据归算前后的电功率保持不变，即有功功率和无功功率不变，可得 $R'_2=\dfrac{R_2I_2^2}{I_2'^2}=k^2R_2$，$X_2'=\dfrac{X_{\sigma2}I_2^2}{I_2'^2}=k^2X_{\sigma2}$，同理，$Z_2'=k^2Z_2$。

因此，经过归算后，变压器的基本方程变为

$$\begin{cases}\dot{U}_1=Z_1\dot{I}_1+\dot{E}_1\\ \dot{E}'_2=\dot{U}'_2-Z'_2\dot{I}_{12}\\ \dot{I}_{\mathrm{m}}=\dot{I}_1+\dot{I}'_2\\ \dot{E}_1=-\dot{I}_{\mathrm{m}}Z_{\mathrm{m}}=\dot{E}'_2\end{cases}$$

进一步结合图 6.12 则可获得变压器的 T 形等效电路如图 6.13 所示，适合一次绕组加交流额定电压时各种运行情况。

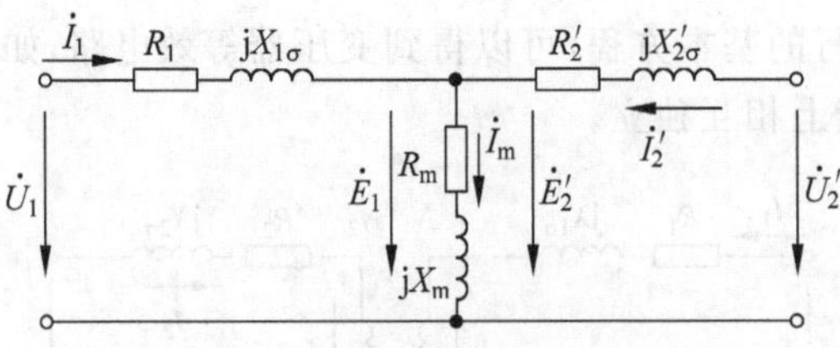

图 6.13 变压器的 T 形等效电路

如果忽略一次绕组漏阻抗压降的影响，T 形等效电路可以进一步简化为近似 Γ 形等效电路，如图 6.14 所示。一般在 $I_{1N}Z_1<0.08U_{1N}$ 时采用 Γ 形等效电路。

相对于 T 形等效电路，Γ 形等效电路有误差，因为它忽略一次侧或二次侧漏阻抗上由

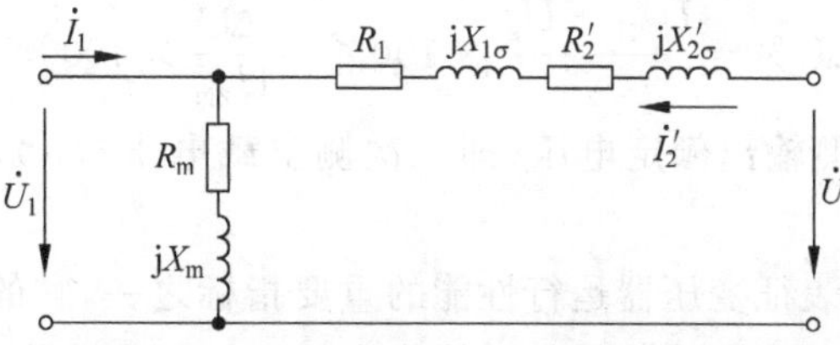

图 6.14　变压器近似 Γ 形等效电路

励磁电流引起的电压降。由于在大型电力变压器中，励磁支路的阻抗一般相当大，对应相当小的励磁电流，所以 Γ 形等效电路误差可以忽略不计。

由于励磁阻抗很大，励磁电流很小，有时将励磁支路舍掉，变压器近似 Γ 形等效电路又可以进一步近似为如图 6.15 所示的简化等效电路。忽略励磁电流时采用简化等效电路，只适合变压器负载运行时计算一次侧电流、二次侧电流和二次侧电压的场合，例如，计算电压调整率等。

在变压器的简化等效电路中，若令 $R_K = R_1 + R'_2$，$X_K = X_{1\sigma} + X'_{2\sigma}$，$Z_K = R_K + jX_K$，则 R_K、X_K 和 Z_K 分别称为变压器的短路电阻、短路电抗和短路阻抗，它们是变压器二次侧短路时呈现的特性。

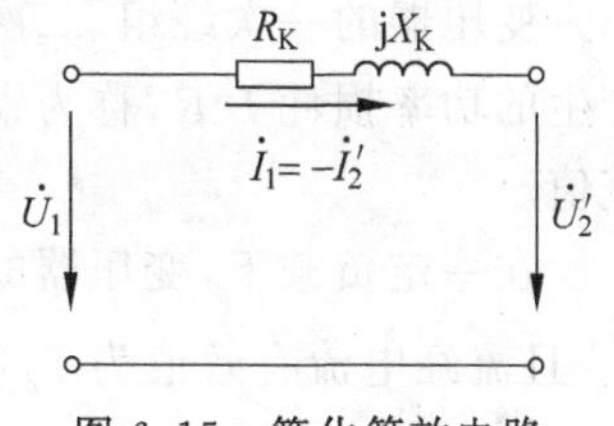

图 6.15　简化等效电路

在简化等效电路中，短路阻抗有着限制短路电流的作用。由于短路阻抗值很小，所以变压器的短路电流值较大，一般可以达到额定电流的 10～20 倍。

6.3.3　变压器外特性

1. 外特性定义

变压器的外特性是指一次侧电压为额定值 U_{1N}，负载功率因数 $\cos\varphi_2$ 一定时，二次侧端电压 U_2 随负载电流 I_2 变化的关系曲线，即 $U_2 = f(I_2)$，如图 6.16 所示，其中 $U_2^* = U_2/U_{2N}$，$I_2^* = I_2/I_{2N}$，称为标幺值。其中，$\beta = I_1/I_{1N} = I_2/I_{2N}$，$\beta$ 又称为负载系数。

在负载运行时，由于变压器内部存在阻抗和漏抗，当负载电流流过时，变压器内部将产生阻抗压降，使二次端电压随负载的变化而变化。由图 6.16 可知，当变压器负载呈容性时，外特性曲线是上翘的；而负载阻性和感性时，外特性曲线是下降的。也就是说，容性电流有助磁作用，使 U_2 上升；而感性电流有去磁作用，使 U_2 下降。

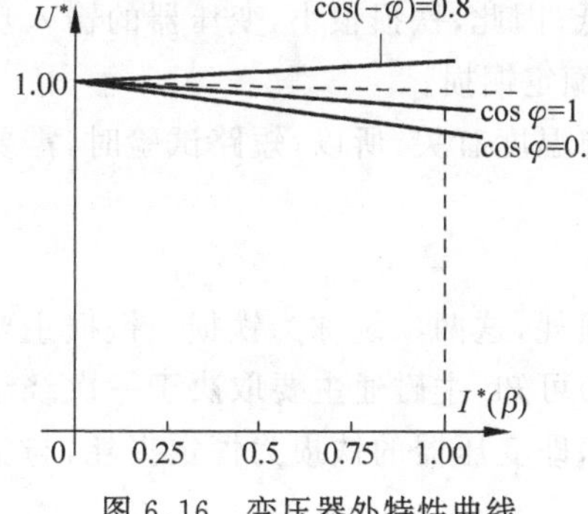

图 6.16　变压器外特性曲线

变压器二次电压的大小不仅与负载电流的大小有关，还与负载的功率因数 $\cos\varphi_2$ 有关。

2. 电压变化率（电压调整率）

变压器二次侧输出电压随负载而变化的程度用电压变化率 $\Delta U\%$ 表示。所谓电压变化率，是指变压器一次绕组加额定电压，负载的功率因数一定，空载与额定负载时二次侧端电压之差（$U_{2N} - U_2$）与额定电压 U_{2N} 的比值，通常可以表示为

$$\Delta U\% = \frac{U_{2N} - U_2}{U_{2N}} \times 100\% = \frac{\Delta U}{U_{2N}} \times 100\% \tag{6.19}$$

这里,U_{2N} 是变压器二次侧输出额定电压(即二次侧空载电压 U_{2o}),U_2 是变压器二次侧额定电流时的输出电压。

电压变化率 $\Delta U\%$是表征变压器运行性能的重要指标之一,它的大小与负载大小、性质及变压器的本身参数有关,反映了供电电压的稳定性。一般电力变压器,当 $\cos\varphi_2$ 为 1 时,$\Delta U\%$为 2%～3%,当 $\cos\varphi_2$ 为 0.8 时,$\Delta U\%$为 4%～6%,可见,提高二次侧负载功率因数 $\cos\varphi_2$,还能提高二次侧电压的稳定性。一般情况下,照明电源电压波动不超过±5%,动力电源电压波动不超过(+10)%～(−5)%。

6.3.4 变压器损耗与效率

变压器损耗主要是铁损和铜损,其他损耗可以忽略不计。

1. 铜损

变压器的一次绕组、二次绕组中都有一定的电阻,当有效电流 I 流过电阻为 R 的绕组,产生的功率损耗 I^2R,称为铜损。可见,变压器的铜损耗取决于绕组的电阻值和流过其的电流值。

在一定负载下,变压器的一次绕组阻值为 R_1 且流经电流有效值为 I_1,二次绕组阻值为 R_2 且流经电流有效值为 I_2,则该变压器的铜损耗 $P_{Cu}=I_1^2R_1+I_2^2R_2$,由式(6.13)可得

$$P_{Cu} = I_1^2R_1 + I_2^2R_2 = \left(\frac{R_1}{k^2} + R_2\right)I_2^2 \tag{6.20}$$

变压器短路试验可以获得铜损及短路阻抗。短路试验方法:将变压器的高压侧短路,低压侧从零开始加电压,逐渐加到低压侧电流为额定电流。如果工程应用中电压和电流采用标幺值表示,此时低压侧所加电压与额定电压之比得到的标幺值即短路阻抗 Z_K。

额定铜损耗 P_{CuN} 表示为

$$P_{CuN} = I_{1N}^2R_1 + I_{2N}^2R_2 = \left(\frac{R_1}{k^2} + R_2\right)I_{2N}^2 \tag{6.21}$$

因而

$$P_{Cu} = \left(\frac{I_2}{I_{2N}}\right)^2 P_{CuN} \tag{6.22}$$

变压器短路试验时,短路阻抗 Z_K 很小,其分压很低,因此,铁损很小,变压器的输入功率主要为铜损,可以认为变压器短路试验的铜损相当于额定铜损。

电流固定时,铜损与绕组的电阻有关,而绕组电阻与温度有关,所以,短路试验时,需要准确测量绕组的温度或直接测量绕组的直流电阻。

2. 铁损

交变磁通在变压器铁芯中会产生磁滞损耗和涡流损耗,这两项统称为铁损。铁损主要取决于变压器的主磁通。由式(6.5)、式(6.6)和式(6.7)可知,主磁通主要取决于一次绕组或二次绕组的电压和频率,与负载电流的大小基本无关,即变压器的铁损为恒定损耗,与负载无关。

磁滞损耗是磁滞产生的铁损损耗。可以证明,交变磁化一周在铁芯单位体积内所产生

的磁滞损耗与磁滞回线所包围的面积成正比。涡流损耗是涡流产生的铁损损耗。当线圈接通交流电时，产生交变磁通，在铁芯内产生的感应电流称为涡流，它在垂直磁通方向的平面内环流。

铁芯发热是铁损带来的不良影响。为了避免磁滞损耗引起铁芯发热，通常采用磁滞回线狭小的磁性材料制成铁芯，比如硅钢。为了避免涡流损耗引起的铁芯发热，通常将顺磁场方向铁芯由彼此绝缘的钢片叠成，限制涡流在较小的截面内流动，另外通常选用有少量硅的硅钢，增加电阻率，减小涡流。

变压器空载试验可以获取铁损及空载电流 $\dot{I}_{1o}$（即励磁电流 $\dot{I}_m$）。

变压器空载运行，变压器二次侧开路，在一次绕组内为磁化电流和铁损电流两部分组成的励磁电流 $\dot{I}_m$，二次绕组没有电流，二次侧没有损耗。输入功率减去一次绕组励磁电流 $\dot{I}_m$ 产生的铜损，就是变压器的铁损。一般情况下，励磁电流是10%的输入交流电流，很小可以忽略，进而励磁电流 $\dot{I}_m$ 产生的铜损忽略不计，变压器的空载输入功率约等于变压器的铁损，即 $P_{Fe}=P_{1o}$，这里 P_{1o} 为空载输入功率。

变压器处于空载运行时，功率因数较低，无功功率占比较大，对电网不利，因此，提高变压器空载功率因数是变压器厂家需要长期研究的问题。在铁损固定的情况下，励磁电流 $\dot{I}_m$ 越小，空载功率因数越高，因此，空载电流标幺值（励磁电流 $\dot{I}_m$ 与额定电流的比值）也成了变压器的一个重要指标。

3. 效率

变压器的效率定义为变压器输出功率与输入功率的比值，用 η 表示，即 $\eta=\frac{P_2}{P_1}$，P_1 为变压器输入功率，P_2 为变压器输出功率，$P_2=U_2I_2\cos\varphi$。

变压器效率特性曲线如图 6.17 所示，这里 β 为负载系数。空载时输出功率为 0，所以变压器效率 $\eta=0$；负载系数 β 较小时，铁损耗相对较大，变压器效率 η 较低；负载系数 β 增加，变压器效率 η 亦随之增加。超过某一 β 值时，因铜耗所占比例增大，变压器效率 η 反而降低。

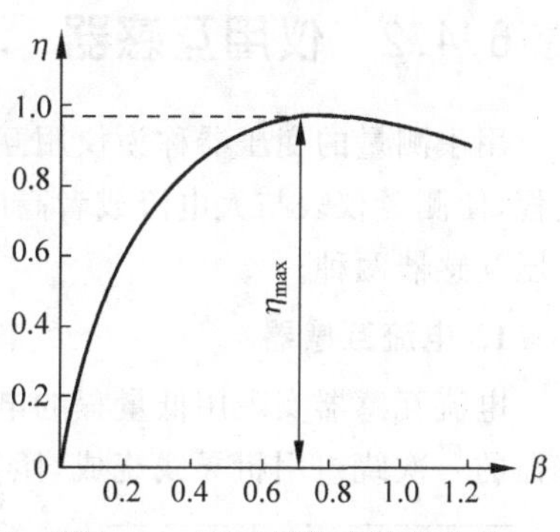

图 6.17　变压器效率特性曲线

变压器输入功率等于变压器输出功率与变压器损耗的和，即 $P_1=P_2+P_{Cu}+P_{Fe}$，则

$$\eta=\frac{P_2}{P_1}=\frac{P_1-P_{Cu}-P_{Fe}}{P_1} \tag{6.23}$$

用数学分析方法可以证明：当变压器的铜损耗 P_{Cu} 和铁损耗 P_{Fe} 相等时，变压器的效率最高。

变压器的功率损耗很小，所以效率很高，通常在 95%以上，在一般电力变压器中，当负载为额定负载的 50%～75%时，效率达到最大值。

6.4 特殊变压器

6.4.1 自耦变压器

自耦变压器的二次绕组是一次绕组的一部分。因此，一次绕组、二次绕组之间不仅有磁场联系，还有电的联系。自耦变压器分为可调式和固定抽点式两种。图 6.18 所示是实验室中用的调压器，使用时，改变滑动端的位置便可得到不同的输出电压，属于可调式自耦变压器。可调式自耦变压器电路原理图如图 6.19 所示。分接点 a 是能够自由滑动的触点，可以平滑地调节二次电压，当一次绕组加电压 U_1 时，产生二次绕组电压 U_2。且有

$$\frac{U_1}{U_2}=\frac{N_1}{N_2}=K,\quad \frac{I_1}{I_2}=\frac{N_2}{N_1}=\frac{1}{K}$$

应当注意，如果自耦变压器的一次侧、二次侧接错造成对调使用，一次侧 N_1 变小，磁通增大，电流会迅速增加。因此自耦变压器千万不能对调使用，以防变压器损坏。

图 6.18 实验室中的调压器

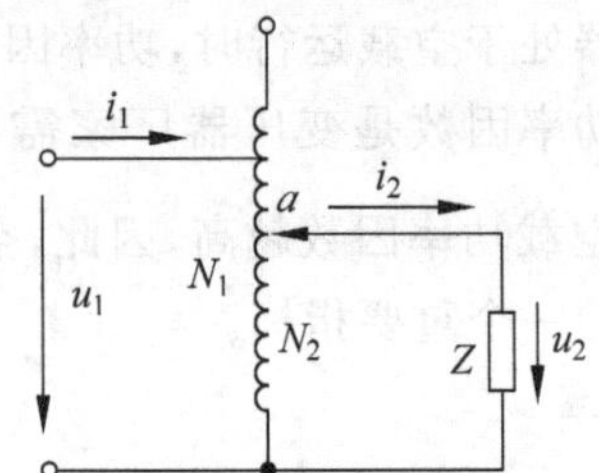

图 6.19 可调式自耦变压器原理图

6.4.2 仪用互感器

用于测量的变压器称为仪用互感器，简称互感器。采用互感器的目的是扩大测量仪的量程，使测量仪表与大电流或者高电压电路隔离。互感器按照用途可以分为电流互感器和电压互感器两种。

1. 电流互感器

电流互感器实现用低量程的电流表测量大电流，其工作原理图如图 6.20 所示。电流互感器的一次绕组用粗导线绕成，匝数很少，与接绕线路（电阻为 R）串联，流过电流 i_1。二次绕组导线细，匝数多，与测量仪表相连，流过电流 i_2。由于 $\frac{I_1}{I_2}=\frac{N_2}{N_1}$，则被测电流 i_1 是电流表读数 i_2 的 $\frac{N_2}{N_1}$ 倍。通常电流互感器二次绕组的额定电流 I_2 设计为 5A 或 1A，常见的电流互感器如图 6.21 所示。

应当注意，电流互感器二次侧不能开路，以防产生高电压。同时铁芯、低压绕组的一端接地，以防在绝缘损坏时，在二次侧出现过电压。

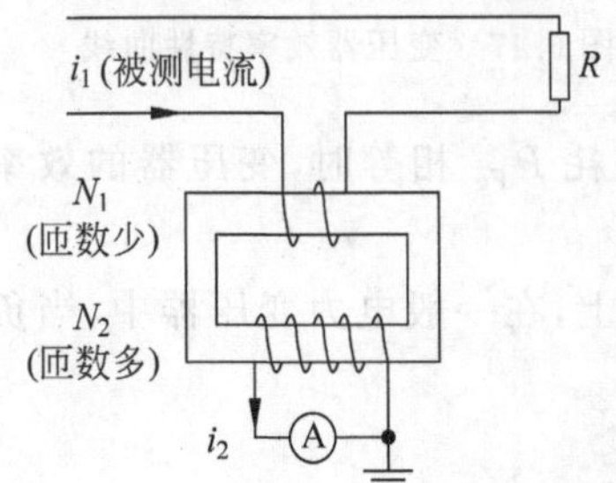

图 6.20 电流互感器工作原理图

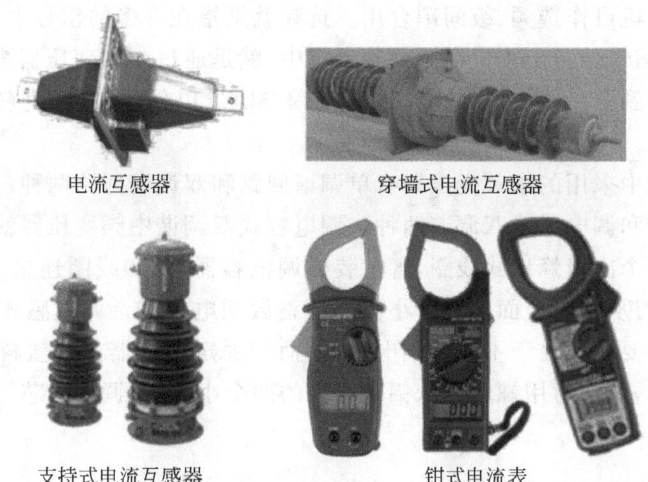

电流互感器　穿墙式电流互感器

支持式电流互感器　钳式电流表

图 6.21　常见的电流互感器

2. 电压互感器

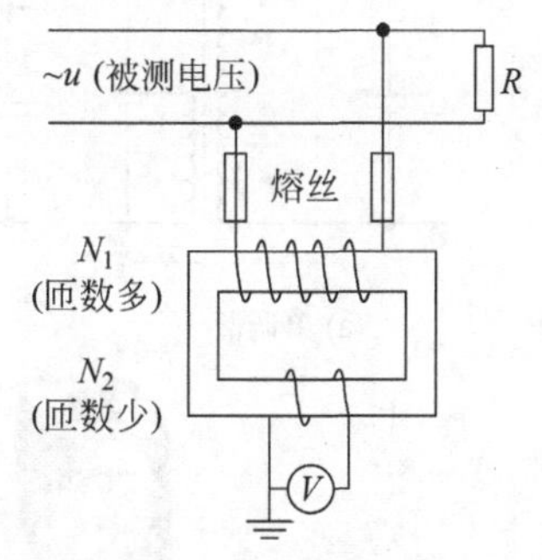

图 6.22　电压互感器工作原理图

电压互感器实现用低量程的电压表测量高电压，其工作原理图如图 6.22 所示。电压互感器的一次绕组匝数较多，与被测高压线路并联，二次绕组匝数较少，连接在高阻抗的测量仪表侧。一次侧电压 U_{1N} 和二次侧电压 U_{2N} 有效值之比为匝数比，即 $\frac{U_{1N}}{U_{2N}}=\frac{N_1}{N_2}$，因此，被测电压 u 是电压表读数 u_2 的 $\frac{N_1}{N_2}$ 倍。其中，一次侧电压 U_{1N} 是电网的额定电压，且已标准化，如 10kV、35kV、110kV、220kV、330kV、500kV 等。通常，二次侧电压 U_{2N} 设计为 100V。常见的电压互感器如图 6.23 所示。

JDZ-15电压互感器

JDJ2-35油浸式电压互感器

JZW-12型电压互感器

JDZ2-1浇注式电压互感器

图 6.23　常见的电压互感器

应当注意，电压互感器二次侧不能短路，以防产生过电流。同时铁芯、低压绕组的一端接地，以防在绝缘损坏时，在二次侧出现高压。

6.5　工程应用

变压器除广泛应用于输配电路、电气设备中，还应用于电视机、收录机等电子产品中。

中频变压器在收音机可作选频、级间耦合用。选频就是指在许多的信号中,选出有用的信号频率,并把有用的信号传送出去。在调幅收音机中,就是通过中频变压器来选出 465kHz 的有用信号。并耦合到下一级去放大。同时,抑制 465kHz 以外的信号,使它无法传送到下一级中。

晶体管收音机中采用的中频变压器有单调谐回路和双调谐回路两种。双调谐回路又分为调电容式双调谐和调电感式双调谐两种。调电容式双调谐中频变压器就是在一个塑料管上绕一个初级和一个次级蜂房式线圈,管上装微调电容器,并和线圈连接,外面用铝壳罩起来,调整时用螺丝刀从铝壳上面的两个小孔来调整微调电容器。调电感式双调谐中频变压器和调电容式的主要区别在于不用微调电容器,而用固定电容器。在塑料管内放有两个带有螺纹铁氧体磁芯,调整时用螺丝刀从铝壳侧面的两个小洞里,调整磁芯。中频变压器原理图如图 6.24 所示。

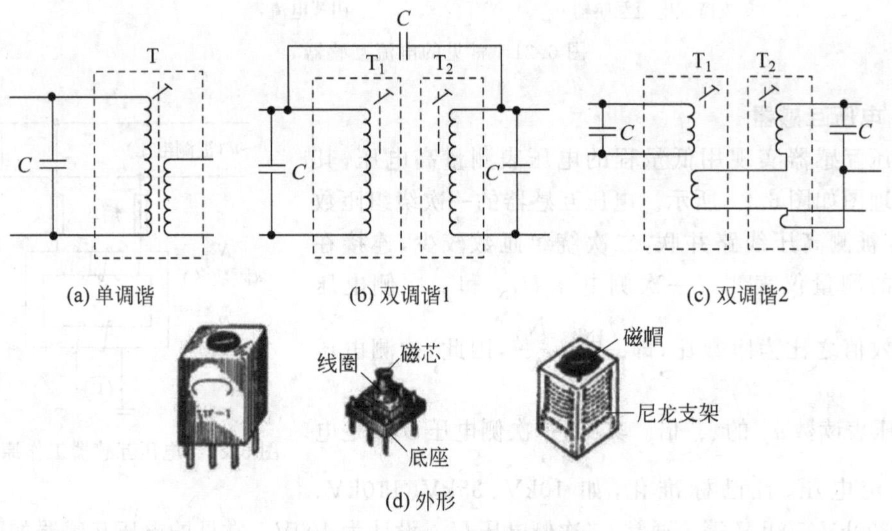

图 6.24　中频变压器原理图

习题

6.1　变压器有哪些主要部件？它们的主要作用是什么？

6.2　变压器一次侧、二次侧额定电压的含义是什么？

6.3　有一台 D-50/10 单相变压器,$S_N=50\text{kV}\cdot\text{A}$,$\dfrac{U_{1N}}{U_{2N}}=\dfrac{10500\text{V}}{230\text{V}}$,试求变压器原、副线圈的额定电流。

6.4　某单相变压器,$S_N=10\text{kV}\cdot\text{A}$,$\dfrac{U_{1N}}{U_{2N}}=\dfrac{3300\text{V}}{220\text{V}}$,今欲在二次绕组接上 50W/220V 的白炽灯,如果要变压器在额定情况下运行,这种灯泡可接多少个？并求一次绕组、二次绕组的额定电流。

6.5　有一台 SSP-125000/220 三相电力变压器,Y-△接线,$\dfrac{U_{1N}}{U_{2N}}=\dfrac{220\text{kV}}{10.5\text{kV}}$,试求：变压

器额定电压和额定电流；变压器原、副线圈的额定电流和额定电流。

6.6 从物理意义上说明变压器为什么能变压，而不能变频率？

6.7 变压器一次线圈若接在直流电源上，二次线圈会有稳定直流电压吗？为什么？

6.8 从物理意义上分析，若减少变压器一次侧线圈匝数(二次线圈匝数不变)，二次线圈的电压将如何变化？

6.9 某变压器，一次侧每相绕组匝数 $N_1=2080$ 匝，二次侧每相绕组 $N_2=80$ 匝。如果一次侧绕组端的线电压 $U_1=6000\text{V}$。试求：Y-△接线时，副线圈的线电压和相电压Y-Y_0 接线时，副线圈的线电压和相电压。

6.10 某三相变压器用于将一个 75Ω 电阻的阻抗变换为 300Ω 的阻抗，假设变压器为理想变压器，计算所需的匝数比。

6.11 有一个音频变压器，原边连接一个信号源，电压源有效值 $U_s=8.5\text{V}$，$R_s=72\Omega$，变压器二次侧接负载扬声器，其等效电阻 $R_L=8\Omega$，试求：

(1) 扬声器获得最大功率时变压器变比和最大功率值；

(2) 扬声器直接接入信号源的输出功率。

6.12 某个单相理想变压器，电压为 3300/220V，二次绕组接入 $R=4\Omega$，$X_L=3\Omega$ 的串联阻抗。试求：

(1) 一次侧、二次侧的电流；

(2) 若将此负载阻抗换算到一次侧，求换算后的电阻和感抗值。

6.13 一台 220/110V 的单相变压器，试分析当高压侧加额定电压 220V 时，空载电流 $\dot{I}_0$ 呈怎样的波形？加 110V 时呈怎样的波形？若把 110V 加在低压侧，又呈怎样的波形？

6.14 变压器空载运行时，是否要从电网取得功率？这些功率属于什么性质？起什么作用？为什么小负荷用户使用大容量变压器无论对电网和用户均不利？

6.15 变压器有载工作时，一次线圈、二次线圈中各有哪些电动势或电压降，它们产生的原因是什么？写出它们的表达式，并写出电动势平衡方程。

6.16 变压器铁芯中的磁动势，在空载和负载时比较，有哪些不同？

6.17 变压器空载运行时，原线圈加额定电压，这时原线圈电阻 R_1 很小，为什么空载电流 I_0 不大？如将它接在同电压(仍为额定值)的直流电源上，会如何？

6.18 如图 6.25 所示的某理想变压器变比为 4，$u_1=220\sqrt{2}\sin\omega t\,\text{V}$，$i_1=100\sqrt{2}\sin(\omega t-30°)\,\text{mA}$。试求 u_2 和 i_2。

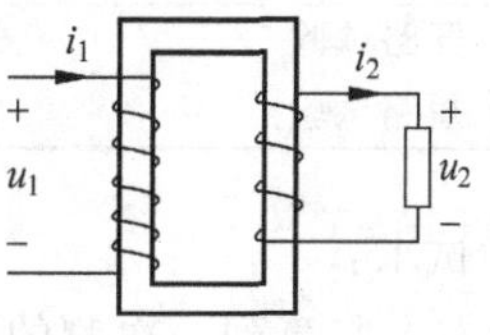

图 6.25 习题 6.18 图

6.19 在近似变压器的等效电路时，为什么要归算？归算是在什么条件下进行的？

6.20 试绘出变压器 T 形、Γ 形和简化等效电路，说明各参数的含义，并说明各等效电路的使用场合。

6.21 利用变压器 T 形等效电路进行实际问题计算时，算出的一次侧电压、二次侧电压、电流和损耗、功率是否为实际值？为什么？

6.22 某单相变压器，已知参数为：$R_1=2.19\Omega$，$X_{1\sigma}=15.4\Omega$，$R_2=0.15\Omega$，$X_{2\sigma}=0.964\Omega$，$R_m=1250\Omega$，$X_m=12600\Omega$，$N_1/N_2=876/260$，当二次侧电压 $U_2=6000\text{V}$，电流 $I_2=180\text{A}$，且 $\cos\varphi_2=0.8$(滞后)时：画出归算到高压侧的 T 形等效电路；用 T 形等效电路

和简化等效电路求 $\dot{U}_1$ 和 $\dot{I}_1$，并比较其结果。

视频 6.6

6.23　某三相变压器：$S_N=125\text{MV}\cdot\text{A}$，$f_N=50\text{Hz}$，$U_{1N}/U_{2N}=110\text{kV}/10\text{kV}$，Y-△接线，空载电流 $\dot{I}_o=0.02\text{A}$，空载损耗 $P_o=133\text{kW}$，短路电压(阻抗电压)$U_K=10.5\%$，短路损耗 $P_{KN}=600\text{kW}$，试求：

(1) 短路阻抗和励磁阻抗(均用标幺值)，画出近似Γ形等效电路，表明各阻抗数值；

(2) 供给额定负载且 $\cos\varphi_2=0.8$ 滞后时的电压变化率及效率。

6.24　空载试验时希望在哪一侧进行？将电源加在低压侧或高压侧所测得的空载功率、空载电流、空载电流百分数及励磁阻抗是否相等？如试验时，电源电压达不到额定电压，能否将空载功率和空载电流换算到对应额定电压时的值？为什么？

6.25　短路试验时希望在哪一侧进行？将电源加在低压侧或高压侧所测得的短路功率、短路电流、短路电压百分数及短路阻抗是否相等？如果短路试验时，电流达不到额定值，那么对哪些应求量有影响，哪些无影响？如何将非额定电流时测得 U_K、P_K 换算到对应额定电流 I_N 时的值？

6.26　某台三相变压器，$S_N=5600\text{kV}\cdot\text{A}$，$U_{1N}/U_{2N}=10\text{kV}/6.3\text{kV}$，Y-△接线，变压器的开路和短路试验数据为：

试验名称	线电压/V	线电流/A	三相功率/W	备注
开路试验	6300	7.4	6800	电压加在低压侧
短路试验	550	323	18000	电压加在高压侧

试求一次侧加额定电压时：

(1) 归算到一次侧的Γ形等效电路的参数(实际值和标幺值)；

(2) 满载且 $\cos\varphi_2=0.8$(滞后)时，二次侧电压 $\dot{U}_1$ 和一次侧电流 $\dot{I}_1$；

(3) 满载且 $\cos\varphi_2=0.8$(滞后)时的额定电压调整率和额定效率。

6.27　某台三相变压器，$S_N=630\text{kV}\cdot\text{A}$，$U_{1N}/U_{2N}=10\text{kV}/3.15\text{kV}$，$I_{1N}/I_{2N}=36.4\text{A}/115.5\text{A}$，Y-△接线，变压器的开路和短路试验数据为：

试验名称	线电压/V	线电流/A	三相功率/W	备注
开路试验	3.15	6.93	2.45	电压加在低压侧
短路试验	0.45	36.4	7.89	电压加在高压侧

试求：

(1) 归算到一次侧的励磁参数和短路参数(实际值和标幺值)；

(2) 阻抗电压的百分比及其有功分量和无功分量；

(3) 额定负载且 $\cos\varphi_2=0.8$，$\cos(-\varphi_2)=0.8$ 时的效率、电压调整率和二次侧电压；

(4) $\cos\varphi_2=0.8$ 时产生的最高效率及此时的负载系数 β_m。

6.28　一台380/220V的单相变压器，如不慎将380V加在二次侧线圈上，会产生什么现象？

6.29　变压器在制造时，一次侧线圈匝数较原设计时少，试分析对变压器铁芯饱和程度、激磁电流、激磁电抗、铁损、变比等有何影响？

6.30 如将铭牌为60Hz的变压器，接到50Hz的电网上运行，试分析对主磁通、激磁电流、铁损及电压变化率有何影响？

6.31 变压器运行时由于电源电压降低，试分析对变压器铁芯饱和程度、励磁电流、励磁阻抗、铁损和铜损有何影响？

6.32 为什么变压器的空载损耗可以近似看成铁损，短路损耗可近似看成铜损？负载时变压器真正的铁损和铜损与空载损耗和短路损耗有无差别？为什么？

6.33 某单相变压器 $S_N=100\text{kV}\cdot\text{A}$，$U_{1N}/U_{2N}=6000/230\text{kV}$，满载下负载的等效阻抗 $Z_K=(0.25+\text{j}0.44)\Omega$，试求负载的端电压及变压器的电压调整率。

6.34 某单相变压器 $U_{1N}/U_{2N}=10\text{kV}/0.4\text{kV}$，$I_{1N}/I_{2N}=5\text{A}/125\text{A}$，空载时高压绕组接10kV电源消耗功率405W，电流为0.4A，试求：变压器变比，空载时一次绕组的功率因数以及空载电流与额定电流的比值。

6.35 某单相变压器 $S_N=2\text{kV}\cdot\text{A}$，$U_{1N}/U_{2N}=1100\text{kV}/110\text{kV}$，$f_N=50\text{Hz}$，短路阻抗 $Z_K=(8+\text{j}28.91)\Omega$，额定电压时空载电流 $\dot{I}_o=(0.01-\text{j}0.09)\text{A}$，负载阻抗 $Z_L=(10+\text{j}5)\Omega$。试求：

(1) 变压器Γ形等效电路，各参数用标幺值表示；

(2) 一次侧、二次侧额定电流及二次侧电压；

(3) 输入功率、输出功率。

6.36 某单相变压器，$S_N=1000\text{kV}\cdot\text{A}$，$U_{1N}/U_{2N}=66\text{kV}/6.3\text{kV}$，$f_N=50\text{Hz}$，

空载试验(低压侧)：$U_o=6300\text{kV}$、$I_o=19.1\text{A}$、$P_o=9300\text{W}$；

短路试验(高压侧)：$U_K=3240\text{kV}$、$I_K=15.15\text{A}$、$P_K=7490\text{W}$；设归算后一次绕组和二次绕组的电阻相等，漏抗也相等；试计算：

(1) 归算到一次侧和二次侧的T形等效电路的参数；

(1) 用标示值表示时T形等效电路参数。

6.37 某单相变压器，$S_N=1000\text{kV}\cdot\text{A}$，$U_{1N}/U_{2N}=60\text{kV}/6.3\text{kV}$，$f_N=50\text{Hz}$，

空载试验(低压侧)：$U_o=6300\text{kV}$、$I_o=19.1\text{A}$、$P_o=5000\text{W}$；

短路试验(高压侧)：$U_K=3240\text{kV}$、$I_K=15.15\text{A}$、$P_K=14000\text{W}$；试计算：

(1) 用标示值计算T形等效电路参数；

(2) 短路电压及各分量的标幺值；

(3) 满载且 $\cos\varphi_2=0.8(\varphi_2>0)$ 时的电压变化率及效率；

(4) 当 $\cos\varphi_2=0.8(\varphi_2>0)$ 时的最大效率。

6.38 一台三相变压器，$S_N=5600\text{kV}\cdot\text{A}$，$U_{1N}/U_{2N}=35/6\text{kV}$，Y-△接线，从短路试验(高压侧)得：$U_{1K}=2610\text{V}$，$I_K=92.3\text{A}$，$P_K=53\text{kW}$；当 $U_1=U_{1N}$ 时 $I_2=I_{2N}$，测定电压恰为额定值 $U_2=U_{2N}$。求此时负载的性质和功率因数角 φ_2 的大小。

6.39 某台三相变压器：$S_N=1000\text{kV}\cdot\text{A}$，$U_{1N}/U_{2N}=10\text{kV}/6.3\text{kV}$，$f_N=50\text{Hz}$，Y-△接线，空载试验测得当 $U_1=U_{1N}$ 时，空载损耗 $P_o=4.9\text{kW}$，空载电流标幺值为0.05；当短路电流为稳定额定时，测得短路损耗 $P_K=15\text{kW}$，阻抗电压 $Z_K^*=5.5\%$，试求：

(1) 折算到一次侧等效电路中的参数：R_m、X_m、R_m^*、X_m^*、R_K、X_K、R_K^*、X_K^*；

(2) 已知 $R_1=R_2'$，$X_{1\sigma}=X_{2\sigma}'$，画出T形等效电路，参数用实际值表示；

(3) 当该变压器带负载且 $\cos\varphi_2=0.8$(超前)时的电压调整率、效率及最大效率。

6.40 自耦变压器的功率是如何传递的？为什么它的设计容量比额定容量小？

6.41 一台 5kV·A,480V/120V 的普通两绕组变压器,改接成 600V/480V 的自耦变压器,试求改接后一次绕组和二次绕组的额定电流和变压器的容量。

6.42 使用电流互感器为什么二次侧不允许开路？使用电压互感器时为什么二次侧不允许短路？

第 7 章 三相异步电动机

CHAPTER 7

从 1820 年丹麦物理学家奥斯特发现电流磁效应以来，关于电磁的各种发现不断涌现。1821 年，英国科学家法拉第总结了载流导体在磁场中受力并发生机械运动的现象，提出的模型形成了现代直流电动机的雏形；1824 年阿拉果发现了旋转磁场，为交流感应电动机的发明奠定了基础；1831 年，法拉第发现电磁感应定律，并发明单极直流电动机；1834 年，德国物理学家雅可比设计并制造了第一台实用的直流电动机；1864 年，英国物理学家麦克斯韦创建的完整经典电磁学理论体系为电动机电磁场分析奠定了基础；1888 年，特斯拉发明了交流电动机。

电动机的作用是将电能转换为机械能。现代各种生产机械都广泛应用电动机来驱动。生产机械由电动机驱动有很多优点：简化生产机械的结构，提高生产率和产品质量，能实现自动控制和远距离操纵，减轻繁重的体力劳动。

电动机类型很多，可以分为直流电动机和交流电动机。直流电动机是将直流电能转换为机械能的电动机。直流电动机按照励磁方式的不同分为永磁、他励、自励 3 类，其中自励又分为并励、串励和复励 3 种。直流电动机调速、起动、制动性能好，控制器（如降压调速）简单，短时过载能力强。但其结构较复杂，价格较高，换向器与电刷处有火花放电，需要定期维护，但无刷直流电动机不需要。

交流电动机是一种将交流电的电能转变为机械能的装置，分为**异步电动机（又称为感应电动机）**和同步电动机，异步电动机又分为单相电动机和三相电动机。交流电动机结构简单，价格便宜，不需要维护。但其调速、起动、制动性能稍差，若需要性能好，则控制器（如变频调速、向量调速）复杂。

在生产上绝大部分生产机械都是采用三相异步电动机作为原动机来拖动的，例如，各类机床设备、起重设备、运料装置、电铲、轧钢机、水泵、风机和纺织机械等，一个现代化的工厂往往需要几百甚至上万台三相异步电动机。随着农业机械化的不断发展，三相异步电动机在农业中的应用也日趋广泛，如电力排灌、脱粒、碾米、榨油和粉碎等农业机械大都是由三相异步电动机拖动的。由于国防工业日趋现代化，各类军事装备的高科技含量不断增加，三相异步电动机在国防工业和各类军事装备中也得到越来越广泛的应用。例如，各类陆用、舰用雷达和武器装备的随动系统。

单相异步电动机由于其结构简单、价格便宜、维护及使用方便等优点，被广泛应用于自动控制、医疗机械、洗衣机、电冰箱、吸尘器、小型鼓风机等。与同容量的三相异步电动机相比较，则体积较大、效率较低、运行性能较差。因此一般只制成小型和微型系列的单相异步电动机。

同步电动机作为电动机运行是另一种重要的运行方式，在不要求调速的场合，应用大型同步电动机可以提高运行效率，小型同步电动机在变频调速系统中也开始得到较多的应用，同步电动机还可以接于电网作为同步补偿机。

随着我国经济的发展，现代化控制中采用了许多新的控制装置和电器元件，如 MP、MC、PC、晶闸管等用以实现复杂的生产过程的自动控制。不同的生产机械，对电动机的控制要求也是不同的。电器控制线路能实现对电动机的起动、停止、点动、正反转、制动等运行方式的控制，以及必要的保护，满足生产工业要求，实现生产过程自动化。

7.1 三相异步电动机的构造和铭牌数据

7.1.1 三相异步电动机的构造

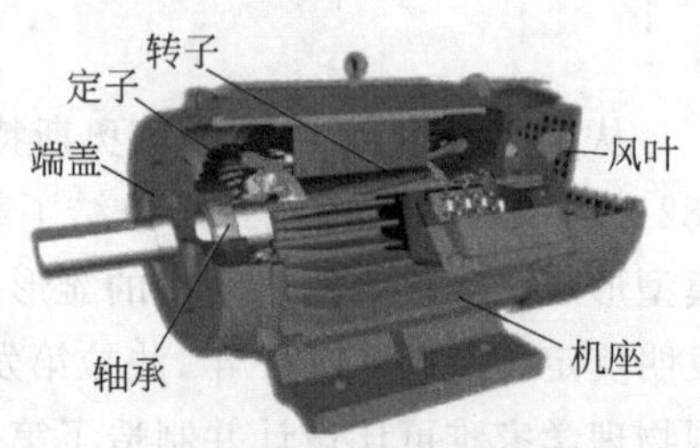

图 7.1 三相异步电动机的剖面结构

三相异步电动机包括两个基本部分：定子（固定部分）和转子（旋转部分），图 7.1 是三相异步电动机的剖面图，图 7.2 是三相异步电动机的零部件图。

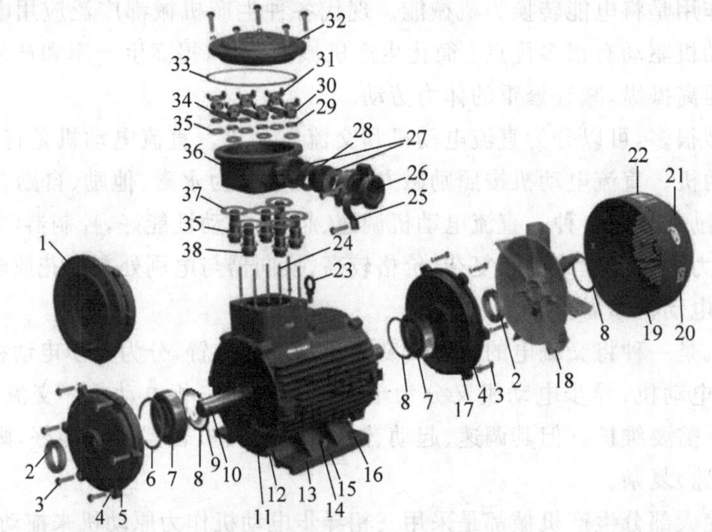

1-凸缘端盖	11-有绕组定子铁芯	21-合格证	31-弓形垫片
2-V形密封圈	12-转子	22-能效标志	32-接线盒盖
3-螺栓	13-机座	23-吊环	33-O形密封圈
4-弹簧垫片	14-煤安标志	24-接线螺栓	34-连接片
5-前端盖	15-接地螺栓	25-压板	35-平垫片
6-波形垫片	16-铭牌	26-接线盒斗	36-接线盒座
7-轴承	17-后端盖	27-金属垫片	37-止动垫片
8-卡簧	18-风扇	28-密封垫圈	38-端子套
9-平键	19-风罩	29-弹簧垫圈	
10-轴伸	20-生产许可证标志	30-螺母	

图 7.2 三相异步电动机的零部件图

三相异步电动机由机座、圆筒形铁芯以及其中的三相定子绕组组成。铁芯的内圆周表面冲有槽，定子绕组嵌在槽中。定子绕组是三相异步电动机中流过交流电流的一个或者一组绕组。

三相异步电动机的转子根据构造上的不同分为两种：笼型转子和绕线型转子。转子铁芯是圆柱状，圆铁芯的外圆周表面冲有槽。笼型转子槽内放铜条，端部用短路环连成一体，或铸铝形成转子绕组，绕线型转子的三相转子绕组嵌在槽中。

铁芯是高磁导率材料，可以最大限度使绕组之间相互耦合，以增加转换磁场能力密度。如果铁芯采用电工钢(又称硅钢)，时变磁通会在电工钢中感应出电流，即涡流。涡流是电动机损耗的一个主要根源，会降低电动机性能，为了使涡流影响最小化，铁芯一般采用相互绝缘的硅钢片叠装而成。

笼型转子电动机也叫笼型电动机，如图 7.3 所示。绕线型转子电动机叫绕线型电动机，如图 7.4 所示。笼型电动机结构简单、价格低廉、工作可靠，不能人为改变电动机的机械特性。绕线型电动机结构复杂、价格较贵、维护工作量大，转子外加电阻可人为改变电动机的机械特性。

图 7.3　笼型电动机

图 7.4　绕线型电动机

7.1.2　三相异步电动机的铭牌数据

正确使用电动机，必须要看懂铭牌。图 7.5 为 Y3-132M-4 型电动机铭牌数据，它的主要技术数据除了图示数据外，还有功率因数(0.84)和效率(87%)。

三相异步电动机		
型 号 Y3-132M-4	功 率 7.5kW	频 率 50Hz
电 压 380V	电 流 15.6A	接 法 △
转 速 1440r/min	绝缘等级 F	工作方式 连续

图 7.5　铭牌数据

1. 型号

为了适应不同用途和不同工作环境的需要，电动机制造成不同系列，各种系列用型号标识，型号 Y3-132M-4 说明如图 7.6 所示。

异步电动机的产品名称和代号及汉字含义如表 7.1 所示。小型 Y、Y-L 系列笼型异步电动机是 20 世纪 80 年代取代 JO 系列的新产品，封闭自扇冷式。Y 系列定子绕组为铜线，Y-L 系列为铝线。电动机功率是 0.55～90kW。同样功率的电动机，Y 系列比 JO 系列体积小，重量轻，效率高。Y2 和 Y3 系列三相异步电动机分别为第 2 次和第

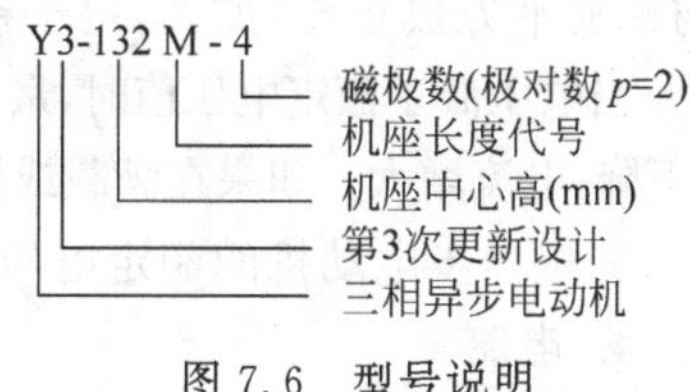

图 7.6　型号说明

3 次更新产品，比 Y 系列节能、效率高、起动转矩大，并提高了绝缘等级(F 级绝缘)。

表 7.1 异步电动机的产品名称和代号及汉字含义

产品名称	新代号	汉字含义	老代号
异步电动机	Y、Y2、Y3	异	J、JO
绕线型异步电动机	YR	异绕	JR、JRO
防爆型异步电动机	YB	异爆	JB、JBS
高起动转矩异步电动机	YQ	异起	JQ、JQO

2. 接法

铭牌中接法是定子绕组接法。一般接线盒有 6 根引出线，标有 U_1、V_1、W_1、U_2、V_2、W_2。U_1、U_2 是第一相绕组的两端(旧标识是 D_1、D_4)；V_1、V_2 是第二相绕组的两端(旧标识是 D_2、D_5)；W_1、W_2 是第三相绕组的两端(旧标识是 D_3、D_6)。

如果 U_1、V_1、W_1 是三相绕组的始端(头)，则 U_2、V_2、W_2 是三相绕组的末端(尾)。

6 根引出线连接方法有星形联结和三角形联结两种，如图 7.7 和图 7.8 所示，通常 3kW 以下为星形联结，4kW 以上为三角形联结。

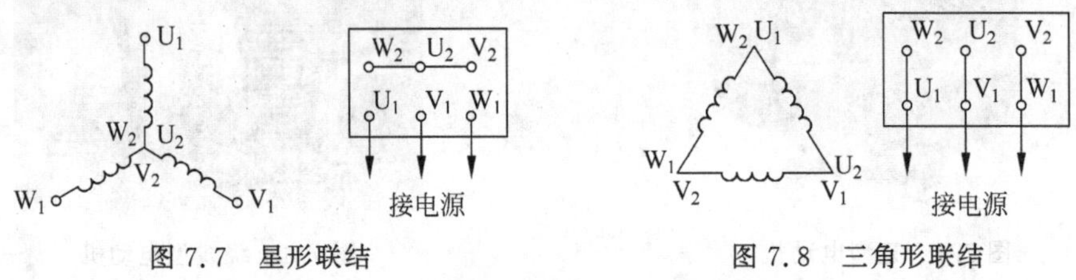

图 7.7 星形联结　　图 7.8 三角形联结

如果 6 根引出线没有标识，则需要用实验方法确定每相绕组的两端，进而确定头尾。可以用一节干电池测量区分。

确定每相绕组两端：把 6 条引出线分开，随便找一条线接电池负极，再用剩下的 5 条线分别去碰电池正极，哪条有火花就是和负极接线是一组，其他两组同理。

确定头尾：把任意两组绕组并联，用电池碰两端，有火花就是头尾同相，无火花就是头尾反相。当头尾反相时，任调一组头尾即可同相。打开一端，再用剩下的一组并联任一相，找出同相。将三线同相连接端作为尾，分开的三端作为头。

3. 电压

铭牌上标识的电压值是电动机在额定运行时定子绕组上应加的线电压。一般规定电动机的电压不应高于或低于额定值的 5%。

当电压高于额定电压值时，磁通将增大($U \approx 4.44 fN\Phi$)，若所加电压较额定电压高出很多，会造成励磁电流大幅度增加，电流大于额定电流，绕组过热，同时由于磁通增大，铁损耗(与磁通平方成正比)加大，定子铁芯过热。

当电压低于额定电压值时，最大转矩 T_{max} 会显著下降，对电动机运行不利，同时，会造成转速下降，电流增大。如果在满载或接近满载情况下，电流的增大将超过额定值，造成绕组过热。

三相异步电动机的额定电压有 380V、3000V 及 6000V 等多种。

4. 电流

铭牌的电流值是电动机在额定运行时定子绕组的线电流。

当电动机空载时，转子转速接近旋转磁场的转速，二者之间相对转速很小，所有转子电流近似为0，这时定子电流几乎全为建立旋转磁场的励磁电流。当输出功率增大时，转子电流和定子电流都随之增大。

5. 功率与效率

铭牌的功率值是电动机在额定运行时输出的机械功率值。输出功率与输入功率不等，其差值等于电动机本身的损耗功率，包括铜损、铁损及机械损耗等。效率 η 是输出功率与输入功率的比值。例如，Y3-132M-4 型电动机的输入功率、输出功率和效率分别为

$$P_1 = \sqrt{3} U_L I_L \cos\varphi = \sqrt{3} \times 380 \times 15.6 \times 0.84 = 8.6(\text{kW})$$

$$P_2 = 7.5\text{kW}$$

$$\eta = \frac{P_2}{P_1} = \frac{7.5}{8.6} \times 100\% \approx 87\%$$

6. 转速

极数可以直接反映电动机的转速(极数与转速成反比)，三相异步电动机转速公式为

$$n = \frac{60f}{p(1-s)}$$

其中，s 是电动机转差率。改变供电频率 f、电动机的极数 p 以及转差率 s 均可以改变转速。极数越大，转速越低。

7. 绝缘等级

绝缘等级是电动机选用绝缘材料的耐热等级，目前 Y 系列大多数采用 B 级绝缘，绝缘等级与电动机允许温升密切相关。电工绝缘材料按其极限温度可以划分为 7 个耐热等级，如表 7.2 所示。

表 7.2　绝缘等级与极限温度

绝缘等级	Y	A	E	B	F	H	C
极限温度/℃	90	105	120	130	155	180	>180

8. 防护等级

比如防护等级 IP44，IP 表示国标防护，第一个数字为 4 防止 1mm 固体进入，第二个数字为 4 防溅，数字具体含义见表 7.3。

表 7.3　防护等级数字含义

第一个数字	含　义	第二个数字	含　义
1	防止 50mm 固体进入	1	防滴水
2	防止 12mm 固体进入	2	防 15°滴水
3	防止 2.5mm 固体进入	3	防 60°滴水
4	防止 1mm 固体进入	4	防溅
5	防尘	5	防喷
6	尘密	6	防海浪
		7	浸水
		8	潜水

9. 工作方式

根据电动机正常使用时允许连续运转时间的不同，工作方式分为连续工作制、短时工作制、周期性工作制及非周期工作制，在《旋转电机定额和性能》(GB755—2019)中规定用 $S_1 \sim S_{10}$ 分别表示。

连续工作制(S_1)：长期运行时，电动机达到稳定温升且不超过该电动机绝缘等级所规定的温升限值，在接近而又未超过温升限值下保持恒定负载运行到热稳定状态，一般不允许长期过载。

短时工作制(S_2)：在恒定负载下的给定时间运行，负载运行时间短，电动机未达到稳定温升，停机和断能时间长，电动机能够完全冷却到周围环保温度。在不超过温升限值下，允许有一定过载，我国规定的短时工作的优先时限有 10min、30min、60min 及 90min 4 种。

周期性工作制($S_3 \sim S_8$)：按照工作周期组成及特点不同进行划分。

对于 S_3、S_4、S_5 3 种工作制，工作周期中都包括负载持续时间与停机和断能时间，电动机实为断续运行，故被称为断续周期性工作制，负载持续时间较短，电动机温升未达到稳定值，停机和断能时间不长，电动机也不能完全冷却到环境温度。S_4 工作周期中包括一段对温升有显著影响的起动时间，又称为包括起动的断续周期性工作制，S_5 工作周期中在 S_4 基础上还包括一段电制动时间，又称为包括电制动的断续周期性工作制。

对于 S_6、S_7、S_8 3 种工作制，工作周期中无停机和断能时间，电动机为连续运行，故被称为连续周期性工作制。S_6 工作周期包括恒定负载运行时间和空载运行时间；S_7 工作周期包括起动/加速时间，恒定负载运行时间和电制动时间，又称为包括电制动的连续周期工作制；S_8 工作周期包括预定转速运行的恒定负载时间和几段按不同转速运行的其他恒定负载时间，又称为包括负载/转速相应变化的连续周期性工作制。

周期性工作制(S_9、S_{10})：S_9 负载和转速在允许的范围内作非周期性变化，称为负载和转速非周期变化的工作制，该工作制经常性过载。S_{10} 是包括特定数量的离散负载(或等效负载)/转速的工作制，称为离散恒定负载和转速工作制，该工作制每一种负载/转速组合的运行时间应足以使电动机达到热稳定。

通常星形电动机为连续工作制(S_1)。

7.2 三相异步电动机的转动原理

7.2.1 旋转磁场

三相异步电动机的定子铁芯内圈放置三相对称绕组 U_1U_2、V_1V_2、W_1W_2，假定相序为 $U_1 \to V_1 \to W_1$，则接通的三相交流电为

$$i_1 = I_m \sin\omega t$$

$$i_2 = I_m \sin(\omega t - 120°)$$

$$i_3 = I_m \sin(\omega t + 120°)$$

如图 7.9 所示，定子电流随时间周期变化。

在三相绕组中，线圈导线横截面上的“·”和“×”，表示正电荷的流向，· 表示电流出，向你而来；× 表示电流入，离你而去。绕组电流 i 电流由首端流入，尾端流出，表示 i 为“+”；

否则电流由尾端流入，首端流出表示 i 为“－”。

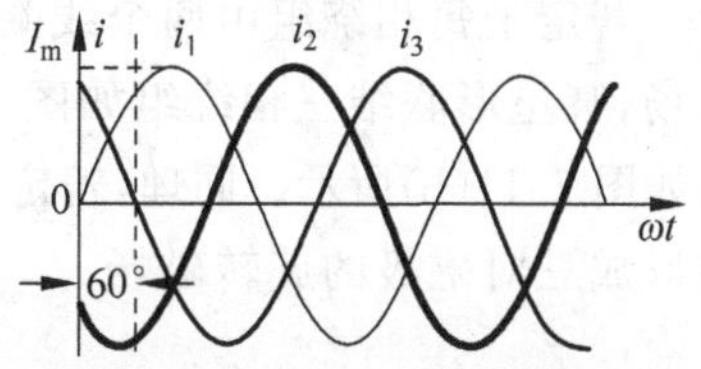

图 7.9 定子电流周期变化曲线

在 $\omega t=0$ 时刻，定子绕组中的电流方向如图 7.10(a)所示。绕组 U_1U_2 电流 $i_1=0$，绕组 V_1V_2 由首端 V_1 流出电流，尾端 V_2 流入电流，电流 $i_2<0$。绕组 W_1W_2 由首端 W_1 流入电流，尾端 W_2 流出电流，电流 $i_3>0$。根据安培定则，可知交变电流产生磁场。每相电流产生的磁场相加，得到三相电流的合成磁场。在 $\omega t=0$ 时刻，合成磁场方向向下。

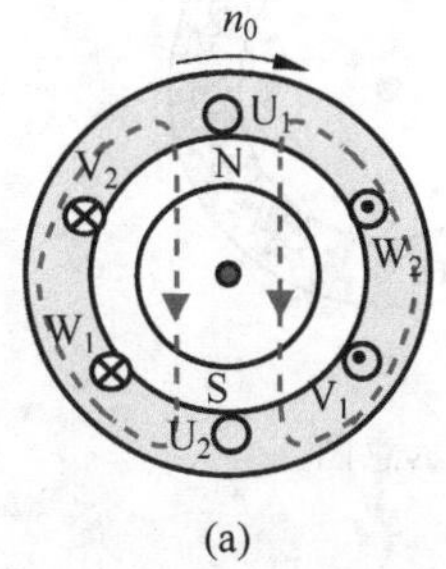

(a)

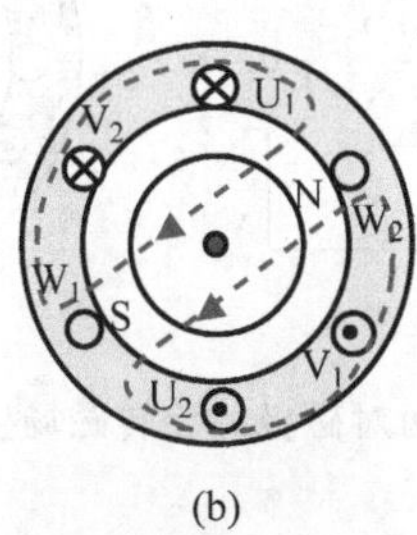

(b)

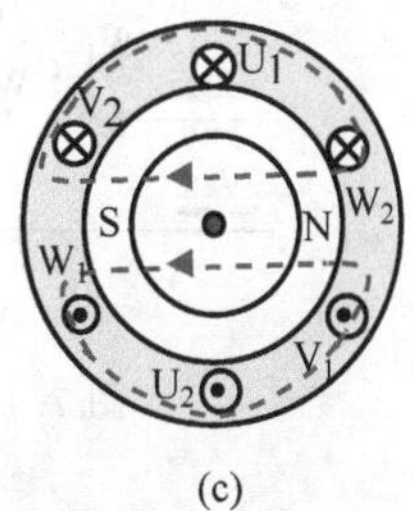

(c)

图 7.10 三相电流旋转磁场($p=1$)示意图

图 7.10(b)是 $\omega t=60°$时刻定子绕组中的电流方向和电流产生的磁场方向，可见，三相电流的合成磁场相对于 $\omega t=0$ 时刻顺时针旋转了 60°。

同理可得 $\omega t=90°$时刻定子绕组中的电流方向和电流产生的磁场方向。它相对 $\omega t=0$ 时刻三相电流的合成磁场顺时针旋转了 90°。

综上可知，定子绕组中接入三相交流电，三相电流的合成磁场是随着电流的交变而在空间不断旋转的磁场，一个电流周期内，旋转磁场在空间转过 360°。

一般情况，q 相绕组($q\geqslant 3$)接入频率为 f_e 的交流电流，如果各相绕组的轴线在空间错开 $2\pi/q$ 弧度，则可以产生幅度恒定的旋转磁场，且旋转磁场角频率为

$$\omega_s=\frac{\omega_e}{\text{磁极对数}}=\frac{\omega_e}{p} \tag{7.1}$$

旋转磁场转速为

$$n_s=\frac{60f_e}{p} \tag{7.2}$$

【例 7.1】 采用 50Hz 的供电电源给三相定子，求定子磁极对数 p 分别为 1、2、3 时，以 rad/s 为单位的旋转磁场角频率 ω_s 和以 rad/min 为单位的旋转磁场转速 n_s。

【解】 $\omega_e=2\pi f_e=100\pi\text{rad/s}$，利用 $\omega_s=\dfrac{\omega_e}{p}$和 $n_s=\dfrac{60f_e}{p}$可以求得：

视频 7.1

磁极对数 p	ω_s/(rad/s)	n_s/(rad/min)
1	100π	3000
2	50π	1500
3	100π/3	1000

若定子每相绕组由两个线圈串联，绕组的轴线在空间错开 $\pi/3$，将形成两对磁极的旋转磁场，某星形联结三相绕组如图 7.11(a)所示，$\omega t=0$ 时刻形成两对磁极(磁极数 4)旋转磁场如图 7.11(b)所示。同理，若定子每相绕组由 3 个线圈串联，绕组的轴线在空间错开 $2\pi/9$，将形成三对磁极的旋转磁场。

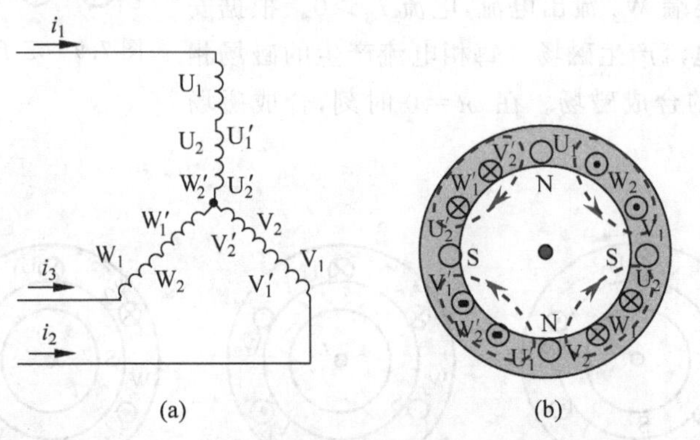

图 7.11　两对磁极的旋转磁场生成示意图

7.2.2　转子电流

异步电动机的转子绕组在电气上短路，并且一般不与外部连接。定子通三相交流电，转子不通电。

定子电流随时间的变化产生，旋转磁场切割转子线圈，等同于转子线圈在磁场中切割磁力线运动，利用法拉第右手定则得知转子产生感应电动势，这个电动势产生感应的转子电流。由于转子电流依靠感应产生，所以异步电动机可视为一般化的变压器。

转子感应电流产生的磁力线与定子磁力线交织在一起，按照向量加法，二者磁力线方向相同的地方，磁力线变得密集；方向相反的地方，磁力线变得稀疏。由于每一条磁力线互相排斥，磁力线密集的地方"压力大"，磁力线稀疏的地方"压力小"，于是应用法拉第左手定则得知转子进一步产生电磁转矩，并且异步旋转。电动机转子转动方向与磁场旋转的方向一致，转子转速 n 小于定子旋转磁场转速 n_s，定子旋转磁场转速 n_s 又称为同步转速，所以这种电动机叫**异步电动机**。

转子转速 n 小于定子旋转磁场转速 n_s 的差别用**转差率** s 表示为

$$s=\frac{n_s-n}{n_s}=1-\frac{n}{n_s} \tag{7.3}$$

其中，(n_s-n)为旋转磁场与转子间的相对转速。

转差率是异步电动机的一个重要参数，转子转速越接近同步转速，转差率就越小。由于三相异步电动机的额定转速和同步转速相近，所以它的转差率很小，通常在额定负载的转差率 s 为 1%～9%。

以 r/min 为单位的转子转速 n 可以用转差率和同步转速表示为

$$n=(1-s)n_s \tag{7.4}$$

定子旋转磁场与转子线圈导体之间相对运动在转子中产生的感应频率 f_r(又称为转子频率)，由式(7.2)和式(7.3)有

$$f_r = \frac{p(n_s - n)}{60} = \frac{(n_s - n)}{n_s} \times \frac{pn_s}{60} = sf_e \tag{7.5}$$

在异步电动机起动瞬间，转子静止($n=0$)，转差率为最大值1($s=1$)，转子频率 $f_r=f_e$，因此转子与定子旋转磁场的相对转速最大，转子感应电流产生的磁场以与定子旋转磁场相同的转速旋转，产生起动转矩。如果该转矩足够大，能克服轴上负载产生的阻力转矩，则电动机起动并达到它的运行速度。转子以转子转速 n 跟随定子旋转磁场旋转，产生稳定的转矩，称为异步转矩。

【例 7.2】 某三相异步电动机，其额定转速 $n=975\text{r/min}$，电源频率 $f_e=50\text{Hz}$。试求电动机的磁极对数、额定负载下的转差率以及转子频率。

【解】 根据异步电动机转子转速与旋转磁场同步转速的关系可知 $n_s=1000\text{r/min}$，即 $p=3$，根据式(7.3)，可得额定负载下的转差率为

视频 7.2

$$s = \frac{n_s - n}{n_s} = \frac{1000 - 975}{1000} = 0.025 = 2.5\%$$

转子频率为

$$f_r = sf_e = 0.025 \times 50 = 1.25(\text{Hz})$$

7.3 三相异步电动机转矩与机械特性

7.3.1 "电-磁"关系

异步电动机每相可一般化为如图7.12所示的变压器，一次绕组为异步电动机的定子，二次绕组为异步电动机的转子。

定子三相绕组接通三相供电电源，单相定子绕组相电压为 u_1，产生电流 i_1(定子电流)，e_1、e_2 分别是合成主磁通在定子单相绕组和转子单相绕组产生的感应电动势，$e_{\sigma1}$、$e_{\sigma2}$ 分别是合成漏磁通在定子单相绕组和转子单相绕组产生的漏磁感应电动势。定子单相绕组匝数为 N_1，转子单相绕组匝数为 N_2，R_1、R_2 分别是定子、转子单相绕组电阻。

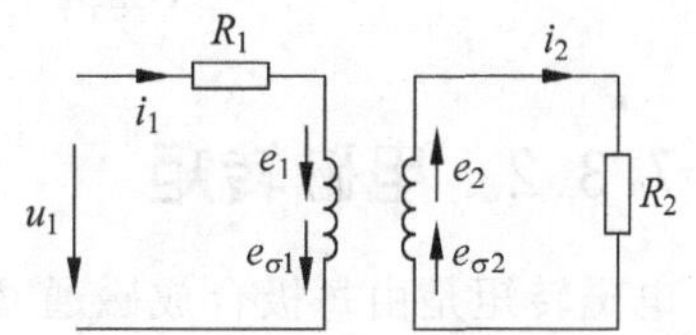

图 7.12　三相异步电动机每相电路图

一次绕组侧根据KVL可得

$$u_1 = R_1 i_1 - e_1 - e_{\sigma1} = R_1 i_1 - e_1 - L_{\sigma1}\frac{\mathrm{d}i_1}{\mathrm{d}t} \approx -e_1 = N_1\frac{\mathrm{d}\varphi}{\mathrm{d}t}$$

用相量表示为

$$\dot{U}_1 = R_1\dot{I}_1 - \dot{E}_1 - \dot{E}_{\sigma1} = R_1\dot{I}_1 - \dot{E}_1 + \mathrm{j}X_1\dot{I}_1 \approx -\dot{E}_1$$

设 $\varphi=\phi_m \sin\omega_1 t$，则有

$$u_1 = N_1\phi_m\omega_1\cos\omega_1 t$$

$$E_1 = 4.44 f_1 N_1 \phi_m \approx U_1$$

其中，ϕ_m 是合成主磁通的幅值，ω_1 是交流电源接入角频率 ω_e，f_1 为交流电源接入频率 f_e，也是定子电流频率。

二次侧电流 i_2 是定子旋转磁场与转子线圈导体之间相对运动产生的转子电流 i_r，根据 KVL 可得

$$e_2 = R_2 i_2 - e_{\sigma 2} = R_2 i_2 - L_{\sigma 2}\frac{di_2}{dt}$$

用相量表示为

$$\dot{E}_2 = R_2 \dot{I}_2 - \dot{E}_{\sigma 2} = R_2 \dot{I}_2 + jX_2 \dot{I}_2$$

感应电动势 $e_2 = N_2 \phi_m \omega_2 \cos\omega_2 t$，可得

$$E_2 = 4.44 f_r N_2 \phi_m$$

其中，ω_2 是转子角频率 ω_r，$\omega_r = 2\pi f_r$，f_r 是转子频率。

设异步电动机起动时，转子电动势为 E_{20}，则有

$$E_{20} = 4.44 f_e N_2 \phi_m \tag{7.6}$$

则正常运行转子电动势为

$$E_2 = sE_{20} \tag{7.7}$$

转子感抗为

$$X_2 = \omega_2 L_{\sigma 2} = 2\pi f_r L_{\sigma 2} = 2\pi s f_e L_{\sigma 2} = sX_{20} \tag{7.8}$$

其中，X_{20} 为起动时的转子感抗，异步电动机起动时 $s=1$，转子感抗最大。

进一步可知，转子电流 i_r 的有效值为

$$I_r = I_2 = \frac{E_2}{\sqrt{R_2^2 + X_2^2}} = \frac{sE_{20}}{\sqrt{R_2^2 + (sX_{20})^2}} \tag{7.9}$$

由于转子电路呈电感性，转子电流比其电动势滞后 φ_r 角，所以转子功率因数为

$$\cos\varphi_r = \frac{R_2}{\sqrt{R_2^2 + X_2^2}} = \frac{R_2}{\sqrt{R_2^2 + (sX_{20})^2}} \tag{7.10}$$

7.3.2 电磁转矩

电磁转矩是由每极合成磁通 Φ 与转子电流 i_r 相互作用产生，是转子中各载流导体在旋转磁场的作用下，受到电磁力所形成的转矩之总和。进而可得

$$T = K_T \phi_m I_r \cos\varphi_r$$

这里 K_T 为常数，与电动机的结构有关。ϕ_m 是转子每极合成磁通幅值，I_r 是转子电流有效值，$\cos\varphi_r$ 是转子功率因数。

由于 $U_1 = 4.44 f_1 N_1 \phi_m$，根据式(7.9)和式(7.10)，$T$ 又可以表示为

$$T = K\frac{sR_2}{R_2^2 + (sX_{20})^2} \cdot U_1^2 \tag{7.11}$$

其中，K 为常数。由式(7.11)可知，T 与定子每相绕组电压的平方 U_1^2 成正比，$U_1 \downarrow \to T \downarrow\downarrow$，当电源电压 U_1 一定时，T 是转差率 s 的函数。R_2 的大小也对 T 有影响，绕线型异步电动机可通过外接电阻来改变转子电阻 R_2，从而改变转矩。

7.3.3 机械特性

每相绕组电压 U_1 和转子电阻 R_2 一定时，电磁转矩和转差率曲线（$T=f(s)$ 曲线）以及

转子转速和电磁转矩曲线($n=f(T)$曲线)称为电动机的机械特性曲线,如图 7.13 所示。

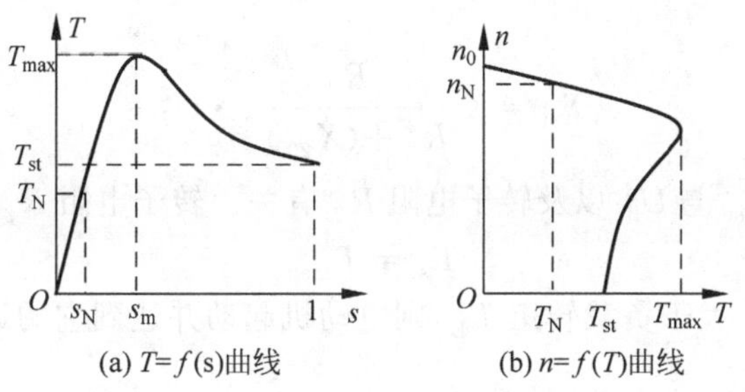

(a) $T=f(s)$曲线　(b) $n=f(T)$曲线

图 7.13　电动机的机械特性曲线

在电动机的机械特性曲线上,要分析 3 个转矩:额定转矩 T_N、起动转矩 T_{st} 和最大转矩 T_{max}。

电动机在额定负载时的转矩称为**额定转矩 T_N**,它是电动机在额定电压下,以额定转速运行,输出额定功率时,电动机转轴上输出的转矩,即

$$T_N=\frac{P_N}{\frac{2\pi n_N}{60}}=9550\frac{P_N}{n_N} \tag{7.12}$$

其中,P_N 和 n_N 是电动机铭牌上的额定功率与额定转速,单位分别是千瓦(kW)和转每分(r/min),对应额定转矩 T_N 单位为牛顿·米(N·m)。

从电磁转矩和转差率曲线可知,转矩随着转差率的增加会达到一个最大值,然后趋于下降。**最大转矩 T_{max}** 又称为临界转矩,是电动机带动最大负载的能力,它通常是电动机额定转矩 T_N 的两倍或更大,由式(7.11)求得$\frac{\partial T}{\partial s}=0$ 时的转差率 s_m(对应于最大转矩的转差率),并将其代入式(7.11),可得

$$T_{max}=KU_1^2\frac{1}{2X_{20}} \tag{7.13}$$

由式(7.13)可知最大转矩 T_{max} 与 U_1^2 成正比,与转子电阻 R_2 无关,所以电动机对电压的波动很敏感,使用时要注意电压的变化。对于笼型电动机,最大转矩 T_{max} 的转差率 s_m 相对较小,因此笼型电动机实际上是一个恒转速电动机,从空载到满载转速的下降只有很小的百分比。

如果最大负载转矩 T_L 大于最大转矩 T_{max},电动机将会因为带不动负载而停转,又称为闷车现象。闷车发生后($n=0$,$s=1$),导致转子电流加大,从而定子电流增大,瞬时能升高 6～7 倍,电动机严重过热,以致烧坏。最大负载转矩 T_L 可以大于额定转矩 T_N,接近最大转矩 T_{max} 运行,这种运行叫作过载运行。如果过载时间较短,电动机不至于立即过热,是允许的。最大转矩 T_{max} 体现了电动机短时允许的过载能力,定义电动机的**过载系数 λ**,有

$$\lambda=\frac{T_{max}}{T_N} \tag{7.14}$$

一般三相异步电动机的过载系数 λ 为 1.8～2.3。

起动转矩 T_{st} 为异步电动机起动瞬间($n=0,s=1$)的转矩,体现了电动机带负载起动的能力。

$$T_{st}=K\frac{R_2}{R_2^2+(X_{20})^2}\cdot U_1^2 \tag{7.15}$$

可见,起动转矩 T_{st} 与 U_1^2 以及转子电阻 R_2 有关。转子电阻 $R_2=X_{20}$ 时,

$$T_{st}=T_{max}$$

如果起动转矩 T_{st} 大于负载转矩 T_L,则电动机起动并达到它的运行速度。定义电动机的起动能力系数 λ_{st},有

$$\lambda_{st}=\frac{T_{st}}{T_N} \tag{7.16}$$

一般三相异步电动机的起动能力系数 λ_{st} 为 1~1.2。

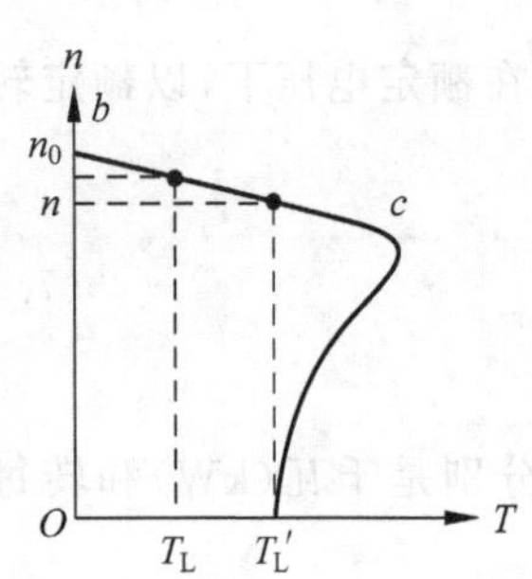

图 7.14 常用特性段示意图

电动机正常运行的常用特性段为图 7.14 线段 bc 部分。负载转矩 T_L 增大,异步电动机转速 n 下降,转差率 s 增大,进而正常运行的转子电动势 E_2、转子电流 I_r 增大,定子电流 I_1 增大,则电磁转矩 T 增加,定子的供电电源提供的功率自动增加,达到一个新的平衡。这种电动机的电磁转矩可以随负载的变化而自动调整的能力称为**自适应负载能力**。

n-$f(T)$曲线如图 7.15 所示。在异步电动机正常运行状态下,保持负载转矩 T_L 不变,当定子供电电源 U_1 增大时,电动机转速 n 增大,最大转矩 T_{max} 变大,起动转矩 T_{st} 增大,如图 7.15(a)所示。

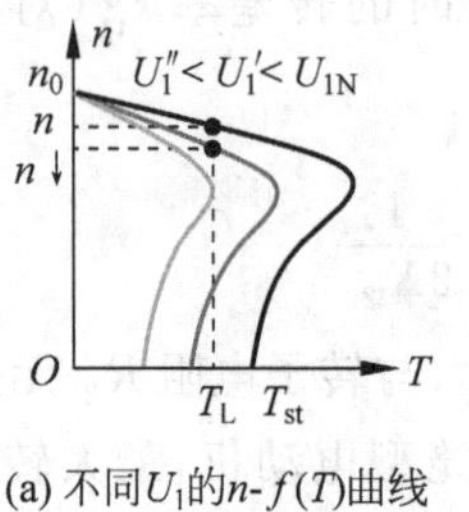

(a) 不同U_1的n-$f(T)$曲线

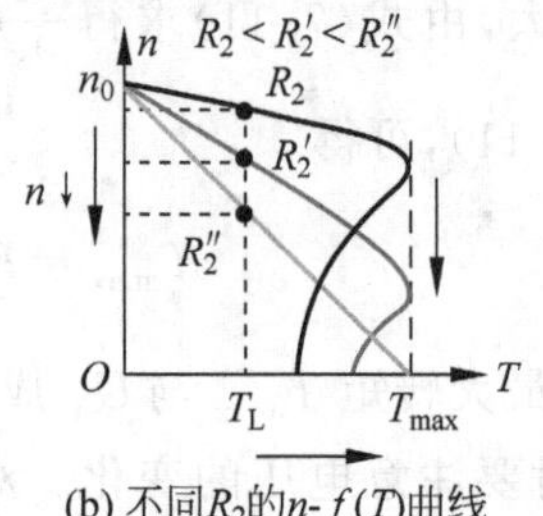

(b) 不同R_2的n-$f(T)$曲线

图 7.15 n-$f(T)$曲线

在异步电动机正常运行状态下,保持最大转矩 T_{max} 不变,s_m 与转子电阻 R_2 成正比,当转子电阻 R_2 增大时,s_m 变大,电动机转速 n 下降,起动转矩 T_{st} 增大,如图 7.15(b)所示。

对于绕线型电动机,可以通过外接电阻增大转子电阻 R_2,从而增加转矩峰值处的 s_m,减小特定转矩值对应的电动机转速。但由于绕线型电动机比笼型电动机的体积大、价格高、维护复杂,这种转速控制方法很少使用,使得恒定频率电源驱动的感应电动机的应用限制在转速基本恒定的场合。

负载变化,电动机的转速 n 变化不大,这种特性叫作**硬特性**;负载变化,电动机的转速 n 变化较快,但起动转矩大,起动特性好,这种特性叫作**软特性**。

不同场合应选用不同的电动机。如金属切削选硬特性电动机，重载起动则选软特性电动机。

【例 7.3】 某四极三相异步电动机，其额定转速 $n_N=1440\text{r/min}$，转子单相绕组电阻 $R_2=0.02\Omega$，感抗 $X_{20}=0.08\Omega$，转子电动势 $E_{20}=20\text{V}$，电源频率 $f_e=50\text{Hz}$。试求电动机起动时和额定转速运行时的转子电流和功率因数。

【解】 起动时的转子电流由式(7.9)可得：

视频 7.3

$$I_r=\frac{sE_{20}}{\sqrt{R_2^2+(sX_{20})^2}}=\frac{1\times 20}{\sqrt{0.02^2+(1\times 0.08)^2}}=243(\text{A})$$

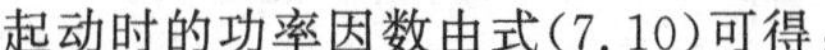

起动时的功率因数由式(7.10)可得：

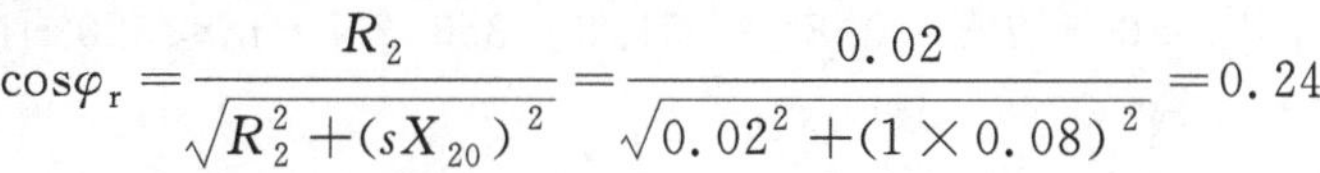

$$\cos\varphi_r=\frac{R_2}{\sqrt{R_2^2+(sX_{20})^2}}=\frac{0.02}{\sqrt{0.02^2+(1\times 0.08)^2}}=0.24$$

额定转速运行时，由式(7.3)可得

$$s=s_N=\frac{n_s-n_N}{n_s}=\frac{1500-1440}{1500}=0.04$$

由式(7.9)可得

$$I_r=\frac{sE_{20}}{\sqrt{R_2^2+(sX_{20})^2}}=\frac{0.04\times 20}{\sqrt{0.02^2+(0.04\times 0.08)^2}}=39.5(\text{A})$$

由式(7.10)可得

$$\cos\varphi_r=\frac{R_2}{\sqrt{R_2^2+(sX_{20})^2}}=\frac{0.02}{\sqrt{0.02^2+(0.04\times 0.08)^2}}=0.98$$

【例 7.4】 某四极三相异步电动机，其额定输出功率 $P_N=28\text{kW}$，额定转速 $n_N=1370\text{r/min}$，过载系数 $\lambda=2.0$，起动能力系数 $\lambda_{st}=1.5$。试求电动机的额定转矩、最大转矩、起动转矩以及额定转差率。

【解】 由式(7.12)可得

视频 7.4

$$T_N=9550\frac{P_N}{n_N}=9550\times\frac{28}{1370}=195.2(\text{N}\cdot\text{m})$$

由式(7.14)可得

$$T_{max}=\lambda T_N=2.0\times 195.2=390.4(\text{N}\cdot\text{m})$$

由式(7.16)可得

$$T_{st}=\lambda_{st}T_N=1.5\times 195.2=292.8(\text{N}\cdot\text{m})$$

由式(7.3)可得

$$s_N=\frac{n_s-n_N}{n_s}=\frac{1500-1370}{1500}=0.09=9\%$$

视频 7.5

【例 7.5】 某 Y225M-4 型三相异步电动机，其额定数据如表 7.4 所示。

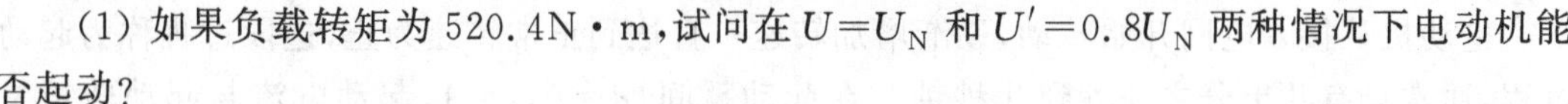

(1) 如果负载转矩为 $520.4\text{N}\cdot\text{m}$，试问在 $U=U_N$ 和 $U'=0.8U_N$ 两种情况下电动机能否起动？

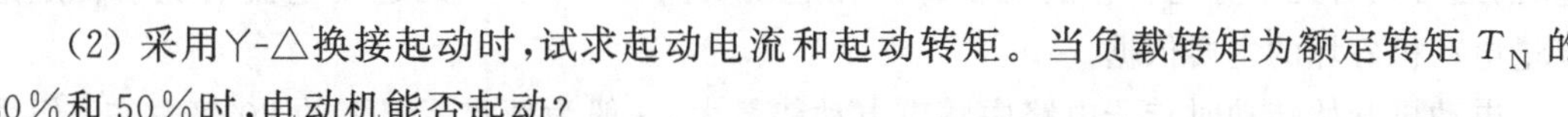

(2) 采用Y-△换接起动时，试求起动电流和起动转矩。当负载转矩为额定转矩 T_N 的 80%和 50%时，电动机能否起动？

表 7.4 Y225M-4 型三相异步电动机额定数据

功率	转速	电压	效率	功率因数	I_{st}/I_N	T_{st}/T_N	T_{max}/T_N
45kW	1480r/min	380V	92.3%	0.88	7.0	1.9	2.2

【解】 (1) 由式(7.12)可得

$$T_N = 9550\frac{P_N}{n_N} = 9550 \times \frac{45}{1480} = 290.4(\mathrm{N \cdot m})$$

在 $U=U_N$ 时，$T_{st}=\left(\frac{T_{st}}{T_N}\right)T_N = 1.9\times 290.4 = 551.8\mathrm{N\cdot m} > 520.4\mathrm{N\cdot m}$，所以能起动。

在 $U'=0.8U_N$ 时，$T'_{st}=0.8^2T_{st}=0.8^2\times 551.8=353.2\mathrm{N\cdot m}<520.4\mathrm{N\cdot m}$，所以不能起动。

(2) 4-100kW 三相异步电动机通常在 380V 是三角形联结：

$$I_N = \frac{P_N}{\sqrt{3}U\cos\varphi\eta} = \frac{45\times 10^3}{\sqrt{3}\times 380\times 0.88\times 0.923} = 84.2(\mathrm{A})$$

$$I_{st\triangle} = \left(\frac{I_{st}}{I_N}\right)I_N = 7\times 84.2 = 589.4(\mathrm{A})$$

$$I_{stY} = \frac{1}{3}I_{st\triangle} = \frac{1}{3}\times 589.4 = 196.5(\mathrm{A})$$

$$T_{stY} = \frac{1}{3}T_{st\triangle} = \frac{1}{3}\times 551.8 = 183.9(\mathrm{N\cdot m})$$

在负载转矩为额定转矩 T_N 的 80%时：

$$\frac{T_{stY}}{T_N 80\%} = \frac{189.3}{290.4\times 0.8} = \frac{189.3}{232.3} < 1$$

所以不能起动。

负载转矩为额定转矩 T_N 的 50%时：

$$\frac{T_{stY}}{T_N 50\%} = \frac{189.3}{290.4\times 0.5} = \frac{189.3}{145.2} > 1$$

所以能起动。

7.4 三相异步电动机的起动、调速、反转和制动

由于生产过程的机械化，电动机作为拖动生产机械的原动机，在现代生产中有着广泛的应用。异步电动机运行状态主要包括起动、调速、反转和制动 4 方面。

7.4.1 三相异步电动机的起动

电动机从接入电网开始转动，逐渐增加转速一直达到正常转速为止，这段过程称为起动过程，通常只有几十分之一秒到几秒钟。在起动瞬间，$n=0$，$s=1$，起动电流与起动转矩是衡量电动机好坏的主要依据。

电动机开始转动时转子电路中感应电动势最大，一般为额定情况下的 20 倍左右。但由

于此时转子电抗也最大，故转子电流为额定情况下的 5～8 倍，进而定子绕组中的电流亦将为额定时的 4～7 倍。起动时虽然转子电流较大，但此时电抗也很大，所以起动转矩并不大。

起动电流大，电网电压降大，从而影响邻近负载的正常工作；其次对于频繁开、停的设备将使其电动机发热，影响电动机的寿命；同时，起动转矩小，会带来电动机不能携负载起动或是起动时间过长而使电动机温升过高。起动电流小，起动转矩大，起动设备简单经济且操作方便，电动机起动性能好。

在工业生产中，必须根据拖动系统对起动性能的具体要求，确定电动机的起动方法。供电容量大时，电动机起动对电网影响小；重载起动时，要求起动转矩大；起动频繁时，对供电电网电压波动较大，则希望起动电流小。

一般地，笼型电动机的起动采用直接起动和降压起动两种方式，而绕线型电动机适宜用串联电阻的起动方式。

1. 直接起动

通过开关，将额定电压直接加到电动机上使之起动的方法，称为直接起动，又称全压起动。该方法操作简便、成本低，但起动电流较大，容易引起线路电压下降。

为了保证电动机起动时不引起电网电压下降太多，如果电动机的额定容量满足

$$\frac{I_{st}}{I_N} \leqslant \frac{3}{4} + \frac{\text{电源总容量}(\mathrm{kV \cdot A})}{4 \times \text{起动电动机功率}(\mathrm{kW})}$$

则允许直接起动，I_{st} 表示电动机起动电流，I_N 表示电动机额定电流，一般情况下，I_{st} 为 I_N 的 4～7 倍，因此通常规定，有独立变压器时，起动频繁的电动机，额定容量不超过电源变压器容量的 15%～20%时都允许直接起动；不经常起动的电动机，容量小于变压器容量的 30%时允许直接起动。如果没有独立的变压器，则电动机直接起动时所产生的电压降不应该超过 5%。一般规定 7.5kW 以下或小于 10kW 的异步电动机可以直接起动。

2. 降压起动

如果电动机直接起动时引起的线路电压下降较大，则必须采用降压起动。用降低电动机定子绕组电压的办法减小起动电流。当电压降低时起动转矩按电压的平方成正比例下降，故此种方法适用于空载或轻载情况下起动。

1) Y-△(星形-三角形)换接降压起动

这种方法只适用于正常运行时是三角形联结的电动机。设电动机定子绕组每相阻抗为 Z。图 7.16(a)为起动时刻星形联结，图 7.16(b)为正常运行下的三角形联结。由于降压起动时，$I_{LY}=\frac{U_L}{\sqrt{3}\,|Z|}$，直接起动时，$I_{L\triangle}=\sqrt{3}\,\frac{U_L}{|Z|}$，则可得

$$\frac{I_{LY}}{I_{L\triangle}}=\frac{1}{3}$$

所以降压起动时起动电流为直接起动的$\frac{1}{3}$。

Y-△换接降压起动时，每相绕组相电压 $U_{YP}=\frac{U_{YL}}{\sqrt{3}}$，对应三角形联结直接起动时，每相绕组相电压 $U_{\triangle P}=U_{\triangle L}$，由于电磁转矩与定子端电压的平方成正比，所以Y-△换接降压起

动转矩也减小到直接起动时的$\frac{1}{3}$,因此Y-△换接降压起动不适合大负载起动。

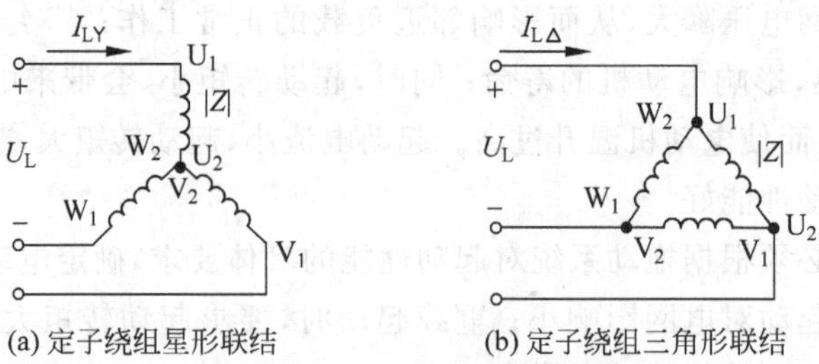

图 7.16　Y-△换接降压起动

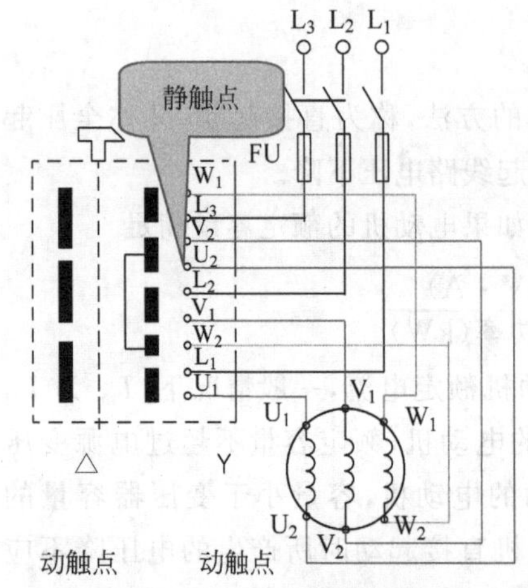

图 7.17　Y-△起动器连接简图

Y-△起动器连接简图如图 7.17 所示。起动时,将手柄向右扳动,使右侧的星形动触点与静触点相连,定子三相绕组尾部连为一点,构成星形电动机联结;等电动机接近额定转速使,将手柄往左扳动,则左侧三角形动触点与静触点连接,定子三相绕组首尾相连,构成三角形电动机联结。

Y-△起动器体积小,成本低,寿命长,动作可靠。目前 4～100kW 的异步电动机都已经设计为 380V 三角形联结,因此Y-△起动器应用广泛。

2) 自耦变压器降压起动

自耦变压器降压起动又叫补偿器降压起动,适用于容量较大或不能采用Y-△换接降压起动的电动机,起动器有 QJ 型和 XJ 型两种,自耦变压器上备有抽头,以便根据所要求的起动转矩来选择不同的电压,如 QJ3 型的抽头(V_2/V_1)比是 40%、60%和 80%,其接线图如图 7.18(a)所示,S_2 下合,接入自耦变压器,降压起动,S_2 上合,切除自耦变压器,全压工作。

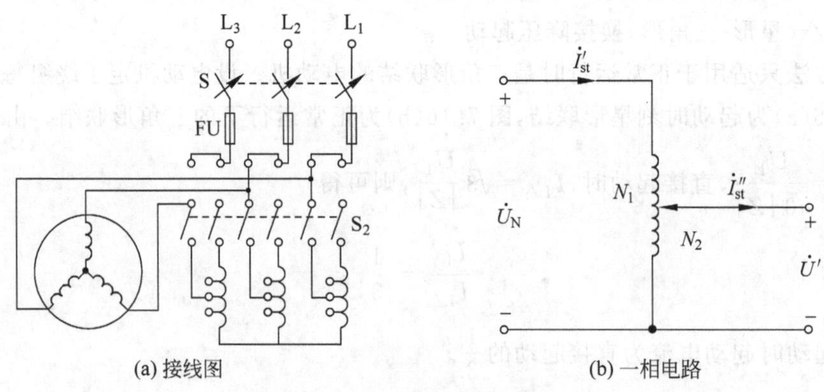

图 7.18　自耦变压器降压起动

电动机降压起动电流为 I''_{st},与直接起动的起动电流 I_{st} 之间的关系为

$$\frac{I''_{st}}{I_{st}}=\frac{U'}{U_N}=\frac{N_2}{N_1}=\frac{1}{k}$$

自耦变压器电源线路中通过的起动电流为 I'_{st}，与 I''_{st}之间的关系为

$$\frac{I'_{st}}{I''_{st}}=\frac{N_2}{N_1}=\frac{1}{k}$$

因此降压起动与直接起动相比，供电变压器的起动电流的关系为

$$\frac{I'_{st}}{I_{st}}=\left(\frac{N_2}{N_1}\right)^2=\frac{1}{k^2}$$

自耦变压器降压起动的起动转矩 T'_{st}与直接起动的起动转矩 T_{st} 的关系为

$$\frac{T'_{st}}{T_{st}}=\left(\frac{U'}{U_N}\right)^2=\left(\frac{N_2}{N_1}\right)^2=\frac{1}{k^2}$$

自耦变压器降压起动时，与直接起动比较，电压降低到原来的$\frac{1}{k}$，起动电流和起动转矩降低到原来的$\frac{1}{k^2}$。

自耦变压器降压起动不受电动机绕组接线方法的限制，可以按照允许的起动电流和所需的起动转矩选择不同的抽头，常用于容量较大的电动机，其缺点是设备体积大，费用高，不宜频繁起动。

3. 串联电阻的起动

针对绕线型异步电动机，转子电路串联适当的电阻起动，既可以增大转子电路的阻抗，减小起动电流，提高转子电路的功率因数，同时又能增大起动转矩。串联电阻的起动常用于要求起动转矩较大的生产机械上，例如起重、吊车等。

串联电阻的起动可以分为手动控制与自动控制两种，起动时的接线如图 7.19 所示。

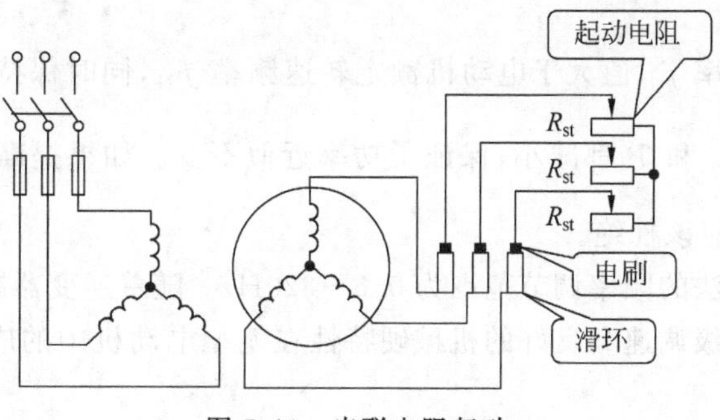

图 7.19　串联电阻起动

起动时，转子电路串联电阻使得 R_2 变大，且 $I_{2st}=\frac{E_{20}}{\sqrt{R_2^2+X_{20}^2}}$，则转子起动电流下降，进而定子电流下降。同时起动瞬间，$T_{st}=K\frac{R_2}{R_2^2+(X_{20})^2}\cdot U_1^2$，适当选择 R_2，T_{st} 增加。起动后，随着转速上升需要将起动电阻逐段短路切除。

7.4.2 三相异步电动机的调速

有些生产机械在工作时往往需要调节速度以适应生产工程需要。例如，各种切削机床的主轴运动随着工件与刀具的材料、工件直径、加工工艺的要求及走刀量大小等，要求具有不同的转速，以获得最高的生产率和保证加工质量。

根据三相异步电动机的转速表达式 $n=(1-s)n_s=(1-s)\dfrac{60f_e}{p}$，改变供电电源频率 f_e、磁极对数 p 和转差率 s 都可以调节电动机的速度。

1. 变频调速

变频调速方法利用同步转速与电源频率成正比关系，改变电源频率，从而改变同步转速，达到无级调速的目的。该方法必须配备变频电源设备，如图 7.20 所示将频率为 50Hz 的电源通过整流器转换为直流电源，再经过逆变器产生频率为 f_1、电压为 U_1 的交流电，这里频率 f_1 和电压 U_1 可调。

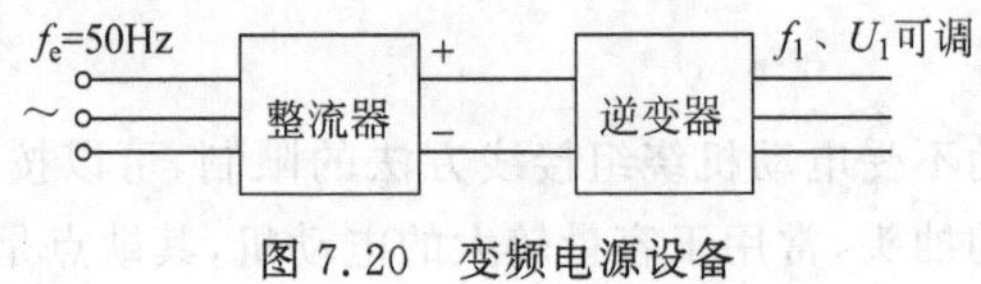

图 7.20 变频电源设备

变频调速方法按照逆变器产生频率 f_1 值可以具体划分为恒转矩调速和恒功率调速。

恒转矩调速是指逆变器产生频率 f_1 值小于电动机额定转速频率 f_N，同时使$\dfrac{U_1}{f_1}$近似不变的调速。又因为 $U_1=4.44f_1N_1\phi_m$，$T=K_T\phi_m I_r\cos\varphi_r$，则 ϕ_m 和 T 近似不变。如果降低转速时，保持 U_1 不变，减小 f_1，则 ϕ_m 变大，从而增加励磁电流和铁损耗，造成电动机过热，应该杜绝。

当逆变器产生频率 f_1 值大于电动机额定转速频率 f_N，同时保持 U_1 不变的调速叫恒功率调速。该方法 ϕ_m 和 T 都减小，保证了功率近似不变。如果提高转速时保持$\dfrac{U_1}{f_1}$不变，会造成 U_1 大于 U_N，应该杜绝。

一般变频调速方法的频率调节范围为 0.5～320Hz。随着逆变器制造工艺的不断提高，变频调速方法由于无级调速和良好的机械硬特性在笼型电动机中的应用不断增加，比如变频空调等家用电器。

2. 变极调速

变极调速通过改变定子绕组的磁极对数 p，改变电动机的转速。这种调速方法的原理是利用旋转磁场转速与电动机的极对数成反比例的关系，是一种有极调速方法。在转差率和电源频率不变时，改变极对数是通过改变绕组的接法来实现的。这种方法比较简单，常用于笼型电动机。

变极绕组的基本原理如图 7.21 所示，其中 aa 和 a_1a_1 为两个线圈，构成部分 a 相绕组。实际每个绕组由数个线圈组成。图 7.21(a)线圈产生四极磁场，图 7.21(b)线圈 a_1a_1 中的电流已经用控制器反接，结果产生二极磁场。

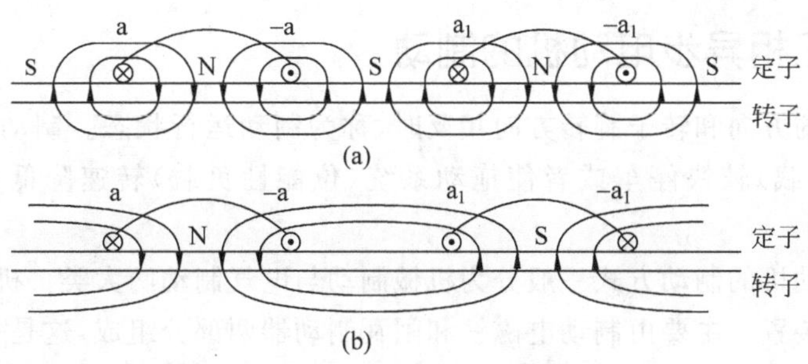

图 7.21　变极绕组基本原理

图 7.22 所示为这两个线圈的 4 种可能设置：串联和并联，电流同向（四极运行）或者反向（二极运行）。此外，电动机可以为星形或三角形联结，因此一共可以有 8 种组合。

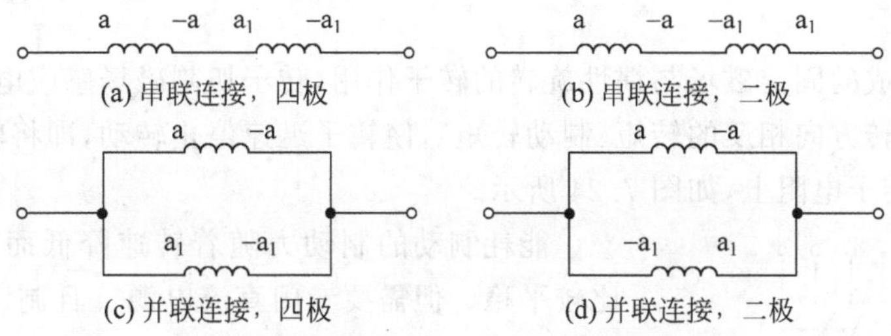

图 7.22　变极调速两个线圈的 4 种可能设置

由于变极调速时其转速呈跳跃性变化，因而只用在对调速性能要求不高的场合，如铣床、镗床、磨床等。

3. 变转差率调速

变转差率调速属于无级调速，改变转差率 s 的大小改变电动机的转速。对于绕线式电动机，通过改变其转子电路中的附加电阻，改变转差率 s，从而改变电动机转速。如果与转子绕组串联的电阻连续可调，则转速也连续可调；如果电阻是分级调整的，则转速也是分级可调的。

绕线式电动机在分级调速时，常用凸轮控制器来控制。通过凸轮控制器转向左右任意位置，转子中分别串入不同的电阻值，电动机就在不同的转速下运转。

这种调速方法最主要的优点是在负载转矩不变时能够平滑得到多种速度，而且线路简单、操作方便；缺点是与转子串联的电阻损耗电能较多，触头也较容易烧坏，此外绕线式电动机的成本和维护要求较高，主要应用在某些提升、起重设备中。

7.4.3　三相异步电动机的反转

三相异步电动机的旋转与旋转磁场转向相同，而旋转磁场的转向取决于定子绕组的三相电流相序。所以，只要将接到电动机的三相电源线中的任意两根线对调，改变三相电流相序，就可改变电动机的转向，如图 7.23 所示。

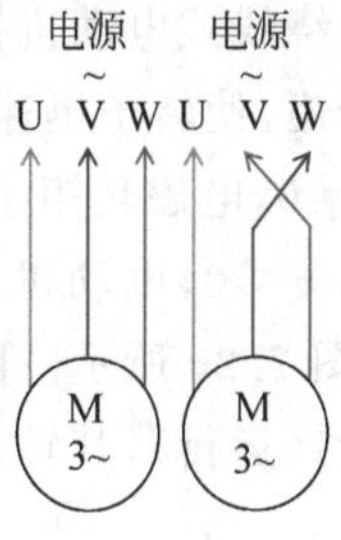

图 7.23　三相电源线对调反转示意图

7.4.4 三相异步电动机的制动

当电磁转矩的方向和转子旋转方向相反时，称为制动运行状态。制动的目的是使电力拖动系统（机械负载）较快停车或者使拖动系统（位能性负载）转速降低而在低速状态下运转。

三相异步电动机的制动方式一般分为机械制动与电气制动两大类。机械制动应用较普遍的是电磁抱闸装置。主要由制动电磁铁和闸瓦制动器两部分组成，这是一种摩擦制动，制动冲击较大，但制动可靠。一般用于起重、卷扬设备。电气制动又称电力制动，常用的有反接制动、能耗制动和再生制动 3 种。

1. 能耗制动

能耗制动是在切断三相电源的同时，给电动机其中两相绕组通入直流电流，在定子回路中串入电阻。

直流电流形成的固定磁场与惯性旋转的转子作用，转子切割磁场感应电动势和电流，进而产生与转子旋转方向相反的转矩（制动转矩），使转子迅速停止转动，即将转子的动能转变为电能，消耗在转子电阻上，如图 7.24 所示。

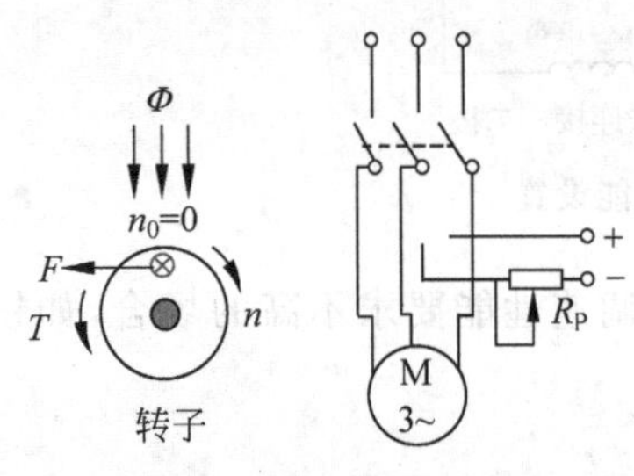

图 7.24 能耗制动示意图

能耗制动的制动力随着转速降低而减小，制动过程比较平稳。但需要专门直流电源。且制动结束后要切断直流电源，以免定子绕组发热。

2. 反接制动

反接制动是在停车时，使电动机定子产生一个与转子转动方向相反的旋转磁场，从而获得所需的制动转矩，使转子迅速停止转动，是反接制动。反接制动可以分为电源反接制动和倒拉反接制动。

1）电源反接制动

将接入电动机的三相电源线中的任意两相对调，改变定子绕组与电源联接相序，使电动机定子产生一个与转子转动方向相反的旋转磁场，产生转子电流和转矩均与转速 n 反向，电源反接制动示意图如图 7.25 所示。

需要注意的是，为了限制制动电流和增大初始制动转矩，可以在转子回路串入制动电阻；当转速接近为 0 时，需要立即切断电源，让电动机停车，否则反转。

2）倒拉反接制动

在绕线式电动机拖动位能性负载时，在其转子回路中串入很大的电阻，从而获得所需的制动转矩，使转子迅速停止转动。倒拉反接制动应用在低速下放重物的场合。

$n=0$，电磁转矩小于负载转矩，在位能负载的作用下，电动机反转，工作点从 c 点下移。此时因 $n<0$，电动机进入制动状态，直至电磁转矩等于负载转矩，电动机才稳定运行于 b 点，如图 7.26 所示。因这一制动过程是由于重物倒拉引起的，所以称为倒拉反接制动（或称倒拉反接运行），其转差率 s 与电源反接制动一样都大于 1。

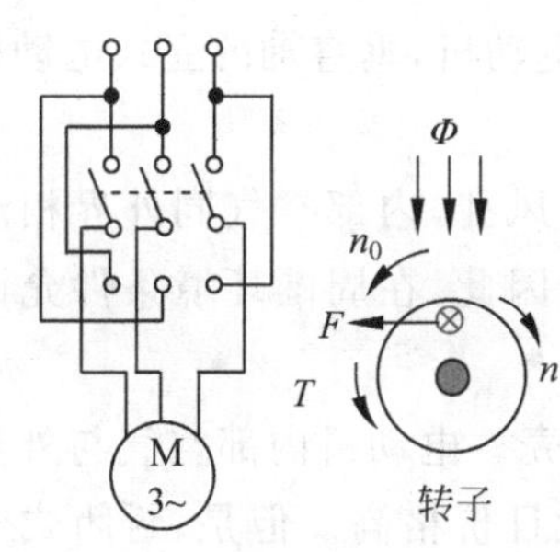

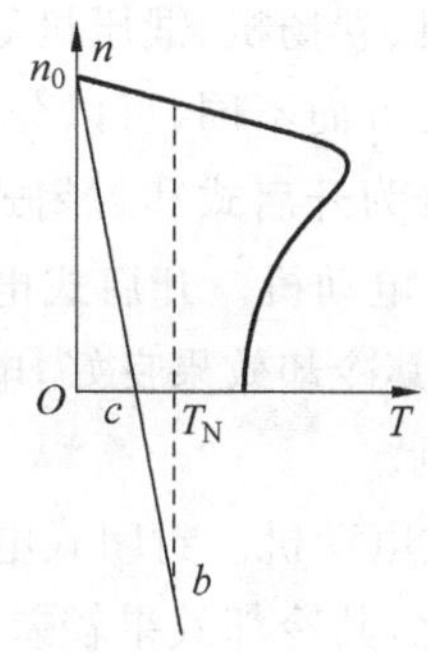

图 7.25 电源反接制动示意图　　图 7.26 倒拉反接制动原理示意图

3. 回馈制动

电动机在外力(如起重机机高速下放重物)作用下,使电动机的转速超过旋转磁场转速,即 $n>n_s$,$s<0$,转子中感应电势、电流和转矩的方向都发生了变化,电磁转矩方向与转子转向相反,成为制动转矩。此时电动机将作用于转子的机械能转变为电能馈送电网,所以称回馈制动,如图 7.27 所示。这种制动状态在实际中应用较少。

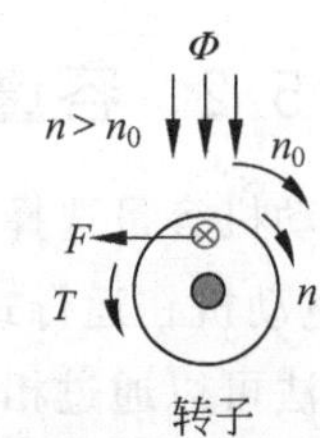

图 7.27 回馈制动示意图

应该注意转子回路不宜串联电阻,否则电动机下放重物的速度太快。

7.5 三相异步电动机的选择

在工业生产中,三相异步电动机的应用广泛,电动机的选用应该结合具体情况而定,比如电源电压、使用条件,拖动对象、安装位置、安装环境,轴头的直径、长度等。

选择电动机时主要注意 4 点。

(1) 根据环境条件、运行条件、安装方式、传动方式,选定电动机的结构、安装、防护形式,保证电动机可靠工作。

(2) 电动机的功率、电动机的温升必须与生产机械负荷的大小及其持续和间断的规律相适应。

(3) 电动机的机械特性、起动、调速、制动及其他控制性能应该满足机械特性和生产工艺过程的要求,电动机工作过程中对电源供电质量的影响(如电压波动、谐波干扰等)应在容许的范围内。

(4) 综合考虑一次投资运行费用,保证整个驱动系统经济、节能、合理、可靠和安全。

7.5.1 类型与结构

电动机带动的机械多种多样,其安装场所的条件也各不相同,因此对电动机类型与结构形式的要求也有所区别,从而保证在不同的工作环境条件下能够安全可靠地运行。

笼型电动机结构简单,工作可靠,维护方便。在一般应用场合应尽可能选用笼型电动机。比如功率不高的水泵和通风机、运输机、传送带,机床的辅助运动机构(刀架快移、横梁升降、磨具夹紧)等。只有在需要调速、不能采用笼型电动机的场合才选用绕线型电动机。

比如某些起重机、卷扬机、锻压机等。

电动机轴心方向不同，可以分为水平轴的卧式电动机，垂直轴的立式电动机。同时可以从通风特性划分为开启式和封闭式电动机。

(1) 开启式电动机。开启式电动机的机壳有通风孔，内部空气同外界相流通。与封闭式电动机相比，其冷却效果良好，电动机外形较小。因此，在周围环境条件允许时应尽量采用开启式电动机。

(2) 封闭式电动机。封闭式电动机有封闭的机壳。电动机内部空气与外界不流通。与开启电动机相比，其冷却效果较差，电动机外形较大且价格高。但是，封闭式电动机适用性较强，具有一定的防爆、防腐蚀和防尘埃等作用，被广泛地应用于工农业生产中，如有爆炸性气体的矿井爆炸危险场所应该选用防爆型电动机。

7.5.2 容量和功率的选择

电动机容量选择必须遵循 3 个选择原则：首先，电动机的起动转矩应该大于负载转矩；其次，电动机在运行式的温升不能超过其允许值；最后，电动机应该具有一定的过载能力。选择方法可以通过相关公式分析计算确定，也可以通过调查统计类比法分析确定。

各种机械对电动机的功率要求不同，如果电动机功率过小，有可能带不动负载，即使能起动，也会因电流超过额定值而使电动机过热，影响其使用寿命甚至烧毁电动机。如果电动机的功率过大，就不能充分发挥作用，电动机的效率和功率因数都会降低，从而造成电力和资金的浪费。根据经验，一般应使电动机的额定功率比其带动机械的功率大 10%左右，以补偿传动过程中的机械损耗，防止意外的过载情况。

1. 连续运行电动机功率

连续运行电动机，先计算生产机械功率，然后根据计算出的生产机械功率，在产品目录中选择某台电动机，保证所选电动机额定功率等于或大于生产机械的功率即可。

由于电动机负载通常随着时间变化，生产机械功率的计算复杂且困难，则可以通过调查统计类比法分析确定：将各个同类型的生产机械所选电动机功率进行类别统计，寻找出电动机功率与生产机械主要参数间的关系。以机床为例，首先对机床进行类别统计，车床 $P=36.5D^{1.54}$ kW，D 是工件的最大直径(m)；摇臂钻床 $P=0.0646D^{1.19}$ kW，D 是最大钻孔直径(mm)；卧式镗床 $P=0.004D^{1.7}$ kW，D 是镗杆直径(mm)。

现有我国生产的 C660 车床，已知其加工工具的最大直径为 1250mm，则可得寻找出电动机功率与生产机械主要参数间的关系，主轴电动机的功率 $P=36.5D^{1.54}=36.5\times 1.25^{1.54}=52$(kW)。

2. 短时运行电动机功率

闸门电动机，机床中的刀架快移、横梁升降、磨具夹紧等电动机都是短时运行电动机。如果没有适当的专项短时运行设计的电动机，可以选择连续运行电动机。由于发热惯性，短时运行可以允许过载。工作时间越短，过载可以越大。通常根据过载系数 λ 选择短时运行电动机的功率。如果需要生产机械功率为 P_{need}，则 $P_{\text{N}}=\frac{P_{\text{need}}}{\lambda}$，选择额定功率为 P_{N} 的电动机。

7.5.3 电压和转速选择

(1) 电压的选择。电压等级的选择,需要根据电动机类型、功率以及使用地点的电源电压决定。4～100kW电动机一般采用三角形联结,380V、3kW以下一般采用星形联结。星形联结笼型电动机的额定电压只有380V一个等级。100kW以上大功率异步电动机采用3000V、6000V或10 000V。

(2) 转速的选择。三相异步电动机的同步转速：二极为3000r/min,四极为1500r/min,六极为1000r/min等,电动机(转子)的转速比同步转速要低2%～5%,一般二极为2900r/min左右,四极为1450r/min左右,六极为960r/min左右等。在功率相同的条件下,电动机转速越低,体积越大,价格也越高,功率因数与效率也较低,由此看来,选用二极3000r/min的电动机较好。但是,转速高,起动转矩便小,起动电流大,电动机的轴承也容易磨损。因此,在工农业生产上选用四极1500r/min的电动机较多,其转速较高,适用性强,功率因数与效率也较高。

习题

7.1 电动机额定功率是指输出机械功率,还是输入电功率？额定电压是指线电压,还是相电压？额定电流是指定子绕组的线电流,还是相电流？功率因数 $\cos\varphi$ 的 φ 角是定子相电流与相电压的相位差,还是线电流与线电压的相位差？

7.2 某三相异步电动机有380/220V两种额定电压,定子绕组可以联结成星形和三角形,试问分别在什么情况下采用两种联结？采用两种联结时,电动机的额定值(功率、相电压、相电流、线电压、线电流、效率、功率因数、转速)有无变化？

7.3 电源电压不变,如果电动机的三角形联结错连成了星形联结,或者星形联结错连成了三角形联结,会产生什么后果？

7.4 Y3-112M-4型三相异步电动机的铭牌数据：4kW、380V、三角形联结、50Hz、1440r/min、$\cos\varphi=0.82$、$\eta=84.2\%$,试求：额定电流、额定输入功率和额定容量。

7.5 参看图7.9,请画出 $\omega t=90°$、210°和330°时的旋转磁场,说明旋转磁场轴线方向与三相电流的相序关系。

7.6 三相异步电动机负载增加时,为什么定子电流会随着转子电流的增加而增加？

7.7 采用60Hz的供电电源给三相定子,求定子磁极对数 p 分别为1、2、3时,以rad/s为单位的旋转磁场角频率 ω_s 和以rad/min为单位的旋转磁场转速 n_s。

7.8 某三相异步电动机,其额定转速 $n=1720$r/min,电源频率 $f_e=60$Hz。试求电动机的磁极对数、额定负载下的转差率以及转子频率。

7.9 某四极三相异步电动机,电源频率 $f_e=50$Hz,满载时电动机的转差率为0.02,求电动机的同步转速、转子转速和转子电流频率。

7.10 在额定情况下工作,某三相异步电动机转速 n 为960r/min,电源频率 $f_e=50$Hz,试求同步转速、磁极对数和转差率。

7.11 请说明分析定子旋转磁场对定子的转速、定子旋转磁场对转子的转速、转子旋转磁场对定子的转速、定子旋转磁场对转子的转速、定子旋转磁场对转子旋转磁场的转速。

7.12　比较变压器一次侧电路、二次侧电路和三相异步电动机的定子、转子电路的电压方程及物理量。

7.13　三相异步电动机带动一定的负载运行时，若电源电压降低了，则此时电动机的转矩、电流及转速有无变化？如何变化？

7.14　某四极三相异步电动机，其额定转速 $n_N=1425\text{r/min}$，转子单相绕组电阻 $R_2=0.02\Omega$，感抗 $X_{20}=0.08\Omega$，转子电动势 $E_1/E_{20}=10$，当 $E_1=200\text{V}$ 时，试求电动机起动时和额定转速运行时的转子单相绕组电动势、转子电流和功率因数。

7.15　分析电动机起动时和额定转速运行时的电动势、频率、感抗、电流及功率因数的区别。

7.16　某三相异步电动机 $P_N=10\text{kW}$、$n_N=2940\text{r/min}$、$f_e=50\text{Hz}$，试求额定转矩。

7.17　某极数为 8 的三相异步电动机 $P_N=10\text{kW}$、$s=0.04$、$f_e=50\text{Hz}$，试求额定转速和额定转矩。

7.18　某三相异步电动机 $P_N=3\text{kW}$、$n_N=960\text{r/min}$、$T_{st}/T_N=2$、$T_{max}/T_N=2.1$，试求 T_N、T_{st} 和 T_{max}。

7.19　三相异步电动机在相同电源电压下，满载和空载起动时，起动电流是否相同？起动转矩是否相同？为什么？

7.20　某三相异步电动机，其铭牌数据：15kW、970r/min、50Hz、380V、31.4A、$\cos\varphi=0.88$，当电源电压为 380V 时，试求：电动机额定转矩；满载运行的转差率、输入功率以及运行效率。

7.21　某三相异步电动机额定功率为 10kW，额定电压为 380V，三角形联结，额定效率为 87.5%，额定功率因数 0.88，额定转速 2929r/min，过载能力 2.2，起动能力 1.4，试求：电动机额定电流、额定转矩、起动转矩、最大转矩。

7.22　某三相异步电动机额定功率为 4.5kW，$\cos\varphi=0.8$，$U_N=220/380\text{V}$，电源频率 $f_e=50\text{Hz}$，功率因数 $\cos\varphi=0.8$，效率为 84.5%，额定转速 950r/min，起动电流与额定电流之比 $I_{st}/I_N=5$，过载能力 2，起动能力 1.4，试求三角形联结时的电动机额定电流、起动电流、额定转矩、起动转矩、最大转矩。

7.23　某三相异步电动机额定功率为 4.5kW，$\cos\varphi=0.8$，$U_N=220/380\text{V}$，电源频率 $f_e=50\text{Hz}$，功率因数 $\cos\varphi=0.8$，效率为 84.5%，额定转速 950r/min，起动电流与额定电流之比 $I_{st}/I_N=5$，过载能力 2，起动能力 1.4，试求星形联结时的电动机额定电流、起动电流、额定转矩、起动转矩、最大转矩。

7.24　某三相异步电动机，其铭牌数据：10kW、1450r/min、三角形联结、380V、效率为 87.5%、$\cos\varphi=0.87$、$T_{st}/T_N=1.4$，$T_{max}/T_N=2.0$，试求：连接 380V 电压直接起动时的 T_{st}；采用Y-△换接降压起动时的 T_{st}。

7.25　某四极三相异步电动机，其铭牌数据：30kW、50Hz、380V、三角形联结，在额定负载下运行时，转差率为 0.02，效率为 90%、线电流 57.5A，试求：

(1) 同步转速、转子转速、转子旋转磁场对转子的转速及功率因数。

(2) 如果采用自耦变压器降压起动，起动转矩为额定转矩的 85%，自耦变压器的变比是多少？电动机的降压起动电流、电源线路中通过的起动电流各为多少？

7.26　某三相异步电动机，其铭牌数据如下：

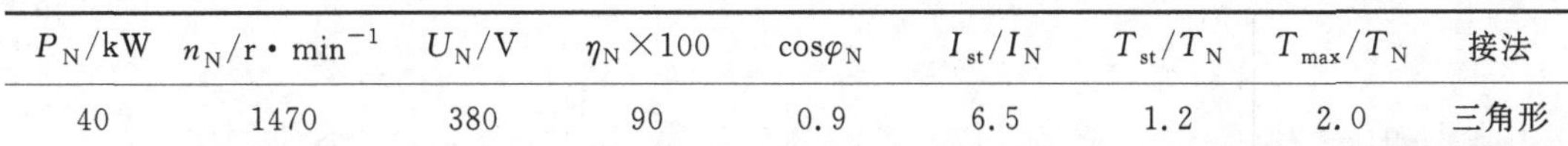

P_N/kW	n_N/r·min^{-1}	U_N/V	$\eta_N\times 100$	$\cos\varphi_N$	I_{st}/I_N	T_{st}/T_N	T_{max}/T_N	接法
40	1470	380	90	0.9	6.5	1.2	2.0	三角形

(1) 当负载转矩为250N·m时，试问在$U=U_N$和$U=0.8U_N$两种情况下，电动机能否起动？

(2) 若采用Y-△换接降压起动，在负载转矩为$0.45T_N$和$0.35T_N$两种情况下，电动机能否起动？

(3) 若采用自耦变压器降压起动，设降压比为0.64，求电源线路中通过的起动电流和电动机的起动转矩。

7.27 某工厂的电源容量560kV·A，某运输机采用三相笼型异步电动机拖动，技术数据为40kW、1450r/min、三角形联结、$I_{st}/I_N=7$、$T_{st}/T_N=1.8$，现要求带动$0.8T_N$的负载起动，试问应该采用何种起动方式（直接起动、Y-△换接降压起动、自耦变压器降压起动）起动？

7.28 线绕式异步电动机采用转子串电阻起动时，所串电阻越大，起动转矩是否也越大？

7.29 线绕式异步电动机采用转子串电阻起动时，为什么起动电流减少起动转矩反而增大？

7.30 异步电动机有哪几种调速方法？各种调速方法有何优缺点？

7.31 什么叫恒功率调速？什么叫恒转矩调速？

7.32 请说明变极绕组的基本原理。

7.33 异步电动机有哪几种制动状态？各有何特点？

第 8 章 继电接触器控制系统

CHAPTER 8

电器是接通和断开电路或调节、控制和保护电路及电气设备用的电工器具。完全由控制电器组成的自动控制系统,称为继电器－接触器控制系统,简称电器控制系统。

8.1 常用低压控制电器

低压电器通常是指在交流额定电压 1200V 或直流额定电压 1500V 及以下的电路中起通断、保护、控制或调解作用的电器产品。

低压电器种类繁多,用途广泛,结构各异,功能多样。动作原理可分为手动电器和自动电器两大类。手动电器是用手或依靠机械力进行操作的电器,如闸刀开关、组合开关、按钮等。自动电器是指借助于电磁力或某个物理量的变化自动进行操作的电器,如接触器、各种类型的继电器、行程开关、电磁阀等。

8.1.1 手动电器

1. 闸刀开关(QS)

闸刀开关是一种手动电器,主要用于电气线路中隔离电源,也可作为不频繁地接通和分段空载电路或小电流电路之用。刀开关按极数分,有单极、双极和三极。闸刀开关由电源进线座、刀片式动触点、熔丝、负载接线座、瓷底板、静触头、胶木盖等部分组成。用手推动操作手柄使触刀插入静插座时电路接通,典型结构和符号如图 8.1 所示。

闸刀开关的用途非常广泛,经常用作照明电路的电源开关,也可用于 5.5kW 以下电动机的不频繁起/停控制。其额定电压为 250V 和 500V,额定电流为 10～100A。考虑到电动机较大的起动电流,刀闸的额定电流值应选择异步电动机额定电流的 3～5 倍。应当注意,闸刀开关一般不宜在带负载下切断电源,它在继电接触控制电路中,只用作隔离电源的开关,以便对电动机安全进行检查或维修。

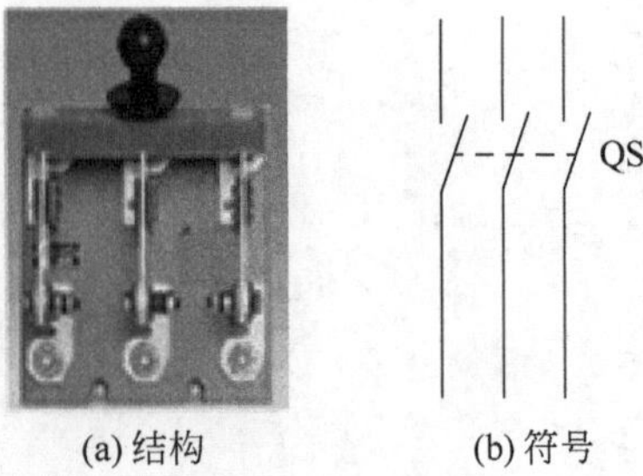

(a) 结构　　(b) 符号

图 8.1 闸刀开关的结构和符号

2. 组合开关(SA)

组合开关也称转换开关,是一种结构紧凑的手动开关,它是由在可旋转的轴上装有一个或几个极片和装在壳体上的固定极片组成,常用于机床控制电路的电源开关,也用于小容量电动机的起/停控制、照明线路的开关控制、多速电动机的换速等控制。组合开关可实现多条线路、不同连接方式的转换，一般在交流 380V、直流 220V，电流 100A 以下的电路中作电源开关，具有一定的短路、过载及失压保护功能，也可以控制 5kW 以下电动机的直接启动。

组合开关的结构如图 8.2(a)所示，由动触头、静触头、转轴、手柄等组成。主要用于电源引入或 5.5kW 以下电动机的直接起动、停止、反转、调速等场合。图 8.2(b)为组合开关符号，图 8.2(c)为组合开关外形。用手柄转动转轴时，就可将 3 个触点同时接通或断开。

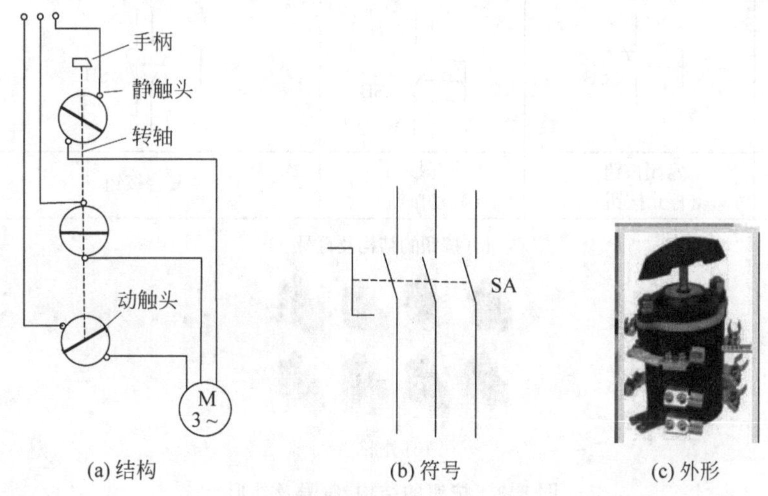

(a) 结构　(b) 符号　(c) 外形

图 8.2　组合开关的结构、符号及外形

3. 按钮(SB)

按钮通常用来接通或断开控制电路(电流很小)，从而控制电动机或其他电气设备的运行，一般具有自动复位功能。按钮按其结构不同可以分为动合按钮、动断按钮和复合按钮。在无压力作用的常态下，动合按钮的触点是断开的，称之为常开触点；动断按钮的触点是闭合的，称之为常闭触点。在压力的作用下，动合按钮的常开触点闭合，动断按钮的常闭触点断开，由此完成对电路的控制。复合按钮同时具有常开触点和常闭触点，在外力的作用下，常闭触点先断开，常开触点再闭合。按钮的国际符号为 SB，图 8.3 给出了常闭、常开及复合按钮的结构、符号及外形。

按钮的颜色也具有不同的含义，如红色的按钮表示急停、停止、分断；黄色的按钮表示紧急干预；绿色的按钮表示起动、接通等。

8.1.2　自动电器

1. 空气开关(QF)

空气开关又称断路器或自动开关，用于不频繁地接通、分断线路的正常工作电流，也能在电路故障时(短路、过载、失压等)，在一定时间内断开故障电路的开关电器。空气开关广泛用于电器控制线路、建筑电气线路的电源引入等。

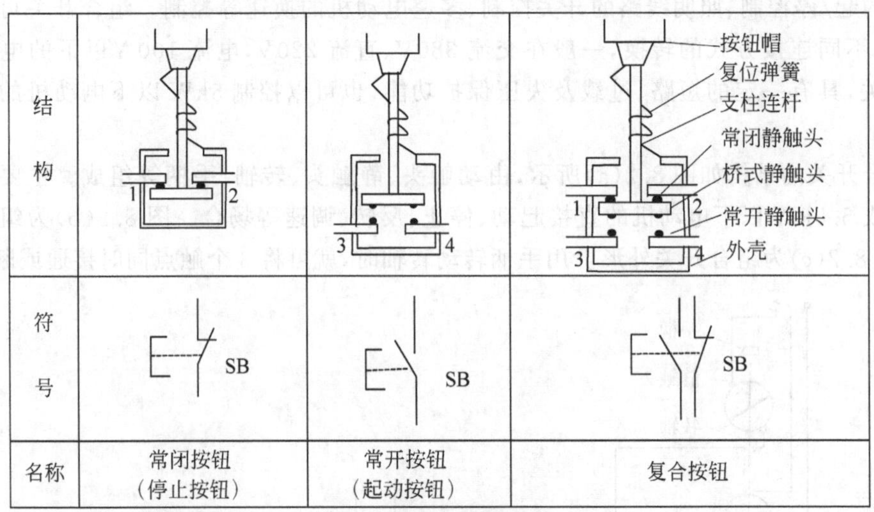

(a) 按钮的结构及符号

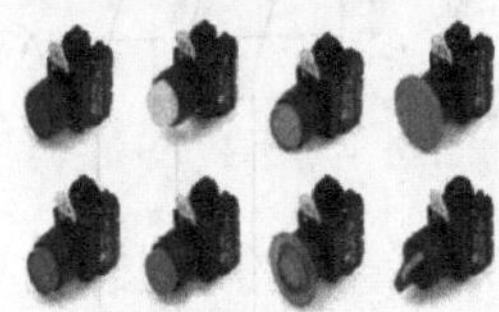

(b) 外形

图 8.3 按钮的结构、符号及外形

空气开关有多种分类,按极数可分为单极、双极、三极和四极。按灭弧截止可分为空气式和真空式,目前应用最为广泛的是空气断路器。图 8.4 所示为空气开关的结构、符号及外形。

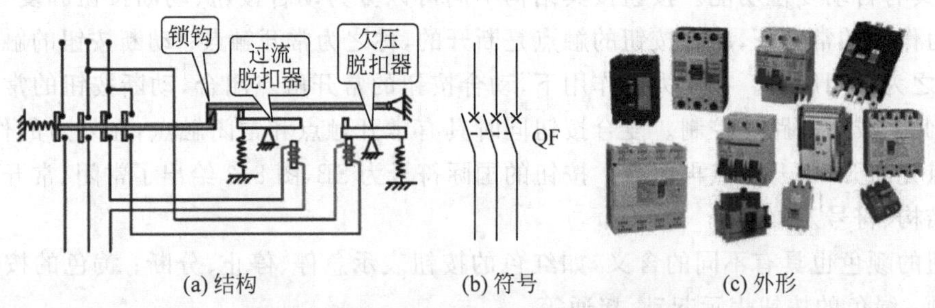

(a) 结构 (b) 符号 (c) 外形

图 8.4 空气开关的结构、符号及其外形

从如图 8.4 所示的空气开关结构可以看出,过流时,过流脱扣器将脱钩顶开,断开电源;欠压时,欠压脱扣器将脱钩顶开,断开电源。

2. 交流接触器(KM)

交流接触器是一种可以实现远距离自动控制的电器,可以用来接通或断开电动机或其他设备的主电路。主要由电磁铁和触点两部分组成,触点又可分为主触点和辅助触点。接触器主触点用于主电路,可通过大电流,需要加灭弧装置。接触器辅助触电用于控制电路,无须加灭弧装置。图 8.5 为交流接触器结构图及符号,线圈通电后,动合(常开)主触点闭合，动合（常开）辅助触电闭合，动断（常闭）辅助触点断开，断电后复原。**需要注意的是，常闭触点先断开，常开触点后闭合。**

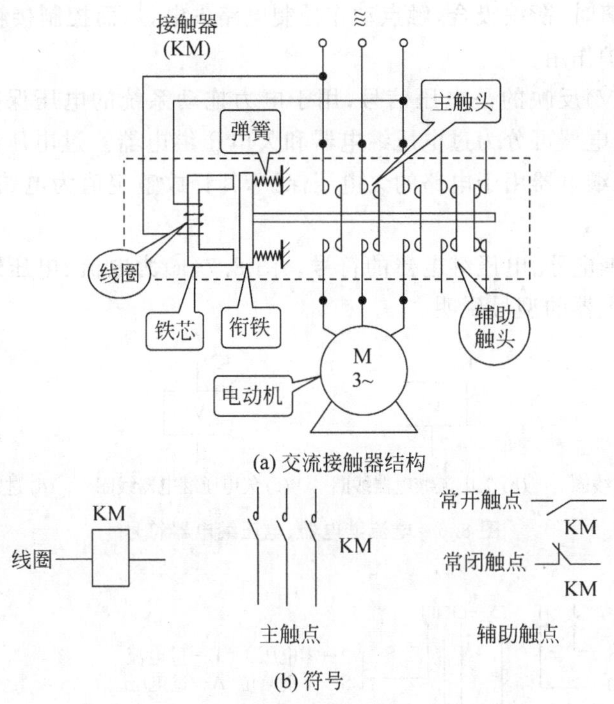

(a) 交流接触器结构

(b) 符号

图 8.5 交流接触器的结构及符号

在选用接触器时，交流负载选交流接触器，直流负载选直流接触器，根据负载大小不同，选择不同型号的接触器。接触器的主触点、常开、常闭辅助触点数量应与主电路和控制电路的要求一致。接触器的额定电压应大于或等于负载回路电压，额定电流应大于或等于负载回路额定电流。交流接触器的额定电压有380V、600V和1140V 3种，额定电流为6～40A。对于电动机负载，有

$$I_{\text{主触点的额定电流}}=1.3I_{\text{电动机额定电流}}$$

3. 继电器

继电器是一种根据外界输入的信号（如电压、电流、时间、速度、热量等）来控制电路通、断的自动切换电器，其触点常接在控制电路中。继电器和接触器的结构和工作原理大致相同。二者的主要区别在于，接触器的主触点可以流过大电流，继电器的体积和触点容量小，触点数目多，且只能通过小电流。所以，继电器一般用于控制电路中。值得注意的是，继电器的触点不能用来接通和分断负载电路，这也是继电器与接触器的区别。

继电器的种类很多，生产中最常用到的继电器有电压继电器、电流继电器、中间继电器、时间继电器、热继电器、速度继电器与压力继电器等。

1）电流及电压继电器

电流继电器（KI）反映的是电流信号，常用的电流继电器有欠电流继电器和过电流继电器两种。欠电流继电器用于欠电流保护，在电路正常工作时，欠电流继电器的衔铁是吸合的，其动合（常开）触点闭合，动断（常闭）触点断开。只有当电流降低到某一整定值时，衔铁

释放，控制电路失电，从而控制接触器及时分断电路。过电流继电器在电路正常工作时不动作，整定范围通常为额定电流的1.1～3.5倍。当被保护线路的电流高于额定值，并达到过电流继电器的整定值时，衔铁吸合，触点动作控制电路失电，从而控制接触器及时分断电路，对电路起过电流保护作用。

电压继电器(KV)反映的是电压信号，用于电力拖动系统的电压保护和控制。按吸合电压的大小，电压继电器可分为过电压继电器和欠电压继电器。过电压继电器用于线路的过电压保护，欠电压继电器用于电路的欠电压保护，其释放整定值为电路额定电压的0.1～0.6倍。

图8.6为电流继电器、电压继电器的符号。图8.7(a)为电流、电压通用继电器的型号说明，(b)为电流继电器的型号说明。

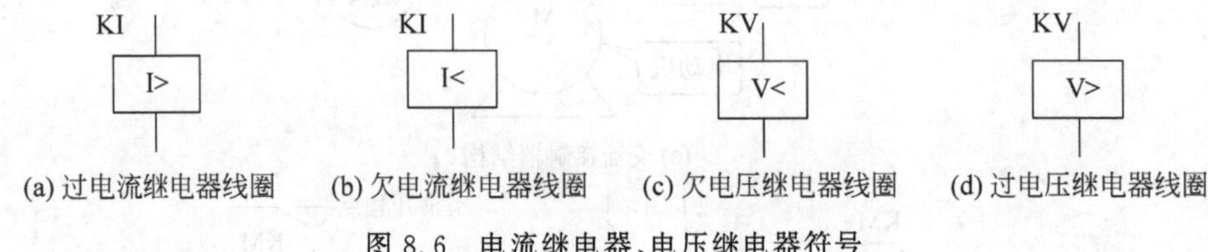

(a) 过电流继电器线圈　(b) 欠电流继电器线圈　(c) 欠电压继电器线圈　(d) 过电压继电器线圈

图8.6　电流继电器、电压继电器符号

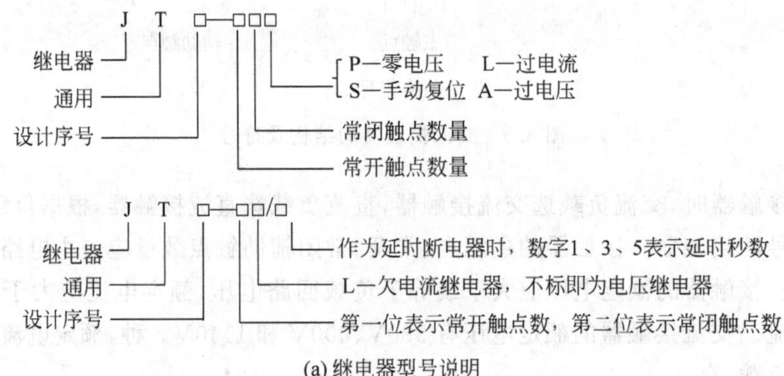

(a) 继电器型号说明

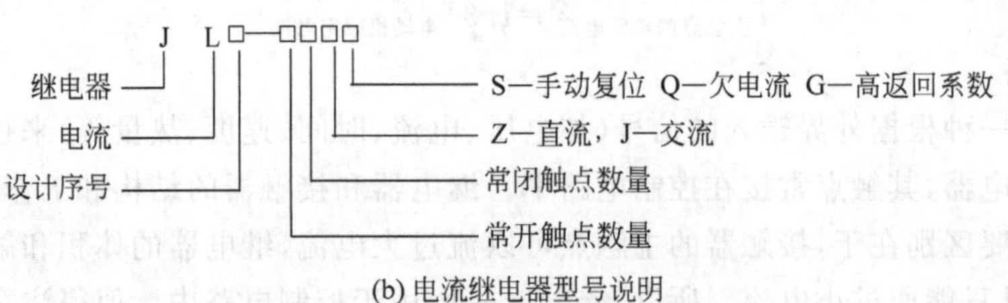

(b) 电流继电器型号说明

图8.7　电流、电压继电器型号说明

2）中间继电器

中间继电器(KA)主要用于提高控制容量、扩大信号的传递。在电器控制系统中常与接触器配合使用，中间继电器输入的是线圈得电、失电信号，输出的是触点开闭信号；其触点较多，可以用来增加控制电路中信号的数量以满足复杂控制的要求。其在结构上是一个电压继电器，但它的触点数多、触点容量大(额定电流为5～10A)，可以扩展前级继电器触点负载容量，起到中间放大作用。

中间继电器的结构和工作原理与交流接触器基本相同，主要区别是触点数目多一些，且触点容量小，只允许通过小电流。在选用中间继电器时，主要是考虑电压等级和触点数目。常见中间继电器有JZ8系列（交流）、JZ12系列（直流）和JZ8系列（交、直流）。如图8.8所示为中间继电器的型号说明，图8.9为中间继电器及其符号。

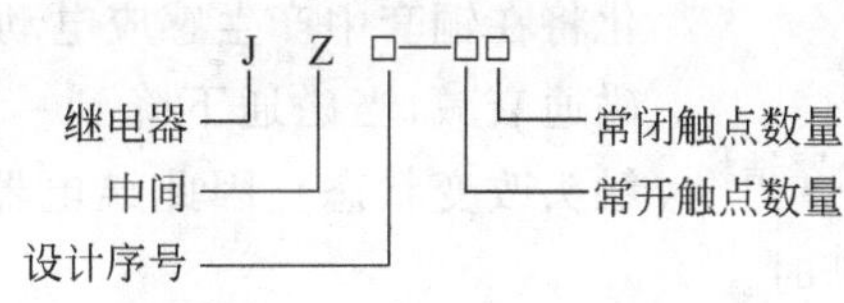

图8.8　中间继电器型号说明

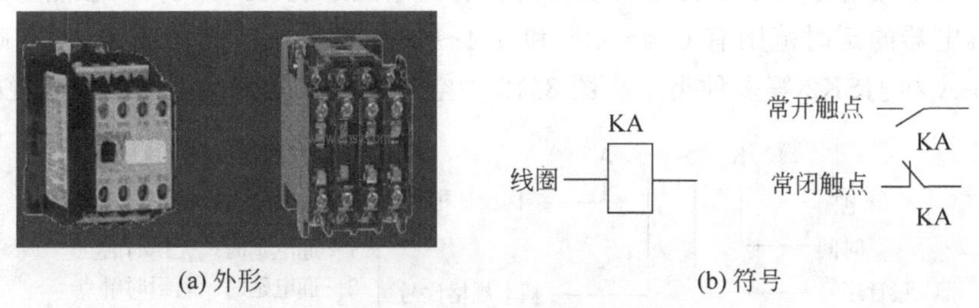

(a) 外形　(b) 符号

图8.9　中间继电器外形及其符号

3）时间继电器

时间继电器(KT)是从得到输入信号(线圈通电或断电)起，经过一段时间的延时后才动作的继电器，适用于定时控制。

时间继电器按延时类型可分为通电延时和断电延时两种类型。按延时原理可分为电磁式、电动式、空气阻尼式、晶体管式和数字式5种类型。其中，电磁式结构简单，价格低廉，但延时较短，且只能用于直流断电延时。电动式延时精度高，延时范围大(可达几十个小时)，但价格较高；空气阻尼式结构简单，价格低廉，延时范围较大(0.4～180s)，有通电延时和断电延时两种，但延时误差大。晶体管式延时时间(几分钟到几十分钟)和延时精度均介于空气阻尼式和电动式之间。时间继电器符号如图8.10所示。

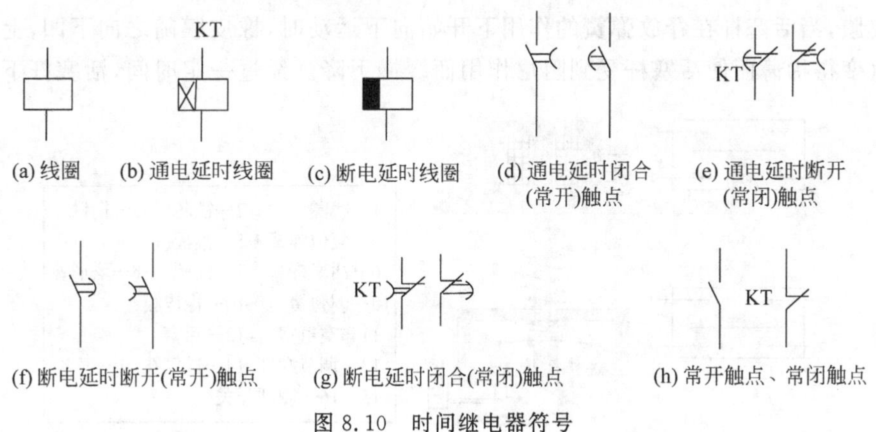

(a) 线圈　(b) 通电延时线圈　(c) 断电延时线圈　(d) 通电延时闭合(常开)触点　(e) 通电延时断开(常闭)触点

(f) 断电延时断开(常开)触点　(g) 断电延时闭合(常闭)触点　(h) 常开触点、常闭触点

图8.10　时间继电器符号

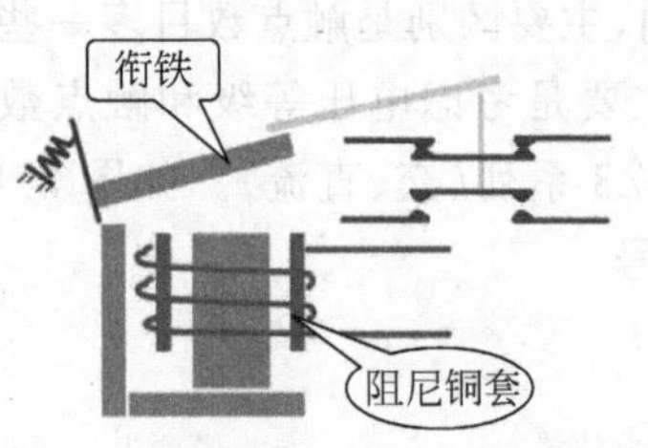

图 8.11　直流电磁式时间继电器结构

(1) 如图 8.11 所示为电磁式时间继电器结构图，当衔铁未吸合时，磁路气隙大，线圈电感小，通电后激磁电流很快建立，将衔铁吸合，继电器触点立即改变状态。而当线圈断电时，铁芯中的磁通将衰减，磁通的变化将在铜套中产生感应电动势，并产生感应电流，阻值磁通衰减，当磁通下降到一定程度时，衔铁才能释放，触头改变状态。因此继电器吸合时是瞬时动作，而释放时是延时的，故称为断电延时。

(2) 空气阻尼式时间继电器。在交流电路中常采用空气阻尼型时间继电器，它是利用空气通过小孔节流的原理来获得延时动作的。它由电磁系统、延时机构和触点 3 部分组成。空气时间继电器的延时范围有 0.4～60s 和 0.4～180s 两种。其结构简单，但准确度较低。型号有 JS8-A 和 JJSK2 等多种类型。图 8.12 为空气阻尼式时间继电器的型号说明。

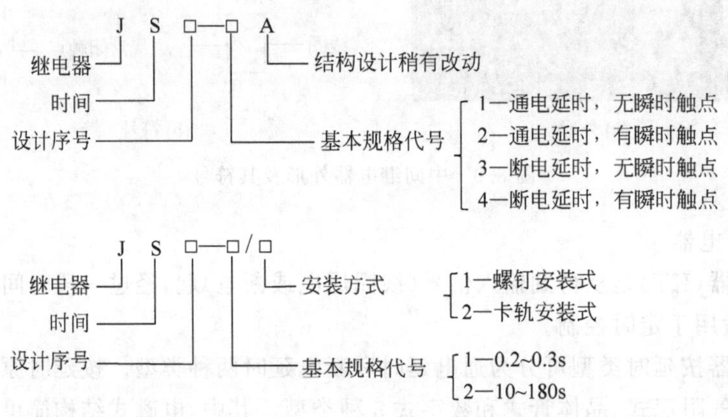

图 8.12　空气阻尼式时间继电器的型号说明

空气阻尼式时间继电器结构示意图如图 8.13 所示，当线圈通电(电压规格有 AC380V、AC220V 或 DC220V、DC24V 等)时，衔铁及托板被铁芯吸引而瞬时下移，使瞬时动作触点接通或断开。但是活塞杆和杠杆不能同时跟着衔铁一起下落，因为活塞杆的上端连着气室中的橡皮膜，当活塞杆在释放弹簧的作用下开始向下运动时，橡皮膜随之向下凹，上面空气室的空气变得稀薄而使活塞杆受到阻尼作用而缓慢下降。经过一定时间，活塞杆下降到一

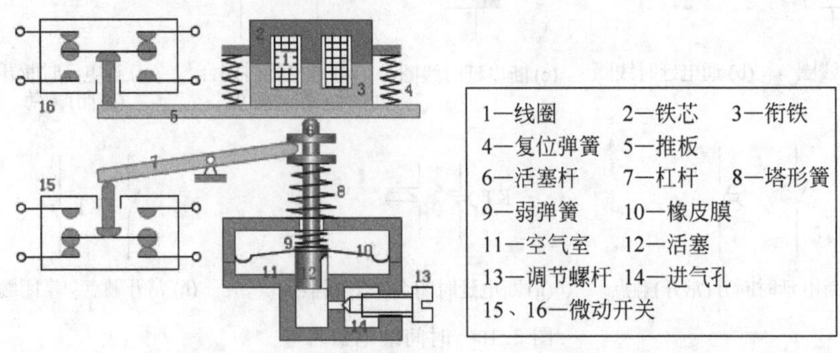

图 8.13　空气阻尼式时间继电器结构示意图

定的位置，通过杠杆推动延时触点动作，使动断触点断开，动合触点闭合。从线圈通电到延时触点完成动作，这段时间就是继电器的延时时间。吸引线圈断电后，继电器依靠恢复弹簧的作用而复原，空气经出气孔被迅速排出。

(3) 电动式时间继电器由同步电动机、电磁离合器、减速齿轮、触点与延时调整机构组成。它的延时精度高，延时范围宽（几秒到几十小时），但其结构复杂，价格高，寿命短。电动式时间继电器型号说明如图 8.14 所示。

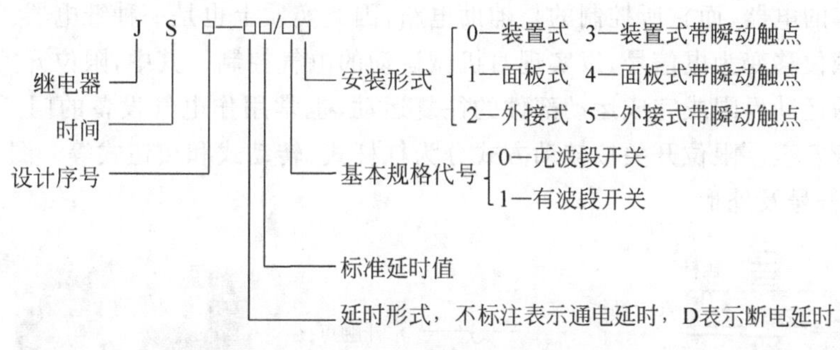

图 8.14 电动式时间继电器型号说明

(4) 晶体管式时间继电器又称为半导体式或电子式时间继电器。其结构简单、延时范围宽、整定精度高、体积小、耐冲击振动、功耗小、调整方便、寿命长。

4) 热继电器

热继电器(FR)是利用电流的热效应切断电路从而对电动机实现过载保护的继电器。当电动机工作在欠压、断相或长期过载的情况下时，都会使电动机的工作电流超过额定值，引起电动机过热，损坏电动机或减少电动机的寿命。

图 8.15 为热继电器结构及电路符号图。热继电器的主要结构是由一段电阻丝构成的发热元件绕在一个双金属片上，这个双金属片是由膨胀系数不同的两种金属材料碾压而成，双金属片的一端固定，另一端可以自由活动，自由端顶在常闭触点上，拉开常闭触点上的弹簧使常闭触点在双金属片不动作时处于闭合状态。发热元件串联在电动机的定子电路(主电路)中，这样流过发热元件电阻丝的电流就是电动机的定子电流。当电动机过载时定子电流过大，使发热元件产生热量，给双金属片加温，由于双金属片中两种金属的热膨胀系数不同，使双金属片向热膨胀系数小的方向弯去，当双金属片变形到一定程度时，它的自由端脱离常闭触点，使常闭触点在弹簧的作用下断开。由于热继电器的常闭触点是与交流接触器

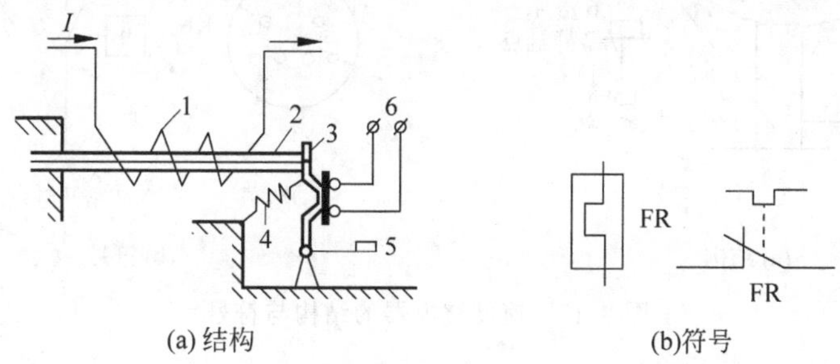

(a) 结构 (b)符号

图 8.15 热继电器结构与符号

1—热原件；2—双金属片；3—扣板；4—弹簧；5—复位按钮；6—常闭触点

的线圈串在一起的，所以当常闭触点断开时会使交流接触器的线圈断电，交流接触器主回路上与电动机定子电路相串联的常开触点断开，使电动机与负载电路断开，从而起到保护电动机的作用。由于热继电器动作需要一定的时间，因此，在电动机起动或短时过载时，热继电器不会动作，这一特性可以避免电动机的不必要停车。

5）行程开关

行程开关(SQ)又称限位开关，在电路中的作用与按钮相似，它是根据生产机械的行程信号进行动作的电器，而它所控制的是辅助电路，因此实质上也是一种继电器。行程开关主要用于将机械位移变为电信号，以实现对机械运动的电气控制。其中，限位开关经常用来限定运动部件的运动界限或完成运动部件的往复运动，也常用作电气设备的门开关以保证操作人员的人身安全。限位开关按转动方式分为杠杆式、转动式和按钮式等。图 8.16 为行程开关的结构、符号及外形。

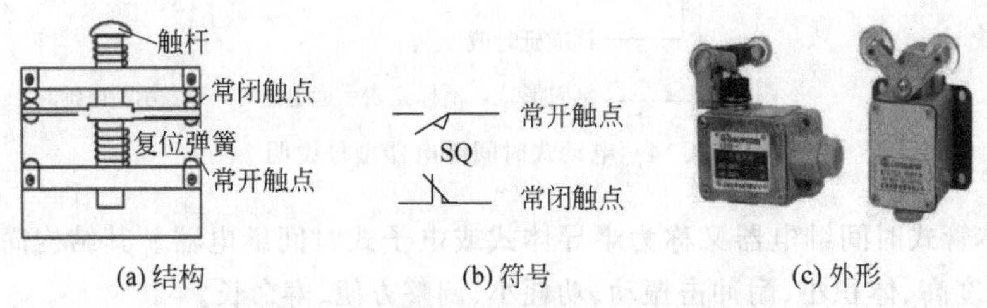

图 8.16　行程开关的结构、符号与外形

6）速度继电器

速度继电器(KS)也称转速继电器，是一种反映转速和转向的继电器。它以电动机转速作为输入信号，通过触点的动作信号传递给接触器，再通过接触器实现对电动机的控制。主要用于鼠笼型异步电动机的反接制动控制，故又称为反接制动继电器。图 8.17 为速度继电器的结构与符号。

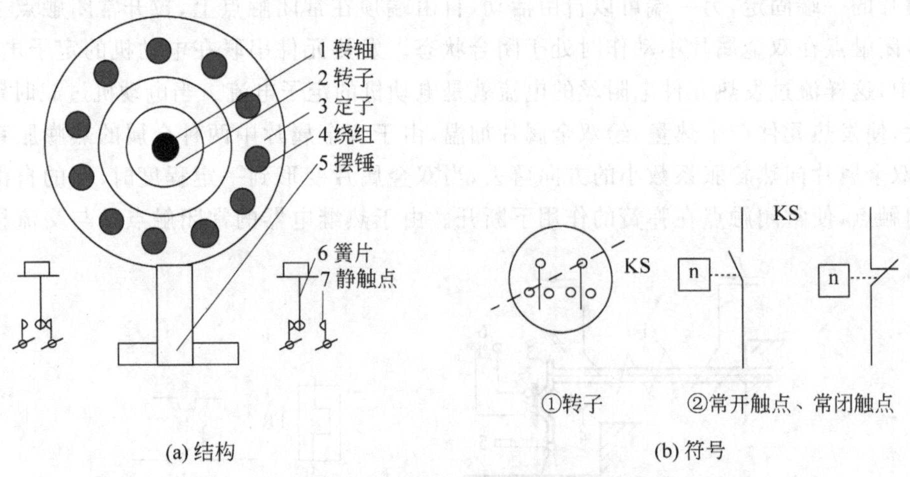

图 8.17　速度继电器的结构与符号

速度继电器是根据电磁感应原理制成的。当电动机旋转时，与电动机同轴的速度继电器转子也随之旋转，此时笼型导条就会产生感应电动势和电流，此电流与磁场作用产生的电

磁转矩,圆环带动摆杆在此电磁转矩的作用下顺着电动机偏转一定的角度。这样,使速度继电器的常闭触点断开,常开触点闭合。当电动机反转时,就会使另一触点动作。当电动机转速下降到一定数值时,电磁转矩减小,返回杠杆使摆杆复位,各触点也随之复位。

一般速度继电器转轴的转速达到 120r/min 时,触头动作,当转速低于 100r/min 时,触头复位。

4. 熔断器

熔断器(FU)俗称保险丝,是一种当电流超过规定值一定时间后,以它本身产生的热量使熔体熔化而分断电路的电器,广泛应用于低压配电系统及用电设备中作短路和过电流保护。需要注意的是,火线上必须有熔断器,但中线上不能装有熔断器。常用的熔断器有插入式熔断器、螺旋式熔断器、管式熔断器和有填料式熔断器。图 8.18 为常用的几种熔断器以及熔断器的符号。

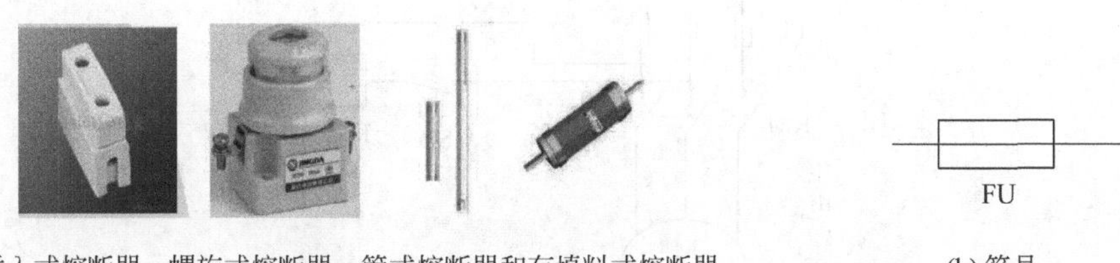

(a) 插入式熔断器、螺旋式熔断器、管式熔断器和有填料式熔断器　　(b) 符号

图 8.18　常用的几种熔断器以及熔断器的符号

表 8.1 为熔断电流大小与熔体熔断时间的关系。电流通过熔体时产生的热量与电流的平方以及电流通过的时间成正比,因此电流越大,熔体熔断的时间越短,这一特性称为熔断器的安秒特性。

表 8.1　熔断电流与熔体熔断时间的关系

熔断电流	$1.25I_N \sim 1.3I_N$	$1.6I_N$	$2I_N$	$2.5I_N$	$3I_N$	$4I_N$
熔断时间	∞	1h	40s	8s	4.5s	2.5s

选用熔断器主要是确定额定电流,熔体额定电流的选择可按如下方法计算。

(1) 无冲击电流的场合(如电灯、电炉),支线上的熔丝额定电流≥支线上所有工作电流。

(2) 一台电动机熔丝的额定电流需满足

$$\text{额定电流} \geq \frac{\text{电动机的起动电流}}{\text{起动系数 } K}$$

当电动机起动频繁时,K 的取值为 1.6～2,当电动机起动不太频繁时,K 取 2.5。

(3) 若干电动机的总熔丝的额定电流需满足

额定电流=(1.5～2.5)×容量最大电动机的额定电流+其余电动机额定电流的总和

(4) 为了防止越级熔断、扩大停电事故范围,各级熔断器间应有良好的协调配合,使下一级熔断器比上一级的先熔断,从而满足选择性保护要求。例如,下级熔断器额定电流为 100A,上级熔断器的额定电流的选择比应大于 1.6∶1,即上级熔断器的额定电流最小额定电流为 160A。

8.2 工程应用

8.2.1 异步电动机的直接起动控制

1. 点动控制

图 8.19 为三相异步电动机的点动控制电路，在主电路中加入熔断器主要实现短路保护。接通闸刀开关 QS→按下起动按钮 SB→线圈 KM 通电，KM 主触点闭合，三相电动机转动。松开起动按钮 SB→线圈 KM 断电，KM 主触点断开→电动机停转。

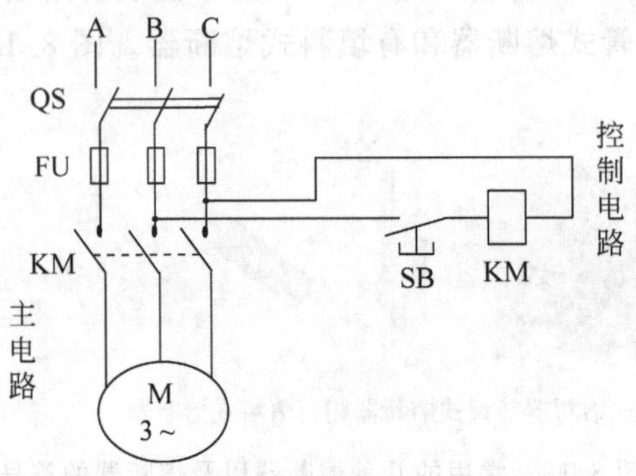

图 8.19　三相异步电动机的电动控制电路

2. 电动机连续运行控制

图 8.20 为三相异步电动机的连续运行控制电路，接通组合开关 QS→按下起动按钮 SB2→线圈 KM 通电→┬→KM 主触点闭合→三相电动机连续运转
└→KM 常开的辅助触点闭合

由于 KM 常开辅助触点闭合，即使松开起动按钮 SB2，线圈依然保持通电状态，即电路具有自锁功能。同时，该电路可以避免电源停电后突然来电时，电动机自动起动，进而防止意外事故的发生。

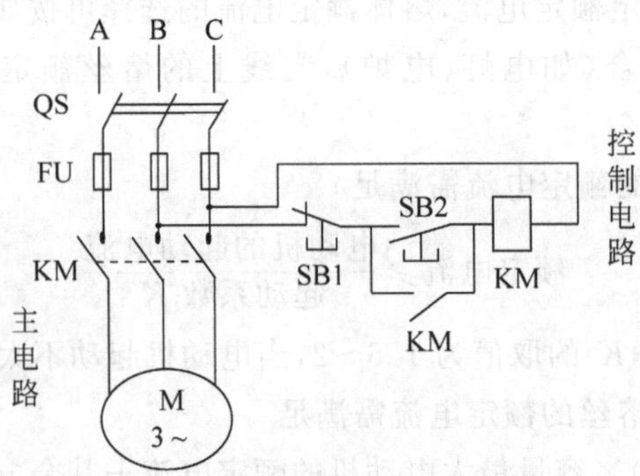

图 8.20　三相异步电动机的连续运行控制电路

3. 点动+连续运行控制

三相异步电动机的点动和连续运行控制，一种方法可以采用复合按钮电路，也可以采用中间继电器电路实现，在主电路中加热继电器进行过载保护。

如图 8.21(a)所示，按下起动按钮 SB2→线圈 KM 通电→KM 主触点闭合，KM 常开的辅助触点闭合→三相电动机转动。由于电动机的常开辅助触点闭合，因此，即使松开起动按钮 SB2，线圈依然保持通电状态，电动机连续运转。按下机械联动开关 SB3→线圈 KM 通电→KM 主触点闭合→三相电动机转动，松开机械联动开关 SB3→线圈 KM 断电→KM 主触点断开→三相电动机停止转动→实现点动控制。这个电路的缺点是动作不够可靠，因此，可以采用中间继电器电路。

如图 8.21(b)所示，按下起动按钮 SB→线圈 KM 通电→KM 主触点闭合→三相电动机转动。松开起动按钮 SB→线圈 KM 断电→KM 主触点断开→三相电动机停止转动，实现点动控制。按下起动按钮 SB2→线圈 KA 通电→KA 常开的辅助触点闭合→线圈 KM 通电→KM 主触点闭合→三相电动机实现连续转动。

FR 是发热元件，将任意两相热元件接在电动机的任意两相即可，将其常闭触点接在控制电路中。若发热元件过热，则热继电器的常闭触点断开，线圈 KM 断电，三相电动机停止转动。

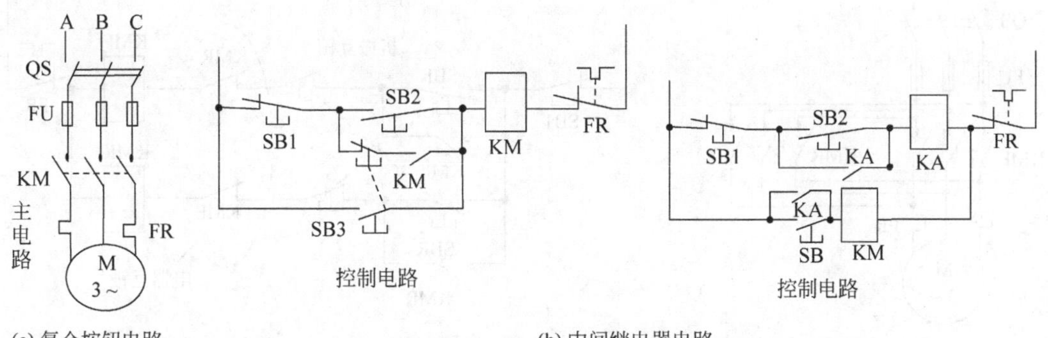

(a) 复合按钮电路　　(b) 中间继电器电路

图 8.21　三相异步电动机点动、连续运行控制电路

4. 多地点控制

若想实现甲、乙两地同时控制一台电动机，可将两起动按钮并联、两停车按钮串联，如图 8.22 所示。

视频 8.1

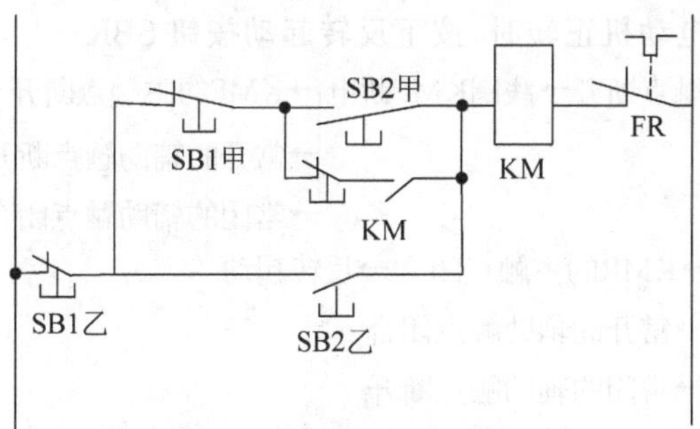

图 8.22　多地点控制电路

8.2.2　异步电动机的正反转控制

将接到电源的任意两根进线对调即可实现电动机的正反转控制，为此可用两个交流接

触器来实现。需要注意的是,必须保证两个交流接触器不会同时工作。

如图 8.23 所示,按下正转起动按钮 SBF→线圈 KMF 通电→

→KMF 主触点闭合 →三相电动机正转→按下停止按钮 SB1→三相电动机停止

→KMF 常开辅助触点闭合

→KMF 常闭辅助触点断开

转动

按下反转起动按钮 SBR→线圈 KMR 通电→→KMR 主触点闭合 →三相电动

→KMR 常开辅助触点闭合

→KMR 常闭辅助触点断开

机反转

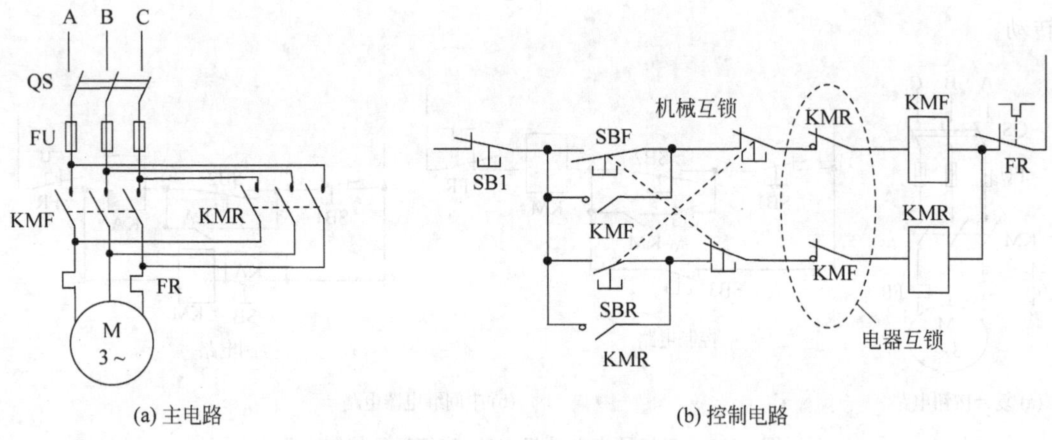

(a) 主电路 (b) 控制电路

图 8.23 正反转控制电路Ⅰ

这里,KMF 和 KMR 的常闭辅助触点起到电器互锁作用,从而避免两触发器同时工作造成主回路短路。但是这个电路在实现正反转互换时,必须先停车。如果想不停车也能实现正反转互换,则需要采用双互锁电路,即电气互锁+机械互锁。

如图 8.24 所示,当电动机正转时,按下反转起动按钮 SBR→

→其机械连接的动断触点断开→线圈KMF断电→KMF的主触点断开→正转停止

→常开的辅助触点断开

→常闭的辅助触点闭合

→线圈KMR通电→→KMR的主触点闭合→反转起动

→常开的辅助触点闭合

→常闭的辅助触点断开

8.2.3 异步电动机降压起动控制

1. Y-△换接降压起动

Y-△换接降压起动适用于轻载和空载起动,只能带动小于 1/3 的额定负载转矩起动。图 8.25 为 Y-△换接降压起动电路。

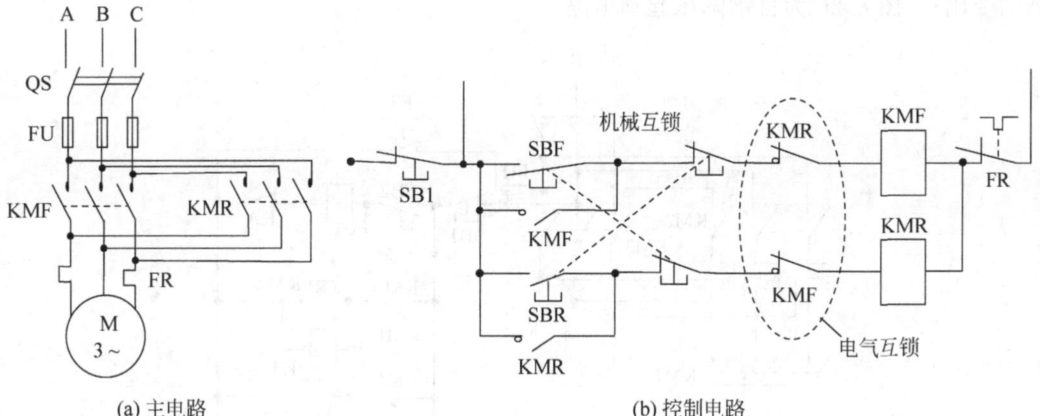

(a) 主电路　(b) 控制电路

图 8.24 正反转控制电路Ⅱ

视频 8.2

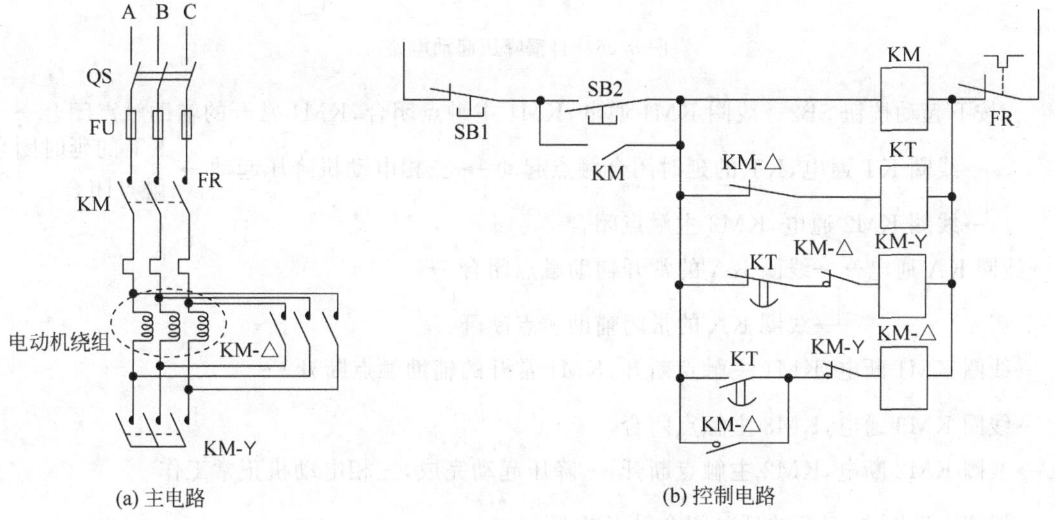

(a) 主电路　(b) 控制电路

图 8.25 Y-△换接降压起动电路

视频 8.3

按下起动按钮SB2 →
- → 线圈KM通电，KM主触点闭合，KM常开的辅助触点闭合
- → 线圈KT通电，KT的延时断开和延时闭合触点起动
- → 线圈KM-Y通电，KM-Y主触点闭合，KM-Y常闭的辅助触点断开

→ 三相电动机Y连接起动 →
- → KT的延时断开触点断开→
- → KT的延时闭合触点闭合

- → 线圈KM-Y断电，KM-Y主触点断开，KM-Y常闭的辅助触点闭合→
- → 线圈KM-△通电，KM-△主触点闭合，KM-△常闭的辅助触点断开，常开的辅助触点闭合

- → 线圈KT断电
- → 三相电动机△连接起动

2. 自耦降压起动

自耦降压起动适用于轻载、半载起动。可带 $1/k^2$ 的额定负载转矩起动（k 为自耦变压

器的变比)。图 8.26 为自耦降压起动电路。

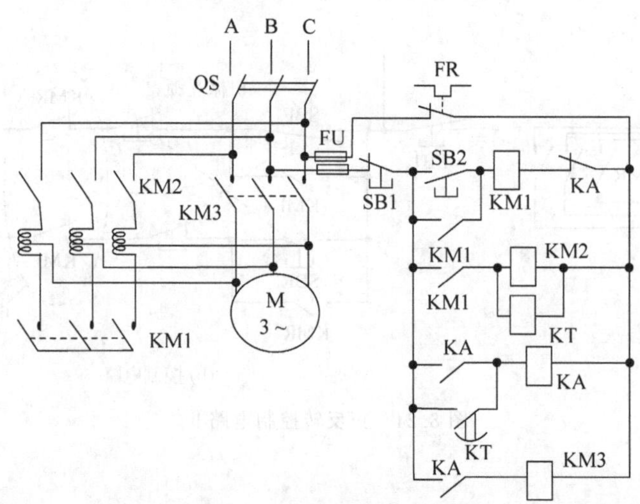

图 8.26　自耦降压起动电路

按下起动按钮 SB2→线圈 KM1 通电,KM1 主触点闭合,KM1 常开的辅助触点闭合→

→线圈 KT 通电,KT 的延时闭合触点起动 → 三相电动机降压起动 → KT 的延时闭合触点闭合

→线圈 KM2 通电,KM2 主触点闭合

→线圈 KA 通电→→线圈 KA 的常开辅助触点闭合 →

→线圈 KA 的常闭辅助触点断开

→线圈 KM1 断电,KM1 主触点断开,KM1 常开的辅助触点断开 →

→线圈 KM3 通电,KM3 主触点闭合

→线圈 KM2 断电,KM2 主触点断开 → 降压起动完成,三相电动机正常工作

→线圈 KT 断电,KT 的延时闭合触点断开

8.2.4 行程控制

行程控制就是当运动部件到达一定行程位置时采用行程开关来进行控制。行程控制的实质是电动机的正反转控制,因此,行程控制的主电路与正反转控制电路的主电路相同。行程控制电路如图 8.27 所示。

视频 8.4

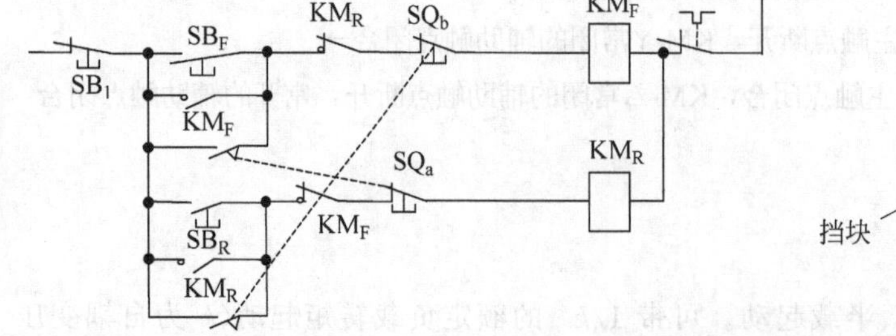

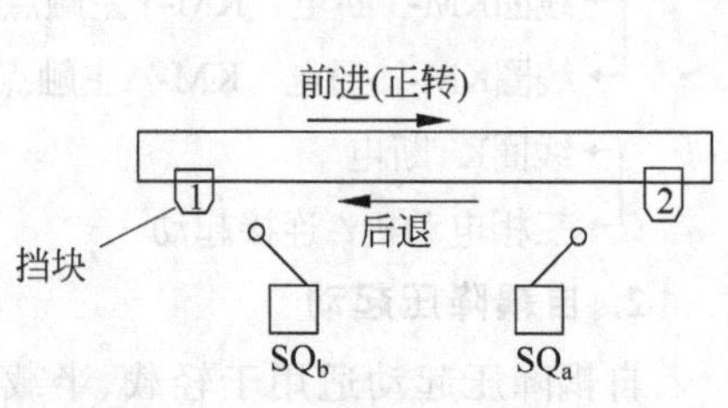

图 8.27　行程控制电路

按下按钮 SB_F→线圈 KM_F 通电，KM_F 常开的辅助触点闭合，常闭的辅助触点断开→电动机正转，工作台前进→挡块 1 碰到行程开关 SQ_b→

→线圈 KM_F 断电，KM_F 常开的辅助触点断开

→线圈 KM_R 通电，KM_R 常开的辅助触点闭合，常闭的辅助触点断开 → 电动机反转，工作台后退

8.2.5 电动机的制动停车控制

1. 能耗制动

能耗制动是通过切断运行电动机定子三相交流电源，同时立即接通直流电源，使定子绕组通过直流电流产生恒定磁场，电动机转子的动能使转子绕组切割恒定磁场，产生阻碍性力矩，从而使电动机迅速减速。能耗制动线路如图 8.28 所示。

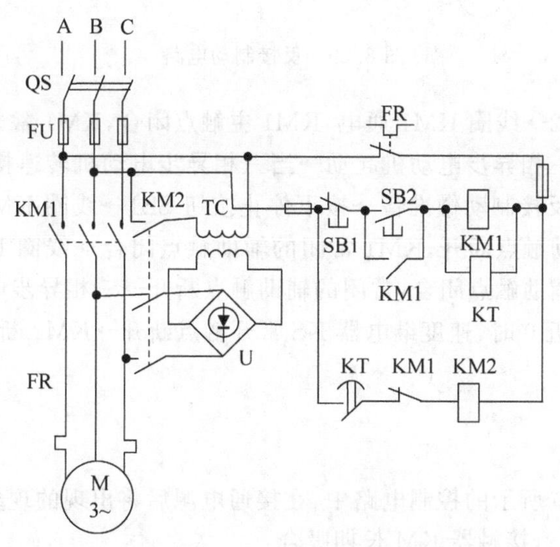

图 8.28　能耗制动电路

视频 8.5

按下起动按钮 SB2→线圈 KM1 通电，KM1 主触点闭合，KM1 常开的辅助触点闭合，常闭的辅助触点断开→→三相异步电动机接交流电起动

→KT 线圈通电，KT 的延时断开辅助触点闭合 → 按下停止按钮 SB1 →

→线圈 KM1 断电，KM1 主触点断开，KM1 常开的辅助触点断开，KM1 常闭的辅助触点闭合

→KT 延时断开辅助触点起动 → 线圈 KM2 通电，KM2 的主触点闭合 → 三个异步电动机接直流电制动→KT 延时断开辅助触点断开→线圈 KM2 断电，KM2 的主触点断开→三相异步电动机停止。

通过调节 KT 的断电延时，可以调整制动过程时间。

2. 反接制动

将三相异步电动机定子任意两根电源进线反接，可实现反接制动。为了限制制动电流，经常需要在反接制动时，串入限流电阻。电动机转子的动能转换成的电能及电源提供的电能都消耗在电动机的转子回路。需要注意的是，制动结束时，应及时将反向电源去掉，否则

电动机将反向起动。反接制动电路如图 8.29 所示。

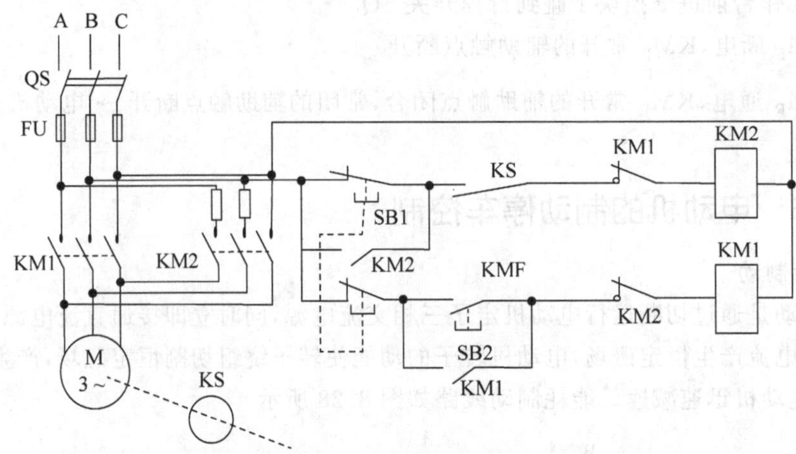

图 8.29 反接制动电路

按下起动按钮 SB2→线圈 KM1 通电，KM1 主触点闭合，KM1 常开的辅助触点闭合，常闭的辅助触点断开→三相异步电动机起动→当三相异步电动机转速接近 n 时，速度继电器 KS 常开触点闭合，为反接制动做准备→按下停止按钮 SB1→线圈 KM1 断电，KM1 主触点断开，KM1 常开的辅助触点断开，KM1 常闭的辅助触点闭合→线圈 KM2 通电，KM2 主触点闭合，KM2 常开的辅助触点闭合，常闭的辅助触点断开→三相异步电动机反转，进入反接制动→当 n 降低到接近 0 时，速度继电器 KS 常开触点断开→KM2 断电，反接制动结束。

习题

8.1 在如图 8.30 所示的控制电路中，在接通电源后将出现的现象是（　　）。

A. 按下 SB2，接触器 KM 长期吸合

B. 接触器的线圈交替通电断电造成触点不停跳动

C. 按下 SB2，接触器不能吸合

8.2 在如图 8.31 所示的控制电路中，当接通电源后其控制作用正确的是（　　）。

A. 按下 SB2，接触器 KM 通电动作；按 SB1，KM 断电恢复常态

B. 按着 SB2，KM 通电动作，松开 SB2，KM 即断电

C. 按下 SB2，接触器 KM 通电动作；按 SB1，不能使 KM 断电恢复常态，除非切断电源

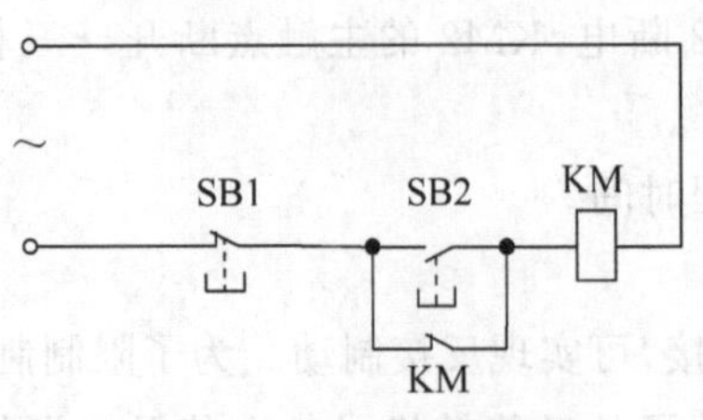

图 8.30 习题 8.1 图

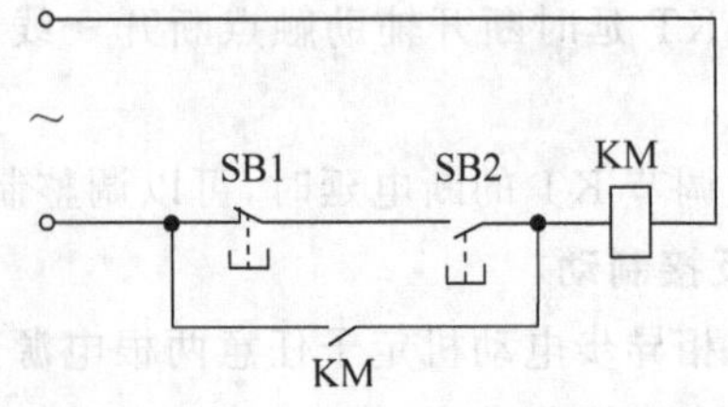

图 8.31 习题 8.2 图

8.3　在如图8.32所示的控制电路中，按下SB2，则（　　）。

A. KM1、KT和KM2同时通电，按下SB1后经过一定时间KM2断电

B. KM1、KT和KM2同时通电，经过一定时间后KM2断电

C. KM1和KT线圈同时通电，经过一定时间后KM2线圈通电

8.4　在如图8.33所示的控制电路中，SB是按钮，KM是接触器，KT是时间继电器。在按下SB2后的控制作用是（　　）。

A. KM和KT同时通电动作，经过一段时间后KT切断KM

B. KT通电动作，经过一段时间后KT接通KM

C. KM和KT同时通电动作，经过一段时间后KT切断KM，随后KT也断电

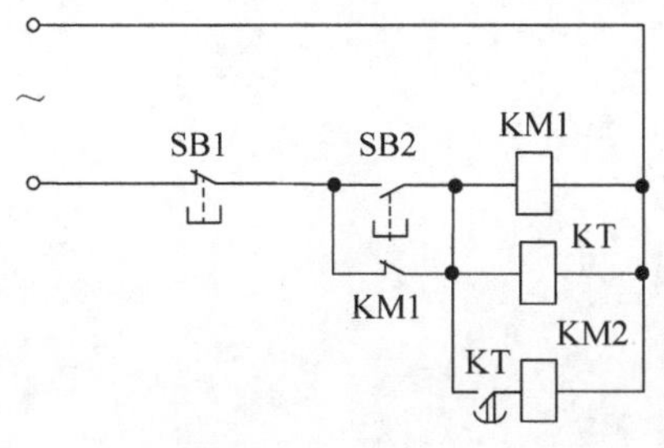

图8.32　习题8.3图

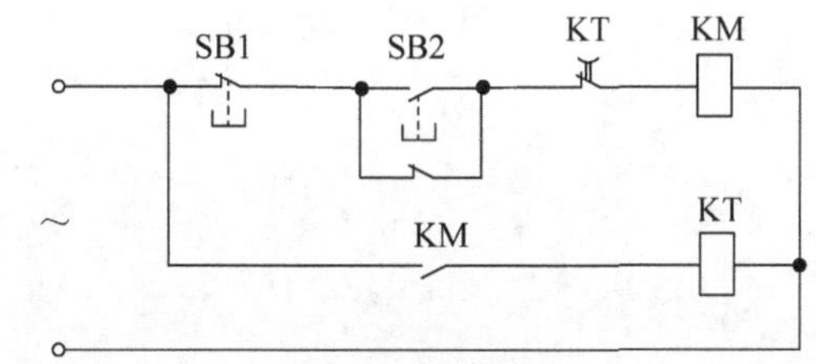

图8.33　习题8.4图

8.5　如图8.34所示的电路中，接触器KM1和KM2均已通电动作，此时若按下按钮SB3，则（　　）。

A. KM1和KM2均断电停止运行

B. 只有接触器KM1断电停止运行

C. 只有接触器KM2断电停止运行

8.6　在如图8.35所示的控制电路中，KM1控制电动机M1，KM2控制电动机M2，若要起动M1和M2，其操作顺序必须是（　　）。

A. 先按SB1起动M1，再按SB2起动M2

B. 先按SB2起动M2，再按SB1起动M1

C. 先按SB1或SB2均可

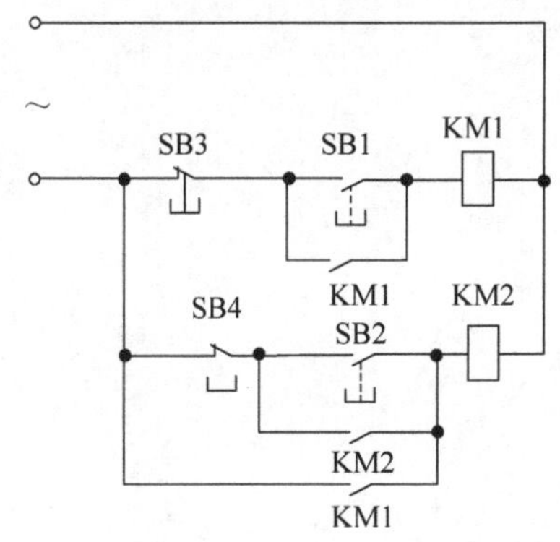

图8.34　习题8.5图

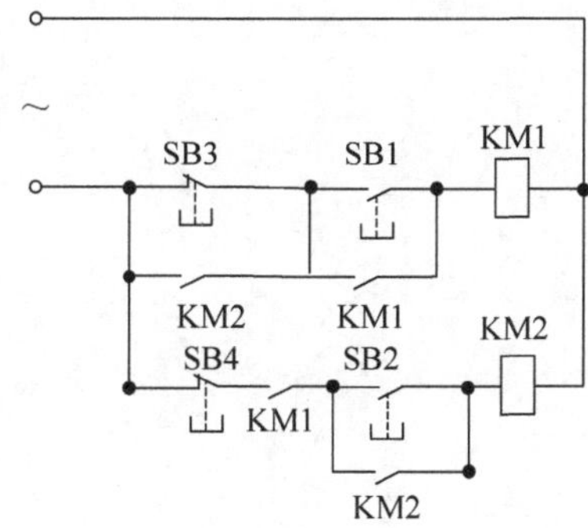

图8.35　习题8.6图

8.7 如图 8.33 所示控制电路中，KM1 控制辅助电动机 M1，KM2 控制主电动机 M2，两个电动机均已运行，停车操作顺序必须是（　　）。

A. 先按 SB3 停 M1，再按 SB4 停 M2

B. 先按 SB4 停 M2，再按 SB3 停 M1

C. 操作顺序无限定

第 9 章 安全用电

CHAPTER 9

随着电气化技术的发展，在生产和生活中大量使用了电气设备和家用电器，给人们的生产和生活带来很大方便。但在使用电能的过程中，如果不注意用电安全，可能造成人身触电伤亡事故或电气设备的损坏，使国家、个人财产遭受损失。此外，越来越多的电子、电气设备的投入使用使得各种频率的不同能量的电磁波充斥着地球的每一个角落乃至更加广阔的宇宙空间，世界卫生组织的调查结果显示，电磁辐射可能引发诸如糖尿病、高血压、白血病及脑瘤等严重的健康问题。

9.1 电对人体的危害

电对人体的危害分为直接危害和间接危害。直接危害是人体触电所造成的，触电就是指人体的不同部位同时接触到不同电位的带电体时，人体内就有电流通过而造成对人体的伤害。按照触电事故的构成方式，触电事故可分为电击和电伤。间接危害是电磁辐射所造成的，电磁辐射污染环境进而对人体组织造成影响，引发严重的疾病。

9.1.1 电击

电击是指电流通过人体时，破坏人的神经系统、心脏、肺部等脏器的正常工作而造成的伤害。它可以使肌肉抽搐，内部组织损伤，造成发热发麻、神经麻痹等，甚至引起昏迷、窒息、心脏停止跳动而死亡。大部分触电死亡事故都是由电击造成的，人体触及带电的导线、漏电设备的外壳或其他带电体，以及雷击、电容放电，都可能导致电击。表 9.1 列出了触电对人体的影响。通常，只需要 100mA 电流就能导致受害者心脏停止工作，我国规定安全电流为 30mA。安全电流是指人体触电后最大的摆脱电流。

表 9.1　触电对人体的影响

电流/mA	通电时间	工频电流人体反应	直流电流人体反应
<1	连续通电	无	无
1	连续通电	知觉阈值，轻微感知	无
1～10	数分钟内	有痛感，但可摆脱电源	有针刺感、压迫感及灼热感
10～30	数分钟内	麻痹、呼吸困难、血压升高、手抓紧不能释放	压痛、刺痛、灼热感强烈，并伴有抽筋

续表

电流/mA	通电时间	工频电流人体反应	直流电流人体反应
30～75	数秒钟到数分钟	呼吸麻痹(不能呼吸)、心跳不规则	感觉强烈、剧痛，并伴有抽筋
75	低于心脏搏动周期	心颤阈值 0.5%	剧痛、强烈痉挛、呼吸困难或麻痹
250	低于心脏搏动周期	心颤阈值 99.5%	
4000	低于心脏搏动周期	心脏停止	
5000	低于心脏搏动周期	组织烧伤	

9.1.2 电伤

电伤是指电流的热效应、化学效应、机械效应作用对人体造成的局部伤害，它可以是电流通过人体直接引起的，也可以是电弧或电火花引起的(电火花本质上是一个短暂存在的电弧)。当两个电位差很大的导电体非常靠近时，就会产生电弧，电弧释放出极大的热能，其端部温度能达到 49 727℃。

电伤包括电弧烧伤、烫伤、电烙印、皮肤金属化、电器机械性伤害、电光眼等不同形式的伤害。

9.1.3 电磁辐射的危害

随着现代科技的高速发展，一种看不见、摸不着的污染源日益受到各界的关注，这就是被人们称为“隐形杀手”的电磁辐射。

1998 年世界卫生组织(WHO)调查显示，电磁辐射对人体有四大影响。首先，电磁辐射是心血管疾病、糖尿病、癌突变的主要诱因。美国一癌症研究基金会对一些遭电磁辐射损伤的病人抽样化验，结果表明在高压线附近工作的人比正常人发病率高 24 倍。其次，电磁辐射对人体生殖系统、神经系统和免疫系统造成直接伤害。再次，电磁辐射是造成孕妇流产、不育、畸胎等病变的诱发因素。最后，过量的电磁辐射直接影响儿童组织发育、骨骼发育、视力下降，肝脏造血功能下降，严重的可导致视网膜脱落。

一般来说，对电磁环境造成污染的电磁辐射按其产生的原因可分为自然电磁辐射和人为电磁辐射。在人为电磁辐射中，按其频段的不同可分为工频和射频(含微波)电磁辐射。

1. 射频电磁辐射的危害

射频(RF)电磁辐射危害来源于电磁波或无线电波，如广播、电视、移动电话、无线网络和雷达等。射频危害是由于发射频率产生的辐射，发射射频辐射的一些常见设备包括手机、微波炉以及无线和双向通信设备。

射频电磁辐射对人体组织会产生两种作用：一种是致热效应，即电磁辐射会使人体发热，在超过一定限度的强电磁辐射作用下，人体会发热而出现高温生理反应，使人体产生功能障碍和病理损害，如神经衰弱、白细胞减少等病变；另一种是非热效应，当低强度电磁辐射长时间作用于人体，虽然人体温度没有明显升高，但往往也会引起人体细胞的共振，使细胞活动能力受限，这样也会出现一些生理反应，如心率和血压的改变及失眠、健忘等。

奥地利的一个医生组织在 1999 年和 2001 年发表的研究结果表明，长期使用手机可能会破坏脑电波模式，甚至可导致眼癌，并建议儿童不使用手机。有研究表明，大量使用手机会造成用户的DNA变化,这是癌症的一个前兆。美国癌症研究协会认为手机和癌症没有直接联系,当然,更多的专家认为对于射频辐射与癌症发生之间的关系,仍需要进行更多的研究。

早在20世纪50年代,以美国和苏联为代表的许多国家就开展了电磁辐射防护标准的研究工作。目前,国外现行的电磁辐射防护标准主要有国际非电离辐射防护委员会(ICNIRP)制定的ICNIRP Guidelines和美国国家标准协会(ANSI)与美国电子工程师协会(IEEE)2002年共同制定的 *IEEE Standard for Safety Levels with Respect to Human Exposure to Radio Frequency Electromagnetic Fields 0 to 3kHz* 以及2005年制定的 *IEEE Standard for Safety Levels with Respect to Human Exposure to Radio Frequency Electromagnetic Fields 3kHz to 300GHz*。表9.2是根据ICNIRP导则推导出的射频电磁场暴露限值,可以看出,ICNIRP给出的限值随着RF频率变化而不同,这是因为人的身体对RF的吸收量随着RF频率变化而不同。尽量避免使人体暴露在30~300MHz频率范围内,因为在此范围内人体会非常有效地吸收RF能量。

表9.2 射频电磁场暴露限值

暴露类别	频率范围	电场强度 $E/(\mathrm{V/m})$	磁场强度 $H/(\mathrm{A/m})$	磁感应强度 $B/\mu\mathrm{T}$
职业暴露	0.065~1MHz	610	24.4	30.7
	1~10MHz	$610/f$	$1.6/f$	$2/f$
	10~400MHz	61	0.16	0.2
	400~2000MHz	$3f^{1/2}$	$0.008f^{1/2}$	$0.04f^{1/2}$
	2~300GHz	137	0.36	0.45
公众暴露	0.15~1MHz	87	$0.73/f$	$0.92/f$
	1~10MHz	$87/f^{1/2}$	$0.73/f$	$0.92/f$
	10~400MHz	28	0.073	0.092
	400~2000MHz	$1.375f^{1/2}$	$0.0037f^{1/2}$	$0.0046f^{1/2}$
	2~300GHz	61	0.16	0.2

注:表中对于频率在100kHz~10GHz范围时都是在任意6min的平均值;对于超过10GHz的频率而言,都可在任意$68/f^{0.05}$ min期限(f单位为GHz)内进行平均。

1988年以来,我国先后颁布了《环境电磁波卫生标准》(GB9175—1988)、《电磁环境控制限值》(GB8702—2014)等国家标准;《辐射环境保护管理导则——电磁辐射环境影响评价方法与标准》(HJ/T10.3—1996)、《微波辐射生活区安全限制》(GJB475—1988)等标准。表9.3为环境电磁波容许辐射强度分级标准,二级标准可能引起潜在的不良反应。表9.4和表9.5列出了一些生活中常见的电磁辐射的频率及强度。

表9.3 环境电磁波容许辐射强度分级标准

波 长	一级(安全区)容许场强	二级(安全区)容许场强
100kHz~30MHz	<10V/m	<25V/m
30~300MHz	<5V/m	<12V/m
300MHz~300GHz	$<10\mu\mathrm{W/cm^2}$	$<40\mu\mathrm{W/cm^2}$

表 9.4 常见设备电磁辐射频率

类　别	频　段	辐射值/($\mu W/cm^2$)
微波炉(高温加热中)	2.4GHz	50
无线路由器(使用中)	2.4GHz 和 5GHz	1
笔记本电脑(无线上网中)	2.4GHz	4
手机(通话)	850MHz、900MHz、1800MHz、1900MHz	0.5～50

注：表中辐射观测值为设备附近测得，随着测试距离的增大，辐射值将逐渐降低。

表 9.5 电视机辐射强度

电视机类型	开机瞬间辐射强度/μT	正常观看时辐射强度/μT	换台时辐射强度/μT	待机状态辐射强度/μT	侧面正常观看时辐射强度/μT
CRT	0.12	0.3	0.27	0.11	0.28
液晶电视	0.1	0.1	0.1	0.1	0.11
等离子电视	0.11	0.11	0.11	0.12	0.11
背投电视	0.12	0.12	0.12	0.12	0.19

注：表中观测值的测试距离为 0.5m。

需要注意的是，手机通话的辐射强度随着手机信号的强弱而改变，当信号满格时，通话状态的辐射值约 $0.5\mu W/cm^2$，三格信号时，通话状态的辐射值约 $1\mu W/cm^2$，两格信号时，通话状态的辐射值约 $12\mu W/cm^2$，而一格信号时，通话状态的辐射值增大到 $50\mu W/cm^2$。这是因为如果通信基站覆盖的好，手机通话信号就强，因此手机与基站联系的发射功率就小，对应的功耗就低，相应的辐射也就小。

从测试结果看，在电视产品中最令人放心的是液晶电视，正面 0.5m，开机瞬间、正常观看、换台、待机状态的测试结果都是 $0.1\mu T$，而侧面也只有 $0.11\mu T$，辐射强度最小，且基本没有变化。

2. 工频电磁辐射的危害

工频电磁场辐射主要有高压输电线的辐射和家用电器辐射(如电视、计算机、吹风机、冰箱等)。工频电磁场对人体健康的影响问题，早在 20 世纪 60 年代国际上就有不少的研究报告。苏联的一些学者从对职业暴露人员的卫生学调查中，提出工频电场可以影响中枢神经和心血管等系统的功能。不少研究表明，高强度工频电磁场暴露人群，尤其是高强度工频磁场暴露人群的肿瘤发生率，例如儿童白血病、成人脑瘤及乳腺癌的发病率高于低暴露人群，提示工频磁场对肿瘤的发生可能有一定的联系(促进作用)，但是联系程度是微弱的。

视频 9.1

世界卫生组织官方文件指出："极低频场与生物组织相互作用的唯一实际方式是在生物组织中感应电场和电流。然而，在通常遇到的极低频场暴露水平下，所感应的电流比我们体内自然存在的电流数值还低。"在全面评估有关电场的研究结果后，世界卫生组织指出："除了由躯体表面电荷产生的刺激外，暴露到高达 20kV/m 的工频电场几乎没有什么影响，并且是无害的。"科学研究表明，当工频电场强度被控制在一定的量值范围内时，它对人体及其他生物体是无害的。当然，居民工频电磁场暴露与肿瘤发生之间的关系，仍然是一个有争议的问题。表 9.6 列出了一些国家及国际组织的工频电磁场暴露限值。

表 9.6　一些国家及国际组织的工频电磁场暴露限值

<table>
<tr><th rowspan="2">组织或国家名称</th><th rowspan="2">发布时间</th><th rowspan="2">频率/Hz</th><th colspan="2">电场强度 E/(kV/m)</th><th colspan="2">磁感应强度 B/μT</th></tr>
<tr><th>职业暴露</th><th>公众暴露</th><th>职业暴露</th><th>公众暴露</th></tr>
<tr><td rowspan="2">国际非电离防护委员会(ICNIRP)</td><td rowspan="2">1998 年</td><td>50</td><td>10</td><td>5</td><td>500</td><td>100</td></tr>
<tr><td>60</td><td>8.33</td><td>4.16</td><td>4166</td><td>83.3</td></tr>
<tr><td>美国电气与电子工程师学会(IEEE)</td><td>2002 年</td><td>50</td><td>20</td><td>5</td><td>2710</td><td>904</td></tr>
<tr><td>欧洲标准化委员会</td><td>1995 年</td><td>60</td><td>25</td><td>8.333</td><td>1333</td><td>533</td></tr>
<tr><td rowspan="2">英国国家辐射防护委员会</td><td rowspan="2">1993 年</td><td>50</td><td>12</td><td>12</td><td>1600</td><td>1600</td></tr>
<tr><td>60</td><td>10</td><td>10</td><td>1333</td><td>1333</td></tr>
<tr><td>美国政府工业卫生联合会</td><td>2005 年</td><td>50/60</td><td>25</td><td>—</td><td>1000</td><td>—</td></tr>
<tr><td>日本产业卫生学会标准</td><td>2002 年</td><td>50</td><td>10</td><td>—</td><td>1000</td><td>—</td></tr>
<tr><td>澳大利亚国家健康和医疗研究委员会</td><td>1989 年</td><td>50/60</td><td>10-30</td><td>5(24h/d)
10(h/d)</td><td>500
5000(2h/d)</td><td>100
1000(h/d)</td></tr>
<tr><td>中国 GB8702—2014</td><td>2014 年</td><td>50</td><td>10</td><td>4</td><td>500</td><td>22</td></tr>
</table>

国际标准确定暴露限值的目的是防止电磁场暴露过强对健康产生影响。从限值确定方法来看,国际标准均是根据人体在最不利暴露姿态下电场对人体中枢神经系统及周围神经系统的体内危害阈值进行统计,取其下限；通过精确的人体数值计算模型,得出体外对应的电场限值,考虑计算模型等因素的不确定性并赋予数倍的安全因子或降低因子,得出公众暴露电磁场强度限值。

值得注意的是,ICNIRP 导则和 IEEE 标准对于电磁场限值的规定各有自身的侧重点。ICNIRP 导则是从暴露对人体内的有害健康影响考虑,而不针对具体工程环境问题提出建议。它以科学证据为依据,提出在最不利的暴露条件下针对不同人群赋予不同安全因子的暴露限值。IEEE 标准却更多地考虑了具体工程环境下的限值处理问题。在避免人体内有害健康的影响的同时,进一步针对低频段特定工程环境(电力线路走廊),对于人处于电场中,同时触及带有不同电位的金属物体时发生的体外电场效应,做出了附加的电场限值规定。就这一点而言,IEEE 标准更具有环境质量控制标准的特点。

9.2　安全用电

9.2.1　触电防护

1. 触电方式

按照人体触及带电体的方式和电流流过人体的途径,触电可分为单相触电、两相触电、跨步电压触电和接触触电,跨步电压和接触电压触电一般在雷击或有强大的接地短路电流出现时发生。

(1) 单相触电包含中性点接地和不接地两种方式,中性点接地的单相触电,加载人体上的电压为电网的相电压，电流经相线、人体、大地和中性点接地装置构成通路；而中性点不接地的单相触电，由于相线与大地间存在分布电容，另外两相的对地电容、人体和接触的相线构成回路，造成触电。

(2) 两相触电是指人体同时触及两根相线，这时加到人体上的电压为线电压。这种触电方式最危险，但不常出现。

(3) 跨步电压触电。当电气设备的绝缘损坏或线路的一相断线落地时，落地点的电位就是导线的电位，电流就会从落地点(或绝缘坏处)流入地中，对地电压以落地点处最高，离开落地点电压逐渐下降，约至20m处降为0。如果有人走近导线落地点附近，由于人的两脚电位不同，在两脚之间将有一个电压存在而使人触电，这种触电称为跨步电压触电。

(4) 发生短路故障的设备有对地电压，人触及设备外壳会有电压加于人体，这种电压称为接触触电。

2. 安全电压

根据欧姆定律，通过人体的电流大小取决于人体电阻。ICE479-1(1984)报告中对人体电阻的研究表明，人体电阻值随接触电压的增高，呈非线性减小。降低人体皮肤电阻的因素包括皮肤的湿度以及皮肤破损等。一般在干燥环境中，人体电阻为2kΩ～20MΩ，皮肤出汗时，约为1kΩ；皮肤有伤口时，约为800Ω。而体内电阻约为500Ω，基本上不受外界因素影响。当通电时间增加、身体疲劳、情绪差时，人体电阻也会下降。

为确定安全条件，往往不采用安全电流，而是采用安全电压来进行估算：一般情况下，安全电压规定为36V，对于潮湿环境，安全电压规定为12V。这样，触电时通过人体的电流可被限制在较小范围内，可在一定的程度上保障人身安全。

3. 触电防护

绝缘、屏护和间距是最为常见的安全措施。接地和接零是安全用电的主要保护措施。电动机、变压器、电器、照明器具、携带式移动式电器的底座和外壳，电气设备的传动装置，电压和电流互感器的二次绕组，靠近带电体的金属门窗、围栏及室外广告灯牌和夜景照明的户外灯座外壳等电气设备，均要采用接地和接零保护。接地和接零是否符合技术要求，关系到能否保证人身和设备安全。因此，正确选择接地、接零方式是非常重要的。按接地目的的不同，主要分为工作接地、保护接地和保护接零、重复接地4种。

1) 绝缘

绝缘是防止人体触电用绝缘物把带电体封闭起来。瓷、玻璃、云母、橡胶、木材和塑料等都是常用的绝缘材料。应当注意的是，很多绝缘材料受潮后会丧失绝缘性能，或在强电场作用下遭到破坏而丧失绝缘性能。为了防止绝缘损坏，在易接近部分出现危险的对地电压，也常采用加强绝缘的方式，加强绝缘就是采用双重绝缘或另加总体绝缘，即保护绝缘体以防止通常绝缘损坏后的触电。

2) 屏护

屏护就是采用遮拦、护罩、护盖箱闸等把带电体同外界隔绝开来。电器开关的可动部分一般不能采用绝缘处理，而需要屏护。高压设备不论是否有绝缘，均应采取屏护措施。

3) 间距

间距就是保证必要的安全距离。间距除用于防止触及或过分接近带电体外，还能起到防止火灾、防止混线、方便操作的作用。在低压工作中，最小检修距离不得小于0.1m。

4）工作接地

为了保证电气设备在正常及事故情况下可靠工作而进行的接地，如三相四线制电源中性点的接地。

5）保护接地

为了防止电气设备正常运行时，不带电的金属外壳或框架因绝缘损坏造成漏电使人体接触时遭受触电的危险，把在故障情况下可能呈现危险的对地电压的金属部分同大地紧密地连接起来，称为保护性接地。适用于中性点不接地的三相三线制低压电网。如图 9.1 所示的电路为未采用保护接地和采用保护接地的电路示意图。

如图 9.1(a)所示，未采用保护接地的电路，当发生人身触电时，由于触电电流不足以使熔断器或者自动开关动作，因此危险电压一直存在，若电网绝缘下降，则存在生命危险。如图 9.1(b)所示，采用保护接地的电路，当发生人身触电时，由于保护接地电阻的并联，人身触电电压下降，流过人体的电流也就减小。

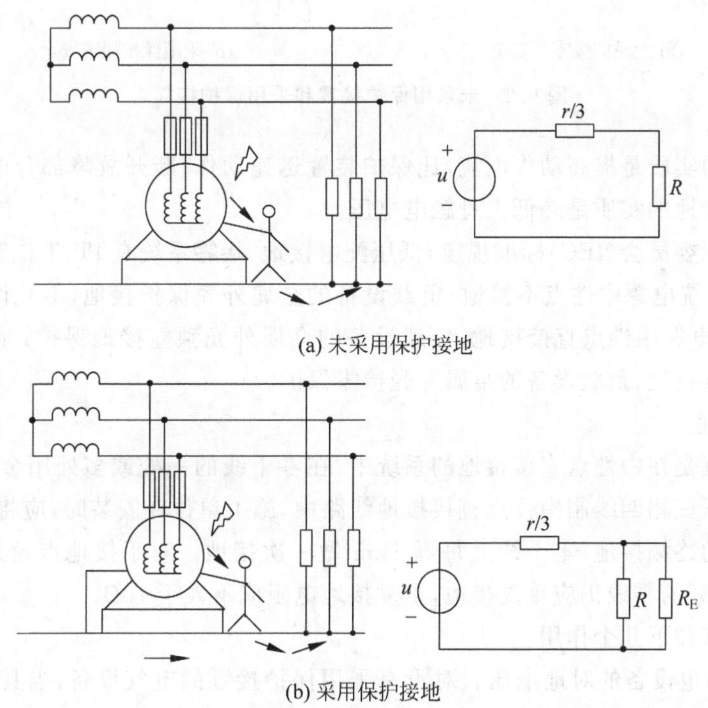

图 9.1　未采用保护接地和采用保护接地

在电源中性点直接接地的系统中，保护接地有一定的局限性。这是因为在该系统中，当设备发生碰壳故障时，便形成单相接地短路，短路电流流经相线和保护接地线、电源中性点接地装置，如果接地电路电流不能使熔丝可靠熔断或自动开关可靠跳闸时，那么漏电设备金属外壳上就会长期带电，也是很危险的。

6）保护接零

接地的电网中，由于单相对地电流较大，保护接地就不能完全避免人体触电的危险，而要采用保护接零。将电气设备的金属外壳或架构与电网的零线相连接的保护方式叫保护接零。适用于中性点接地的三相四线制低压电网。

如图 9.2 所示，在三相四线制电路中，未采用保护接零，设备漏电时，人体触及外壳便造成单相触电事故，电压为火线电压，十分危险。如果采用保护接零，那么当设备漏电时，将变成单相短路，造成熔断器熔断或者开关跳闸，切除电源，就消除了人的触电危险。因此，采用保护接零是防止人身触电的有效手段。

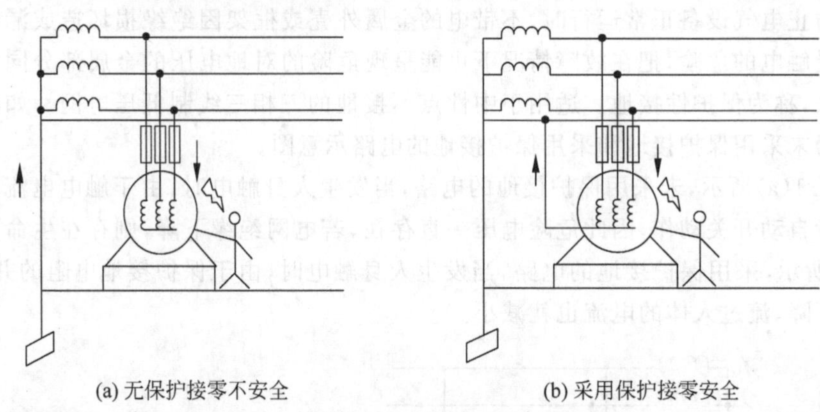

(a) 无保护接零不安全　　(b) 采用保护接零安全

图 9.2　未采用保护接零和采用保护接零

保护接零的实质是提高动作电流，让保护装置迅速动作，断开故障部分电流，消除触电危险。而保护接地的实质是降低人身触电电压。

按国际电工委员会(IEC)标准规定，低压配电接地，接零系统有 IT、TT、TN 3 种基本形式。其中，IT 系统电源中性点不接地，负载设备的金属外壳保护接地，不允许用保护接零；在 TT 系统中，电源中性点直接接地，负载设备的金属外壳独立接地保护；在 TN 系统中，电源中性点直接接地，负载设备的金属外壳接零保护。

7) 重复接地

重复接地就是在中性点直接接地的系统中，在零干线的一处或多处用金属导线连接接地装置。在低压三相四线制中性点直接接地线路中，施工单位在安装时，应将配电线路的零干线和分支线的终端接地，零干线上每隔 1km 做一次接地。对于接地点超过 50m 的配电线路，接入用户处的零线仍应重复接地，重复接地电阻应不大于 10Ω。

重复接地有如下几个作用。

(1) 降低漏电设备的对地电压。对没有采用保护接零的电气设备，当其带电部分碰壳时，线路上的保护装置迅速动作，切断故障电源。但是，从发生碰壳短路起，到保护装置动作完毕的一段时间，设备外壳是带电的，其对地电压约为 147V，显然是不安全的。装有重复接地的保护接零系统，重复接地的接地电阻阻值越小或一条支路上重复接地处越多，降低对地电压的作用就越明显。

(2) 零干线断线，三相严重不平衡时，零线重复接地有稳定系统工作电压的作用。

(3) 降低零干线断线后的危险。当零线断线时，在断线后边的设备如果发生碰壳接地故障，电路电流极小，线路上的保护装置不能动作，不能切断故障电源。漏电设备金属外壳上的对地电压近似为相电压，这是非常危险的。重复接地时，在零线上加了一个重复接地的接地电阻，通过增加零线端口前面零线上的对地电压，降低零线端口后面漏电设备金属外壳上的对地电压。因此，在同一条零线上，适当多加一些重复接地是有好处的，但不可通过降

低重复接地的接地电阻来降低零线端口后面漏电设备金属外壳上的对地电压。

(4) 缩短漏电事故时间。因为重复接地、工作接地和零线是并联支路,所以发生短路故障时增加短路电流,加速保护装置的动作,从而缩短事故持续时间。

(5) 改善线路的防雷性能。在架空线路零线上重复接地,对雷电有分流作用,有利于限制雷电过电压。

9.2.2 电磁辐射防护

由于人类生活作业环境中电磁辐射的普遍程度不断加深,电磁辐射对人类健康影响的研究及其防护已经成为一个迅速发展的科学新领域。针对电磁辐射的国际性合作研究也已展开——世界卫生组织在全球范围内发起了国际电磁场计划(The International EMF Project)旨在针对0～300GHz的电磁辐射对人体带来的健康影响进行研究。该计划自启动以来,吸引了世界范围内的科学家与职业健康安全专家参与,推动了人类对电磁辐射危害的了解。

为实现辐射防护目的,对于各种放射性实践活动引起的照射,国际放射防护委员会(International Commission on Radio-logical Protection,ICRP)提出了辐射防护的3项基本原则,即辐射实践的正当化、辐射防护的最优化以及个人剂量限值。对于电磁辐射应该采取主动防护的方法,现在已经有了很多办法可以防止电磁辐射。

1. 距离防护

根据电磁场强度在传播过程中随距离的加大而减弱的原理,可以采取远离辐射源的方法,在条件许可时实行远距离控制,利用空间自然衰减而达到防护的目的。如人与电视机的距离应大于2m;与荧光灯管距离应在2～3m;微波炉在开启之后要离开至少1m远,孕妇和小孩应尽量远离微波炉;手机接通瞬间释放的电磁辐射最大,在使用时应尽量使头部与手机天线的距离远一些,最好使用蓝牙耳机和话筒接听电话,或将手机离开头部10cm以外;采用远距离控制与自动化作业相结合的方式,如采用远距离屏蔽室控制等方法来减小辐射强度。

2. 吸收防护

在微波场源的周围或需要防护的环境四周设置吸波材料或装置,可以有效地将微波辐射场强降低。例如,在主要辐射直视信道上用功率吸收器等波能吸收装置来降低直视信道方向的微波辐射;树木对电磁能量有吸收作用,在电磁场区,大面积种植树木,增加电波在媒介中的传播衰减,从而防止人体受电磁辐射的影响;在调机车间设置六面体吸波材料,防止微波辐射泄漏。对于任何需要防护的环境,外部都要设置吸波材料,用来阻止微波辐射。

3. 电磁屏蔽和高频接地防护

屏蔽是瞬时电磁脉冲发射监测技术(Transient Electromagnetic Pulse Emanation Surveillance Technology,TEPEST)技术中的一项基本措施。它利用电磁屏蔽原理,将设备用特殊材料包起来,抑制近场感应和远场辐射、中断电磁辐射沿空间的传播途径,是解决电磁信息泄漏的重要手段。屏蔽方法有多种,根据不同需要可以采用整体屏蔽、部件屏蔽和元件屏蔽。屏蔽有不同结构、不同材料,屏蔽效果与材料性能、辐射频率、屏蔽体结构与辐射源的距离等因素有关。用电磁屏蔽的方法来解决电磁辐射问题的最大好处是不会影响系统的正常工作,因此不需要对系统做任何修改。电磁屏蔽技术的应用之一就是对高频电磁场的屏蔽，而且，在抗干扰辐射方面，屏蔽是最好的措施。

高频接地的作用是将屏蔽体(或屏蔽部件)内由于感应生成的射频电流迅速导入大地，使屏蔽体(或屏蔽部件)本身不致再成为射频的二次辐射源，从而保证屏蔽作用的高效率。地面下的管道(如水管)是可以充分利用的自然接地体，这种方法简单节省费用，但是接地电阻较大，只适用于要求不高的场合。

4. 滤波技术

滤波技术是对屏蔽技术的一种补充。被屏蔽的设备和元件并不能完全密封在屏蔽体内，仍有电源线、信号线和公共地线需要与外界连接。采用滤波技术，只允许某些频率的信号通过，而阻止了其他频率范围的信号，从而起到滤波作用，有效地抑制传导干扰和传导泄漏。

5. 个人防护

在无法远离电子产品和电磁辐射环境的情况下，一方面人们可以利用有效的方法，将电磁能量限制在规定的空间内，阻止其传播扩散，如在家用电器、手机等私人物品的使用上，应购买合格产品，且不要集中摆放，使用时注意保持距离，避免长时间操作。

另一方面，对于生活和工作在高压线、变电站、电台、电视台、雷达站、电磁波发射塔附近的人员；经常使用电子仪器、医疗设备、办公自动化设备的人员；生活在现代电器自动化环境中的工作人员；佩带心脏起搏器的患者；特别是生活在上述电磁环境中的孕妇、儿童、老人及病患等人员，要特别注意电磁辐射污染的环境指数，如果室内环境电磁污染比较高，必须采取相应的防护措施，比如穿防辐射服、佩戴防辐射眼镜等。

最后，在饮食上可以多食用海带、西红柿、胡萝卜等富含蛋白质、维生素A、维生素C的食物，也可常饮用绿茶或食用人参、五味子、蜂王浆、枸杞等保健品，以此增强机体的抵抗力，提高器官组织的修复能力。

习题

9.1 致命直流电流一般认为是大于(　　)。

A. 10mA　　B. 50mA　　C. 100mA　　D. 1A

9.2 下列哪种频率的电流对人体的伤害最大？(　　)

A. 直流电　　B. 600Hz　　C. 60Hz　　D. 1kHz

9.3 家用漏电保护装置的额定动作电流是(　　)。

A. 30mA　　B. 30A　　C. 10mA　　D. 10A

9.4 洗衣机、电冰箱等家用电器使用三线插头的目的是(　　)。

A. 插头造型美观　　B. 节约用电

C. 插入插座更稳固　　D. 防止触电

9.5 下列做法中，符合安全用电要求的是(　　)。

A. 用电器的金属外壳接地

B. 修理家庭电路时没有断开总开关

C. 电灯的开关接在零线和灯泡之间

D. 家庭电路中保险丝熔断后用铜丝代替

9.6 以下事例中，不符合安全用电原则的是(　　)。

A. 不能在电线上晾衣服

B. 发现有人触电不能用手拉动触电的人体，应该先切断电源

C. 控制家用电器的开关安装在火线上

D. 保险丝可以用铁丝代替

第 10 章 半导体元件

CHAPTER 10

"半导体"在现代电子技术中扮演着非常重要的角色。常用的二极管和三极管都是由半导体构成的电子元件。了解这些元件的基本结构、工作原理将为今后学习电路的分析与设计打下重要的基础。因此，本章将从半导体 PN 结的单向导电性入手，逐步展开，向大家介绍二极管和三极管的基本工作原理和使用方法。

10.1 半导体基础

什么是半导体呢？从导电性的角度来看，可以把物质分为三大类：容易传导电的物质，如银、铜、铝、铁等，称为导体；能够可靠隔绝电流的物质，如橡胶、塑料、陶瓷、云母等，称为绝缘体；导电能力介于导体和绝缘体之间的物质就叫半导体。常用的半导体材料有硅、锗、硒、砷化镓以及金属的氧化物和硫化物等。

单纯从导电性能来看，半导体既不能很好地传导电流，也不能可靠地隔绝电流，所以在很长一段时间里，它在电工和电子技术中并未受到重视。直到 1948 年晶体管的发明，人们才发现半导体具有许多奇妙的特性，随着越来越多的半导体元件的诞生，电工电子技术的发展也进入了一个崭新的局面。

10.1.1 半导体的特性

半导体主要有以下几方面的重要特性。

(1) 热敏特性。半导体的电阻率会随温度变化而变化。例如锗，温度每升高 10℃，它的电阻率就要减小到原来的一半。温度的细微变化，能够被半导体电阻率的变化明显地反映出来。半导体的这一特性可以用来制作感温元件——热敏电阻，用于温度测量和控制系统中。但事物往往具有两面性，正是因为**各种半导体元件都具有热敏特性，所以工作稳定性会受到环境温度变化的影响，通常需要增加温度补偿电路才能够在实际环境中长时间可靠工作**。

(2) 光敏特性。半导体的电阻率对光也十分敏感。有光照时，电阻率很小；无光照时，电阻率很大。例如，硫化镉光敏电阻，在无光照时，电阻值高达几十兆欧，而有光照时，电阻值瞬间降到了几十千欧。利用半导体的光敏特性，可以制作出各式各样的光敏传感器。

(3) 掺杂特性。完全纯净的、晶格完整的半导体也被称为**本征半导体**，如果在纯净的半导体中掺入某种极微量的杂质元素，那么其电阻率会发生极大的变化。例如，在纯硅中掺入百万分之一的硼元素后，其电阻率就会从 $2\times10^{3}\Omega\cdot m$ 降到 $4\times10^{-3}\Omega\cdot m$。通过掺入特定的杂质，人为地精确控制半导体的导电能力，就可以制造出不同特性的半导体材料。现在使用的很多半导体元件，基本上都是由这些掺杂后的半导体材料构成的。掺杂后的半导体为什么会出现导电特性的巨大变化呢？这与半导体材料的内部结构有着密切的关系。

10.1.2　本征半导体

原子是构成一切物质的基础，按原子排列形式不同，可将物质分为晶体和非晶体两大类。晶体内部的原子按照一定的晶格结构整齐排列；而非晶体内部的原子排列则显得杂乱，没有规律。

硅和锗是常用的半导体晶体材料，它们的原子结构示意图如图 10.1 所示，它们都是四价元素，也就是说，它们的原子最外层轨道上都有 4 个价电子。在硅和锗中，正是利用价电子把相邻原子结合起来，形成特定的晶体结构。图 10.2 给出了硅半导体单晶结构的平面模型。

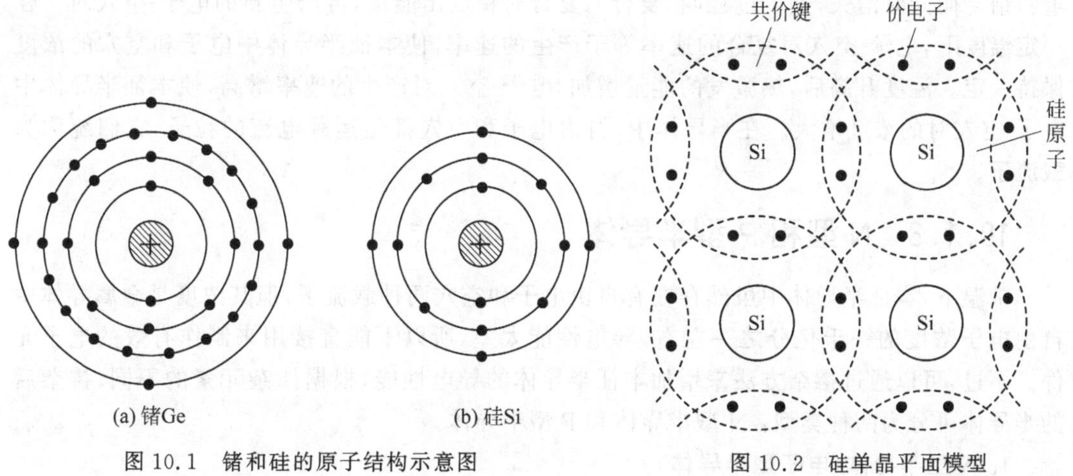

图 10.1　锗和硅的原子结构示意图　　图 10.2　硅单晶平面模型

从图 10.2 中可以看出，在晶体中相邻原子的距离很近，价电子不仅受到所属原子核的作用，而且受到相邻原子核的吸引。由于硅是四价元素，所以每个硅原子的 4 个价电子会分别与相邻硅原子的一个价电子组成一个电子对，这一对价电子使两个硅原子间产生了一种束缚力，像链条一样把两个原子互相拉住，不易分开，这就是所谓的**共价键**结构。共价键使每个原子的外层电子数都填满到了 8 个，形成比较稳固的晶体结构。在实际应用中，人们通常将硅或锗材料提纯(去掉杂质)并形成单晶体。这种完全纯净、能够形成稳固晶体结构的半导体材料被称为**本征半导体**。

本征半导体中的电子虽然受到共价键的牵制，但其还不像绝缘体中的价电子受到的束缚那样紧，当温度升高时，价电子在结晶格子内热运动加剧，这种热运动的结果使共价键中个别电子获得了足够的能量，从共价键上挣脱下来，变成**自由电子**。温度越高，晶体中产生的自由电子越多。当有一个束缚电子从共价键上跳脱下来时，原来所在的共价键上就会留下一个电子的空位，称为“空穴”，如图 10.3 所示。

空穴的出现，意味着空穴所在地方的硅原子失去了一个价电子，使得原来是电中性的硅

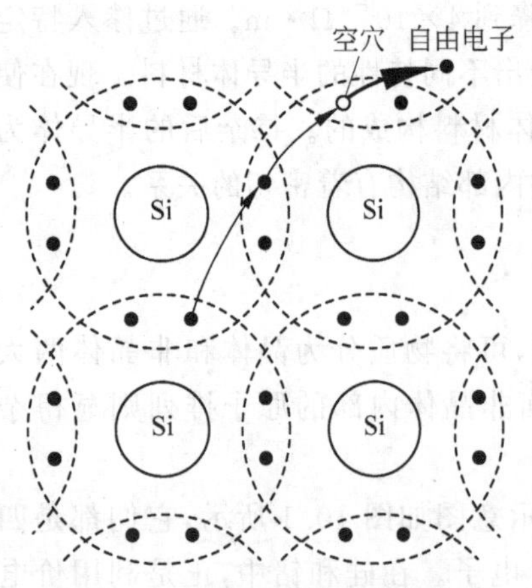

图 10.3 自由电子和空穴的产生

原子由于负电荷的减少而变成带正电的正离子。拥有了空穴的硅原子就好像拥有了正电荷一样成为带正电的离子,为研究方便,与电子相对应,可以把空穴当作为正电荷来看待。有趣的是,某一个共价键上出现了空穴时,由于热运动,邻近共价键上的电子就可能跳过来填补它,使空穴转移到邻近的共价键上去。这种物理过程不断地重复着,空穴在共价键上不停地转移。因此,空穴这种特殊的正电荷如同自由电子一样,可以在晶格上自由自在地运动。如果在半导体外加一个电场,那么在电场力的作用下,空穴将朝一定方向运动,形成半导体中的**空穴电流**。

在本征半导体中,由于热激发,自由电子和空穴是成对出现的。自由电子和空穴在晶体内自由运动时,又可能相遇,电子"掉进"空穴中,二者重新结合而同时消失,这个过程叫"复合",复合时释放出能量,再产生新的电子-空穴对。在一定温度下,电子-空穴对复合的速率等于产生的速率,使本征半导体中电子和空穴的浓度保持一定。温度升高后,热激发的能量增加,电子-空穴对产生的速率增高,使本征半导体中电子-空穴对的浓度增大。在半导体中,自由电子和空穴都是运载电流的粒子,它们统称为**载流子**。

10.1.3 N型和P型半导体

常温下,本征半导体中虽然存在有自由电子和空穴两种载流子,但其浓度是金属导体中自由电子浓度的一千亿分之一左右,导电性能太差,所以不能直接用来制作有效的电子元件。不过,可以通过掺杂方法来增加本征半导体的导电性能,根据掺杂元素的不同,掺杂后的半导体可分为两种类型:N 型半导体和 P 型半导体。

1. N型半导体(电子型半导体)

在本征半导体材料硅或锗中可掺入极微量的五价元素,如磷、锑、砷等。五价元素的浓度很小,不难想象,杂质原子将被晶格中的主原子(硅或锗)所包围,如图 10.4 所示。由于五价元素原子外层有 5 个价电子,当其中 4 个价电子分别和最邻近的 4 个硅(或锗)原子的一个价电子形成共价键时,第五个价电子因不能形成共价键而变成自由电子。这样,半导体中的自由电子数目大量增加,自由电子导电成为这种半导体的主要导电方式,故称它为电子半导体或**N型半导体**(N 取自单词 Negative,因为电子带负电)。在 N 型半导体中,由杂质提供的自由电子的浓度远超过由热激发所产生的电子-空穴对的浓度,所以**在N型半导体中,电子是多数载流子,空穴是少数载流子**。

2. P型半导体(空穴型半导体)

在本征半导体中可掺入极微量的三价元素,如硼、铟、镓或铝。由于这类杂质元素的原子外层只有 3 个价电子,故在和相邻原子构成共价键结构时,将会因缺少一个价电子,而使共价键上出现一个电子的空位,如图 10.5 所示。由于热运动,邻近共价键上的电子会跳到这个空位中来,使邻近的共价键上产生了空穴。这样,掺入三价元素的半导体就具有较多的空穴,由杂质提供的空穴浓度远远超过由热激发所产生的电子-空穴对的浓度,成为以空穴导电为主的半导体，故称为P型半导体（P取自单词Positive，因空穴可等效为带正电的粒子）。**在P型半导体中，空穴是多数载流子，而电子则是少数载流子**。

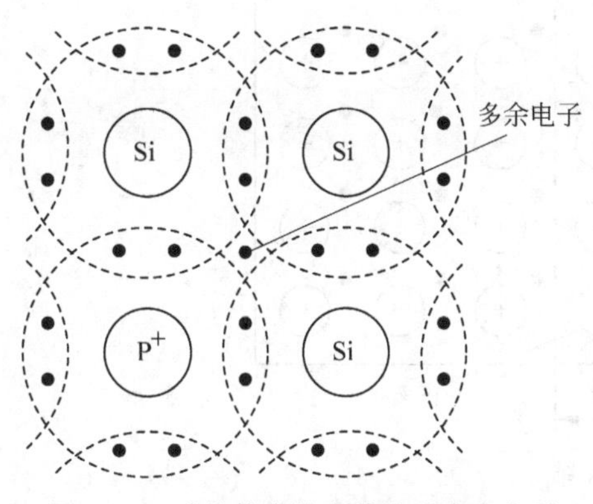

图10.4 硅晶体中掺杂磷出现自由电子

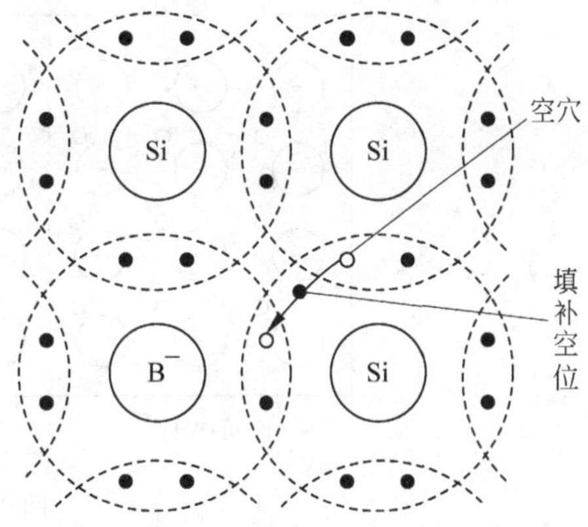

图10.5 硅晶体中掺硼出现空穴

10.2 PN结和晶体二极管

单独的P型半导体或N型半导体除了导电性能较掺杂之前有了大幅提升之外，似乎并没带来更多的用处。然而，当将P型和N型半导体连接起来时，情况就不同了。P型和N型半导体会在交界面形成一个具有特殊性能的薄层，这就是接下来要介绍的PN结。

10.2.1 PN结的形成

如果在一块本征半导体上，通过工艺操作，使它的一半掺入P型杂质，而另一半掺入N型杂质，那么在P型区和N型区的交界面处，就会形成一个具有特殊导电性能的薄层，称为PN结。

如图10.6所示，由于在P型半导体中空穴是多数载流子，而在N型半导体中电子是多数载流子，在这两种半导体交界面两边存在着空穴和电子两种载流子的浓度差。正如自然界中的扩散现象一样，在N型半导体中占绝对优势的自由电子会越过“边界”，向自由电子极少的P型半导体里扩散。这种扩散是从靠近交界面的地方开始进行的，N区靠近交界面处由于失去了电子，留下相应数量的正离子。同样，在P型半导体里占绝对优势的空穴，也会越过“边界”向空穴浓度极低的N型半导体中扩散。P区靠近交界面处，由于失去空穴，留下相应数量的负离子。P区和N区交界面两侧形成的正、负离子薄层，称为**空间电荷区**，它建立了PN结的内电场，方向由N区指向P区。由于空间电荷区内几乎没有自由电子和空穴，如同载流子已经消耗尽了，所以也叫作**耗尽层**。

需要注意的是，空间电荷区和PN结内电场建立之后，会阻碍P区和N区中多数载流子的继续扩散。扩散运动开始时，由于空间电荷区刚刚形成，内电场还很弱，扩散运动是占优势的。随着扩散运动的逐步深入，空间电荷区由薄变厚，电场力不断增强。最后，内电场的电场力与多数载流子的浓度差产生的扩散力将达到动态平衡，空间电荷区阻止了电子和空穴的进一步流动。

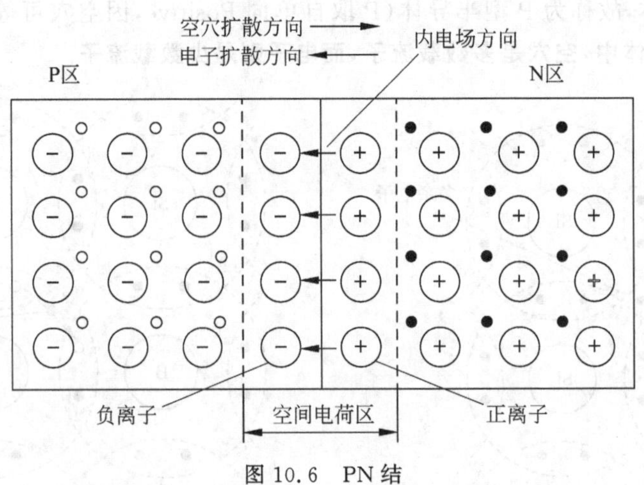

图 10.6　PN 结

10.2.2　PN 结的单向导电性

PN 结最重要的特性就是**单方向导电性**。下面具体分析给 PN 结外加正向电压和反向电压时，在 PN 结上发生的物理现象。

1. 外加正向电压使 PN 结导通

如图 10.7 所示，当 PN 结加上正向电压，也称为 **PN 结正偏（正向偏置），即 P 区接电源正极，N 区接电源负极时**，外加电压产生的外电场与 PN 结的内电场方向相反，削弱了 PN 结的内电场，破坏了多数载流子浓度差产生的扩散力与 PN 结内电场的电场力之间的动态平衡，扩散力占据了优势，多数载流子的扩散运动又得以进行。此时，P 区的多数载流子空穴，在外加电压的作用下，不断地向 N 区扩散，形成空穴电流；同样，N 区的多数载流子电子，在外加电压的作用下，不断地向 P 区扩散，形成电子电流。随着外加正向电压的增大，P 区和 N 区的多数载流子通过 PN 结形成的正向电流迅速增大，这种情况称为 PN 结的导通。当然，由于内电场的存在，P 区和 N 区中的少数载流子也会在内电场的作用下穿过 PN 结，少数载流子运动形成的电流被称为**漂移电流**，其方向与扩散电流方向相反。由于少数载流

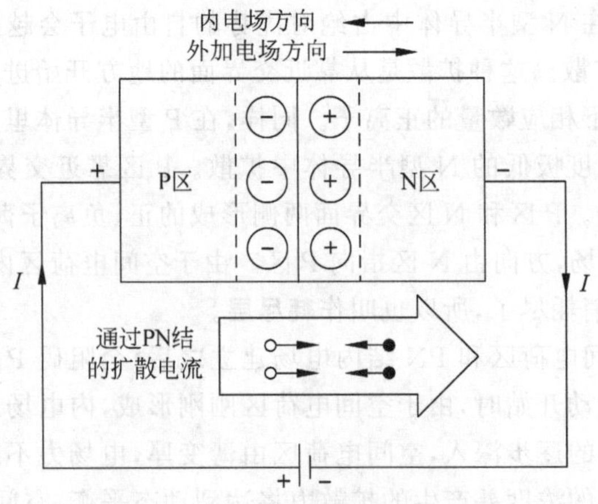

图 10.7　PN 结外加正向电压导通

子数目相对于多数载流子少很多,而且内电场力也远远小于外加电场力,所以形成的漂移电流非常小,可以忽略不计。因此,在 PN 结正向导通时,流过 PN 结的电流主要是多数载流子形成的**扩散电流**。

2. 外加反向电压使 PN 结截止

如图 10.8 所示,给 PN 结外加反向电压,也称为 **PN 结反偏(反向偏置)**,即 P 区接电源负极,N 区接电源正极时,外加电场与 PN 结的内电场方向相同,大大加强了 PN 结的内电场,空间电荷区变宽,多数载流子的扩散运动更加无法进行,这种情况称为 PN 结的截止。

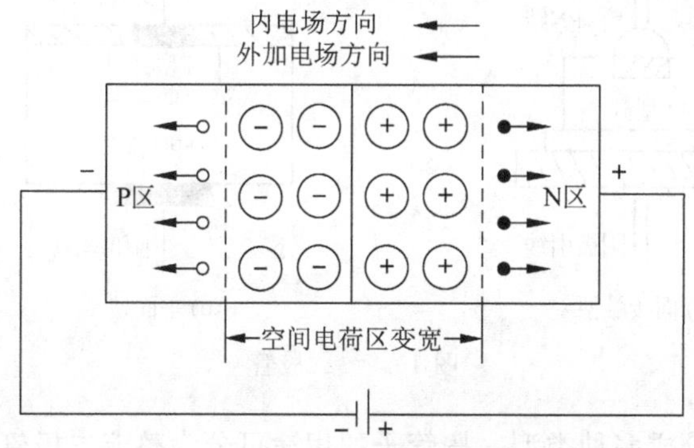

图 10.8　PN 结外加反向电压截止

需要注意的是,上面所说的 PN 结的截止,是对 P 区和 N 区的多数载流子的扩散运动而言的。但是,在 P 区除了多数载流子空穴外,还有由于热激发产生的少数载流子电子;同样,N 区除了多数载流子电子外,还有由于热激发所产生的少数载流子空穴。这些少数载流子在外加反向电压作用下,受到 PN 结强力电场的吸引,几乎全部顺利地通过 PN 结,形成反向电流。由于少数载流子的数量极少,所以反向电流十分微弱,因此外加反向电压时,PN 结呈现高阻,被称为 PN 结的截止状态。

3. PN 结的反向击穿

如上所述,PN 结外加反向电压时,反向电流十分微弱,但当反向电压增大到某一数值时,反向电流将急剧增大,这种现象叫作 PN 结的反向击穿。这是由于 PN 结的空间电荷区很薄,常在微米数量级,若反向电压很大时,PN 结的内电场变得很强(电场强度可达 2×10^5 V/cm),空间电荷区由热激发产生的载流子,受到强力电场的加速,具有很大的动能,在沿电场方向前进时,会把晶格上的价电子从共价键上撞击下来,成为自由电子,同时产生等量的空穴。这些新产生的电子-空穴对在加速电场的作用下,把更多的价电子撞击下来,这一连锁反应造成少数载流子剧增,使反向电流急剧增大。如果空间电荷区的电场足够强,还会把共价键上的电子强拉下来,使电子-空穴对数量激增,引起反向电流急剧增大,PN 结的这种反向击穿现象也被称为**雪崩击穿**。

10.2.3　二极管的结构和类型

将 PN 结加上电极引线和管壳,就成为晶体二极管(以下简称二极管)。二极管的电路符号如图 10.9(a) 所示,画有三角形的一侧代表正极(P 型半导体),画有竖线的一侧代表负极(N 型半导体),三角形所指示的方向代表 PN 结正向导通时电流的方向。

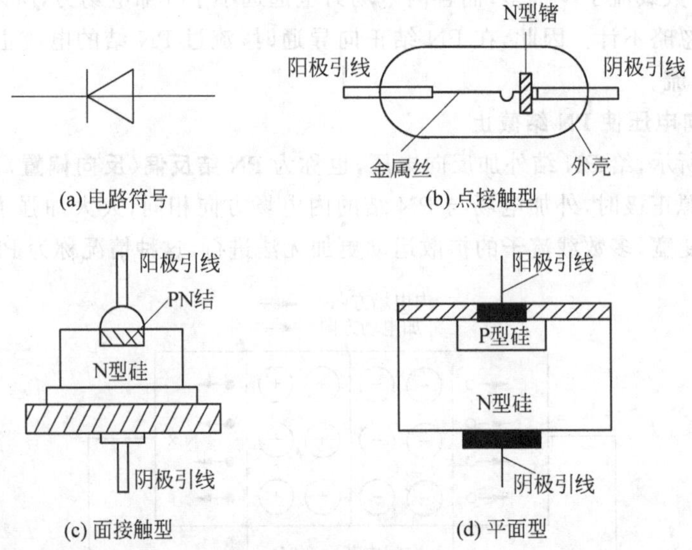

图 10.9　二极管

晶体二极管可以分成多种类型。按管子的用途可分为整流二极管、稳压二极管、开关二极管、光电二极管等。按管芯结构可分为点接触型二极管、面接触型二极管和平面型二极管。图 10.9(b)～图 10.9(d)绘出了这 3 种二极管的结构示意图。

点接触型二极管的特点是结面积小,因而结电容小,适用于高频(几百兆赫兹)工作,但只允许通过较小的正向工作电流(几十毫安以下)。主要应用于小电流的整流和高频时的检波、混频等。

面接触型二极管的特点是结面积大,因而能通过较大的电流,但其结电容也大,只能在较低的频率下工作。

平面型二极管,结面积较大的,可通过较大的电流,适用于大功率整流;结面积小的,适用于在脉冲数字电路中作开关管。

10.2.4　二极管的伏安特性

二极管最重要的特性就是单向导电性。外加正向电压时二极管呈现的电阻很小,能够流过较大的电流;外加反向电压时,二极管呈现很大的电阻,只流过极微弱的反向电流。为了深入了解二极管的单向导电性,将测量得到的**电压与电流之间的变量关系** $I=f(U)$用直角坐标系下的函数图像表示出来,称为二极管的**伏安特性曲线**。图 10.10(a)绘出了普通硅二极管的伏安特性曲线。显然,二极管的伏安特性曲线正、反两个方向是不对称的。可以把曲线分成 3 部分,分别说明如下。

视频 10.1

(1) 正向特性。二极管外加正向电压,当正向电压很小时,外电场还不足以克服内电场对载流子扩散运动所造成的阻力,因此正向电流十分微弱,二极管呈现很大的电阻,这个区域常常称为正向伏安特性的“死区”。当正向电压超过某一数值后,正向电流明显增大,这一电压称为导通电压,硅管的死区电压约为 0.5V,导通电压为 0.6～0.8V,而锗管的死区电压约为 0.1V,导通电压为 0.2～0.3V。

(2) 反向特性。二极管两端加上反向电压时,P 区和 N 区的少数载流子在电场力的作

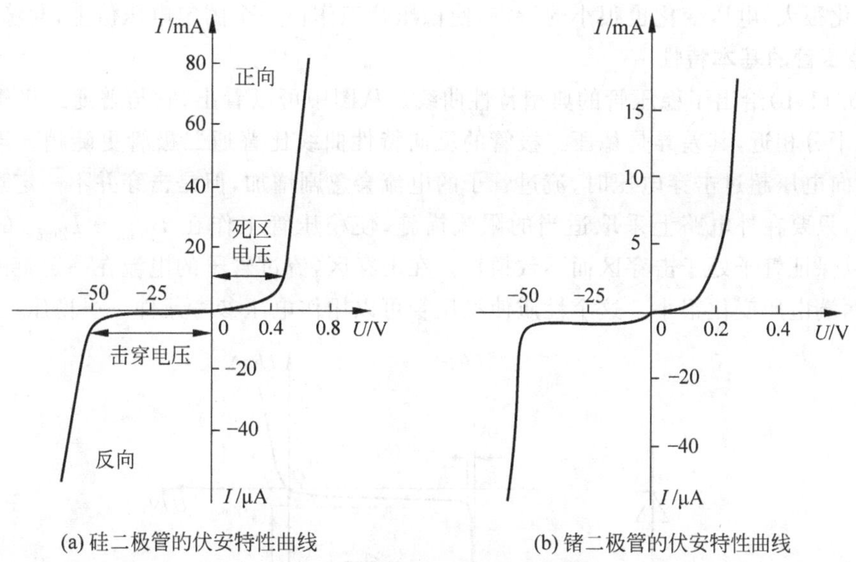

(a) 硅二极管的伏安特性曲线　　(b) 锗二极管的伏安特性曲线

图 10.10　二极管的伏安特性曲线

用下，全部通过 PN 结，形成反向电流。如果温度不变，那么反向电压增大，反向电流也几乎不再增加，所以常称之为反向饱和电流。小功率硅管的反向电流一般小于 0.1μA，而锗管常为几十微安。

(3) 反向击穿特性。当反向电压超过某一值时，反向电流将突然增大，这种现象称为反向击穿，反向击穿电压一般在几十伏以上。二极管被击穿后，一般不能再恢复原来的性能。

10.2.5　二极管的主要参数

二极管的参数是其特性的定量描述，是合理选择与正确使用二极管的主要依据。普通二极管的主要参数包括以下。

(1) 最大整流电流 I_{OM}。指二极管长时间连续工作时，允许通过的最大正向平均电流。二极管最大整流电流的大小，取决于 PN 结的面积、材料和散热情况。大功率整流二极管使用时必须装上散热片。

(2) 最大反向工作电压 U_{RWM}。指二极管在使用时所允许加的最大反向电压，超过此值二极管就有发生反向击穿的危险。

(3) 反向峰值电流 I_{RM}。指二极管加最大反向工作电压时的反向电流值。此值越小，二极管的单向导电性越好。

10.3　特殊类型的二极管

10.3.1　稳压管

稳压管实质也是半导体二极管，其符号如图 10.11(a)所示，它是用特殊工艺制造的面接触型硅二极管，使其可以在一定条件下工作在反向击穿区而不被损坏。稳压管正常工作需要处于反向偏置的状态(P 极接电压负极，N 极接电压正极)，利用二极管反向击穿时，即使电流变化很大，电压变化也很小的特点，使稳压管工作在一个固定电压值上，起稳压作用。

1. 稳压管的基本特性

图 10.11(b)给出了稳压管的典型特性曲线。从图中可以看出，它与普通二极管的伏安特性曲线十分相近，其差异是稳压二极管的反向特性曲线比普通二极管更陡峭。当稳压管两端的反向电压超过击穿电压时，流过管子的电流会急剧增加，但是击穿并不一定意味着管子的损坏，只要在外电路上采取适当的限流措施，使稳压管工作在 $I_{Zmin} \sim I_{Zmax}$ 的稳压区内，就可以保证管子处于击穿区而不致损坏。在击穿区，流过管子的电流在一定范围内变化时，管子两端电压变化很小。这个性质使稳压管可以用作电压参考元件——稳压元件。

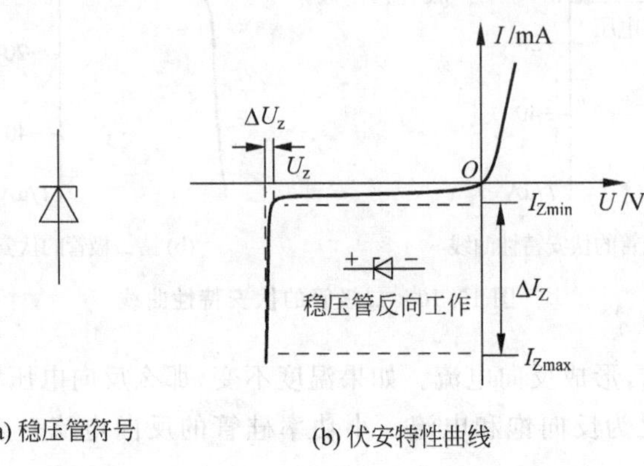

(a) 稳压管符号　　(b) 伏安特性曲线

图 10.11　稳压二极管的符号及伏安特性曲线

稳压管的击穿电压值，在制造过程中很容易人为控制，从而可以得到从几伏到几百伏(一般为 2～200V)的任意电压，以适应各种不同的要求。需要指出，稳压管作为电压参考元件，电压的稳定也只能是相对的。即使同一型号的管子，也会由于温度变化、工作电流不同、管子工艺的分散性，使稳压值不尽相同。

2. 稳压管的主要参数

(1) 稳定电压 U_Z。稳压管接到电路中产生的稳定电压数值，由于制造工艺的原因，即使同一型号的稳压管，U_Z 的分散性也较大。例如，2CW11 型稳压管的 U_Z 为 3.2～4.5V。使用中对每只管子都要逐一进行测试，以了解它的 U_Z 值。

(2) 稳定电流 I_{ZM}。通常是指稳压管工作于击穿区域的最小工作电流，$I_{ZM}=I_{Zmin}$ 在使用中稳压管的工作电流应大于此值，以使管子能稳定工作，但 I_{ZM} 不能大于 I_{Zmax}，否则稳压管会过热烧坏。

(3) 最大允许功耗 P_{ZM}。稳压管在工作时，要消耗一定的功率，把电能转换成热能。虽然稳压二极管不同于一般二极管，其反向击穿是可逆的，但为保证管子不会由于过热而损坏，规定了每种管子的不致发生热击穿的最大功耗值，其数值为稳定电压 U_Z 和最大稳定电流 I_{Zmax} 的乘积。

(4) 动态电阻 r_Z。在稳压管的工作区域内，稳定电流有一个变化量 ΔI_Z 时，总会引起稳定电压有一个微小的变化量 ΔU_Z，这就意味着稳压管电压的稳定是相对的。取稳定电压的变化量 ΔU_Z 与相应的稳定电流的变化量 ΔI_Z 的比值，定义为稳压管的动态电阻 r_Z，即

$$r_Z=\frac{\Delta U_Z}{\Delta I_Z}$$

显然，当电流的变化量 ΔI_Z 为一定时，动态电阻 r_Z 越小，则稳定电压的变化量 ΔU 越小，稳压性能越好。

(5) 稳定电压的温度系数 α_U。当温度改变时，稳定电压 U_Z 也将发生微小的变化。通常用温度每升高 1℃，稳定电压值的相对变化量来表示稳压管的温度稳定性，称为稳定电压的温度系数 α_U。稳压管的 U 值低于 6V 时，具有负的温度系数；高于 6V 时，具有正的温度系数；在 6V 左右时稳压管温度系数最小，例如，2CW20 型稳压管，$\alpha_U=0.095\%/℃$，也就是说，温度每升高 1℃，其稳定电压将升高 0.095%。

10.3.2 发光二极管

1907 年，英国工程师 Henry Round 在尝试使用矿石作整流装置时发现，当负电极接触到碳化硅时，会发出明显的光亮。他意识到这种发光方法与白炽灯发光不同，并不是依靠把物体加热到上千度高温来发光，而是一种全新的发光机制。这个会发光的碳化硅就是目前广泛使用的发光二极管(Light Emitting Diode，LED)的雏形，图 10.12 为发光二极管的符号。

根据物理原理，当电子从高能量的导带跳跃到低能量的价带时，降低的能量会转化为光子和声子，其中光子是组成光的最小单位，可以看作是一段电磁波，如果其波长正好落在可见光的范围内，便可以被观察到，这就是物体发光的基本原理。

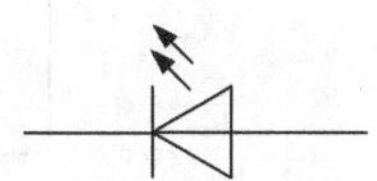

图 10.12 发光二极管符号

白炽灯通过将金属加热到很高的温度，从而激发外层电子实现跃迁放出光亮。但这种靠热激发的方法需要将大量的电能将转化为热能，因此发光效率非常低。除了热激发的方法，也可以通过掺杂的方法使半导体材料(N 型半导体)中出现大量不稳定的电子。根据量子物理学中的泡利不相容原理，每个能级轨道中最多只能容纳两个电子，因此这些多余出来的大量电子只能被“挤”到外层高能量的导带中去，如图 10.13(a)所示。

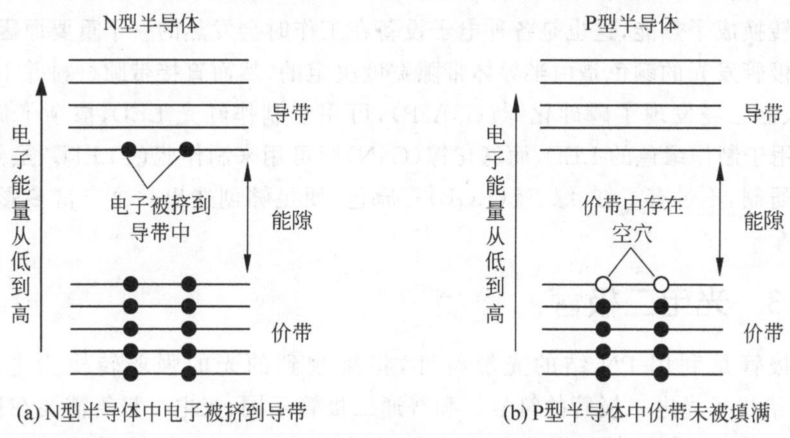

(a) N型半导体中电子被挤到导带　　(b) P型半导体中价带未被填满

图 10.13 半导体电子能级示意图

只把电子放置到导带中还不行，如果想发光，还需要让电子跃迁回价带才行，但 N 型半导体中价带已经被填满了，因此还需要提供另外一种价带有空位的材料才行，如图 10.13(b)所示，由于P型半导体材料中存在大量的空穴，因此其价带中也存在大量未能填满的空位，这正好为N型半导体中导带中的电子的跃迁提供了位置。如图10.14所示，电子从N型半导体的导带跃迁到P型半导体的价带中的空位中（电子与空穴的复合），发出光子，然后再通过电源的输运，电子被重新送回N型半导体一侧，从而使发光二极管持续发光，发光二极管的工作电流一般为几个毫安至十几毫安之间，一般需要限流电阻来保证发光二极管持续稳定工作。

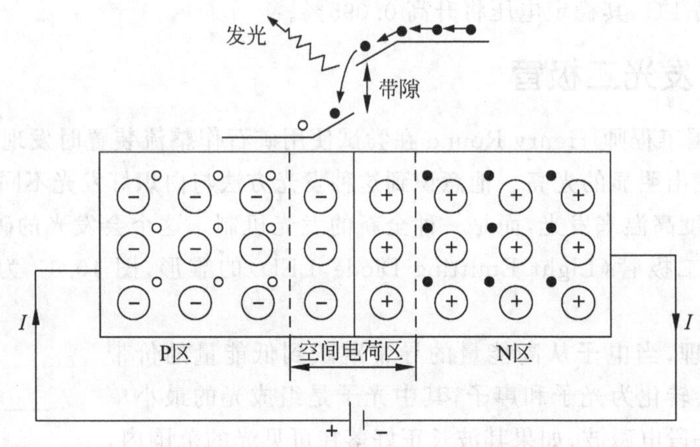

图10.14 外加电源使发光二极管持续发光

通过上面的介绍可知，发光二极管的基本结构与一般的二极管是一样的，都是把N型和P型半导体连接在一起，然而与普通二极管采用的半导体材料不同，发光二极管使用的是具有"直接带隙"的半导体材料。直接带隙半导体有个重要的性质：当价带电子往导带跃迁时，电子波矢不变，即在能带图上是竖直地跃迁，导带中的电子下落到价带时，可以把能量几乎全部以光的形式放出（因为没有声子参与，故也没有把能量交给晶体原子），因此发光效率高，发热小。而普通二极管采用的是非直接带隙材料，因此在普通二极管中，电子跃迁的能量大部分转换成了热能，这也是各种电子设备在工作时会发热的一个重要原因。

发光二极管发光的颜色是由半导体带隙宽度决定的，然而直接带隙材料并不容易研制，目前为止，人们已经发现了磷砷化镓（GaAsP），可用于制作红光LED，掺杂了氮的磷化稼（GaP-N）可用于制作绿色的LED，而氮化镓（GaN）则可用来制作蓝色LED。虽然直接带隙材料不容易研制，不过有了红、绿、蓝（RGB）三原色，便足够创造出一个丰富多彩的LED世界了。

视频10.2

10.3.3 光电二极管

光电二极管是利用PN结的光敏特性，将接收到的光的强弱转换为电流的变化，图10.15(a)给出了光电二极管的符号。和普通二极管不同，光电二极管需要在反向偏置状态下工作。无光照时，PN结的反向电流很小，通常只有0.1μA左右，称为暗电流；受到光线照射时，由于光激发，产生大量的电子-空穴对（称为光生载流子），它们在反向电压作用下，形成较大的反向电流，称为光电流。如图10.15(b)所示，光的强度E越大，光电流也越大。如果在外电路接上负载，光电流在负载上产生电压降，则光信号就转化成了电信号，光电流很小，一般只有几十毫安，应用时必须进行放大。

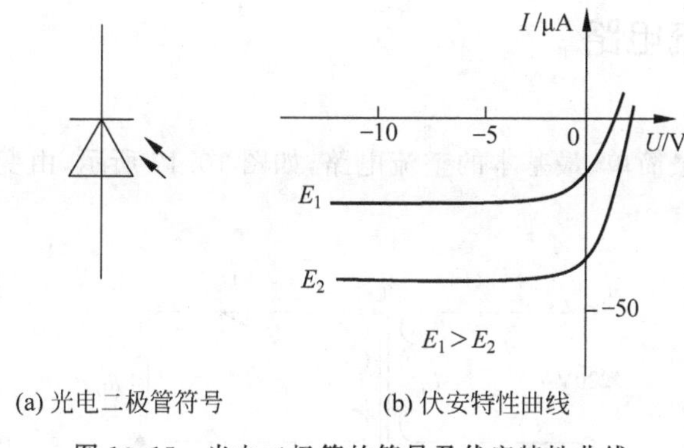

(a) 光电二极管符号　　(b) 伏安特性曲线

图 10.15　光电二极管的符号及伏安特性曲线

10.3.4　光电耦合器

所谓光耦合电路，是把发光二极管与光电二极管(或其他光敏元件)组合起来形成的一个可以用光传递信息的电路。

光电耦合器基本工作电路如图 10.16 所示，当输入端加上电压 GB_1 时，电流 I_1 流过发光二极管使其发光；光电二极管接受光照后就在输出端形成光电流 I_2，光电流的大小与通过发光二极管的电流大小成正比，从而实现了电信号的传输。由于这个传输过程是通过"电→光→电"的转换完成的，电源 GB_1 与 GB_2 之间并没有电的联系，所以实现了输入端与输出端之间的电的隔离，也就是说，输入和输出之间没有任何电路上的连线，甚至输入与输出端的 GND 都是各自独立的，这就避免了相互通信的设备会因为线路发生串扰，而影响各自的稳定性。

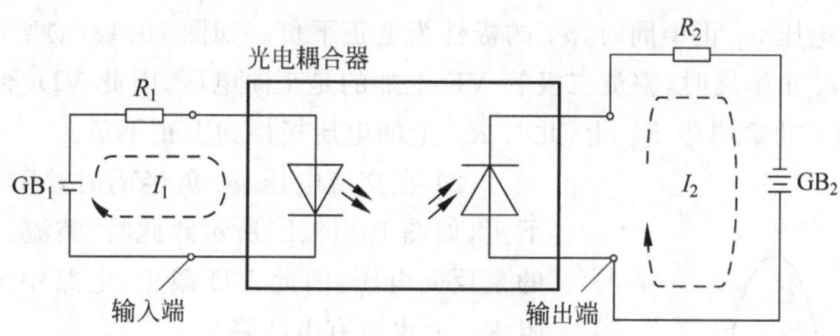

图 10.16　光电耦合器工作原理

通常光电耦合电路被封装在一个集成电路之中，称之为光电耦合器。光电耦合器具有传输效率高、隔离度好、抗干扰能力强、寿命长等特点，在隔离耦合、电平转换、继电控制等方面有广泛的应用。

10.4　直流稳压电源

发电厂输送到用户家里的是交流电，但是各种电子设备通常都需要使用直流电。利用具有单向导电特性的半导体元件，就可以把交流电变为直流电。把交流电变为直流电的过程称为整流。

10.4.1 整流电路

1. 半波整流

半波整流电路是最简单、最基本的整流电路，如图10.17所示，由变压器T、整流二极管VD组成，R_L为负载。

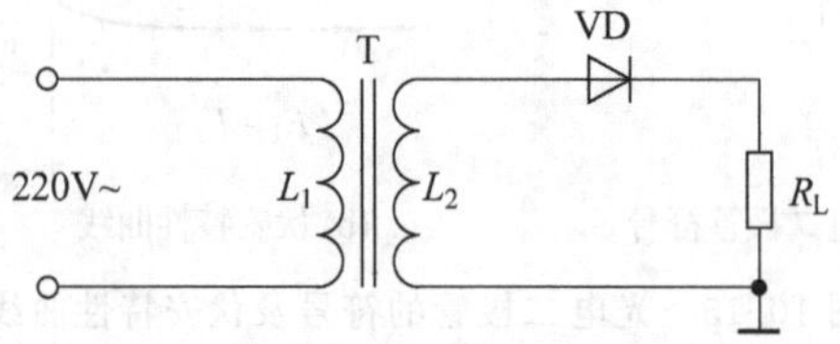

图10.17 半波整流电路

电源变压器T把电网供给的交流电压（在我国，入户电压一般为220V），再经二极管VD整流成为**脉动直流电压**。半波整流电路工作过程如图10.18所示。

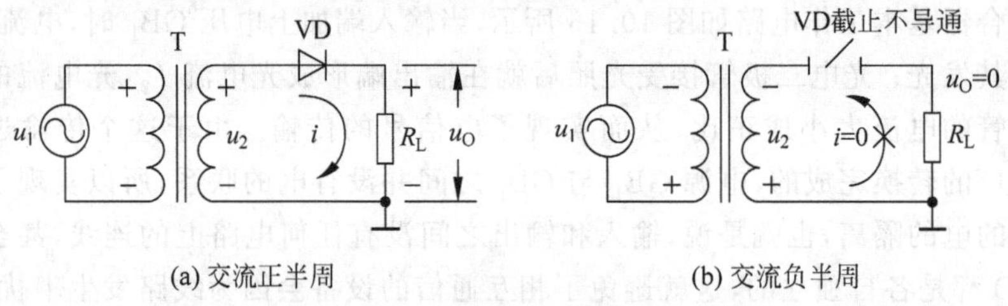

图10.18 半波整流原理图

(1) 在交流电压u_1正半周时，u_2的极性为上正下负。如图10.18(a)所示，由于二极管的单向导电性，u_2正半周时，整流二极管VD上加的是正向电压，因此VD导通，电压u_2通过导通回路作用在负载电阻R_L上，此时R_L上的电压极性为上正下负。

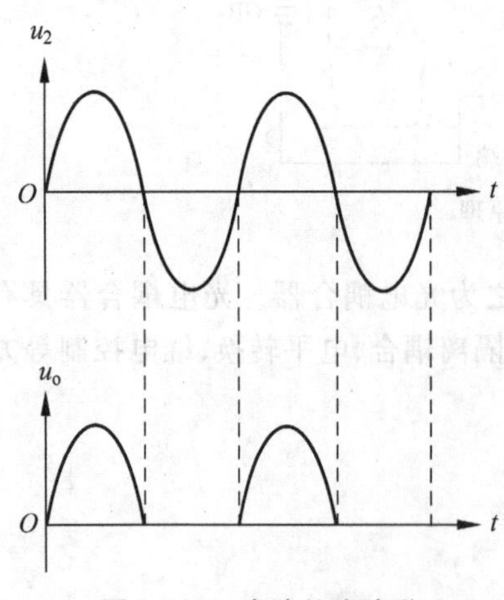

图10.19 半波整流波形

(2) 在交流电压u_1负半周时，VD的极性为上负下正，如图10.18(b)所示。此时，整流二极管VD上加的是反向电压，因此VD截止，电路中无电流，负载电阻R_L上也没有电压降。

半波整流电路工作波形如图10.19所示。从图中可见，利用二极管VD的单方向导电特性，交流电的负半周被"削"掉了，只有正半周通过R_L，在R_L上获得一个单一方向（上正下负）的电压。这种把两个方向的交流电压波形"整理"成单一方向波形的电路被称为"整流电路"，这种削去半周交流电的整流方式，也被称为**半波整流**。

整流并没有将交流电完全变成直流电，负载R_L上的电压以及负载电流的大小还随时间而变化，因此被称为**脉动直流**。脉动直流的"大小"通常用一个周期的内脉动变化的**平均值**来表征。

设整流变压器二次侧的电压为 $u_2=\sqrt{2}U\sin\omega t$，则半波整流电路负载上脉动电压平均值为

$$U_o=\frac{1}{2\pi}\int_0^{\pi}\sqrt{2}U\sin(\omega t)=\frac{\sqrt{2}}{\pi}U=0.45U \tag{10.1}$$

式(10.1)表示半波整流电压平均值与交流电压有效值之间的关系。由此可以得出负载上流过的脉动直流的电流平均值

$$I_o=\frac{U_o}{R_L}=0.45\frac{U}{R_L} \tag{10.2}$$

在选择整流二极管时，除了需要根据直流电压（整流电压 U_o）和直流电流（整流电流 I_o）外，还要考虑整流二极管截止时所承受的最高反向电压 U_{RM}。由上面的分析可知，在半波整流电路中，二极管不导通时所承受的最高反向电压即是变压器二次侧交流电压的最大值 U_m，即

$$U_{RM}=U_m=\sqrt{2}U \tag{10.3}$$

在实际应用中，可以根据电路设计指标，首先计算出 U_o、I_o 和 U_{RM}，再根据它们来选择合适的整流二极管。

半波整流虽然能够将两个方向变化的交流电"整理"成单一方向的电流，但其只利用了输入交流电源提供的一半功率，所以半波整流电路的效率不高。

2. 桥式全波整流

半波整流的缺点是只利用了电源的半个周期，同时整流电压的脉动较大。为了克服这些缺点，常采用全波整流电路，其中桥式整流电路是使用最多的一种全波整流电路，这种电路用 4 个二极管连接成"四臂电桥"式结构，如图 10.20 所示。

桥式整流电路工作过程如下所述。

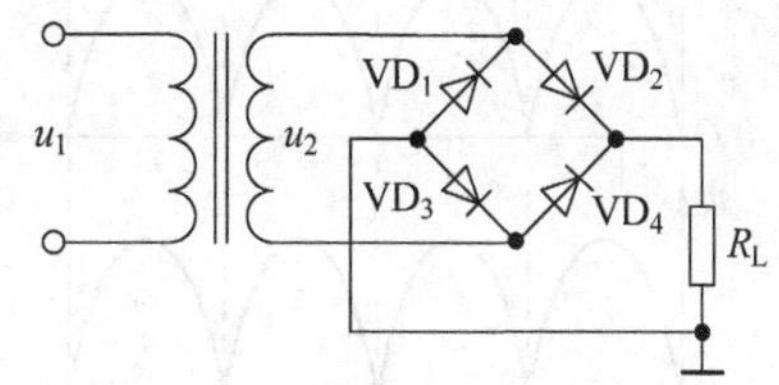

图 10.20 桥式全波整流电路

(1) 如图 10.21(a) 所示，在交流电压 u_1 正半周时，变压器次级电压 u_2 的极性为上正下负，在 4 只整流二极管中，VD_1、VD_4 因为其上电压为反向电压而截止；VD_2、VD_3 因其上电压为正向电压而导通，此时，电流 i_1 流过负载电阻 R_L，在 R_L 上产生电压降 u_o，u_o **极性为上正下负**。

(2) 如图 10.21(b) 所示，在交流电压 u_1 负半周时，电源变压器次级电压 u_2 的极性为上负下正，在 4 只整流二极管中，VD_2、VD_3 因为其上电压为反向电压而截止；VD_1、VD_4 因其上电压为正向电压而导通，电流 i_2 流过负载电阻 R_L，在 R_L 上产生电压降 u_o，u_o **极性仍为上正下负**。

由于 4 只整流二极管在每个半周里都有两个导通，使得交流电压的正、负半周均可以在负载电阻 R_L 上产生压降，而且压降的方向保持一致，从而实现了全波整流，其工作波形如图 10.22 所示。

由全波整流波形图可以看出，全波整流电路的整流电压的平均值 U_o 比半波整流时增加了一倍，即

$$U_o=2\times 0.45U=0.9U \tag{10.4}$$

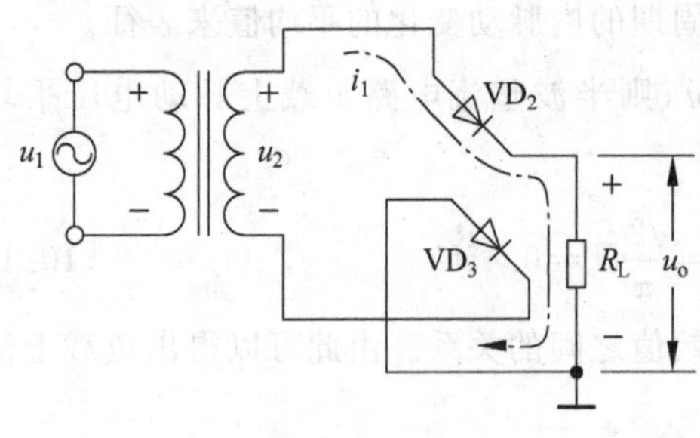

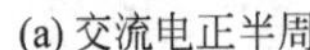
(a) 交流电正半周

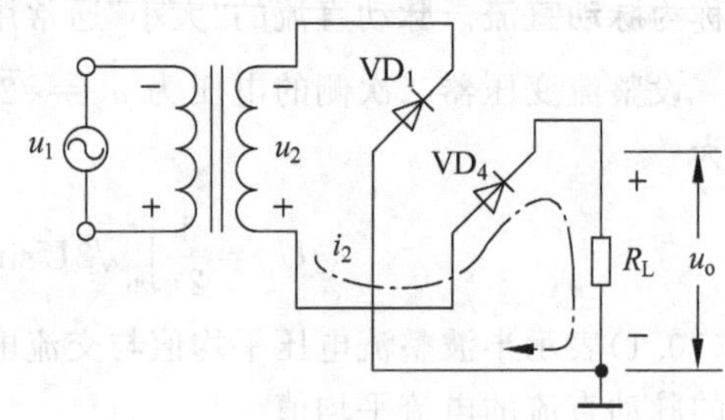

(b) 交流电负半周

图 10.21 桥式整流工作原理

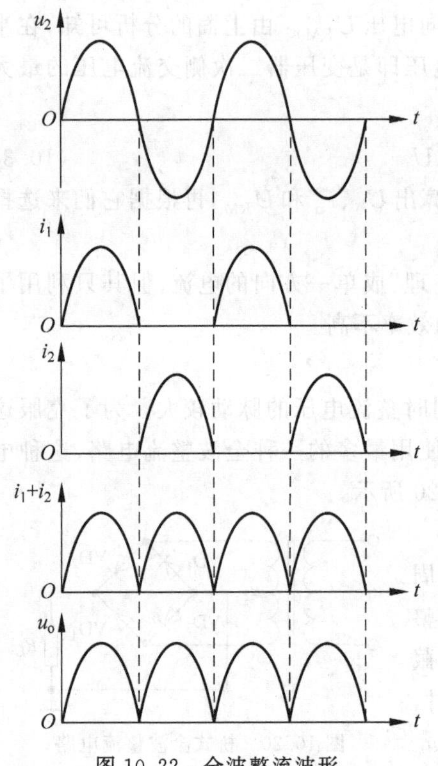

图 10.22 全波整流波形

显然，负载电阻中脉动电流的平均值也增加了一倍，即

$$I_{\circ}=\frac{U_{\circ}}{R_{\mathrm{L}}}=0.9\frac{U}{R_{\mathrm{L}}} \tag{10.5}$$

在交流电每半个周期内，只有两个极管导通，因此，每个二极管中流过的平均电流只有负载电流的一半，即

$$I_{\mathrm{D}}=\frac{1}{2}I_{\circ}=0.45\frac{U}{R_{\mathrm{L}}} \tag{10.6}$$

从图 10.20 观察可知，当 VD_2 和 VD_3 导通时，如果忽略二极管的正向压降，截止管 VD_1 和 VD_4 并联接在输入变压器二次侧两端，因此截止管所承受的最高反向电压就是二次侧电压最大值

$$U_{\mathrm{RM}}=\sqrt{2}U \tag{10.7}$$

【例 10.1】 已知负载电阻 $R_{\mathrm{L}}=100\Omega$，负载电压 $U_{\circ}=20\mathrm{V}$。采用桥式全波整流电路，交流电源电压为 220V。

(1) 如何选用二极管？

(2) 求整流变压器的变比。

【解】 (1) 负载电流为

$$I_{\circ}=\frac{U_{\circ}}{R_{\mathrm{L}}}=\frac{20}{100}\mathrm{A}=0.5\mathrm{A}$$

每个二极管通过的平均电流为

$$I_{\mathrm{D}}=\frac{1}{2}I_{\circ}=0.25\mathrm{A}$$

变压器二次电压有效值为

$$U=\frac{U_{\circ}}{0.9}=\frac{20}{0.9}\mathrm{V}\approx 22\mathrm{V}$$

考虑到变压器二次绕组及二极管上的压降，变压器的二次侧实际电压大约要高出上述计算值 10%，即 $U=22\times1.1\approx24\mathrm{V}$。所以有

$$U_{RM}=\sqrt{2}\times 24\text{V}\approx 34\text{V}$$

因此可选用1N4001整流二极管，其最大整流电流为1A，反向工作峰值电压为50V。

(2) 变压器的变比为

$$K=\frac{220}{24}\approx 9.2$$

10.4.2 滤波电路

交流电在经过二极管整流后，获得的仍是脉动直流电，虽然方向不变，但是强度还是在不断变化之中，通常不能直接用来给电子设备供电，还需进行滤波。滤波的任务，就是尽可能地减少整流器输出电压中的波动成分，以得到接近恒稳的直流电。

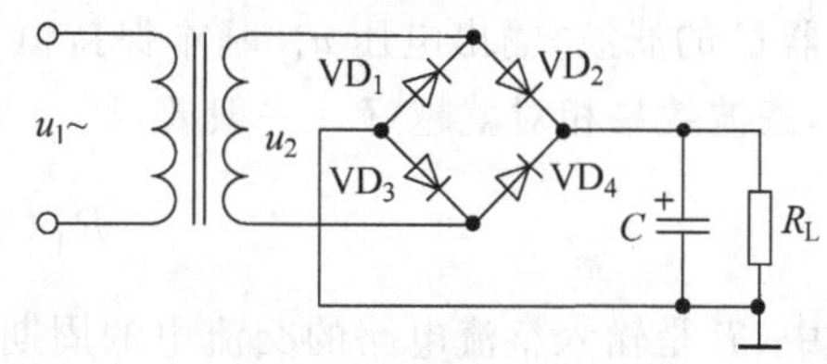

图 10.23　电容滤波电路

1. 电容滤波电路

电容滤波电路如图10.23所示，即在整流电路之后，在连接负载R_L之前，并联一个滤波电容器C。

电容滤波电路是利用电容器的充放电原理工作的，其工作过程可用图10.24解释。其中，u_o为整流电路输出的脉动电压，u_C为滤波电路输出电压(即滤波电容C两端的电压)。

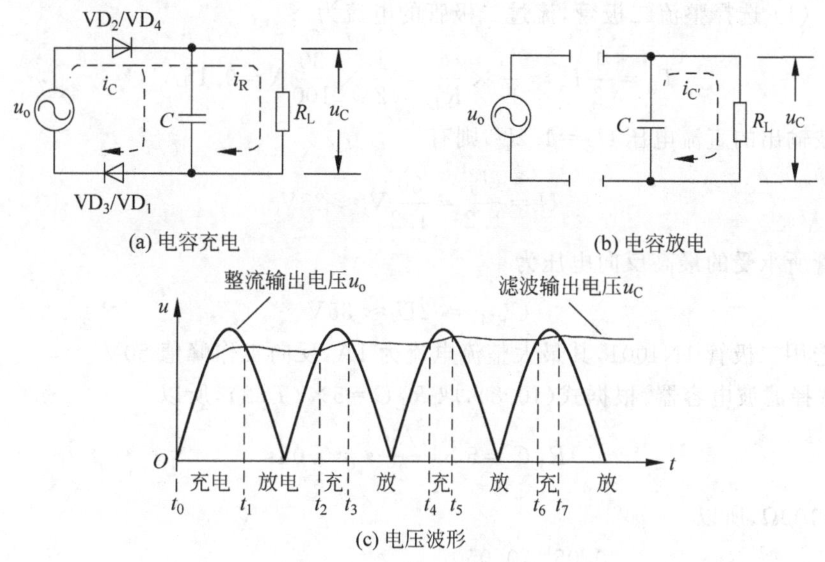

图 10.24　电容滤波原理

(1) 如图10.24(a)所示，在t_0时刻，电容两端电压$u_C=0$。之后，随着整流输出脉动电压u_o的上升，u_o开始高于u_C，整流二极管VD_2、VD_3导通，u_o直接对电容C充电，使电容两端电压u_C迅速上升，充电电流为i_C；同时，u_o也向负载电阻R_L供电，供电电流为i_R。

(2) 如图10.24(c)所示，充电过程到了t_1时刻，电容C两端电压u_C达到了一个较高的值，而此时u_o进入下降周期，当$u_o<u_C$时，充电过程停止。在$t_1\sim t_2$期间，u_o处于下降和

下一周期的上升阶段，与此同时，电容 C 通过电阻 R_L 放电。如果参数设置得当，电容 C 的放电速度将会较慢，造成在这段时间内 u_o 始终小于 u_C，使得整流二极管全部截止，无充电电流，只有电容 C 向负载电阻 R_L 持续放电，放电电流记为 i'_C，如图 10.24(b)所示。

(3) $t_2 \sim t_3$ 时刻，u_o 再次上升达到 $u_o > u_C$，整流二极管 VD_4、VD_1 导通，u_o 又开始向电容 C 充电，补充电容 C 上已放掉的电荷。

(4) $t_3 \sim t_4$ 时刻，u_o 又处于 $u_o < u_C$ 阶段，整流二极管截止，充电停止，电容 C 又向负载电阻 R_L 放电，如此周而复始。

从波形图可见，经过若干周期以后，电路便可以达到**稳定状态**，这时，每个周期内电容 C 的充放电情况基本相同，即电容 C 上充电的电荷刚好可以补充上一次放电的电荷。通过电容器 C 的滤波，输出电压 u_C 基本保持恒定，成为**波动较小的直流电**。滤波电容 C 的容量越大，滤波效果相对就越好。一般要求

$$R_L C \geqslant (3 \sim 5)\frac{T}{2} \tag{10.8}$$

其中，T 是输入整流电路的交流电的周期，因为脉动减少，此时经电容滤波后的脉动直流的均值 $U_o \approx 1.2U$。

【例 10.2】 如图 10.23 桥式全波整流电路，后接电容滤波，已知交流电源频率 $f = 50\text{Hz}$，负载电阻 $R_L = 100\Omega$，要求直流输出电压 $U_o = 30\text{V}$，选择合适的整流二极管及滤波电容器。

【解】 (1) 选择整流二极管，流过二极管的电流为

$$I_D = \frac{1}{2}I_o = \frac{1}{2} \times \frac{U_o}{R_L} = \frac{1}{2} \times \frac{30}{100}\text{A} = 0.15\text{A}$$

取电容滤波输出的直流电压 $U_o = 1.2U$，则有

$$U = \frac{U_o}{1.2} = \frac{30}{1.2}\text{V} \approx 25\text{V}$$

整流二极管所承受的最高反向电压为

$$U_{RM} = \sqrt{2}U \approx 35\text{V}$$

因此可以选用二极管 1N4001，其最大整流电流为 1A，反向工作峰值 50V。

(2) 选择滤波电容器，根据式(10.8)，取 $R_L C = 5 \times (T/2)$，所以

$$R_L C = 5 \times \frac{1/50}{2}\text{s} = 0.05\text{s}$$

已知 $R_L = 100\Omega$，所以

$$C = \frac{0.05}{R_L} = \frac{0.05}{100}\text{F} = 500 \times 10^{-6}\text{F} = 500\mu\text{F}$$

因此，选用 $C = 500\mu\text{F}$，耐压为 50V 的电解电容器。

2. RC 滤波电路

如果要使输出电压的脉动更小，可以通过增加电容量的方法来达到，但电容容量不可能无限增大，因此在实际应用中较多采用的是如图 10.25 所示的 RC 滤波电路。RC 滤波电路由两个滤波电容 C_1、C_2 和一个滤波电阻 R_1 组成 π 形，可看作是在电容 C_1 滤波的基础上，再经过 R_1 和 C_2 的滤波，所以交流成分进一步被滤除，整个滤波电路的最终输出电压即为

C_2 上的电压。

也可以通过阻抗来分析 RC 滤波器的作用。对于交流来说,电容 C_2 的容抗很小(容抗和频率成反比),只要电容足够大,C_2 所在支路可以看作**对交流短路**。然而**对直流**而言,C_2 却相当于**开路**。因此,对于 C_1 初步滤波输出的电压中的交流成分会被 C_2 旁路到地,而直流成分通过 R_1 和 R_L 回到电源负极。只要 R_1 不是太大,就可以保证 R_L 得到绝大部分的直流输出电压。所以,RC 滤波电路输出直流电压的纹波进一步减小。

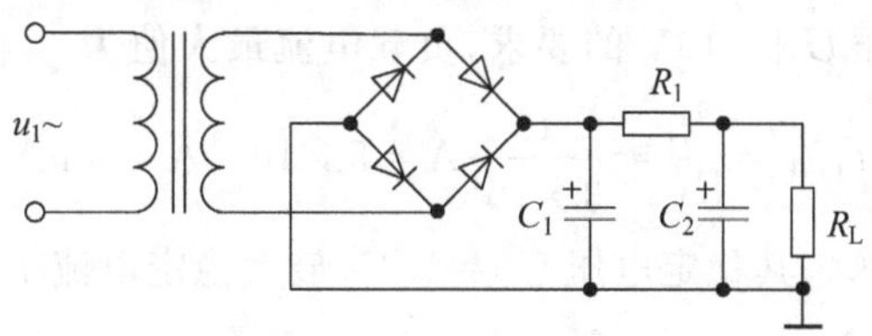

图 10.25 RC 滤波电路

10.4.3 直流稳压电源

交流电经过整流滤波后可变成平滑的直流电,但它的电压并不稳定。电网电压的波动或负载的变化都会引起整流和滤波后的电压发生变化,要获得输出电压稳定的直流电源,还需要增加稳压电路。

1. 稳压二极管稳压电路

在前面已经介绍了半导体稳压二极管,根据其伏安特性曲线可知,当它工作在二极管反向击穿状态时,具有虽然电流在较大范围变化,但其两端电压却基本保持不变的特性。利用稳压二极管的这一特性,可以组成简单稳压电路,电路如图 10.26 所示。

1) 输入电压 U_I 变化时的稳压过程

用 U_I 表示稳压电路的输入电压(该电压即是前级整流滤波电路的输出电压),如果因某种原因 U_I 上升,必然会造成稳压电路输出电压 U_O 有所上升。根据稳压管的伏安特性曲线,流过稳压二极管 D_Z 的电流 I_Z 增大,也就使得输入电流 I_I 增大,导致限流电阻 R_1 上电压降 U_{R1} 增大,迫使负载 R_L 上分得的输出电压 U_O 回落,从而保持了输出电压 U_O 的恒定。

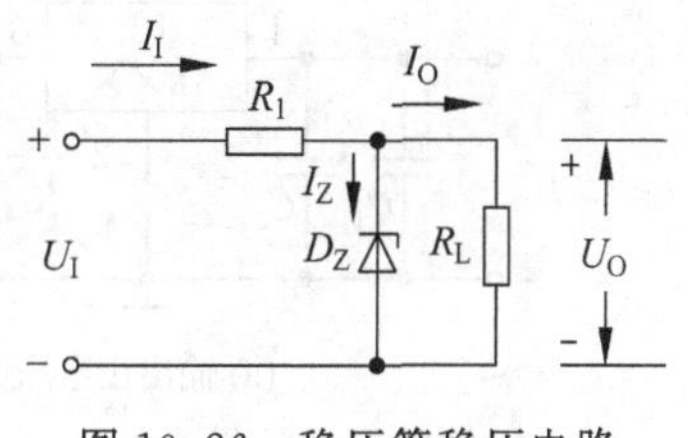

图 10.26 稳压管稳压电路

当输入电压 U_I 因某种原因下降时,稳压过程正好相反。输出电压 U_O 有所下降,使流过稳压二极管 D_Z 的电流 I_Z 减小,输入电流 I_I 也随之减小,R_1 上电压降 U_{R1} 减小,输出电压 U_O 回升,最终使输出电压 U_O 基本保持不变。

2) 负载电流 I_O 变化时的稳压过程

当电源电压不变而负载电流 I_O 因某种原因增大时,干路上的电流 I_I 也随之增大,引起 R_1 上压降增大,负载电压 U_O 因而有所下降,将导致稳压二极管 D_Z 的电流减小,干路电流 I_I 亦随之减小,R_1 上压降 U_{R1} 减小,迫使输出电压 U_O 回升。同样,当负载电流减小时,稳压电路则进行相反的调控,使得输出电压保持不变。

在设计稳压电路时,为保障电路的可靠工作,一般按照下面的经验规则来计算所需稳压二极管的参数：

$$\begin{cases} U_Z = U_O \\ I_{ZM} = (1.5 \sim 3)\, I_{OM} \\ U_I = (2 \sim 3)\, U_O \end{cases} \tag{10.9}$$

【例 10.3】 有一稳压二极管稳压电路，如图 10.26 所示。负载电阻 $R_L = 3\text{k}\Omega$，交流电压经整流滤波后输出 $U_I = 45\text{V}$，要求输出直流电压 $U_O = 15\text{V}$，试选择稳压二极管 D_Z。

【解】 根据输出电压 $U_O = 15\text{V}$ 的要求，负载电流最大值为

$$I_{OM} = \frac{U_O}{R_L} = \frac{15}{3 \times 10^3}\text{A} = 5 \times 10^{-3}\text{A} = 5\text{mA}$$

可选择稳压二极管 1N6004，其稳定电压 $U_Z = 15\text{V}$，最大稳定电流 $I_{ZM} = 28\text{mA}$。

2. 集成稳压器

普通的稳压管会由于温度变化、工作电流不同和管子工艺的分散性，使稳压值不尽相同，因此实际应用中还需要很多外围电路的配合才能够稳定可靠地工作。为了使用方便，人们把稳压管和其外围电路封装在集成电路里，称为**集成稳压器**。采用集成稳压器构成的稳压电路具有电路简单、稳定度高、输出电流大、保护电路完善的特点，因此在实际电路中得到了非常广泛的应用。

输出电压为固定正电压的稳压电路如图 10.27(a)所示，集成电路 IC 为 78××系列固定正输出集成稳压器。C_1、C_2 为输入端滤波电容，C_3 为输出端滤波电容。R_L 为负载电阻。稳压电路的输出电压 U_O 由所选用的集成稳压器 78××的输出电压决定，例如，IC 选用 7815，则电路输出电压为+15V。集成稳压器可靠工作时要求有一定的压差，具体压差要求可以查看使用手册，以 78××系列为例，输入 U_I 和输出 U_O 相差不得小于 2V。

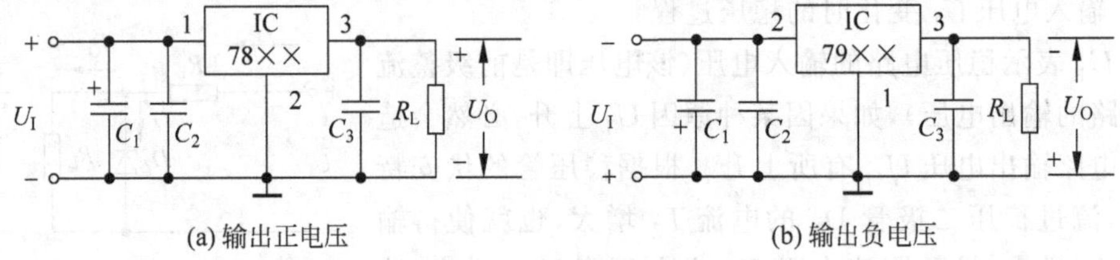

图 10.27 集成稳压电路

输出电压为固定负电压的稳压电路如图 10.27(b)所示，电路结构与固定输出正电压的稳压电路相似，仅仅是集成电路 IC 采用了 79××系列固定输出负电压的集成稳压器。该电路输出电压 U_O 由所选用的集成稳压器 79××的输出电压所决定。

3. 直流稳压电源电路

能够完成将交流电源转换为直流电源的电路，称之为直流稳压电路。如图 10.28 所示，把变压器单元、整流单元、滤波单元、稳压单元组合在一起便形成了一个完整的直流稳压电源电路。图中电路可以完成将 220V 的入户交流电转换为 5V 直流电的任务，可以为日常生活中经常使用的电子产品提供所需的直流电源。

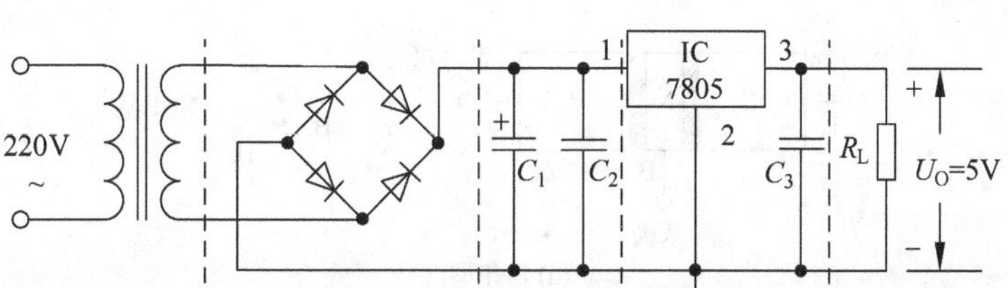

图 10.28　直流稳压电源电路

10.5　晶体三极管

晶体三极管又叫半导体三极管或双极型晶体管，以下简称三极管。它是由两个 PN 结构成的半导体元件。在三极管中，两个 PN 结之间相互联系、相互影响，表现出与单个 PN 结完全不同的特性。三极管在电子技术中扮演着极其重要的角色：它可以放大微弱的电信号；可以作为无触点开关元件；可以产生各种频率的电振荡；可以代替可变电阻……可以说，三极管是现代电子设备中最重要的元件之一。

10.5.1　三极管的结构

1947 年，3 位物理学家威廉·肖克利、约翰·巴丁和沃尔特·布拉顿在贝尔实验室进行了一项有趣的实验，他们通过扩散工艺把两个 PN 结背靠背地连接在一个半导体里，并在其中一个 PN 结上加上正向电压(正偏)，而在另一个 PN 结上加上了反向电压(反偏)，电路连接如图 10.29 所示。按理来说，第一个 PN 结将会导通，而第二个 PN 结将会截止，所以应该只有电流表 A_1 中才会有电流流过。然而，实验的结果令他们感到意外，不仅电流表 A_1，就连电流表 A_2 中也同时出现了电流，而且当正偏电路中的电流增大或减小时，反偏电路中的电流也随着变大或变小，这就好像是电流穿过了反向的 PN 结一样，他们把这个现象称为“晶体管效应”，并给这个新元件起名为 Transistor，意为“迁移的电流穿过电阻”。

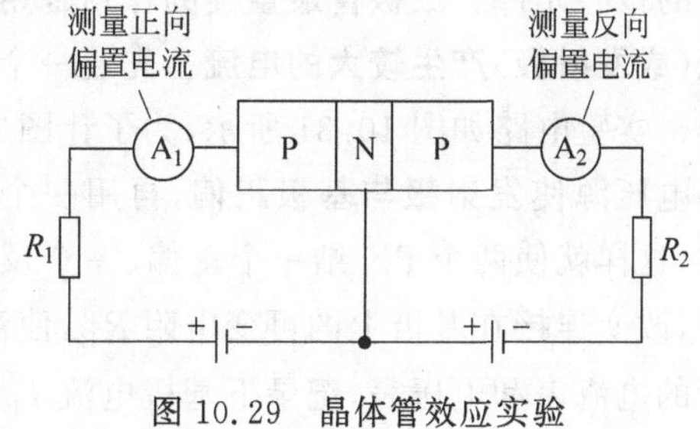

图 10.29　晶体管效应实验

这就是三极管的最初模样，根据晶体管中两个 PN 结的组合方式不同，可将三极管分为两种类型：如果两侧是 P 型半导体区，中间是 N 型半导体区，则称为 PNP 型三极管，如图 10.30(a)所示；若两侧是 N 型半导体区，中间是 P 型半导体区，则称为 NPN 型三极管，如图 10.30(b)所示。图 10.30 也给出了两类三极管的电路符号。3 个半导体层按它们的作用不同，分别叫作发射区、基区和集电区。由这 3 个区引出 3 个电极，分别叫发射极 E (Emitter)、基极 B(Base)和集电极 C(Collector)。发射区和基区之间形成的 PN 结叫作发射结；集电区和基区之间形成的 PN 结叫作集电结。

如果直接用两个二极管替换图 10.29 中的两个 PN 结来重新进行实验，你会发现反偏的二极管支路中是不会有电流的，这说明三极管并不是简单的两个独立的 PN 的连接，在结

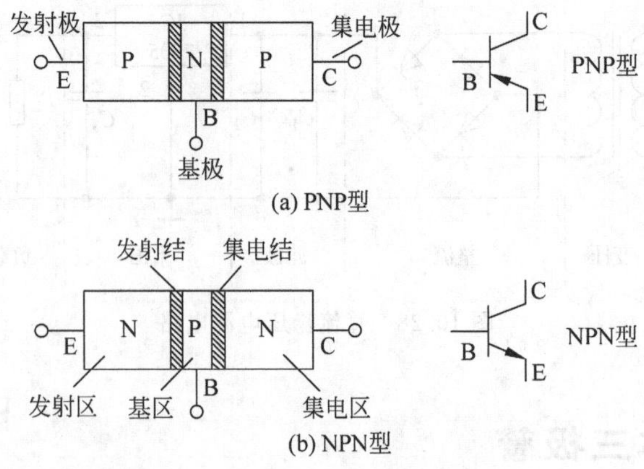

图 10.30　两种类型的三极管结构和符号

构上还具有其他特殊的地方。在制作三极管时，要通过制作工艺让其**发射区成为高浓度的掺杂区，而基区很薄且杂质浓度要低，集电结的面积要大**。只有这样才能让两个 PN 结之间存在相互的联系和影响。

三极管种类繁多，按照所用材料的不同，可分为锗管和硅管。按工作频率不同，可分为低频管(3MHz 以下)和高频管(3MHz 以上)，等等。

10.5.2　三极管的电流放大作用

1. 三极管电流放大实验

如果三极管实现的仅仅是让“迁移的电流穿过电阻”，那么三极管并不会成为电子电路中的核心元件。**三极管最重要的作用是用来放大电流，即可以用较小的基极电流控制集电极(或发射极)产生较大的电流**。先通一个实验来了解一下三极管的这种特性。

实验电路如图 10.31 所示，为了让图中所示的 NPN 型三极管出现晶体管效应，先用一小电压源使**发射极与基极正偏**，再用一个大电压源提升集电极的电压，使**集电极与基极反偏**，这样就使两个 PN 结一个正偏、一个反偏，与三极管发生晶体管效应时的配置相同。然后，改变连接在基极上的可变电阻 R_B，使流过基极的电流大小发生改变，通过连接在电路各处的电流表和电压表，记录下基极电流 I_B、集电极电流 I_C 和发射极电流 I_E 的变化。测量

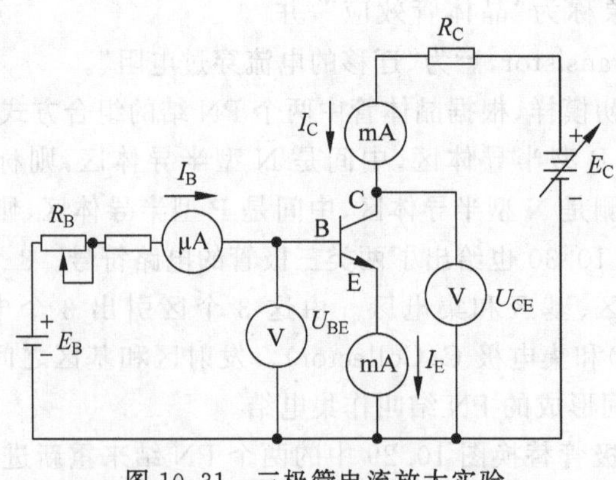

图 10.31　三极管电流放大实验

结果列在表 10.1 中。

表 10.1　三极管电流放大实验数据

I_B(mA)	0	0.02	0.04	0.06	0.08	0.10
I_C(mA)	<0.001	0.70	1.50	2.30	3.10	3.95
I_E(mA)	<0.001	0.72	1.54	2.36	3.18	4.05
$\bar{\beta}=I_C/I_B$		35	37.5	38.3	38.75	39.5
$\beta=\Delta I_C/\Delta I_B$			40	40	40	42.5

通过观察实验结果可以得出以下结论：

(1) 观察实验数据中的每一列，可得

$$I_E = I_B + I_C$$

(2) I_C、I_E 比 I_B 大很多，通过每列数据，可以具体计算出 I_C 相较于 I_B 的变化的系数，比如由第 3 列数据可得

$$\bar{\beta}_3 = \frac{I_C}{I_B} = \frac{1.50}{0.04} = 37.5$$

$$\beta_3 = \frac{\Delta I_C}{\Delta I_B} = \frac{1.50 - 0.70}{0.04 - 0.02} = 40$$

从表 10.1 中的数据可以看出，I_C 几乎以固定比例随着 I_B 的变化而变化，这就是三极管的**电流放大作用。即基极电流的少量变化可以引起集电极电流较大的变化，而且变化比例几乎不变。**

三极管的电流放大作用，与其内部结构密不可分，下面用载流子在三极管内部的运动规律来解释上述结论。

2. 三极管内部载流子的输运过程

以 NPN 三极管为例，图 10.32 绘出了三极管内部载流子的输运过程，注意电流的方向与电子流动方向相反，所以外电路中的电流方向与内部电子流动方向相反。

(1) 发射区向基区注入电子。发射结外加正向电压时，PN 结的内电场被大大削弱，多数载流子的扩散运动得以顺利进行，发射区(N 区)的电子源源不断地注入基区(P 区)，与此同时，基区的空穴也扩散到发射区。前已述及，在制造三极管时，总是使发射区的电子浓度远远高于基区的空穴浓度，所以流过发射结的电流，主要成分是从发射区注入基区的电子，而从基区扩散到发射区的空穴数量很少，微不足道，因而空穴电流可以忽略。因此，这一过程可以说成是：发射结外加正向电压时，发射区向基区注入电子。

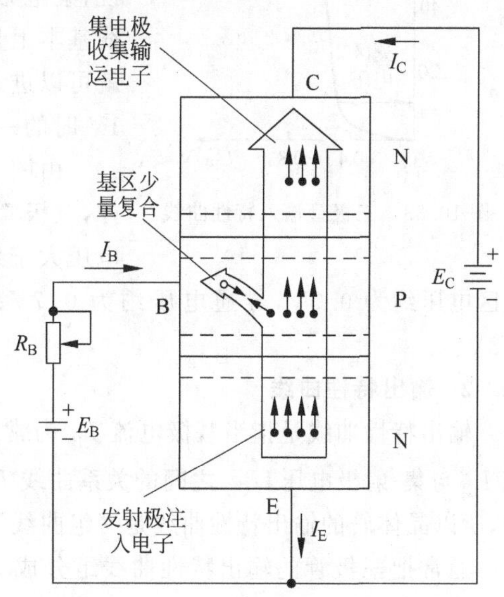

图 10.32　三极管中载流子输运示意图

(2) 注入电子在基区的复合与输运。电

子从发射区注入基区后，继续向集电结方向扩散。由于基区空穴浓度很小，基区又做得很薄，所以电子在基区扩散过程中，只有少量与基区的空穴相遇而复合，绝大部分电子很快被输运到集电结的边缘。

(3) **集电区收集基区输运过来的电子**。由于集电结外加反向电压，集电结的内电场很强，同时集电区在工艺上做得面积很大，所以发射区注入基区并输运到集电结边缘的电子，在集电结反向电压作用下，几乎全部被拉入集电区。

通过以上分析可以了解，发生在三极管内部的物理过程是比较复杂的。首先，在发射结上进行着电子从发射区向基区的区扩散；其次，注入基区的电子中的一小部分与基区的空穴复合，绝大部分被输运到集电结的边缘；最后，集电结将基区输运过来的电子收集到集电区。显然，两个 PN 结通过很薄的基区相互联系和相互影响，使三极管完全不同于两个单独的 PN 结的特性。

10.5.3 三极管的特性曲线

三极管各极间电压和电流的关系通常用伏安特性曲线来描述。最常用到的是反映输入回路和输出回路中电流和电压变化关系的两组特性曲线，分别称为**输入特性曲线**和**输出特性曲线**。继续采用如图 10.31 所示的实验电路来测绘这两组曲线。

1. 输入特性曲线

输入特性曲线是指当集-射极电压 U_{CE} 为常数时，输入电路(基极部分电路)中基极电流 I_B 与基-射极电压 U_{BE} 之间的关系曲线 $I_B=f(U_{BE})$，如图 10.33 所示。

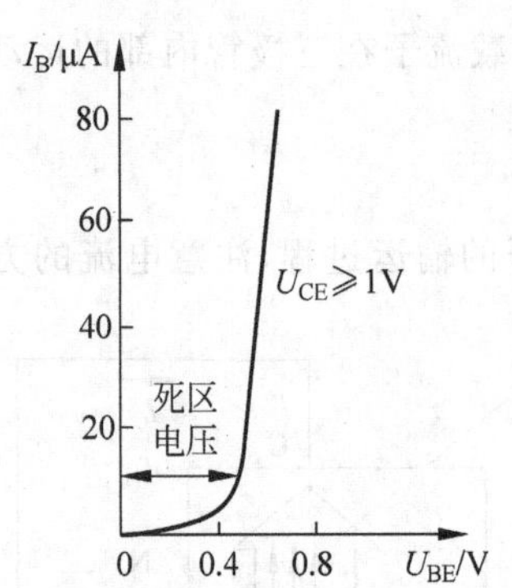

图 10.33 三极管输入特性曲线

因为基区很薄，所以只要集电结进入到反向偏置状态，就可以把发射区输运到基区的电子中的绝大部分拉入集电区。因此，只要 U_{CE} 已经可以使集电结反向偏置，所得到的输入特性曲线基本上没有明显的变化，也就是说，集电结反偏后，U_{CE} 设定为何值，得到的输入特性曲线基本上是重合的。对于硅管而言，$U_{CE}\geqslant 1V$ 时，集电结就可以进入反偏状态，所以，图 10.33 中只画出了 $U_{CE}\geqslant 1V$ 时的一条输入特性曲线。

由图 10.33 可见，曲线和二极管的伏安特性曲线一样，三极管输入特性也有一段死区。只有在发射结外加电压大于死区电压时，基极中才会出现电流 I_B。硅管的死区电压约为 0.5V，导通电压约为 0.7V；锗管的死区电压约为 0.1V，导通电压约为 0.3V。

2. 输出特性曲线

输出特性曲线是指当基极电流 I_B 为常数时，输出电路(集电极所在电路)中集电极电流 I_C 与集-射极电压 U_{CE} 之间的关系曲线 $I_C=f(U_{CE})$。在不同的 I_B 下，可得出不同的曲线，所以晶体管的输出特性曲线是一组曲线，如图 10.34 所示。

通常把三极管的输出特性曲线组分成 3 个工作区(见图 10.34)，分别表示三极管的 3 种工作状态。

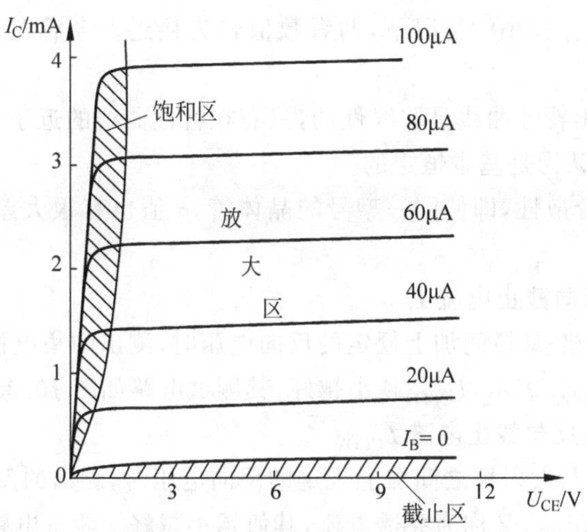

图 10.34 三极管输出特性曲线

(1) 放大区。输出特性曲线的近于水平部分是放大区。在放大区，$I_C=\bar{\beta}I_B$。因为 I_C 和 I_B 成固定比例变化，放大区也称为线性区。三极管工作于放大状态时，发射结处于正向偏置，集电结处于反向偏置，即对 NPN 管而言，应使 $U_{BE}>0$，$U_{BC}<0$。此时，$U_{CE}>U_{BE}$。

(2) 截止区。$I_B=0$ 的曲线以下的区域称为截止区。$I_B=0$ 时，由表 10.1 可查，此时 $I_C<0.001\text{mA}$。将该电流称为集电极-发射极反向截止电流，用 I_{CEO} 表示。对 NPN 型硅管而言，当 $U_{BE}<0.5\text{V}$ 时即已开始截止，但是为了截止可靠，常使 $U_{BE}\leqslant 0$。截止时集电结也处于反向偏置($U_{BC}<0$)。此时，$I_C=I_{CEO}\approx 0$，$U_{CE}\approx E_C$。

(3) 饱和区。当 $U_{CE}<U_{BE}$，集电结处于正向偏置($U_{BC}>0$)，三极管工作于饱和状态。在饱和区 I_B 的变化对 I_C 的影响较小，两者不成正比，放大区的 $\bar{\beta}$ 不能适用于饱和区。饱和时，发射结也处于正向偏置。此时，$U_{CE}\approx 0\text{V}$，$I_C\approx E_C/R_C$。

由图 10.34 可知，当三极管饱和时，$U_{CE}\approx 0$，发射极与集电极之间如同一个开关被接通，其间电阻很小；当三极管截止时，$I_C\approx 0$，发射极与集电极之间如同一个开关被断开，其间电阻很大。可见，三极管除了有**放大作用**外，还有**开关作用**。

10.5.4 三极管的主要参数

三极管的参数是设计电路、元件选型时的依据。三极管的主要参数有以下几个。

1. 电流放大系数 $\bar{\beta}$，β

当三极管接成共发射极电路时，在静态(无输入信号)时集电极电流 I_C 与基极电流 I_B 的比值称为共发射极静态电流(直流)放大系数为

$$\bar{\beta}=I_C/I_B$$

当三极管工作在动态(有输入信号)时，基极电流的变化量为 ΔI_B，它引起集电极电流的变化量为 ΔI_C。ΔI_C 与 ΔI_B 的比值称为动态电流(交流)放大系数为

$$\beta=\Delta I_C/\Delta I_B$$

由上述可见，$\bar{\beta}$ 和 β 的含义是不同的，但在输出特性曲线近于平行等距并且集电极-发

射极反向截止电流 I_{CEO} 较小的情况下，两者数值较为接近。今后在估算时，常用 $\bar{\beta} \approx \beta$ 这个近似关系。

由于三极管的输出特性曲线是非线性的，只有在特性曲线的近于水平部分，I_C 随 I_B 成正比地变化，β 值才可认为是基本恒定的。

由于制造工艺的分散性，即使同一型号的晶体管，β 值也有很大差别。常用的三极管 β 值为几十到几百。

2. 集电极-基极反向截止电流 I_{CBO}

发射极开路，集电极-基极间加上规定的反向电压时，测出的集电极反向电流，称为集电极反向截止电流，用 I_{CBO} 表示，I_{CBO} 越小越好，其测试电路如图 10.35 所示。

3. 集电极-发射极反向截止电流 I_{CEO}

基极开路，集电极与发射极之间加上规定的反向电压时，测出的反向电流，称为集电极-发射极反向截止电流 I_{CEO}，又称为穿透电流，其值越小越好。测量电路如图 10.36 所示。

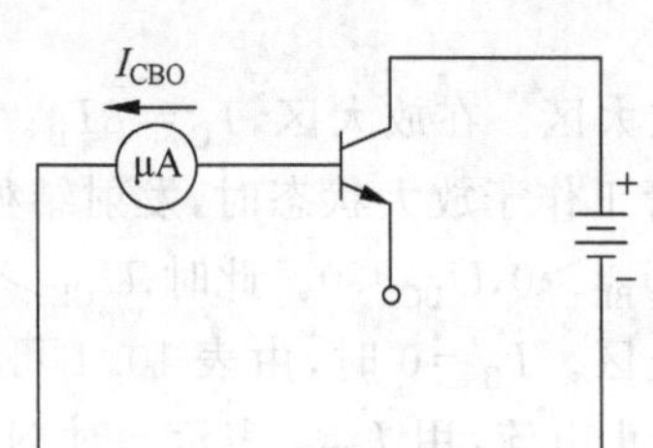

图 10.35 集电极-基极反向截止电流的测试

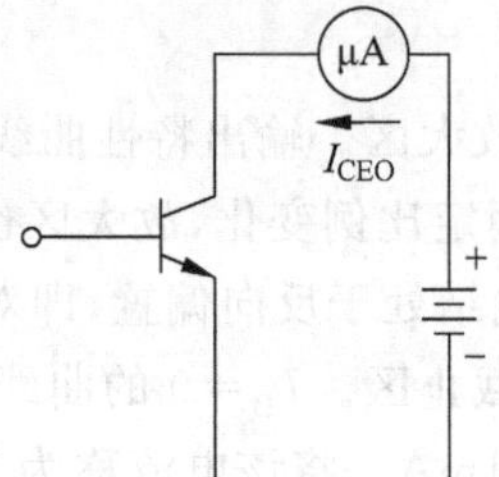

图 10.36 集电极-发射极反向截止电流测试

4. 集电极最大允许电流 I_{CM}

集电极电流 I_C 超过一定值时，三极管的 β 值要下降。当 β 值下降到正常数值的三分之二时的集电极电流，称为集电极最大允许电流 I_{CM}。因此，在使用三极管时，I_C 超过 I_{CM} 并不一定会使晶体管损坏，但将会使 β 值降低。

5. 集电极-发射极反向击穿电压 $U_{(BR)CEO}$

基极开路时，加在集电极和发射极之间的最大允许电压，称为集射极反向击穿电压 $U_{(BR)CEO}$。当三极管的集-射极电压 U_{CE} 大于 $U_{(BR)CEO}$ 时，I_{CEO} 突然大幅度上升，说明三极管已被击穿。使用时应特别注意。为了电路工作可靠，应取集电极电源电压

$$E_C \leqslant \left(\frac{1}{2} \sim \frac{2}{3}\right) U_{(BR)CEO}$$

6. 集电极最大允许耗散功率 P_{CM}

三极管在电路中工作时，由于集电结上加有较高的电压，集电极电流又较大，所以集电结上消耗的功率较大，其值为

$$P_C = I_C U_{CE}$$

集电极耗散功率 P_C 是把电能转化为热能的功率，它使结温升高。通常，硅管的最高允许结温为 150℃，锗管的最高允许结温为 70℃，当结温超过了规定限度时，不仅会使晶体管参数发生变化，还可能造成管子的损坏。集电极最大允许耗散功率 P_{CM}，就是保证晶体管因受热而引起的参数变化不超过规定允许值时的最大耗散功率。

习题

10.1 为什么在本征半导体中掺杂杂质后其导电特性会发生变化?

10.2 掺杂导体中多数载流子和少数载流子是怎样产生的?少数载流子的数目会随着掺杂浓度的变化显著改变吗?

10.3 为什么温度变化会影响半导体元件的特性?

10.4 N型半导体中的自由电子多于空穴,而P型半导体中的空穴多于自由电子,是否N型半导体带负电,而P型半导体带正电?

10.5 什么是二极管的死区电压?硅管和锗管的死区电压的典型值约为多少?

10.6 什么是二极管的导通电压?硅管和锗管的导通电压的典型值约为多少?

10.7 为什么二极管的反向饱和电流与外加反向电压(不超过某一范围)基本无关,而当环境温度升高时,又明显增大?

10.8 把一个1.5V的干电池直接接到(正向接法)二极管的两端,会不会发生什么问题?

视频 10.3

10.9 如图10.37所示电路,设输入电压 $u_i=10\sin\omega t\,\mathrm{V}$,$VD_1$、$VD_2$ 均为硅管,其正向导通电压降 $U_{VD}=0.7\mathrm{V}$。试画出输出电压 u_o 的波形。

10.10 如图10.38所示电路,VD为硅管,其正向导通电压降 $U_{VD}=0.7\mathrm{V}$,$R_1=3\mathrm{k}\Omega$,$R_2=6\mathrm{k}\Omega$。试求输出端电压 U_o。

10.11 二极管钳位电路如题图10.39所示,设二极管的正向压降可忽略不计,试分析各二极管的工作状态,并计算电流 I_o。

视频 10.4

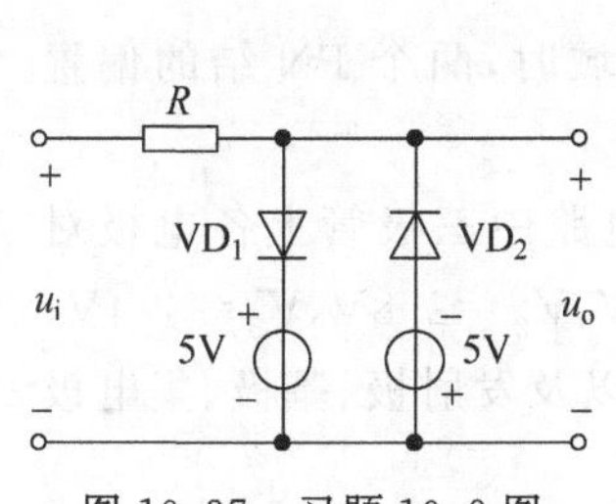

图10.37 习题10.9图

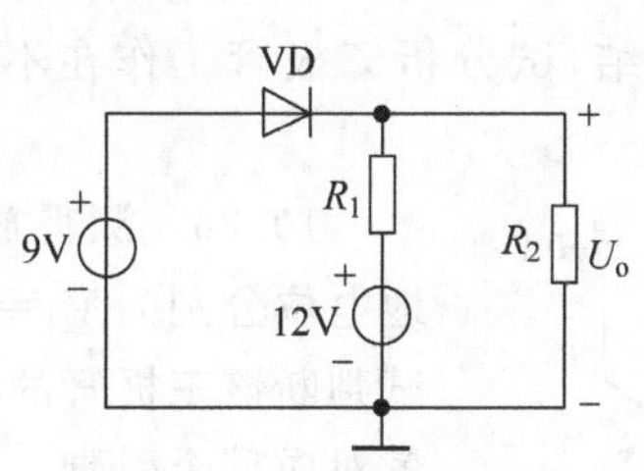

图10.38 习题10.10图

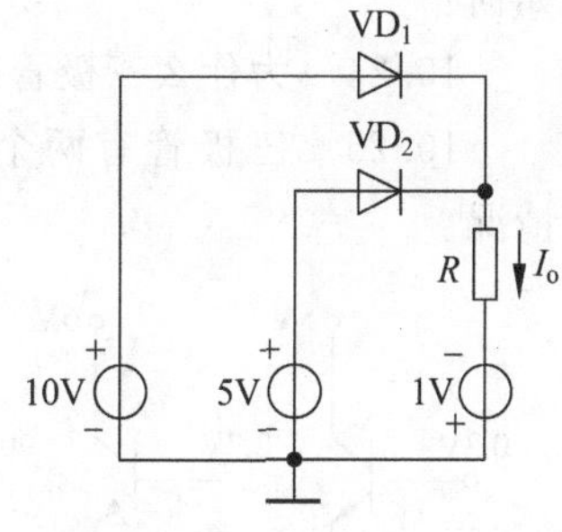

图10.39 习题10.11图

10.12 为什么使用LED照明比传统的灯泡更加节能?

10.13 如何控制LED发出不同颜色的光?

10.14 试分析光耦系统如何能够使两个没有共同接地端的系统相互通信?

10.15 如图10.40所示电路,稳压二极管可视为理想元件,设 D_{Z1} 的稳定电压为5V,D_{Z2} 的稳定电压为7V,在 $u_i=10\sin\omega t\,\mathrm{V}$ 的作用下,试画出 u_o 的波形图。

10.16 在图10.41中,$U=20\mathrm{V}$,$R_1=900\Omega$,$R_2=1100\Omega$。稳压二极管 D_Z 的稳定电压 $U_Z=10\mathrm{V}$,最大稳定电流 $I_{ZM}=8\mathrm{mA}$。试求稳压二极管中通过的电流 I_Z 是否超过 I_{ZM}?如果超过,怎么办?

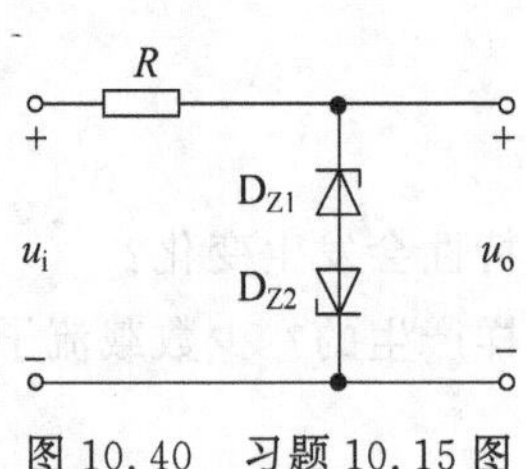

图 10.40 习题 10.15 图

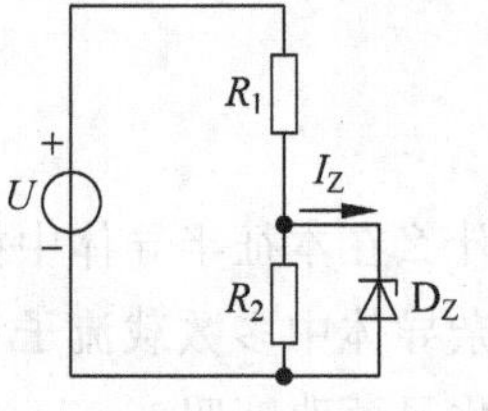

图 10.41 习题 10.16 图

10.17 如果要求某一单相桥式整流电路的输出直流电压 U_O 为 36V，直流电 I_O 为 1.5A，试选用合适的二极管。

10.18 单向桥式整流电路如图 10.20 所示，输入正弦交流电，试画出二极管 VD_1 两端的电压的波形，若副边电压 u_2 的有效值为 24V，计算电路中二极管承受的最高反向电压和整流输出电压均值 U_O。

10.19 有一单相桥式整流滤波电路如图 10.23 所示，已知交流电源频率 $f=50$Hz 负载电阻 $R_L=200\Omega$，要求直流输出电压 $U_O=30$V，计算合适的整流二极管及滤波电容器参数。

10.20 整流滤波电路如图 10.23 所示，负载电阻 $R_L=100\Omega$，电容 $C=500\mu$F。变压器副边电压有效值 $U_2=10$V，二极管为理想元件，试求输出电压和输出电流的平均值 U_O、I_O 及二极管承受的最高反向电压 U_{RM}。

10.21 试使用集成稳压模块设计一个能够输出 12V 直流电压的直流稳压电源。

10.22 三极管的发射极和集电极是否可以调换使用？为什么？

10.23 什么是晶体管效应？发生晶体管效应时三极管两个 PN 结的电压偏置关系如何？

10.24 为什么三极管的基区掺杂浓度要小而且做得很薄？

10.25 三极管有两个 PN 结，试分析三极管工作在不同区域时，两个 PN 结的偏置情况。

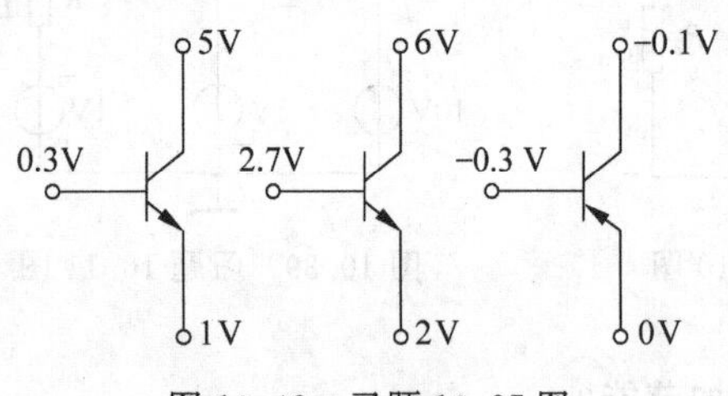

图 10.42 习题 10.27 图

10.26 测得放大电路中三极管上各电极对地电位分别为 $V_1=2.1$V，$V_2=2.8$V，$V_3=4.4$V，试判断该三极管的类型以及发射极、基极、集电极各对应哪个引脚。

10.27 在电路中测得各三极管的 3 个电极对地电位如图 10.42 所示，其中 NPN 型为硅管，PNP 型为锗管，判断各三极管的工作状态。

10.28 某一三极管的 $P_{CM}=100$mW，$I_{CM}=20$mA，$U_{(BR)CEO}=15$V，试问在下列几种情况下，哪种能正常工作？

(1) $U_{CE}=3$V，$I_C=10$mA；

(2) $U_{CE}=2$V，$I_C=40$mA；

(3) $U_{CE}=6$V，$I_C=20$mA。

第 11 章 基本放大电路

CHAPTER 11

所谓放大，就是将输入的微弱信号（主要指变化的电压、电流等）放大到所需要的幅度值，并且，要保证放大信号与原输入信号的变化规律一致，即实现不失真的放大。放大电路具有十分广泛的应用，如常采用分立晶体管构成放大器实现大功率放大以及高频、微波的低噪声放大等。现代广泛使用的是以晶体管放大电路为基础的集成放大器，如手机中的放大器把话筒声音的微小电信号放大到能被听到的语音信号；电视机接收的视频信号经过变频和放大送给屏幕显示。又如计算机的声卡、电子温度测量器、各种光控、声控电路等都需要把采样的电信号放大输出。可见，放大电路是电子设备中普遍使用的一种基本单元。

本章介绍由分立元件组成的几种常用基本放大电路，讨论它们的电路结构、工作原理、分析方法、特点及应用。

11.1 基本放大电路的主要性能指标

图 11.1 所示是扩音机示意图，+V 是直流电源。话筒（传感器）将微弱声音信号转换成电信号，再经放大电路放大后驱动扬声器（负载），使其发出较原来强很多的声音。可见，扬声器所获得的能量（输出功率）远大于话筒采集的原始信号能量（输入功率），那么，大的能量从哪里来呢？这是在输入交流信号控制下，通过放大电路将直流电源的能量转换成了负载所获得的能量，从而使负载上输出的能量大于信号源提供的能量。可以看出，放大电路放大的本质是能量的控制和传递。

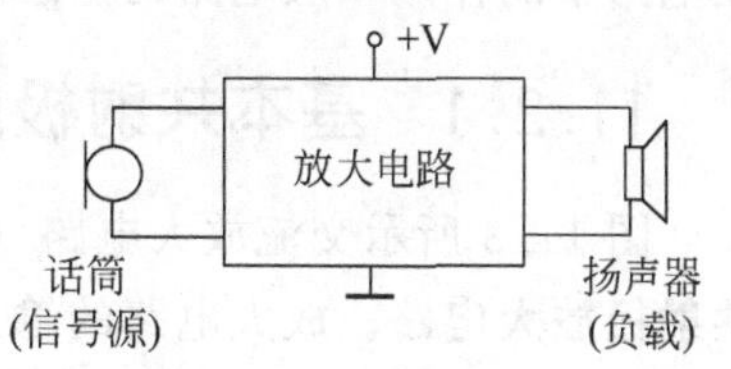

图 11.1 扩音机示意图

放大电路只有在对输入信号进行不失真放大时才有意义，也即放大电路的输出电量与输入电量要始终保持线性关系。为了使放大电路输出不失真的放大信号，要求晶体管必须偏置在放大区，且需设置合适的静态工作点。

如图 11.2 所示为放大电路示意图，话筒是信号源，用一电压源（$\dot{E}_S, r_S$）表示，扬声器是负载，用阻值为 R_L 的等效电阻表示。由图可知，放大电路分得的输入电压为 $\dot{U}_i$，同时产生输入电流 $\dot{I}_i$，因此，放大电路的输入端可以用一个等效电阻 R_i 表示，称为**放大电路的输入电阻**，看成是信号源的负载，即

$$R_i = \frac{\dot{U}_i}{\dot{I}_i} \tag{11.1}$$

对于负载 R_L 来说，放大电路也可以看作一个电压源（$\dot{E}_o$，r_o），其内阻 r_o 称为**放大电路的输出电阻**，输出端电压用 $\dot{U}_o$ 表示，输出电流用 $\dot{I}_o$ 表示。

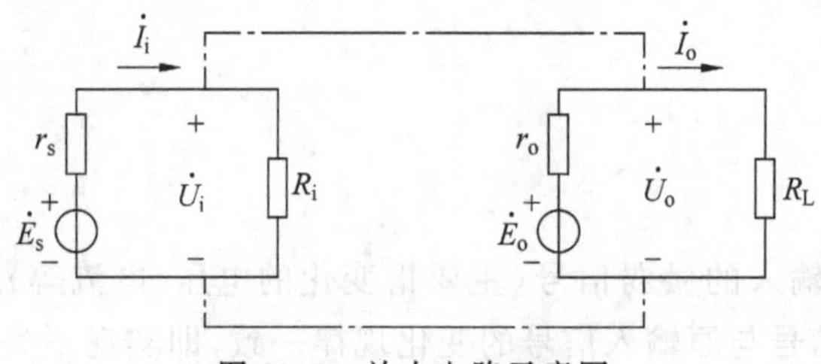

图 11.2 放大电路示意图

放大电路的输出电压与输入电压之比，可以直接衡量放大电路的放大能力。即

$$A_u = \frac{\dot{U}_o}{\dot{U}_i} \tag{11.2}$$

称为放大电路的**电压放大倍数**。

电压放大倍数、输入电阻和输出电阻是衡量放大电路性能的 3 个主要指标。

11.2 基本共射极放大电路的组成与分析

本节以 NPN 型晶体管组成的基本共射极放大电路为例，介绍放大电路的组成、各元件在电路中的作用以及电路的静态分析和动态分析方法。

11.2.1 基本共射极放大电路的组成

图 11.3 所示交流放大电路，电路的输入回路与输出回路以发射极为公共端，故称之为**共射极放大电路**。放大电路的输入端接电动势 e_s 与内阻 r_s 组成的交流信号源，输入电压为 u_i，放大电路的输出端接负载电阻 R_L，输出电压为 u_o。当输入电压 $u_i=0$ 时，称放大电路处于**静态**。在输入回路中，基极电源 E_B 使晶体管 B-E 间电压 U_{BE} 大于开启电压，并与基极电阻 R_B，共同决定基极电流 I_B。在输出回路中，集电极电源 E_C 应足够高，使晶体管的集电结反向偏置，以保证晶体管工作在放大状态。当 $u_i \neq 0$ 时，称放大电路处于**动态**。在输入回路中，将在静态值 I_B 的基础上叠加一个动态交流基极电流 i_b，形成基极总电流 i_B。由于 i_b 的作用，在输出回路就得到动态交流电流 i_c，通过集电极电阻 R_C 将集电极变化的电流转化为变化的电压 $i_c \cdot R_C$，再送到放大电路输出端，以实现电压放大。

将如图 11.3 所示电路省略直流电源 E_B，得到如图 11.4 所示的单电源供电电路，直流电源 E_C 通过**偏置电阻** R_B 为发射结提供正向偏置电压。

电路中各元件的作用总结如下。

晶体管 T：放大电路中的放大元件，放大作用的实质是用能量较小的输入交流信号通过晶体管，去控制直流电源 E_C 所提供的能量，以在输出端得到一个能量较大的交流信号。

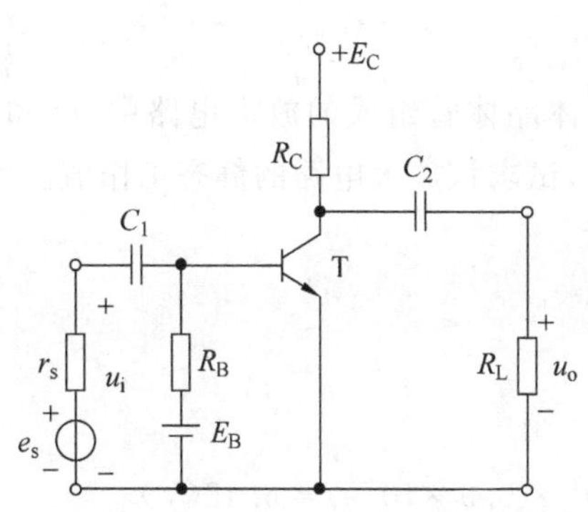

图 11.3　共射极放大电路的基本组成

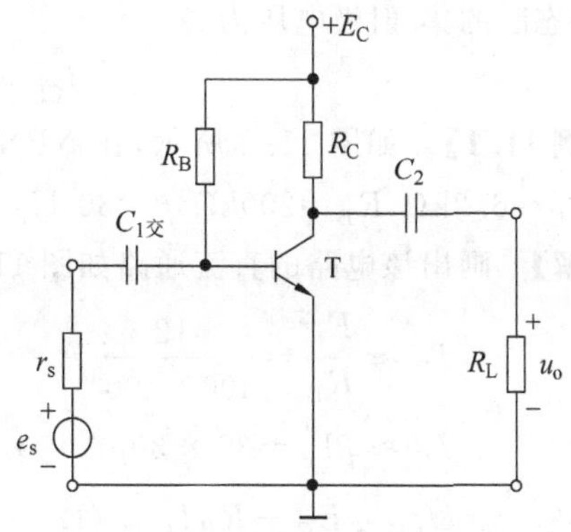

图 11.4　单电源供电电路

集电极电源电动势 E_C：保证集电结反偏，并为输出信号提供能量。E_C 一般取值为几伏到几十伏。

偏置电阻 R_B：保证发射结正偏，提供适当的基极电流 I_B，以使放大电路工作在合适的静态工作点。R_B 一般取值为几十千欧到几百千欧。

集电极负载电阻 R_C：将集电极电流转换为电压，以实现电压放大。R_C 一般取值为几千欧到几十千欧。

耦合电容 C_1 和 C_2 起到隔直流通交流的作用，一般要求电容值取得较大，对交流信号的容抗近似为零，其值可取几微法到几十微法。

从上面的分析可以看出，放大电路中有静态和动态两种电量，为了加以区分，用大写字母、大写下标表示直流量，如基极直流电流记为 I_B。用小写字母、小写下标表示交流分量，如基极交流电流的瞬时量记为 i_b。用小写字母、大写下标表示全量，如基极总电流的瞬时值记为 i_B。直流电源的电动势用 E_C、E_B、E_E 表示，电压用 U_{CC}、U_{BB}、U_{EE} 表示。

11.2.2　基本共射极放大电路的静态分析

1. 估算法

静态分析的目的是确定放大电路的静态工作值，即计算直流量 I_B、I_C、U_{BE} 和 U_{CE}，静态值大小的选取直接影响电路的放大性能。静态值可通过直流通路来分析计算，图 11.5 为如图 11.4 所示放大电路的直流通路，画直流通路时，交流信号源不作用，输入电压 $u_i=0$，电容 C_1 和 C_2 对直流量容抗无穷大，可视为开路。

由图 11.5 计算可得，静态时的基极电流为

$$I_B=\frac{E_C-U_{BE}}{R_B}\approx\frac{E_C}{R_B} \tag{11.3}$$

因为 U_{BE}（硅管 0.6V，锗管 0.2V）比 E_C 小很多，可忽略不计。

静态时的集电极电流为

$$I_C=\bar{\beta}I_B+I_{CEO}\approx\bar{\beta}I_B\approx\beta I_B \tag{11.4}$$

将直流放大倍数和交流放大倍数做近似处理，$\bar{\beta}\approx\beta$。

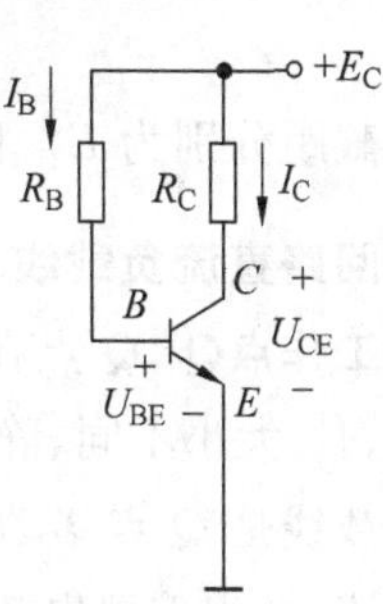

图 11.5　放大电路的直流通路

静态时的集-射极电压为

$$U_{CE} = E_C - R_C I_C \tag{11.5}$$

【例 11.1】 如图 11.3 所示，在 NPN 型半导体晶体管组成的放大电路中，已知 $E_C = 12V$，$R_C = 6.2k\Omega$，$R_B = 200k\Omega$，$\beta = 30$，$U_{BE} = 0.6V$，试求该放大电路的静态工作值。

【解】 画出该电路的直流通路如图 11.5 所示。

$$I_B \approx \frac{E_C}{R_B} = \frac{12}{400 \times 100^3} A \approx 30\mu A$$

$$I_C \approx \beta I_B = 30 \times 30\mu A = 0.9mA$$

$$U_{CE} = E_C - R_C I_C = (12 - 6.2 \times 10^3 \times 0.9 \times 10^{-3}) = 6.42(V)$$

2. 图解法

晶体管是一种非线性元件，在其输入端，基极电流 I_B 与基-射极电压 U_{BE} 之间的伏安特性曲线即为输入特性曲线。通过对图 11.5 的直流通路分析，得

$$E_C = R_B I_B + U_{BE} \tag{11.6}$$

整理得

$$I_B = \frac{E_C}{R_B} - \frac{1}{R_B} U_{BE} \tag{11.7}$$

在输入特性曲线上画出该直线，其斜率为$-\frac{1}{R_B}$，与坐标轴的横轴和纵轴截距分别为 E_C 和$\frac{E_C}{R_B}$，如图 11.6 所示。由于这一直线是由直流通路分析得出的，称为**输入回路直流负载线**，其与输出特性曲线的交点记为 Q，Q 点在横轴上的投影即为静态工作值 U_{BEQ}，在纵轴上的投影即为 I_{BQ}。

在晶体管的输出端，集电极电流 I_C 与集-射极电压 U_{CE} 之间的伏安特性曲线即为其输出特性曲线。如图 11.5 所示，由 E_C—R_B—U_{CE}—“地”的通路，得

$$U_{CE} = E_C - R_C I_C \tag{11.8}$$

整理得

$$I_C = -\frac{1}{R_C} U_{CE} + \frac{E_C}{R_C} \tag{11.9}$$

可见，I_C 与 U_{CE} 之间也是线性关系，其图像是斜率为$-\frac{1}{R_C}$的一条直线，与坐标轴的横轴和纵轴截距分别为 E_C 和$\frac{E_C}{R_C}$，在输出特性曲线上画出该直线，如图 11.7 所示。这一直线称为**输出回路直流负载线**，其与由估算得到的 I_B 所对应输出特性曲线的交点就是放大电路的**静态工作点*Q***，Q 点在横轴上的投影即为静态工作值 U_{CEQ}，在纵轴上的投影即为 I_{CQ}。可以看出，I_B 大小不同，静态工作点的位置也不同，改变 I_B 时，Q 点将沿直流负载线移动，即直流负载线是 Q 点移动的轨迹。通过改变偏置电阻 R_B 的阻值可以调整电流 I_B，I_B 称为偏置电流，产生偏置电流的电路，称为**偏置电路**，如图 11.5 中由 E_C—R_B—发射结—“地”的通路。

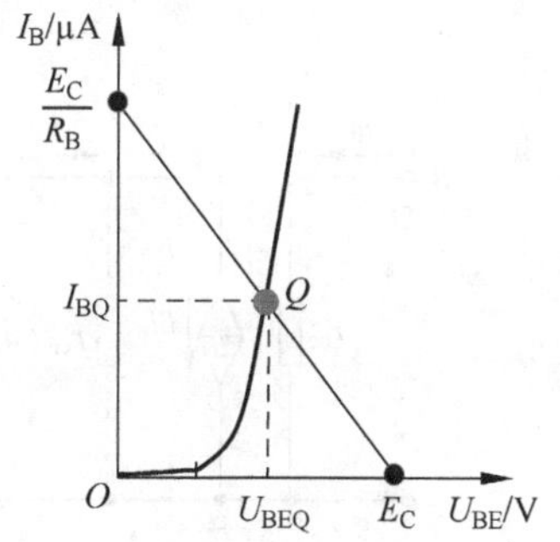

图 11.6 图解法确定静态工作点

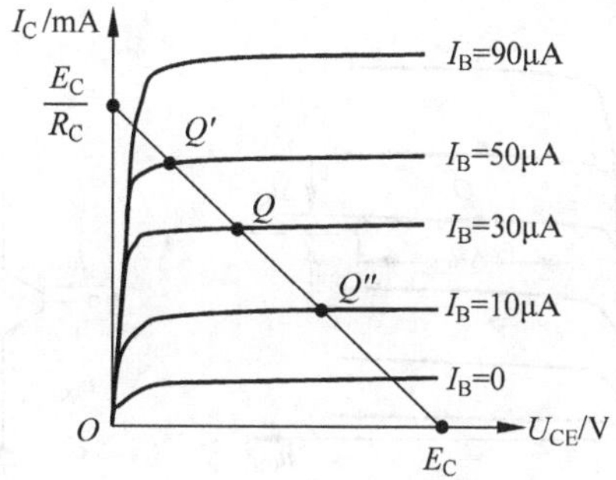

图 11.7 图解法确定静态工作点

11.2.3 基本共射极放大电路的动态分析

当放大电路有交流信号输入时，晶体管的各极电流和电压同时包含直流分量和交流分量。动态分析是在静态分析的基础上研究交流信号的传输情况，只讨论电流和电压的交流分量。动态分析的基本方法主要有**微变等效电路法**和**图解法**。

1. 微变等效电路法

放大电路的微变等效法就是将晶体管线性化，即在输入小信号情况下，用线性电路来描述其非线性特性，这样可以利用线性电路的分析方法来分析晶体管电路。

1）晶体管的微变等效电路

以共射极晶体管放大电路为例，从晶体管的输入特性和输出特性出发，讨论如何将晶体管用一个线性等效电路来代替，需要注意的是，线性化的前提是输入小信号（微变量）情况下，因为只有在静态工作点附近的小范围内才能用直线段近似代替晶体管的特性曲线。

图 11.8 所示是晶体管的输入特性曲线，在输入小信号，且 U_{CE} 为常数时有

$$r_{be}=\left.\frac{\Delta u_{BE}}{\Delta i_B}\right|_{U_{CE}}=\left.\frac{u_{be}}{i_b}\right|_{U_{CE}} \tag{11.10}$$

在式(11.10)中，r_{be} 称作晶体管的输入电阻，是晶体管输入特性的等效代替，近似计算为

$$r_{be}=300(\Omega)+(1+\beta)\frac{26(\text{mV})}{I_E} \tag{11.11}$$

在式(11.11)中，等号右侧第一项常取 100～300Ω，r_{be} 的值一般为几百欧到几千欧。

图 11.9 代表晶体管的输出特性曲线，在放大区是一簇近似等间隔的曲线组，由于 $i_c=\beta i_b$，输出端相当于一个受 i_b 控制的电流源，i_c 与 i_b 同向，大小随着 i_b 的变化而变化。并且，在静态工作点 Q 附近的曲线段也可以近似认为是直线，有

$$r_{ce}=\left.\frac{\Delta u_{CE}}{\Delta i_C}\right|_{U_{CE}}=\left.\frac{u_{ce}}{i_c}\right|_{U_{CE}} \tag{11.12}$$

r_{ce} 称作**晶体管的输出电阻**。r_{ce} 的值很大，约为几十欧到几百千欧，一般忽略不计。

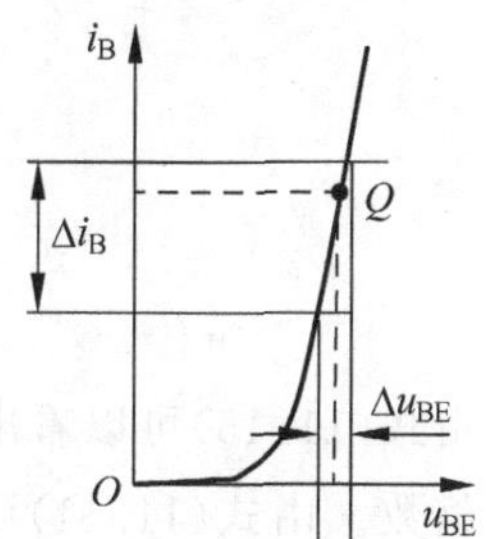

图 11.8 晶体管的输入特性曲线

根据上述分析，得到晶体管及其微变等效电路如图 11.10 所示。

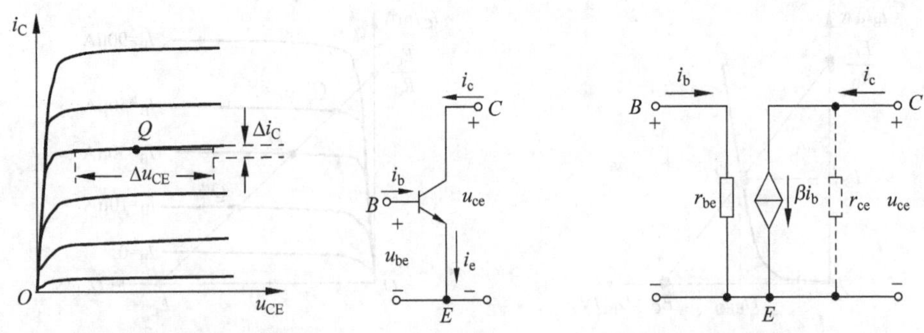

图 11.9　晶体管的输出特性曲线　　　图 11.10　晶体管及其微变等效电路

2）放大电路的微变等效电路

放大电路的静态值由直流通路确定，动态值（交流分量）则由放大电路的交流通路确定。由晶体管的微变等效电路和放大电路的交流通路可以得到放大电路的微变等效电路。图 11.11 是图 11.4 所示放大电路的交流通路，在画交流通路时认为直流电源不作用，电压为零，电容 C_1 和 C_2 视为短路。再用晶体管的微变等效电路代替放大电路交流通路中的晶体管，就得到放大电路的微变等效电路，如图 11.12 所示。对放大电路的微变等效电路分析，可以计算放大电路的性能参数。

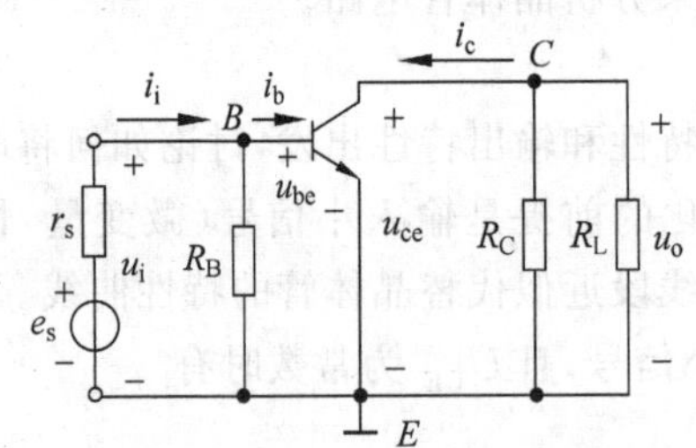

图 11.11　放大电路的交流通路

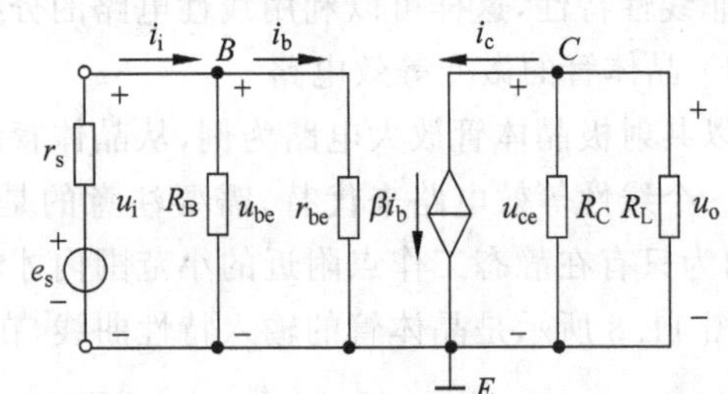

图 11.12　放大电路的微变等效电路

3）放大电路的性能参数计算

(1) 电压放大倍数。设输入信号为正弦信号，图 11.12 中的电量可用相量表示，如图 11.13 所示。由图可知，

$$\dot{U}_i = \dot{I}_b r_{be} \tag{11.13}$$

$$\dot{U}_o = -\beta \dot{I}_b R'_L, \quad (R'_L = R_C // R_L) \tag{11.14}$$

$$A_u = -\beta \frac{R'_L}{r_{be}} \tag{11.15}$$

由式(11.15)可以看出，负载电阻高，电压放大倍数大。此外，β 和 r_{be} 的大小也会影响放大倍数。由式(11.11)可知，当 I_E 不变时，r_{be} 随着 β 的增大而增大，因而通过改变 β 值往往达不到提高放大倍数的效果。但当 β 一定时，增大 I_E 的值，电压放大倍数就能在一定范围内增大，但 I_E 的增大是有限的。

(2) 放大电路输入电阻计算。一个放大电路的输入端与信号源相连，其输出端与负载

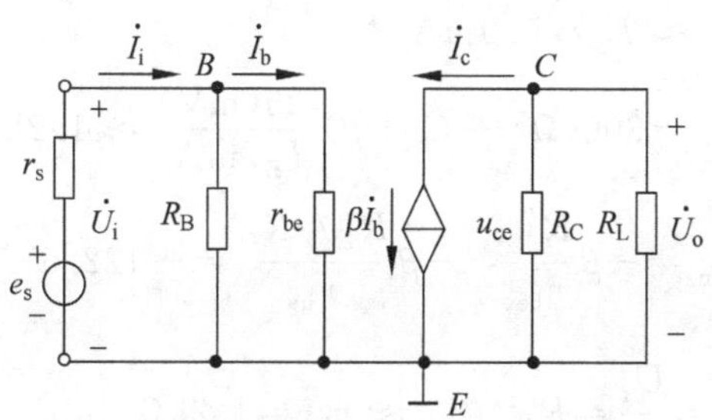

图 11.13　正弦信号输入下的微变等效电路

相连,放大电路可以看作信号源的负载,这个负载的大小可以用**输入电阻**来表示,是一个动态电阻。根据图 11.12,放大电路的输入电阻为

$$r_i=\frac{\dot{U}_i}{\dot{I}_i}=R_B//r_{be}\approx r_{be} \tag{11.16}$$

实际中 R_B 的阻值要比 r_{be} 大很多,因此,放大电路的输入电阻 r_i 近似等于晶体管的输入电阻 r_{be},但二者意义不同,要注意区分。

对一个放大电路,通常希望**放大电路的输入电阻高**一些。电路的输入电阻越高,一方面从信号源取用的电流就越小,减小了信号源的负担;另一方面电源内阻的分压小,可以增大输入电压。对于多级级联放大电路,后级电路的输入电阻即为前级电路的负载电阻,后级电路的输入电阻高,可以提高前级电路的电压放大倍数。

(3) 放大电路输出电阻计算。放大电路对负载而言可以看作一个信号源,其内阻即为**放大电路的输出电阻**,其也是一个动态电阻。可以采用加压求流法求放大电路的输出电阻 r_o。具体方法如图 11.14 所示,将输入电源置零,保留信号源内阻;将输出端开路,在输出端加一交流信号源,产生一电流,则放大电路的输出电阻为

$$r_o=\frac{\dot{U}_o}{\dot{I}_o}\approx R_C \tag{11.17}$$

通常希望**放大电路的输出电阻低**一些,当负载变化时,输出电压变化不大,放大电路带负载的能力强。

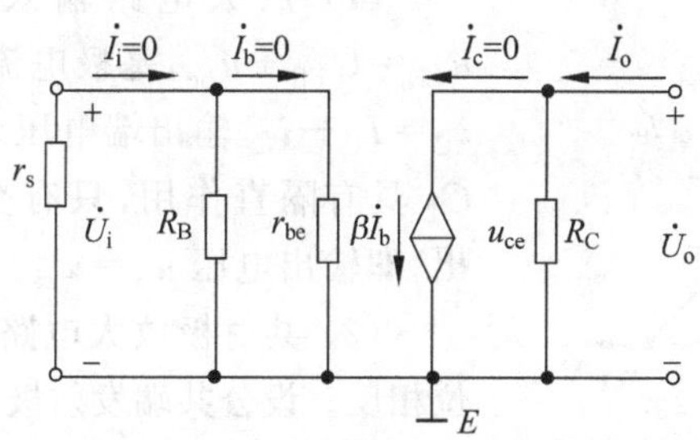

图 11.14　放大电路输出电阻计算

【例 11.2】　在图 11.4 中,$E_C=12\text{V}$,$R_C=6.2\text{k}\Omega$,$R_B=200\text{k}\Omega$,$R_L=4\text{k}\Omega$,$\beta=30$。试画出交流微变等效电路,计算电压放大倍数 A_u、输入电阻 r_i 和输出电阻 r_o。

【解】　放大电路的交流微变等效电路如图 11.12 所示,例 11.1 已求得:

$$I_E \approx I_C = 0.9\text{mA}$$

$$r_{be} = 300(\Omega) + (1+\beta)\frac{26(\text{mV})}{I_E(\text{mA})} \approx 1.2\text{k}\Omega$$

$$A_u = -\beta\frac{R'_L}{r_{be}} = -\beta\frac{R_L//R_C}{r_{be}} = -122.5$$

$$r_i = \frac{\dot{U}_i}{\dot{I}_i} = R_B//r_{be} \approx r_{be} = 1.2\text{k}\Omega$$

根据如图 11.14 的分析，输出电阻为

$$r_o = \frac{\dot{U}_o}{\dot{I}_o} \approx R_C = 6.2\text{k}\Omega$$

2. 图解法

对放大电路的动态分析也可以采用图解法，在静态分析的基础上，用作图的方法分析电压和电流的交流量之间的传输关系。放大电路中直流电源和交流电源同时工作时，分析输出端电压与电流的关系，对输出回路，反映 u_{CE} 和 i_C 关系的直线称作**交流负载线**，电容 C_2 对交流信号视作短路，$R'_L = R_C//R_L$，交流负载线的斜率为$\frac{1}{R'_L}$，要比直流负载线陡些。与直流负载线$\left(斜率为-\frac{1}{R_C}\right)$相比，交流负载线更陡些，当 R_L 开路时，二者重合。

在电路中，晶体管的输入和输出电量都含有直流分量和交流分量：

$$u_{BE} = U_{BE} + u_{be},\quad i_B = I_B + i_b$$

$$i_C = I_C + i_c,\quad u_{CE} = U_{CE} + u_{ce}$$

当输入 u_i 为零时，放大电路仍应该工作在静态工作点 Q，因此，交流负载线也通过 Q 点，如图 11.15 所示。

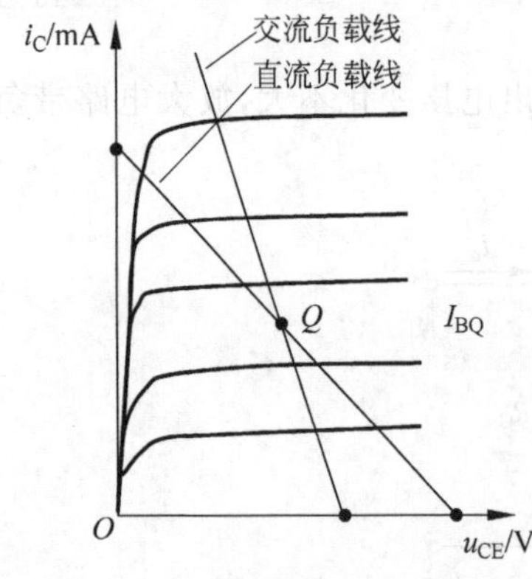

图 11.15 直流负载线和交流负载线

在小信号输入情况下，交流放大电路输出端电量和输入端电量的传输情况如图 11.16 所示。由图可知：

(1) 放大电路输入信号 u_i，基-射极间电压 $u_{BE} = U_{BE} + u_{be}$，基极电流 $i_B = I_B + i_b$，集电极电流 $i_C = I_C + i_c$，输出端电压 $u_{CE} = U_{CE} + u_{ce}$，由于电容 C_2 具有隔直作用，只有交流分量可以通过电容输出，即输出电压 $u_o = u_{ce}$。

(2) 共射极放大电路输出电压与输入电压的相位相反。设公共端发射极接地，若基极电位升高为正数时，集电极的电位则会降低为负数，二者变化相反。

(3) 交流负载线越陡，即 R_L 的阻值越小，电压放大倍数也越小。

3. 非线性失真分析

放大电路工作的基本要求是对输入信号进行不失真放大，即电路的输出波形和输入波形之间保持着线性比例关系，否则电路将会产生失真。电路的静态工作点选择不合适或者

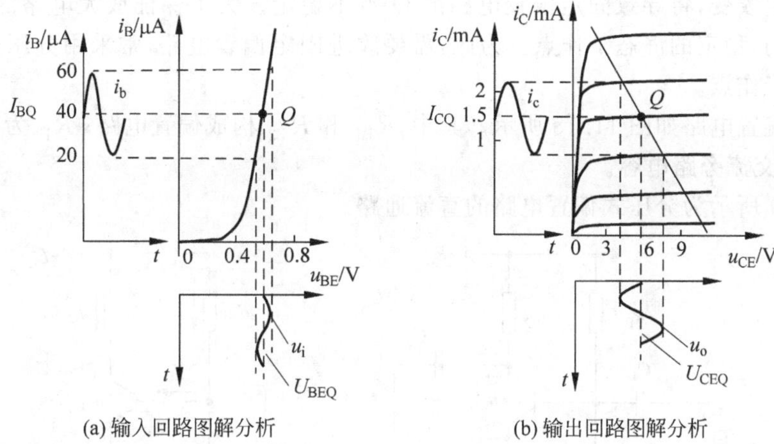

(a) 输入回路图解分析　　(b) 输出回路图解分析

图 11.16　动态图解分析

输入信号过大，是导致电路失真基本原因之一。如图 11.17 所示，当静态工作点 Q 位置过低接近截止区时，交流量在截止区得不到放大，输出电压 u_o 的正半周被削平，产生**截止失真**。当静态工作点 Q 位置过高接近饱和区时，交流量在饱和区得不到放大，输出电压 u_o 的负半周将产生失真，称为**饱和失真**。这种因放大电路工作区超出了晶体管特性曲线上的线性范围而产生的失真称为非线性失真。

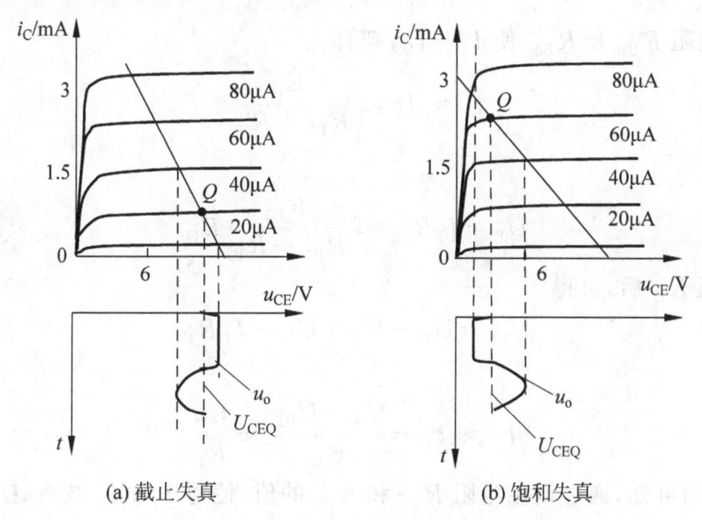

(a) 截止失真　　(b) 饱和失真

图 11.17　Q 点选择不合适引起信号失真

可以看出，为了得到不失真且尽量大的输出信号，要把 Q 设置在交流负载线的中间部分，并且输入信号的幅度不能太大，以避免放大电路的工作范围超过特性曲线的线性范围。

11.3　放大电路静态工作点的稳定

对如图 11.4 所示的放大电路，偏置电阻 R_B 的值确定了，电流 I_B 的值就固定了，这种电路称为固定偏置电路，静态工作点由 U_{BE}、β 和 I_C 决定，如果这 3 个参数因某些原因如温度变化而发生改变，将导致固定偏置电路的 Q 点不稳定。为了保证放大电路的稳定工作，必须有合适的、稳定的静态工作点。为此，需要改进固定偏置电路，常采用分压式偏置电路来稳定静态工作点。

分压式偏置电路如图 11.18 所示。其中，R_{B1} 和 R_{B2} 构成偏置电路；R_E 为直流负反馈电阻；C_E 为交流旁路电容。

图 11.19 所示为分压式偏置电路的直流通路。

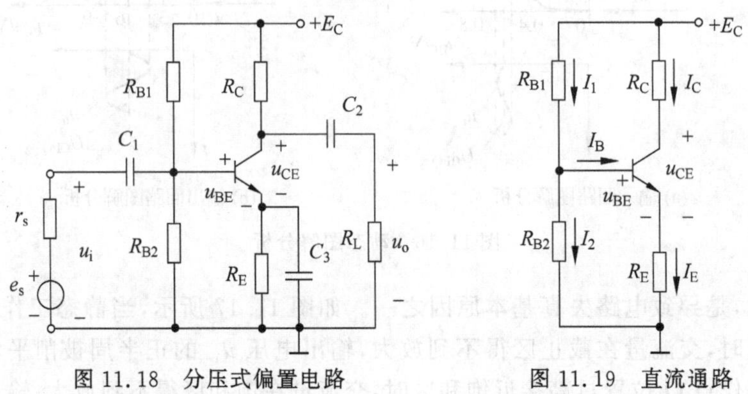

图 11.18 分压式偏置电路　　图 11.19 直流通路

由图 11.19 可得，基极电流关系为

$$I_1 = I_2 + I_B \tag{11.18}$$

通过调节偏置电阻 R_{B1} 和 R_{B2}，使 $I_2 \geqslant I_B$，则有

$$I_1 \approx I_2 \approx \frac{E_C}{R_{B1}+R_{B2}} \tag{11.19}$$

基极电位为

$$U_B = I_2 R_{B2} \approx \frac{R_{B2}}{R_{B1}+R_{B2}} E_C \tag{11.20}$$

引入发射极电阻 R_E 后，可得

$$U_{BE} = U_B - U_E = U_B - I_E R_E \tag{11.21}$$

则有

$$I_C \approx I_E = \frac{U_B - U_{BE}}{R_E} \approx \frac{U_B}{R_E} \tag{11.22}$$

由式(11.20)可知，通过调整电阻 R_{B1} 和 R_{B2} 的值，使得 $I_2 \geqslant I_B$ 成立，U_B 和 I_C 的值就仅取决于电路中的偏置电阻和直流电源的值，而与晶体管的参数几乎无关，不受温度影响，从而静态工作点能得以基本稳定。

分压式偏置电路稳定静态工作点的实质是通过增加直流负反馈电阻 R_E 形成负反馈过程，即

$$T\uparrow \rightarrow I_C\uparrow \xrightarrow{R_E} U_E\uparrow \xrightarrow{U_B} U_{BE}\downarrow$$
$$I_C\downarrow \leftarrow I_B\downarrow \leftarrow$$

从以上电路分析过程来看，似乎 I_2 的值越大越好，但是这样 R_{B1}、R_{B2} 就要取值较小，但是一方面将增加电路的功率损耗，另一方面，因为从信号源取得较大电流，会增加信号源

内阻电压,从而降低放大电路的输入电压,所以一般 R_{B1}、R_{B2} 取几十千欧。

如图 11.20 所示是分压式偏置电路的交流微变等效电路,计算衡量放大电路性能的 3 个指标是输入电阻、输出电阻和电压放大倍数。

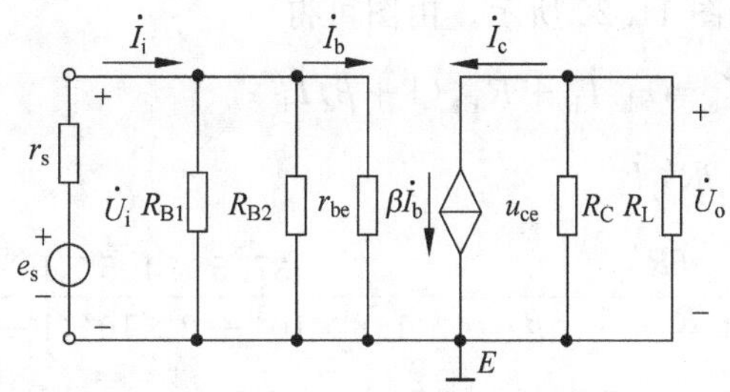

图 11.20 微变等效电路

与固定偏置微变等效电路相比较,图 11.18 中的电阻 R_E 被并联的电容 C_E 旁路,不对交流通路产生影响,分压式偏置电路仅在输入端增加了电阻 R_{B2}。在实际应用中,一般 R_{B1} 和 R_{B2} 为几十千欧,输入电阻 $r_i=R_{B1}//R_{B2}//r_{be}=R'_B//r_{be}\approx r_{be}$;求输出电阻时,可将输入交流源置零,通过输出端加压法计算得 $r_o\approx R_C$;电压放大倍数 $A_u=-\beta R'_L//r_{be}$。对比分析可知,分压式偏置电路与固定偏置电路放大性能基本相同。

【例 11.3】 如图 11.18 所示放大电路,已知 $\beta=311.5$,$E_C=12V$,$R_{B1}=20k\Omega$,$R_{B2}=10k\Omega$,$R_C=2k\Omega$,$R_E=6k\Omega$,$R_L=6k\Omega$,求该电路的静态工作点;画出微变等效电路;求放大电路的指标。

【解】 (1) 电路的静态工作点为

$$U_B\approx\frac{R_{B2}}{R_{B1}+R_{B2}}E_C=\frac{10}{10+20}\times 12=4(V)$$

$$I_C\approx I_E=\frac{U_B-U_{BE}}{R_E}\approx\frac{U_B}{R_E}=\frac{4}{6\times 10^3}\approx 0.67(mA)$$

$$I_B\approx\frac{I_C}{\beta}=\frac{0.67}{37.5}mA\approx 0.018mA$$

$$U_{CE}\approx E_C-(R_C+R_E)I_C=12-(2+6)\times 10^3\times 0.67\times 10^{-3}=6.64(V)$$

(2) 微变等效电路如图 11.20 所示。

(3) 放大电路的性能指标为

$$r_{be}=300\Omega+(1+37.5)\frac{26(mV)}{0.67(mA)}\approx 1.8k\Omega$$

$$r_i\approx r_{be}=1.8k\Omega$$

$$r_o\approx R_C=2k\Omega$$

$$R'_L=\frac{R_CR_L}{R_C+R_L}=1.5k\Omega$$

$$A_u=-\beta R'_L/r_{be}=-37.5\times\frac{1.5}{1.8}=-31.25$$

【例 11.4】 如图 11.21 所示放大电路,已知 $\beta=311.5$,$E_C=12V$,$R_{B1}=20k\Omega$,$R_{B2}=$

10kΩ, $R_C=2$kΩ, $R_{E1}=2$kΩ, $R_{E2}=4$kΩ, $R_L=6$kΩ，求该电路的静态工作点；画出微变等效电路；求放大电路的指标。

【解】 (1) 静态工作值和 r_{be} 的值同例 11.3。

(2) 微变等效电路如图 11.22 所示。由图可得

$$\dot{U}_i=r_{be}\dot{I}_b+R_{E1}\dot{I}_e=r_{be}\dot{I}_b+R_{E1}(1+\beta)\dot{I}_b$$

$$\dot{U}_o=-R'_L\dot{I}_c=-\beta R'_L\dot{I}_b$$

$$A_u=\frac{\dot{U}_o}{\dot{U}_i}=-\frac{\beta R'_L}{r_{be}+R_{E1}(1+\beta)}=-\frac{37.5\times1.5\times10^3}{1.8\times10^3+2\times10^3(1+37.5)}\approx-0.71$$

$$r_i=R_{B1}//R_{B2}//[r_{be}+R_{E1}(1+\beta)]=6.18\text{k}\Omega$$

$$r_o\approx R_C=2\text{k}\Omega$$

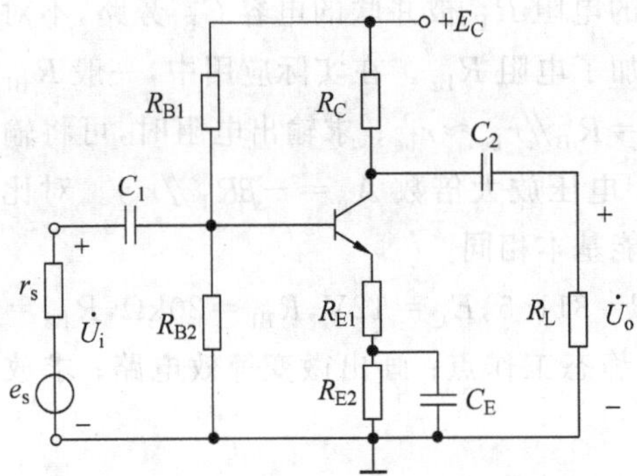

图 11.21 例 11.4 的放大电路图

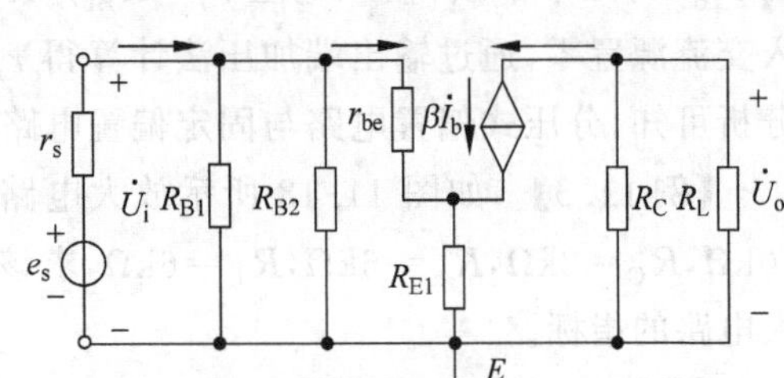

图 11.22 交流微变等效电路

与如图 11.18 所示的电路相比较，本例中发射极留有一段电阻未被 C_E 旁路，虽然电压放大倍数降低了，但增大了输入电阻，改善了放大电路的工作性能。

11.4 射极输出器

前面讲的固定偏置和分压式偏置电路都是从集电极输出，共发射极接法的电路。而射极输出器从发射极输出，是共集电极电路。射极输出器如图 11.23 所示，电源 E_C 对交流信号相当于短路，集电极成为输入和输出电路的公共端。注意与共发射极接法电路对比学习。

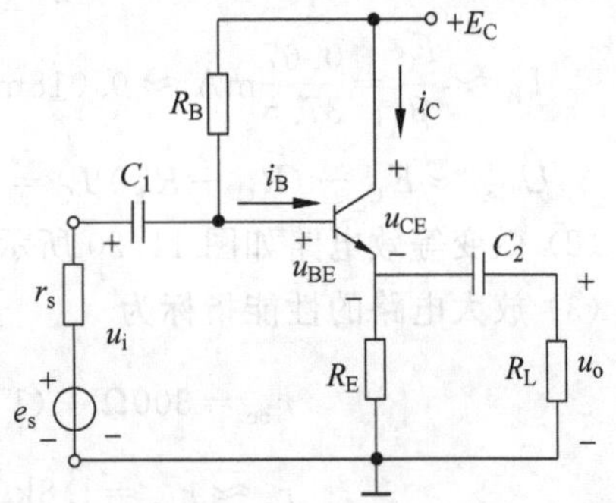

图 11.23 射极输出器

11.4.1 射极输出器的静态分析

如图 11.24 所示是射极输出器的直流通路，分析确定电路的静态值为

$$I_B=\frac{E_C-U_{BE}}{R_B+(1+\beta)R_E} \tag{11.23}$$

$$I_E=I_B+I_C=I_B+\beta I_B=(1+\beta)I_B \tag{11.24}$$

$$U_{CE}=E_C-R_EI_E \tag{11.25}$$

11.4.2 射极输出器的动态分析

图 11.25 和图 11.26 分别是射极输出器的交流通路和交流微变等效电路,分析计算射极输出器的电压放大倍数、输入电阻和输出电阻。

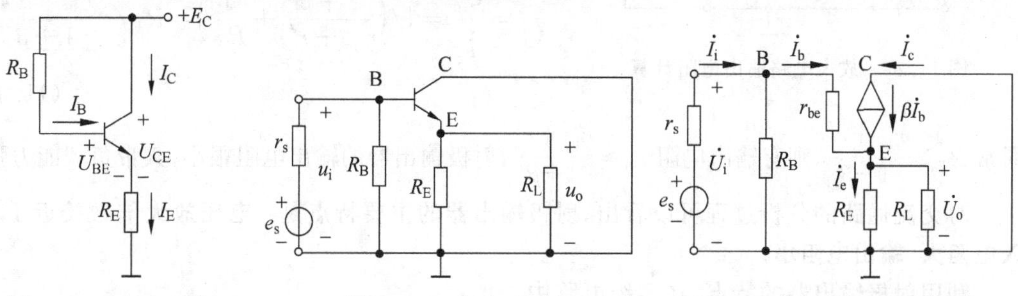

图 11.24　直流通路　　图 11.25　交流通路　　图 11.26　交流微变等效电路

1. 电压放大倍数

$$R'_L=R_E//R_L \tag{11.26}$$

$$\dot{U}_o=R'_L\dot{I}_e=(1+\beta)R'_L\dot{I}_b \tag{11.27}$$

$$\dot{U}_i=r_{be}\dot{I}_b+R'_L\dot{I}_e \tag{11.28}$$

$$A_u=\frac{\dot{U}_o}{\dot{U}_i}=\frac{(1+\beta)R'_L\dot{I}_b}{r_{be}\dot{I}_b+R'_L\dot{I}_e}=\frac{(1+\beta)R'_L}{r_{be}+(1+\beta)R'_L} \tag{11.29}$$

实际 $r_{be}\ll(1+\beta)R'_L$,电压放大倍数 $A_u\approx1$,但恒小于1。输入输出同相,输出电压跟随输入电压变化而变化,故射极输出器又称**射极跟随器**或者**电压跟随器**。

2. 输入电阻

$$\dot{I}_i=\dot{I}_b+\dot{I}_{R_B} \tag{11.30}$$

$$\dot{I}_{R_B}=\frac{\dot{U}_i}{R_B} \tag{11.31}$$

$$\dot{I}_b=\frac{\dot{U}_i}{r_{be}+(1+\beta)R'_L} \tag{11.32}$$

$$r_i=\frac{\dot{U}_i}{\dot{I}_i}=R_B//[r_{be}+(1+\beta)R'_L] \tag{11.33}$$

可以看出,输入电阻是 R_B 和 $r_{be}+(1+\beta)R'_L$ 的并联,R_B 的阻值较大,一般取几十千欧到几百千欧,$r_{be}+(1+\beta)R'_L$ 的值也比共射极电路的输入电阻 $r_i\approx r_{be}$ 大很多。因此,射极输出器的输入电阻较大,在多级放大电路中可以作为前一级的负载,对前一级的放大倍数影响较小且取得的信号大。

3. 输出电阻

用加压法求射极输出器的输出电阻,如图 11.27 所示。

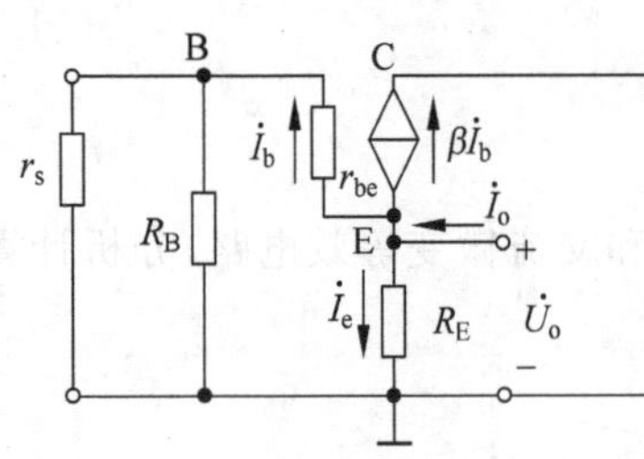

图 11.27　放大电路输出电阻计算

假设 $r'_s=r_s//R_B$，则有

$$\dot{I}_o=\dot{I}_b+\beta\dot{I}_b+\dot{I}_e=\frac{\dot{U}_o}{r_{be}+r'_s}+\beta\cdot\frac{\dot{U}_o}{r_{be}+r'_s}+\frac{\dot{U}_o}{R_E} \tag{11.34}$$

$$r_o=\frac{\dot{U}_o}{\dot{I}_o}=1/\left(\frac{1+\beta}{r_{be}+r'_s}+\frac{1}{R_E}\right)=R_E//\frac{r_{be}+r'_s}{1+\beta} \tag{11.35}$$

通常 $R_E\gg\frac{r_{be}+r'_s}{1+\beta}$，则有输出电阻 $r_o\approx\frac{r_{be}+r'_s}{1+\beta}$，射极输出器的输出电阻很小，其带负载能力强。

对交流通路的分析过程可以看出，射极输出器的主要特点是：**电压放大倍数接近 1，输入电阻大，输出电阻小。**

利用射极输出器的特点，在多级电路中，

(1) 将射极输出器放在多级放大电路的**输入级**，可以提高输入电阻。

(2) 将射极输出器放在多级放大电路的**输出级**，可以降低输出电阻，提高带负载能。

(3) 将射极输出器放在电路的两级之间，可以起到电路的匹配作用，这一级射极输出器称为**缓冲级或中间级**。

【例 11.5】 在如图 11.23 所示的射极输出器中，若 $E_C=12\text{V}$，晶体管的 $\beta=40$，$U_{BE}=0.7\text{V}$，$R_L=3\text{k}\Omega$，$R_E=1\text{k}\Omega$，$R_B=120\text{k}\Omega$，$r_s=50\Omega$。

(1) 画出直流通路，计算静态值；

(2) 画出此放大电路的微变等效电路；

(3) 计算该电路的电压放大倍数、输入电阻及输出电阻。

【解】 放大电路的直流通路如图 11.24 所示，交流微变等效电路如图 11.26 所示。静态值计算：

$$I_B=\frac{E_C-U_{BE}}{R_B+(1+\beta)R_E}=\frac{12-0.7}{120\times10^3+(1+40)\times10^3}=0.07(\text{mA})$$

$$I_E=I_B+I_C=I_B+\beta I_B=(1+\beta)I_B=(1+40)\times0.07=2.87(\text{mA})$$

$$U_{CE}=E_C-R_EI_E=12-1\times2.87=9.13(\text{V})$$

性能参数值计算：

$$r_{be}=300\Omega+(1+40)\frac{26\text{mV}}{2.87\text{mA}}\approx0.67\text{k}\Omega$$

$$R'_L=R_E//R_L=0.75\text{k}\Omega,\quad r'_s=r_s//R_B\approx50\Omega$$

$$A_u=\frac{\dot{U}_o}{\dot{U}_i}=\frac{(1+\beta)R'_L\dot{I}_b}{r_{be}\dot{I}_b+R'_L\dot{I}_e}=\frac{(1+\beta)R'_L}{r_{be}+(1+\beta)R'_L}\approx0.9787$$

$$r_i=\frac{\dot{U}_i}{\dot{I}_i}=R_B//\{r_{be}+(1+\beta)R'_L\}\approx24.4\text{k}\Omega$$

$$r_o\approx\frac{r_{be}+r'_s}{1+\beta}\approx17.6\Omega$$

表 11.1 对 4 种基本放大电路进行了总结。

表 11.1 4 种基本放大电路

电路名称	固定偏置放大电路	分压式偏置放大电路	发射极电阻未被旁路的分压式电路	射极输出器
电路图				
静态值	$I_B=\frac{E_C-U_{BE}}{R_B}\approx\frac{E_C}{R_B}$ $I_C=\bar{\beta}I_B+I_{CEO}\approx\bar{\beta}I_B\simeq\beta I_B$ $U_{CE}=E_C-R_CI_C$	$I_C\approx I_E=\frac{U_B-U_{BE}}{R_E}\approx\frac{U_B}{R_E}$ $I_B\approx\frac{I_C}{\beta}$ $U_{CE}\approx E_C-(R_C+R_E)I_C$	$I_C\approx I_E=\frac{U_B-U_{BE}}{R_E}\approx\frac{U_B}{R_E}$ $I_B\approx\frac{I_C}{\beta}$ $U_{CE}\approx E_C-(R_C+R_E)I_C$	$I_B=\frac{E_C-U_{BE}}{R_B+(1+\beta)R_E}$ $I_E=I_B+I_C=I_B+\beta I_B$ $=(1+\beta)I_B$ $U_{CE}=E_C-R_EI_E$
A_u	$A_u=-\beta\frac{R'_L}{r_{be}}$	$A_u=-\beta R'_L/r_{be}$	$A_u=\frac{\dot{U}_o}{\dot{U}_i}=-\frac{\beta R'_L}{r_{be}+R_{E1}(1+\beta)}$	$A_u=\frac{\dot{U}_o}{\dot{U}_i}=\frac{(1+\beta)R'_L\dot{I}_b}{r_{be}\dot{I}_b+R'_L\dot{I}_e}$ $=\frac{(1+\beta)R'_L}{r_{be}+(1+\beta)R'_L}$
r_i	$r_i=\frac{\dot{U}_i}{\dot{I}_i}=R_B//r_{be}\approx r_{be}$	$r_i=R_{B1}//R_{B2}//r_{be}=R'_B//r_{be}$ $\approx r_{be}$	$r_i=R_{B1}//R_{B2}//[r_{be}+R_{E1}(1+\beta)]$	$r_i=\frac{\dot{U}_i}{\dot{I}_i}=R_B//\{r_{be}+(1+\beta)R'_L\}$
r_o	$r_o=\frac{\dot{U}_o}{\dot{I}_o}\approx R_C$	$r_o\approx R_C$	$r_o\approx R_C$	$r_o\approx\frac{r_{be}+r'_s}{1+\beta}$
特点	电压放大倍数高，静态工作点不稳定	工作稳定	输入电阻高，电压放大倍数降低，工作稳定	输入电阻高，输出电阻低，电压放大倍数接近 1

11.5 差分放大电路的组成与分析

11.5.1 直接耦合放大电路的零点漂移问题

差分放大电路是解决直接耦合放大电路零点漂移问题的重要手段。差分放大电路采用对称的电路结构和较大的发射极电阻 R_E，对以共模信号形式输入的干扰信号具有极强的抑制作用，对以差模信号形式输入的有用信号进行有效的放大。11.3 节、11.4 节介绍的放大电路称为阻容耦合放大电路，当有交流信号输入时，认为电容对交流信号是短路。但在实际工业控制中，有一些信号是缓慢变化的，这种信号不能通过电容，只能采用直接耦合的多级放大电路放大，如图 11.28(a)所示。

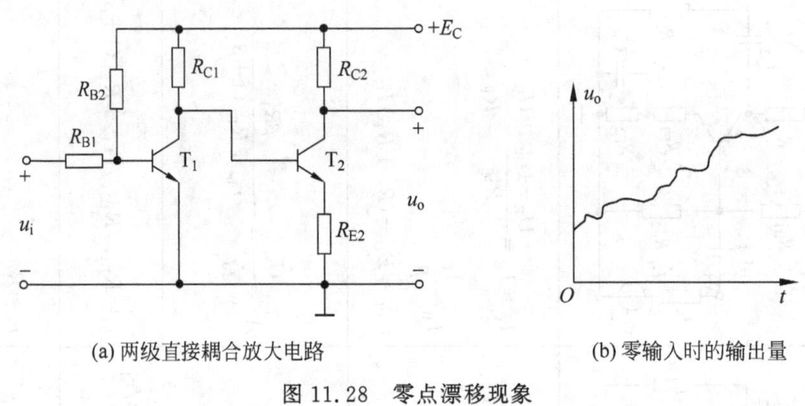

(a) 两级直接耦合放大电路

(b) 零输入时的输出量

图 11.28 零点漂移现象

直接耦合放大电路存在**零点漂移**的问题。当放大电路无信号输入时，其输出端电压不一定为零，如图 11.28(b)所示。这种输入为零时，输出缓慢、无规则变化的现象就是零点漂移。产生的原因主要有电压源电压波动、电路元件参数变化以及晶体管参数随温度变化等，其中温度的影响是最严重的，因此零点漂移也称为**温度漂移**。在多级放大电路中，前一级的温漂将作为后一级的输入信号，使得当 u_i 等于零时，u_o 不等于零。当放大电路输入有用信号时，有用信号和温漂共存于放大电路中，温漂量幅度可与有用信号幅度相比时，二者混淆在一起，将难以分辨有用信号。而第一级的温漂会被各级电路逐级放大，以致影响了整个电路的工作。因此要着重抑制放大电路的第一级温漂。

11.5.2 差分放大电路抑制零点漂移原理

如图 11.29 所示是由两个晶体管组成的双端输入、双端输出、结构对称的差分放大电路。在理想情况下，两个晶体管以及对应电阻元件参数值都相同，因此两管组成放大电路的静态工作值也是相同的。信号 u_{i1} 和 u_{i2} 从两管基极输入，输出电压 u_o 则是两管输出电压之差。

当输入电压 $u_{i1}=u_{i2}=0$，即电路的两个输入端短路时，由于电路的对称性，两管的集电极电流相等，集电极电位也相等，故输出电压 $u_o=U_{C1}-U_{C2}=0$。当温度升高时，两管的集电极电流都增大，集电极电位都下降，但两管电流、电压的变化量是相等的，因此输出电压 $u_o=(U_{C1}+\Delta u_{C1})-(U_{C2}+\Delta u_{C2})=0$。零点漂移完全被抑制了，差分放大电路对两管所产生的温度漂移，或者电量变化量具有抑制作用。

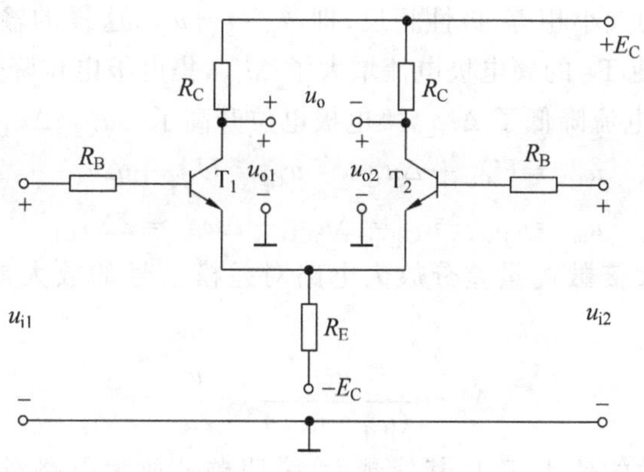

图 11.29　差分放大电路

差分放大电路抑制零点漂移，主要利用电路的对称性，但实际中完全理想对称的电路并不存在，或者采用单端输出(输出电压取一个管集电极与"地"间的电压)，零点漂移就无法得到有效抑制，为此在电路的发射极引入共模抑制电阻 R_E 和负电源 $-E_C$。R_E 的主要作用是限制每个管子的零点漂移范围，稳定电路的静态工作点，抑制零点漂移过程如图 11.30 所示。

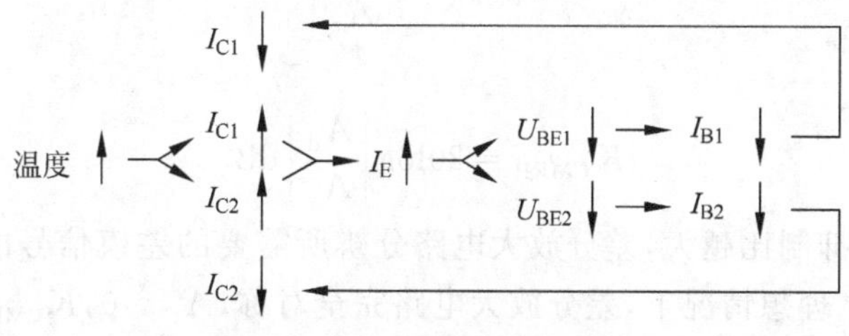

图 11.30　抑制零点漂移过程

可以看出，R_E 越大，抑制零点漂移越显著，但是 E_C 一定时，过大的 R_E 会使集电极电流过小，影响静态工作点和电压放大倍数，因此，需要接入负电源 $-E_C$ 来抵偿 R_E 两端的直流压降，从而获得合适的静态工作点。

11.5.3　共模抑制比

如图 11.29 所示的差分放大电路有信号输入时，若两个输入电压的大小相等，极性相同，即 $u_{i1}=u_{i2}$，这样的输入称为**共模输入**。在共模输入信号的作用下，对于完全对称的差分放大电路来说，两管的电量变化量是相同的，因而输出电压等于零。就是说差分放大电路对共模信号没有放大作用，放大倍数为零。但实际中两个晶体管和电阻做不到参数值完全相同，因此两管电路不完全对称，即 $u_o \neq 0$。定义**共模电压放大倍数**衡量差分放大电路对共模信号的抑制能力，共模电压放大倍数为

$$A_C=\frac{u_o}{u_{i1}}=\frac{u_o}{u_{i2}} \tag{11.36}$$

由于输出电压的值很小，共模电压放大倍数的值小于 1，其值越小，表明差分放大电路

对共模信号的抑制能力越强。

若两个输入电压的大小相等，极性相反，即 $u_{i1}=-u_{i2}$，这样的输入称为**差模输入**。设 $u_{i1}>0$，$u_{i2}<0$，则 u_{i1} 使 T_1 的集电极电流增大了 Δi_{c1}，集电极电位降低了 $\Delta u_{C1}(\Delta u_{C1}<0)$；而 u_{i2} 使 T_2 的集电极电流降低了 Δi_{c2}，集电极电位升高了 $\Delta u_{C2}(\Delta u_{C1}>0)$。固有

$$u_{C1}=U_{C1}+\Delta u_{C1},\quad u_{C2}=U_{C2}+\Delta u_{C2}$$

$$u_o=u_{C1}-u_{C2}=\Delta u_{C1}-\Delta u_{C2}=2\Delta u_{C1}$$

定义**差模电压放大倍数**衡量差分放大电路对差模信号的放大能力，差模电压放大倍数为

$$A_d=\frac{u_o}{(u_{i1}-u_{i2})}=\frac{u_o}{2u_{i1}} \tag{11.37}$$

差模电压放大倍数的值大于1，其值越大，表明差分放大电路对差模信号的放大能力越强。

由于差分电路很难做到完全对称，对共模分量仍具有一定的放大作用。一般来说，环境背景干扰、噪声、温漂等无用信号都是共模信号，而电路输入的有用信号是差模信号。可以引用共模抑制比(CMRR)来全面衡量放大电路对共模信号的抑制作用和对差模信号的放大能力，其定义为放大电路对差模信号的放大倍数和对共模信号的放大倍数之比，即

$$K_{CMRR}=\left|\frac{A_d}{A_c}\right| \tag{11.38}$$

或用其对数形式：

$$K_{CMRR}=20\log\left|\frac{A_d}{A_c}\right|\text{dB} \tag{11.39}$$

可以看出，共模抑制比越大，差分放大电路分辨所需要的差模信号的能力越强，而受共模信号的影响越小。理想情况下，差分放大电路完全对称，$A_C=0$，K_{CMRR} 趋于无穷大。但实际电路不可能做到完全对称，K_{CMRR} 是一个有限的值。

从上述分析看出，提高双端输出差模放大电路共模抑制比的方法主要有：使电路尽量对称和尽可能加大共模抑制电阻 R_E。

11.6 工程应用——电视机视频输出电路

视频输出是目前电视机最基本的功能之一，其作用是将电视机接收到的射频信号或者视频信号通过输出端输出给其他显示设备。在电视电路应用中，通常要求视频输出的信号幅度为+1V±0.2V(已接后级负载时负载上的电压)，而大部分电视机编码器的输出幅度较小，无法满足这个要求，因此，电视输出端会加上一个视频输出电路，对视频信号进行 $2N$ 倍放大，使输出的视频信号幅度满足使用要求。

下面介绍一种电视机视频输出电路，包括一隔直流电路、一放大电路及一射极跟随电路，该视频输出电路还包括一作为射极跟随电路有源负载的恒流源电路，电视机的视频信号通过隔直流电路后被放大电路放大，再通过射极跟随电路输出。上述电视机视频输出电路较传统技术在输出端去除了电解电容，同时加入了一个恒流源电路作为射极跟随电路的有源负载，不但提高了视频输出电路的带负载能力，同时在能耗、散热及占电路板空间方面也

较传统技术有明显改善。如图 11.31 所示是传统电视机视频输出电路，其改进型电路如图 11.32 所示。

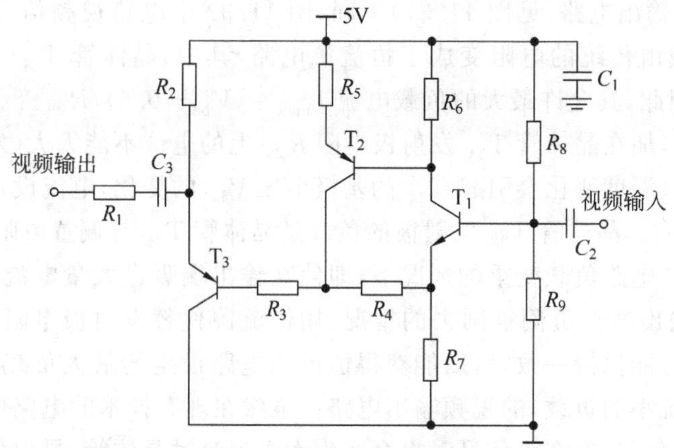

图 11.31　传统电视机视频输出电路

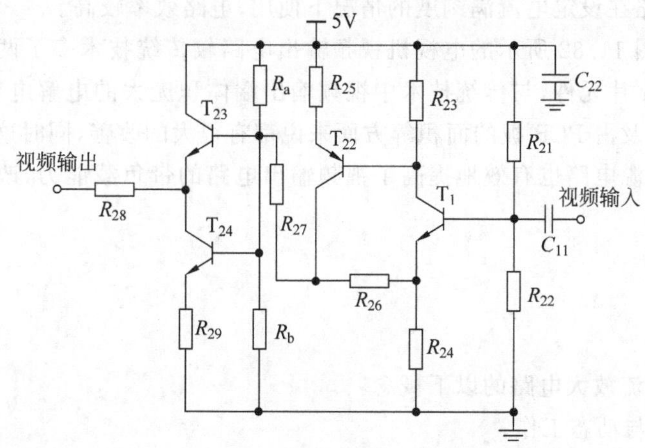

图 11.32　一种改进的电视机视频输出电路

图 11.32 的电视机视频输出电路包含晶体管 T_{21}～T_{24}、电阻 R_{21}～R_{29}、电容 C_{11} 和 C_{22} 以及偏置电阻 R_a 和 R_b。隔直流电容 C_{11} 用于对输入端的视频信号进行直流隔离，电容 C_{22} 连接于 5V 电源与“地”之间用于滤除纹波。由晶体管 T_{21} 和晶体管 T_{22} 组成的放大电路为一共发射极放大电路，晶体管 T_{21} 为 NPN 型晶体管，其基极连接电容 C_{11} 以获取电视机的视频信号，其基极通过电阻 R_{21} 接 5V 电源并通过电阻 R_{22} 接地，发射极通过电阻 R_{24} 接地，集电极通过电阻 R_{23} 接 5V 电源；晶体管 T_{22} 为 PNP 型晶体管，其基极连接晶体管 T_{21} 的集电极，发射极通过电阻 R_{25} 接 5V 电源，集电极通过电阻 R_{26} 连接晶体管 T_{21} 的发射极。视频输出电路只需改变电阻 R_{24} 和 R_{26} 的阻值即可调节视频信号的放大倍数。

晶体管 T_{23} 组成射极跟随器电路，晶体管 T_{23} 为 NPN 型晶体管，其基极通过电阻 R_{21} 连接所述晶体管 T_{22} 的集电极，集电极连接 5V 电源，发射极通过电阻 R_{28} 连接至视频信号的输出端，用于输出放大后的视频信号。

恒流源电路包括晶体管 T_{24} 及偏置电阻 R_a 和 R_b，偏置电阻 R_a 和 R_b 串联于 5V 电源与"地"之间，晶体管 T_{24} 为 NPN 型晶体管，其基极连接于偏置电阻 R_a 和 R_b 之间，集电极连接晶体管 T_{23} 的发射极，发射极通过电阻 R_{29} 接地。

与传统的视频输出电路(见图 11.31)不同，图 11.32 中电路视频信号输出端的射极跟随电路发射极负载由传统的电阻变成了恒流源电路，其中，晶体管 T_{24} 的基极电压 $V_{be}=5R_b/(R_a+R_b)$，因此，其允许最大的负载电流 $I_{max}=(V_{be}-0.6)/R_{29}$。

在实际应用中，加在晶体管 T_{24} 发射极电阻 R_{29} 上的电位不能太大(发射极可变动范围太窄)，也不能太小(温度变化会引起 T_{24} 的基极电压 V_{be} 的变化，电流设定值会发生很大变化)，一般选 1V 左右。晶体管 T_{22} 发射极的负载是晶体管 T_{24} 与偏置电阻 R_a 和 R_b 组成的恒流源，因此在整体电路负载变重的情况下，即使在输出端吸进大量电流(在电源的设定值下)，也不会出现输出波形负侧被削去的情况，用恒流源代替发射极电阻，即便出现振幅变化，发射极电阻值也能保持一致，所以能获得恒流源电路设定的最大负载电流，可以用来驱动负载比较大(阻抗小的负载)的视频输出电路。虽然在现有技术的电路中使用较大的发射极电流也能驱动大负载，但在无信号时也会产生大电流流过晶体管，导致发射极电阻上的功率损耗，晶体管的寿命也会受此影响，而改进方法中使用恒流源作为射极跟随电路的有源负载，可以使恒流电路在设定电流满刻度的情况下使用，电路效率较高。

综上所述，如图 11.32 所示的电视机视频输出电路较传统技术多了两个电阻和一个晶体管，但二者都是贴片元件，与传统技术中视频输出端体积庞大的电解电容相比，无论是从成本、散热、功耗以及占 PCB 板的面积等方面来说都有很大的改善，同时这两个电阻和一个晶体管组成的恒流源电路也有效地提高了视频输出电路的带负载能力，改善了电视机的视频输出性能。

习题

11.1 区分交流放大电路的以下概念：

(1) 静态工作与动态工作；

(2) 直流通路与交流通路；

(3) 直流负载线与交流负载线；

(4) 电压和电流的直流分量与交流分量。

11.2 请说明用晶体管微变等效电路代替晶体管的条件。

11.3 放大电路的静态工作点 Q 不稳定会对放大电路工作产生怎样的影响？

11.4 如果放大电路输出波形失真，一定是静态工作点 Q 选择不合适吗？

11.5 在如图 11.4 所示的放大电路中，如何通过调节电阻 R_B 使基极电位升高？此时 I_C、U_{CE} 以及集电极电位 V_C 又将如何变化？

11.6 什么是共集电极电路？试分析射极输出器是共集电极电路。

11.7 试判断图 11.33 中各个电路是否能放大交流信号，为什么？总结放大电路能实现放大应满足的条件。

11.8 在如图 11.34 所示的射极输出器中，若 $U_{CC}=12\text{V}$，晶体管的 $\beta=50$，$R_{B1}=100\text{k}\Omega$，$R_{B2}=30\text{k}\Omega$，$R_C=3\text{k}\Omega$，$R_E=1\text{k}\Omega$，$r_{be}=1\text{k}\Omega$，$r_s=50\Omega$。要求：

(1) 画出直流通路，计算 I_B、I_C 及 U_{CE}；

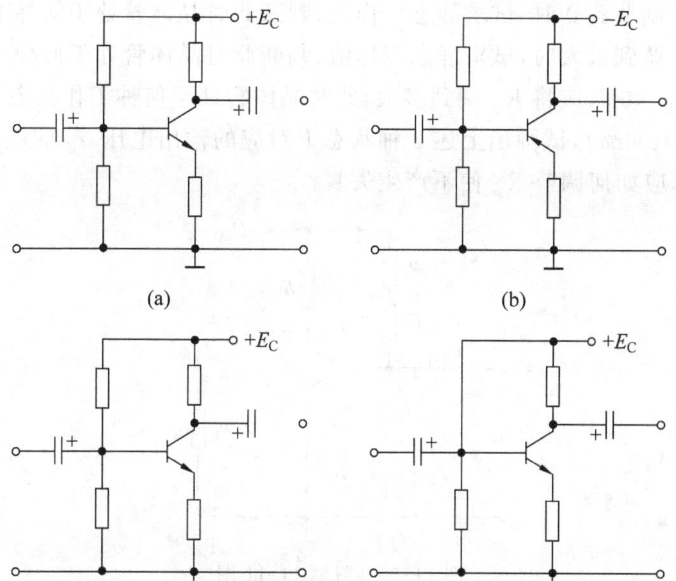

图 11.33　习题 11.7 图

(2) 该电路能否稳定静态工作点，为什么？

(3) 画出此放大电路的微变等效电路，并计算该电路的电压放大倍数。

11.9　对于如图 11.35 所示的电路，已知：$R_{B1}=20k\Omega, R_{B2}=10k\Omega, R_C=2k\Omega, R_L=6k\Omega, U_{CC}=+12V, \beta=50$，电源内阻为 0。

(1) 画出静态的直流通路，求该电路的静态工作点；

(2) 画出此放大电路的微变等效电路，计算晶体管的输入电阻 r_{be}；

(3) 求电路的输入电阻、输出电阻和电压放大倍数。

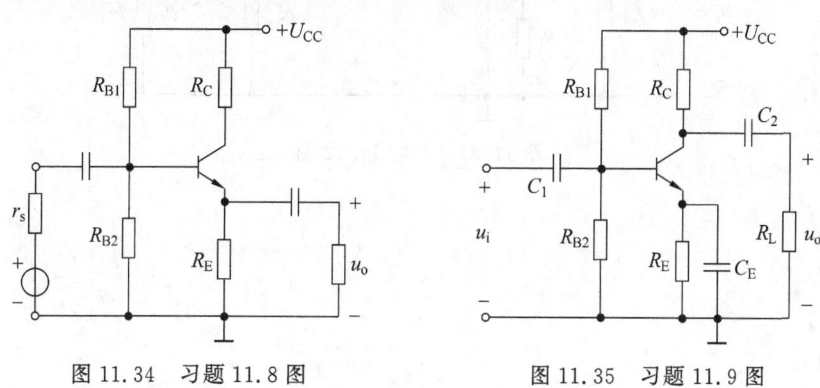

图 11.34　习题 11.8 图　　图 11.35　习题 11.9 图

11.10　对于如图 11.35 所示的电路，已知条件不变，计算放大电路输出端开路时的电压放大倍数，并说明负载电阻 R_L 对电压放大倍数的影响。

11.11　对于如图 11.36 所示的放大电路，已知 $R_B=100k\Omega, R_p=1M\Omega, R_C=2k\Omega, R_L=2k\Omega, U_{CC}=+12V, \beta=51, U_{BE}=0.6V$。

(1) 当将 R_p 调节到 0 时,试求静态工作值,判断此时晶体管处于何种工作状态。

(2) 当将 R_p 调到最大时,试求静态工作值,判断此时晶体管处于何种工作状态。

(3) 若使 $U_{CE}=6V$,应将 R_p 调到多大,此时晶体管处于何种工作状态?

(4) 设 $u_i=U_m\sin\omega t$,试画出上述 3 种状态下对应的输出电压 u_o 的波形。如产生饱和失真或截止失真,应如何调节 R_p 使不产生失真?

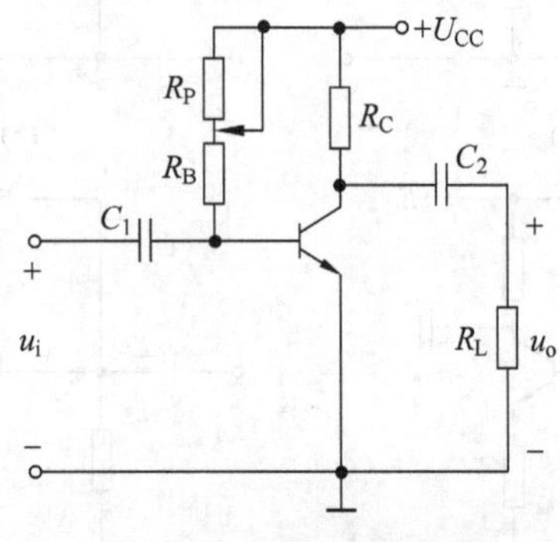

图 11.36 习题 11.11 图

11.12 对于如图 11.37 所示的两级放大电路,两管的 $\beta=100$,$U_{BE}=0.6V$,$R_{B1}=33k\Omega$,$R_{B2}=7.5k\Omega$,$R_{B3}=3.3k\Omega$,$R_E=2k\Omega$,$R_C=5.1k\Omega$,$R_L=4.7k\Omega$,$E_C=+15V$。

(1) 估算两管的 Q 点(假设 $I_{BQ2}\ll I_{CQ1}$);

(2) 求电路的性能参数。

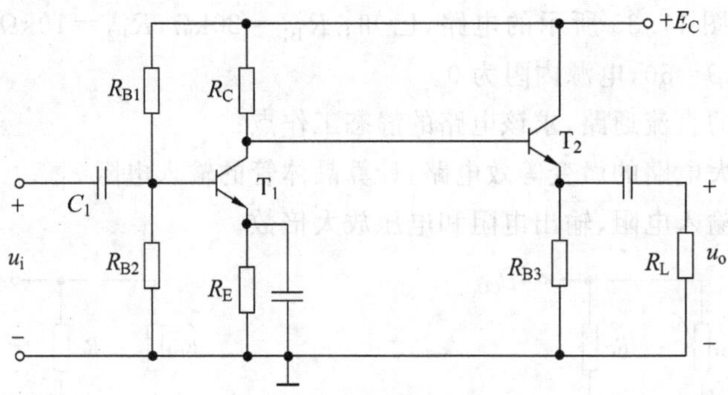

图 11.37 习题 11.12 图

第12章 集成运算放大器

CHAPTER 12

12.1 概述

第11章介绍了几种常用基本放大电路，都是由分立元件组成的电子电路。集成电路是采用专门的制造工艺将整个电路的各个元件和连接导线做在同一个半导体基片上，具有工作稳定、使用方便、体积小、质量轻、功耗小等优点。就集成度而言，可分为小、中、大、超大规模的集成电路。超大规模的集成电路，每块芯片上集成上亿个元件，而芯片面积只有几十平方毫米。就功能而言，有模拟集成电路和数字集成电路，集成运算放大器简称集成运算放大器，是一种模拟集成电路。

目前集成电路广泛应用于各个领域，如计算机的中央处理器、主板等都应用了集成电路；生活中的集成电路产品更是随处可见，如电视、音响、全自动洗衣机、电磁炉、微波炉等。集成电路也正在不断开拓新的应用领域，如微机电系统、生物芯片、超导等。本章主要介绍集成运算放大器，包括其组成、特点及典型运算。

12.1.1 集成运算放大器的特点

集成运算放大电路以晶体管和场效应管为主要元件，使用电阻与电容的数量很少。归纳起来，集成运算放大器主要有以下几个特点。

(1) 硅片上制作大电容比较困难，而且性能不稳定，所以集成电路中要尽量避免使用电容元件，各级之间均采用直接耦合方式。对于必须使用电容的情况，多数采用外接的方法。

(2) 集成运算放大器的输入级都采用差分放大电路，要求两管电路元件性能参数相同。集成电路中的各个晶体管是通过同一工艺制作在同一硅片上的，容易获得性能相近的差分对管。而一个硅片上的两个晶体管电路受环境温度影响一致，因此，容易制成抑制温漂效果良好的差分放大电路。

(3) 集成电路中比较合适的电阻阻值为300Ω～30kΩ，制作高阻值电阻成本高，占用面积大，阻值偏差也大。所以集成运算放大器中大多采用有源元件(晶体管或场效应管)代替电阻。必须用直流高电阻时，通常也采用外接方式。

(4) 集成晶体管和场效应管因制作工艺不同，性能上有较大差异，所以在集成运算放大器中常采用复合形式，以得到各方面性能俱佳的效果。

12.1.2 集成运算放大器电路的组成

集成运算放大器电路由输入级、中间级、输出级和偏置电路组成,如图 12.1 所示。它有两个输入端、一个输出端,其电压均指对“地”的电位值。

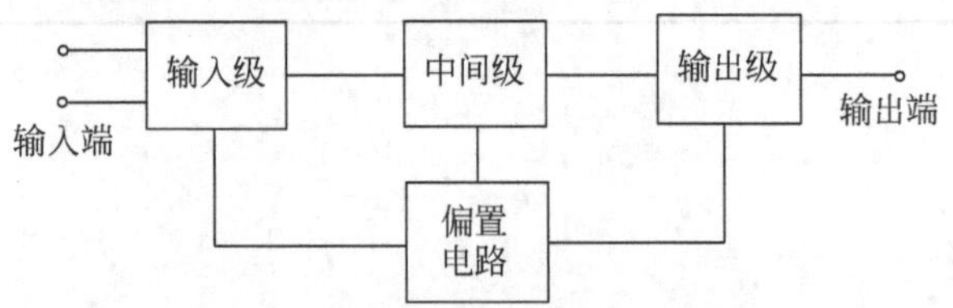

图 12.1 集成运算放大器电路框图

输入级又称前置级,一般要求其输入电阻高,静态电流小,差模放大倍数大,抑制共模信号能力强。输入级的好坏直接影响着集成运算放大器性能参数,通常采用一个双端输入的差分放大电路做输入级,它有同相和反相两个输入端。

中间级是整个放大电路的主放大单元,其作用是使集成运算放大器具有足够大的电压放大倍数,多采用共射极放大电路构成。

输出级与负载连接,要求其输出电阻阻值低,带负载能力强,能输出足够大的电流。输出级一般由射极输出器或互补功率放大电路构成。

偏置电路的作用是为各级电路提供稳定和合适的偏置电流,决定各级静态工作点。一般由各种恒流源电路构成。

在选用集成运算放大器时,需要知道其主要参数和用途,根据它们的参数说明,确定使用的型号。

12.1.3 集成运算放大器的主要参数

集成运算放大器的主要参数用来表征其性能指标和使用极限,因此需要了解主要参数的意义。

(1) 最大输出电压 U_{OM}。能使输出电压和输入电压保持不失真关系的最大输出电压,称为运算放大器的最大输出电压。

(2) 开环差模电压放大倍数 A_{uo}。在没有外接反馈电路时所测出的差模电压放大倍数,称为开环差模电压放大倍数。A_{uo} 越高,构成的运算电路越稳定,运算精度也越高。A_{uo} 一般为 $10^4 \sim 10^7$,即 120~140dB。

(3) 输入失调电压 U_{IO}。理想运算放大器,当输入电压 $u_{i1}=u_{i2}=0$ 时,输出电压 $u_o=0$。但是实际的运算放大器,由于电路元件参数不能做到完全对称,当输入电压为零时,输出电压 $u_o \neq 0$。反过来说,为了使输出电压为零,就需要在输入端加一个很小的补偿电压,称为输入失调电压。U_{IO} 一般只有几毫伏,它的值越小越好。

(4) 输入失调电流 I_{IO}。输入失调电流是指输入信号为零时,两个输入端静态基极电流之差,即 $I_{IO}=|I_{B1}-I_{B2}|$。I_{IO} 一般是零点零几到零点几微安,它的值也越小越好。

(5) 最大共模输入电压 U_{ICM}。运算放大器对共模信号具有抑制能力,但是这个能力只有在规定的共模电压范围内才有效。如超出这个电压,运算放大器的共模抑制能力就会大为下降，严重时会造成元件损坏。

(6) 输入偏置电流 I_{IB}。输入信号为零时，两个输入端静态基极电流的平均值，称为输入偏置电流。它的大小主要和放大电路中第一级管子性能有关。这个电流值当然也是越小越好，一般在零点几微安。

其他参数还有差模输入电阻、差模输出电阻、温度漂移、共模抑制比、静态功耗等。

集成运算放大器具有开环电压放大倍数高、输入电阻高、输出电阻低、零点漂移小、可靠性高、体积小等主要特点，已被广泛灵活地应用于各个技术领域。

12.1.4　理想集成运算放大器及其分析原则

在分析运算放大器时，通常将其看成一个理想运算放大器。实际运算放大器和理想运算放大器的性能指标对比如表 12.1 所示。实际运算放大器的上述指标接近理想化条件，在分析时可以用理想运算放大器代替实际运算放大器，引起的误差不会超过允许范围，但是可以大大简化分析过程，这在实际工程应用中是可行的。

表 12.1　实际运算放大器和理想运算放大器主要性能指标对比

主要性能指标	实际运算放大器	理想运算放大器
开环电压放大倍数 A_{uo}	可达几十万倍	$A_{uo}\to\infty$
差模输入电阻 r_{id}	几兆欧以上	$r_{id}\to\infty$
开环输出电阻 r_o	几百欧	$r_o\to 0$
共模抑制比 K_{CMRR}	一般 100dB 以上	$K_{CMRR}\to\infty$

如图 12.2 所示是理想运算放大器的图形符号，有两个输入端和一个输出端，“同相”和“反相”输入端是指运算放大器的输入电压与输出电压之间的相位关系。同相输入端标“+”号，反向输入端标“−”号。输入电压 u_+、u_- 和输出电压 u_o 均指对“地”的电位。“∞”表示开环电压放大倍数的理想化条件。

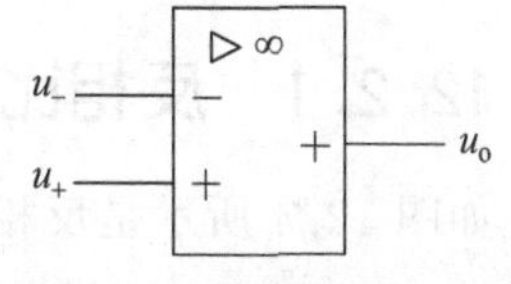

图 12.2　理想运算放大器的图形符号

集成运算放大器输出电压与输入电压(即同相输入端与反相输入端之间的电位差)之间的关系曲线称为电压传输特性曲线，集成运算放大器有线性放大区和饱和区两种工作状态，如图 12.3 所示。

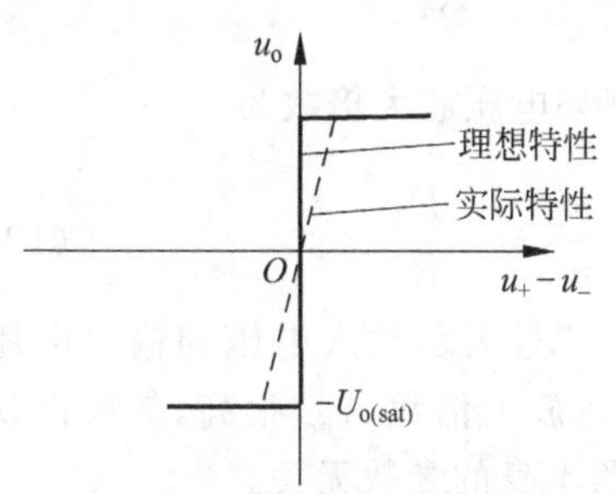

图 12.3　运算放大器的传输特性曲线

1. 工作在线性区

在线性区曲线的斜率为电压放大倍数，输出和输入的关系为

$$u_o = A_{uo}(u_+ - u_-) \tag{12.1}$$

通常开环电压放大倍数 A_{uo} 很高，即使输入很微小的电压，也能使输出电压饱和，饱和值 $-U_{o(sat)}$ 和 $+U_{o(sat)}$ 能够达到接近正电源或负电源电压值。此外，由于存在干扰，为了使运算放大器稳定的工作在线性区，通常需要引入深度电压负反馈。所谓电压反馈，是指将电路输出电压通过反馈网络，用一定的方式送回到输入回路。这样输出电压

就与运算放大器的开环放大倍数无关,而只与输入电压和反馈系数有关。

运算放大器工作在线性区的特点体现在以下3方面。

(1) 由于运算放大器的差模输入电阻 $r_{id}\to\infty$,因此,两个输入端的输入电流可以近似认为是零,即 $i_+=i_-\approx 0$,称为"**虚断**"。

(2) 运算放大器的开环电压放大倍数 $A_{uo}\to\infty$,而输出电压是一个有限的数值,有

$$u_+-u_-=\frac{u_o}{A_{uo}}\approx 0$$

$$u_+\approx u_- \tag{12.2}$$

称为"**虚短**"。

(3) 理想运算放大器输出电阻 $r_o=0$,可以认为放大倍数与负载无关。对多个运算放大器级联组合的线性电路可以分别对每个运算放大器进行分析。

2. 工作在饱和区

运算放大器工作在饱和区时,输出电压只有两种可能,$-U_{o(sat)}$ 或者 $+U_{o(sat)}$,不再满足式(12.1)。当 $u_+>u_-$,$u_o=+U_{o(sat)}$;当 $u_+<u_-$,$u_o=-U_{o(sat)}$。此时两个输入端的输入电流也认为近似等于零,有 $i_+=i_-\approx 0$。

12.2 运算放大器在信号运算方面的应用

集成运算放大器能够构成各种运算电路,本节将介绍比例、加减、积分、微分几种基本运算。在运算电路中,输出电压是输入电压某种运算的结果。

12.2.1 反相比例运算

如图12.4所示是反相比例运算电路,该电路的结构特点是:信号 u_i 通过电阻 R_1 送入反相输入端,而同相端通过电阻 R_P 接"地"。负反馈电路通过反馈电阻 R_F 将输出端电压引到反相输入端。

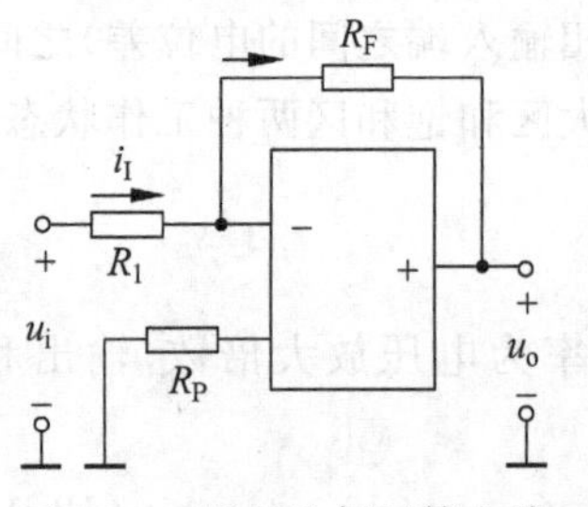

图12.4 反相比例运算电路

根据运算放大器在线性区的特点分析,由 $u_+=u_-\approx 0$,$i_+=i_-\approx 0$,得 $i_I=i_F$,可列出

$$\frac{u_i-u_-}{R_1}=\frac{u_--u_o}{R_F}$$

得 $u_o=-\frac{R_F}{R_1}u_i$,所以计算闭环电压放大倍数为

$$A_u=\frac{u_o}{u_1}=-\frac{R_F}{R_1} \tag{12.3}$$

可以看出,输出电压与输入电压之间是比例放大关系,"−"号表示输入电压和输出电压反相。只要阻值 R_1 和 R_F 足够精确,运算放大器的开环电压放大倍数 A_{uo} 很高,就可以认为 u_o 和 u_i 间的关系只决定于 R_F 与 R_1 的比值,而与放大器本身的参数无关。

电路的输入电阻满足 $R_P=R_1//R_F$,R_P 称为平衡电阻,使输入端对地的静态电阻相等,以保证静态时输入级的对称性。

u_+ 的电位为零,也称为"虚地","虚地"是反相输入的特点。

在反相比例运算放大器中，若设 $R_F=R_1$，则有

$$A_u=\frac{u_o}{u_1}=-\frac{R_F}{R_1}=-1 \tag{12.4}$$

$$u_o=-u_1 \tag{12.5}$$

此时，反相比例运算放大器就是反相器。

12.2.2　同相比例运算

如图 12.5 所示是同相比例运算电路，电路的结构特点是，信号 u_i 通过电阻 R_p 从同相输入端输入，负反馈电路通过反馈电阻 R_F 将输出端电压引到反相输入端，反相端通过电阻 R_1 接“地”。

根据运算放大器在线性区的特点分析，由 $i_+=i_-\approx 0$，得 $u_+=u_-=u_i$。再根据 $i_I=i_F$，可列出 $\frac{0-u_-}{R_1}=\frac{u_--u_o}{R_F}$，整理得 $u_o=\left(1+\frac{R_F}{R_1}\right)u_i$，所以计算闭环电压放大倍数为

$$A_u=\frac{u_o}{u_1}=1+\frac{R_F}{R_1} \tag{12.6}$$

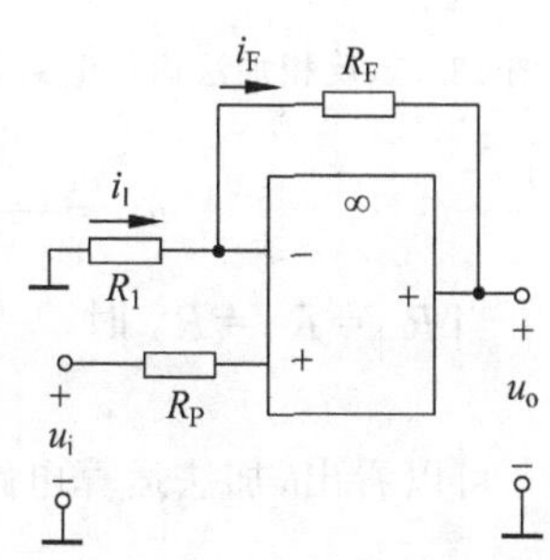

图 12.5　同相比例运算电路

可以看出，输出电压与输入电压之间的比例关系也与放大器本身的参数无关。闭环电压放大倍数是正值，说明 u_o 和 u_i 之间同相，且 A_u 的值大于 1。

在同相比例运算放大器中，若 $R_F=0$ 或 $R_1=\infty$，有 $A_u=1$，这就是**电压跟随器**。其输出电压全部引到反相输入端，信号从同相端输入，输入电阻大，输出电阻小，在电路中的作用与分立元件的射极输出器相同，但是电压跟随性能更好。

【例 12.1】　如图 12.6 所示两级运算电路中，$R_1=50\text{k}\Omega$，$R_F=100\text{k}\Omega$，若输入电压 $u_i=1\text{V}$，试求输出电压。

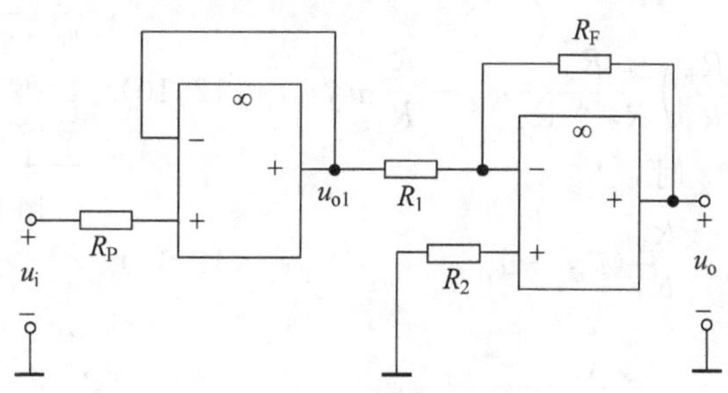

图 12.6　两级级联放大电路

【解】　第一级是电压跟随器，输出 $u_{o1}=u_i=1\text{V}$，第一级的输出作为第二级的输入，第二级是反相比例运算电路，可得 $u_o=-\frac{R_F}{R_1}u_{o1}=-\frac{100}{50}\times 1\text{V}=-2\text{V}$。

12.2.3 加法运算

如图 12.7 所示是反相加法运算电路，将若干输入信号之和按比例放大。在实际应用时可适当增加或减少输入端的个数，以适应不同的需要。平衡电阻 $R_P=R_1//R_2//R_F$。

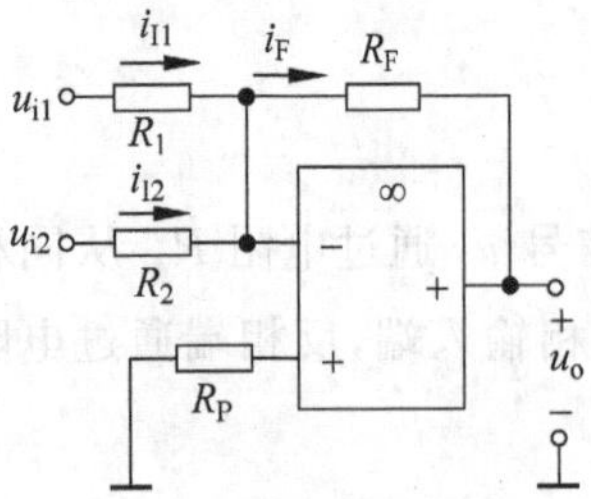

图 12.7 反相加法运算电路

由 $i_+=i_-\approx 0$，$u_+=u_-$，得 $u_+=u_-=0$，$i_{I1}+i_{I2}=i_F$，有

$$\frac{u_{i1}-u_-}{R_1}+\frac{u_{i2}-u_-}{R_2}=\frac{u_--u_o}{R_F}$$

可得输出电压为

$$u_o=-\left(\frac{R_F}{R_1}u_{i1}+\frac{R_F}{R_2}u_{i2}\right) \tag{12.7}$$

当 $R_1=R_2=R$ 时，

$$u_o=-\frac{R_F}{R}(u_{i1}+u_{i2}) \tag{12.8}$$

当 $R_F=R_1=R_2$ 时，

$$u_o=-(u_{i1}+u_{i2}) \tag{12.9}$$

可以看出，加法运算电路的输出电压与输入电压之间的关系与放大器本身的参数无关。

12.2.4 减法运算

如图 12.8 所示是减法运算电路，两个输入端均有信号输入，为差分输入。减法运算将若干个输入信号之差按比例放大。

由 $i_+=i_-\approx 0$，$u_+=u_-$，根据 R_1 和 R_F 中的电流相同，有 $\frac{u_--u_o}{R_1}=\frac{u_{i1}-u_-}{R_F}$，根据 R_2 和 R_3 中的电流相同，有 $\frac{u_{i2}-u_+}{R_2}=\frac{u_+}{R_3}$，解得

$$u_o=\left(1+\frac{R_F}{R_1}\right)\frac{R_3}{R_2+R_3}u_{i2}-\frac{R_F}{R_1}u_{i1} \tag{12.10}$$

当 $R_1=R_2$，$R_F=R_3$ 时，

$$u_o=\frac{R_F}{R_1}(u_{i2}-u_{i1}) \tag{12.11}$$

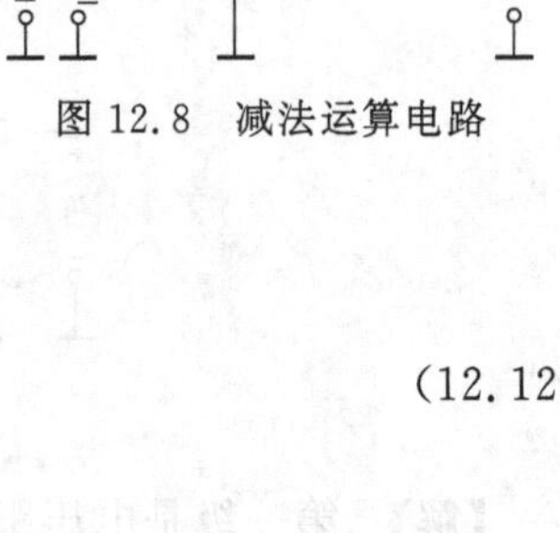

图 12.8 减法运算电路

当 $R_F=R_1$ 时，

$$u_o=u_{i2}-u_{i1} \tag{12.12}$$

可以看出，输出电压与输入电压的差值成比例。

根据式(12.10)，当 $R_3=\infty$，即 R_3 为开路时，

$$u_o=\left(1+\frac{R_F}{R_1}\right)u_{i2}-\frac{R_F}{R_1}u_{i1} \tag{12.13}$$

输出即为同相比例运算与反相比例运算输出电压之和。

根据式(12.11)，可以计算电压放大倍数为

$$A_u = \frac{u_o}{u_{i2} - u_{i1}} = \frac{R_F}{R_1} \tag{12.14}$$

【例 12.2】 如图 12.9 所示为两级运算电路，试求输出电压。

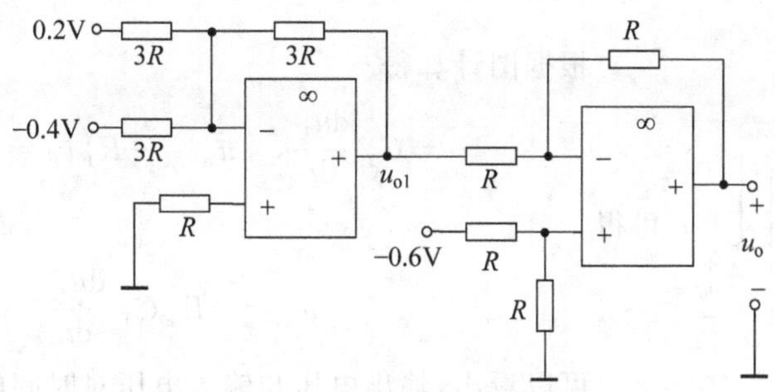

图 12.9　例 12.2 的两级级联放大电路

【解】 前一级是加法运算电路，有

$$u_{o1} = -(0.2 - 0.4)\text{ V} = 0.2\text{V}$$

第二级是减法运算电路，有

$$u_o = (-0.2 - 0.6)\text{ V} = -0.8\text{V}$$

12.2.5 积分运算

如图 12.10 所示是积分运算电路，与反相比例运算电路相比较，将反馈元件 R_F 用电容 C_F 代替。

由 $u_+ = u_- = 0, i_+ = i_- \approx 0$，得 $i_i = i_F = \frac{u_I}{R_1}$，输出电压为

$$u_o = -u_C = -\frac{1}{C_F}\int i_F \mathrm{d}t = -\frac{1}{R_1 C_F}\int u_I \mathrm{d}t \tag{12.15}$$

当输入阶跃电压时，如图 12.11(a)所示，其输出电压为

$$u_o = -\frac{U_I}{R_1 C_F}t \tag{12.16}$$

输出波形如图 12.11(b)所示。

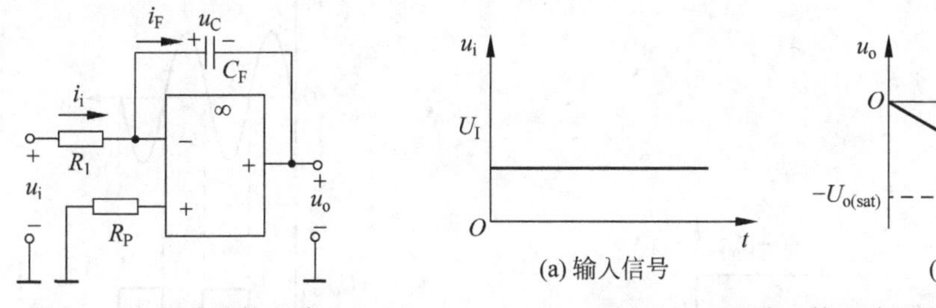

图 12.10　积分运算电路

图 12.11　积分运算电路的阶跃响应

积分运算电路在控制和测量系统中都有广泛应用。

12.2.6 微分运算

如图 12.12 所示是微分运算放大电路，与积分运算相比较，只是输入电阻和反馈电容调换了位置。

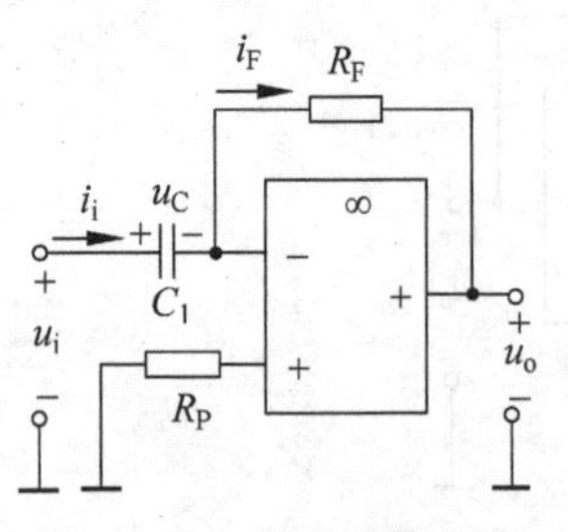

图 12.12 微分运算电路

根据图计算得

$$i_i = C_1 \frac{du_C}{dt}, \quad u_o = -R_F i_F = -R_F i_i$$

可得

$$u_o = -R_F C_1 \frac{du_C}{dt} \tag{12.17}$$

可以看出，输出电压与输入电压对时间的一次微分成正比。微分运算电路应用于工程时的稳定性不高，很少使用。

12.3 运算放大器在信号处理方面的应用

在自动控制系统中，电压比较器在进行信号处理方面有着广泛的应用，本节讨论电压比较器的结构和工作原理。如图 12.13 所示是电压比较器，其作用是用来比较输入电压和参考电压的大小。

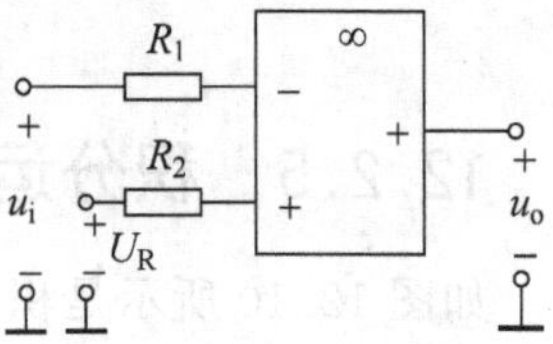

图 12.13 电压比较器

其中，U_R 是参考电压，从同相端输入；u_i 是输入电压，从反相端输入；运算放大器工作于开环状态，由于开环放大倍数很高，输入非常微小的差模信号时，输出即能达到饱和。电压比较器的传输特性曲线如图 12.14 所示。

当 $u_I < U_R$ 时，$u_o = +U_{o(sat)}$，当 $u_I > U_R$ 时，$u_o = -U_{o(sat)}$。可以看出，电压比较器工作在非线性区。输入模拟信号时，输出为高低电平。特别的，当 $U_R = 0$ 时，电压比较器就是过零比较器，其传输特性曲线如图 12.15 所示。

过零比较器传输特性如图 12.15 所示，当输入电压为正弦波电压时，则输出 u_o 如图 12.16 所示。过零比较器可以将正弦波变为方波。

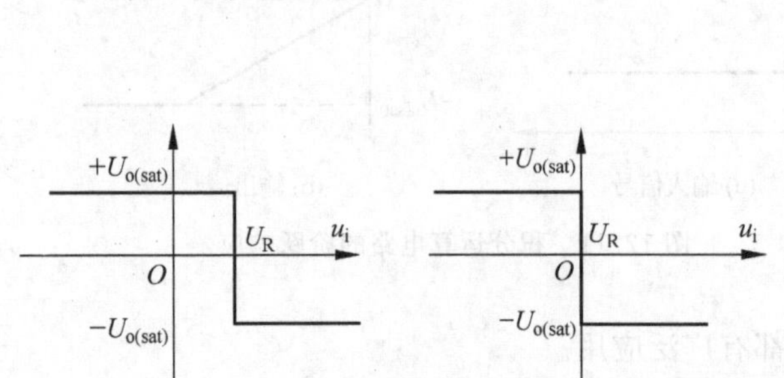

图 12.14 电压传输特性曲线 图 12.15 电压传输特性曲线

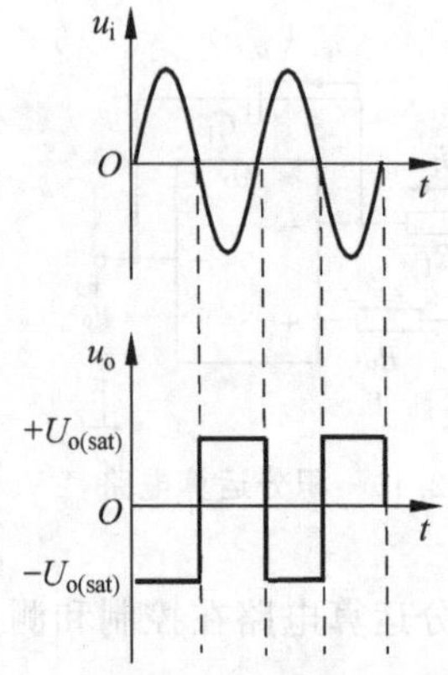

图 12.16 过零比较器的输入与输出波形

12.4　工程应用——基于集成运算放大器的简单低通滤波器实现

对信号进行分析和处理时，常常会遇到有用信号混合了无用噪声的问题，噪声通常是与信号同时产生的，或者是在传输过程中混入的。因此，在接收端如何消除或减弱噪声干扰，突出有用信号，成为信号传输与处理中的重要内容。滤波器可以对电源信号中特定频率的频点或该频点以外的频率进行有效滤除，得到一个特定频率的电源信号，或消除一个特定频率后的电源信号。经典滤波器从不同角度可分为低通、高通、带通、带阻和全通等类型；根据滤波元件性质，可分为无源与有源滤波器；根据所处理信号的性质，可分为模拟滤波器和数字滤波器。这里主要介绍一种模拟低通滤波器的集成运算放大器实现方法。

理想滤波器为物理不可实现系统，实际滤波器的频率特性只能"逼近"理想滤波，滤波器的幅频响应在通带内常出现波纹，阻带内幅频特性不能衰减到零，在通带与阻带之间还存在过渡带。因此，传统人工设计模拟滤波器，首先根据技术指标包括滤波器的幅频特性、相频特性确定滤波器的系统函数 $H(s)$，然后经过复杂计算设计出实际网络来实现这一传递函数。虽然许多滤波器都有逼近函数，然而计算过程都极为烦琐复杂。巴特沃斯型滤波器由于通频带的频率响应曲线最为平滑，设计简单，易于制作且性能优良，因而常采用巴特沃斯滤波器来逼近理想滤波器。巴特沃斯滤波器幅频特性曲线如图 12.17 所示。

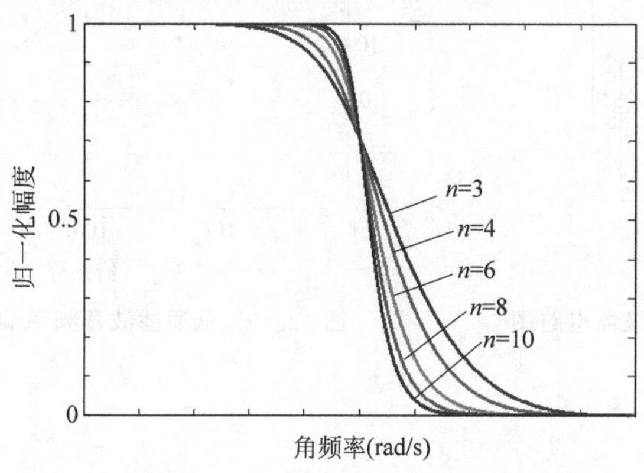

图 12.17　巴特沃斯滤波器幅频特性曲线

巴特沃斯滤波器的传递函数为

$$H_n(w)=\frac{1}{1+w^{2n}}$$

它的幅频响应在 $w=0$ 时具有最大值，随着 w 的增大而后逐渐减小，当 $w\to\infty$ 时幅频响应趋于零。所谓巴特沃斯逼近就是寻找一个可实现的电压传递函数 $H(s)$，当 $s=\mathrm{j}w$ 时，有

$$|H(\mathrm{j}w)|^2=H_n(w)=\frac{1}{1+w^{2n}}$$

使用运算放大器器设计的简单低通滤波器电路，电路如图 12.18 所示。

通带截止频率、阻带截止频率和增益分别为

$$f_C = \frac{1}{2\pi R_3 C_1}$$

$$f_L = \frac{1}{2\pi R_1 C_1}$$

$$A_L = \frac{R_3}{R_1}$$

该电路在闭环 3dB 转折点频率为 f_C，对高于 f_C 的信号有 6dB/2 倍频程的衰减。低于 f_C 频率信号的增益由 R_3/R_1 决定，在输入信号频率远大于 f_C 的情况下，电路可以看成是对交流信号的积分器。可以认为，从时域响应上看，R_C 的时间延迟特性更明显。R_2 的阻值应选为 R_1 和 R_3 的并联阻值，以减小输入偏置电流带来的误差。在这里可以选择通带频率补偿的运算放大器或在外部对单位增益的频率特性进行补偿。

得到低通滤波器电路的频率响应特性曲线如图 12.19 所示，该图说明了低通滤波器和积分器在频率特性上的区别。

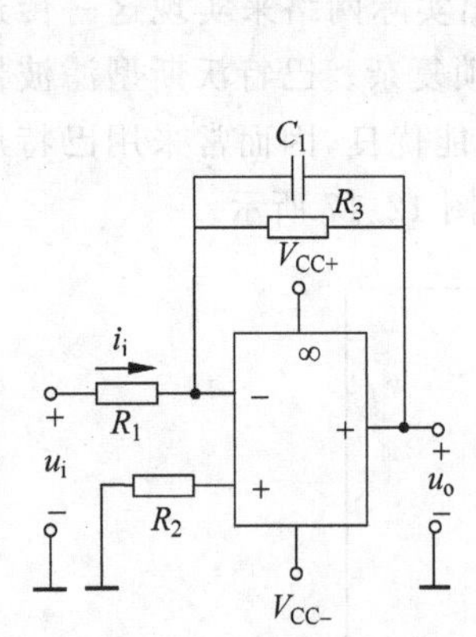

图 12.18 简单低通滤波器电路图

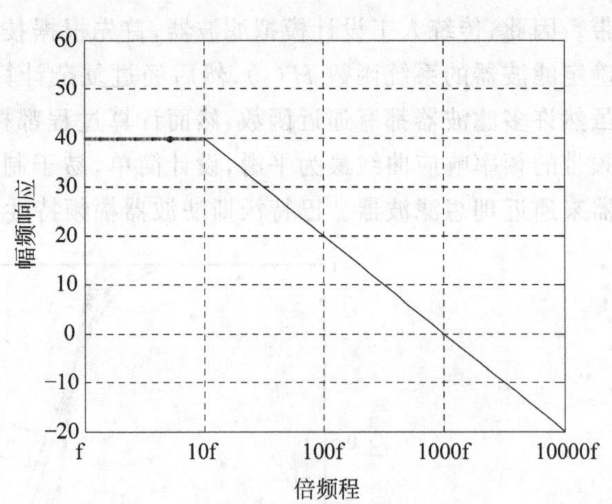

图 12.19 低通滤波器频率响应特性曲线

习题

12.1 什么是理想运算放大器？理想运算放大器工作在线性区和饱和区时各有何特点？分析方法有何不同？

12.2 集成运算放大器的输入级采用差分电路，是因为（　　）。

A. 输入电阻高　B. 差模增益大　C. 温度漂移小

12.3 运算放大器很少开环使用，其开环电压放大倍数主要用来说明（　　）。

A. 电压放大能力　B. 共模抑制力　C. 运算精度

12.4 集成运算放大器的中间级主要是提供电压增益，所以多采用（　　）。

A. 共集电极电路　B. 共发射极电路　C. 共基极电路

12.5 在模拟运算电路时，集成运算放大器工作在（　　）区，而在比较器电路中，集成运算放大器工作在（　　）区。

12.6　在阻容耦合、直接耦合和变压器耦合 3 种耦合方式中，既能放大直流信号，又能放大交流信号的是(　　)，只能放大交流信号的是(　　)，各级工作点之间相互无牵连的(　　)，温漂影响最大的是(　　)。

12.7　如图 12.20 所示电路为同相加法器，试求输出电压 u_o。

12.8　试求图 12.21 中电路的电压放大倍数 A_u。

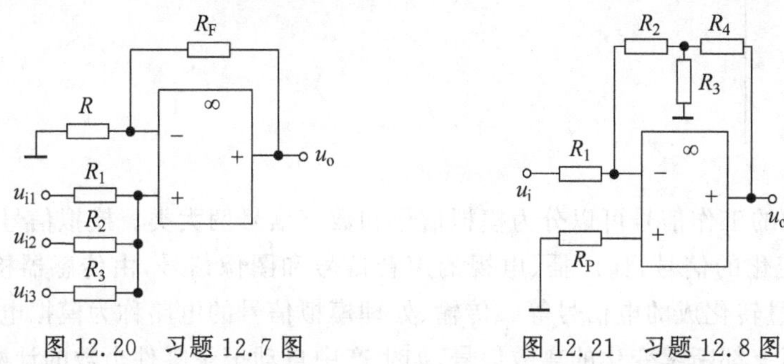

图 12.20　习题 12.7 图　　　图 12.21　习题 12.8 图

12.9　试求图 12.22 中电路的输出电压 u_o 和输入电压 u_i 之间关系。

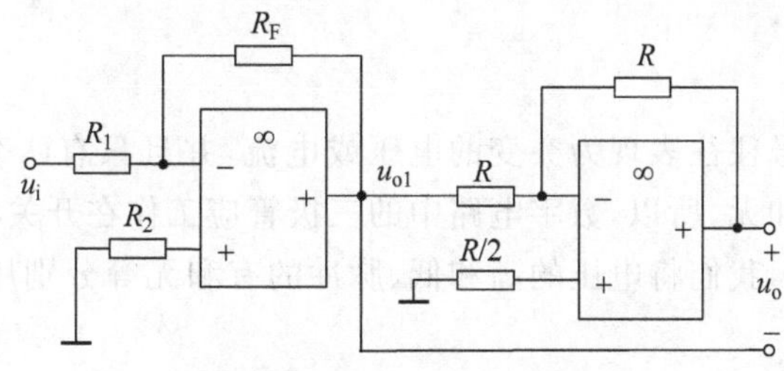

图 12.22　习题 12.9 图

12.10　如图 12.23(a)所示电路，有一个两信号相加的反相加法运算电路，其电阻 $R_{11}=R_{12}=R_F$。如果 u_{i1} 和 u_{i2} 分别为图 12.23(b)所示的三角波和矩形波，试求输出电压的波形。

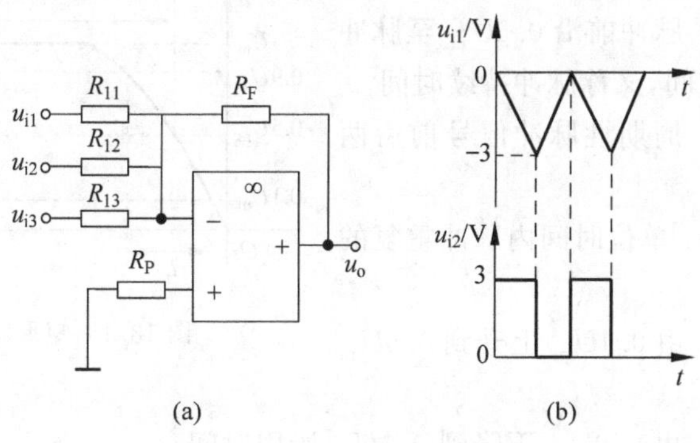

图 12.23　习题 12.10 图

第 13 章

CHAPTER 13

门电路和组合逻辑电路

电子技术中的工作信号可以分为模拟信号和数字信号两大类。模拟信号是指时间上和数值上都连续变化的信号,如广播、电视的声音信号和图像信号,由传感器检测的温度、压力、湿度等物理量转化成的电信号等。传输、处理模拟信号的电路称为模拟电路。数字信号是指时间和数值上都断续变化的离散信号,如生产中自动记录零件个数的计数信号,它的变化发生在一系列离散的瞬间。传输、处理数字信号的电路称为数字电路。

13.1 概述

在数字电路中,信号往往表现为突变的电压或电流,并且只有两个可能的状态,例如电压的高和低、脉冲的有和无,所以,数字电路中的三极管应工作在开关状态,即工作在饱和导通和截止两种工作状态,我们将电压的高和低、脉冲的有和无等分别用两个离散数值 1 和 0 表示。

13.1.1 脉冲与脉冲参数

所谓脉冲,就是短时间内出现的电压或电流,或间断性的电压或电流,在如图 13.1 所示的矩形脉冲电压中,几个重要参数如下。

(1) 脉冲幅度 U_m: 脉冲电压的最大值。

(2) 脉冲宽度 t_p: 脉冲前沿 $0.5U_m$ 至脉冲后沿 $0.5U_m$ 之间的时间,又称脉冲持续时间。

(3) 脉冲周期 T: 周期性脉冲信号前后两次出现的时间间隔。

(4) 频率 $f(1/T)$: 单位时间内脉冲重复的次数。

(5) 上升时间 t_r: 由 $0.1U_m$ 上升到 $0.9U_m$ 所用时间。

(6) 下降时间 t_f: 由 $0.9U_m$ 下降到 $0.1U_m$ 所用时间。

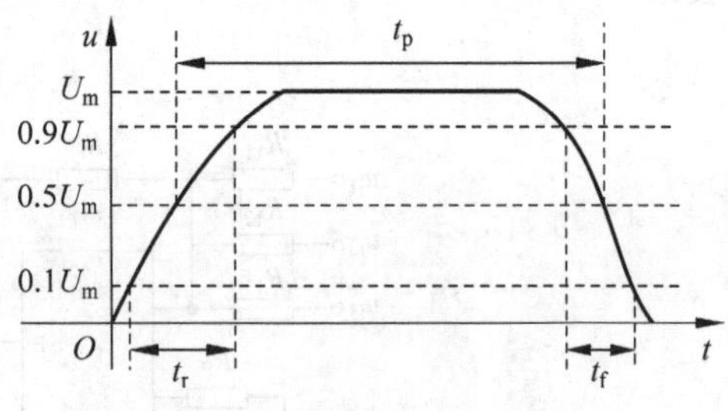

图 13.1 矩形脉冲电压参数

13.1.2 数字电路的特点与分类

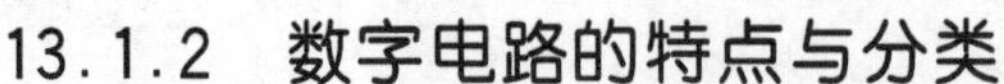

归纳起来,数字电路具有如下特点。

(1) 数字电路在稳态时，其内部三极管工作在饱和区和截止区，而模拟电路正常工作时要求三极管工作在放大区。

(2) 因为数字信号的 1 和 0 只是状态的含义，所以电路工作时只要能可靠地区分 1 和 0 两种状态就可以了，因此，数字电路的工作更加准确可靠，而且更便于进行集成化、系列化生产。

(3) 数字电路侧重研究的是输入信号和输出信号之间的逻辑关系，以反映电路的逻辑功能，而模拟电路则侧重研究输入与输出信号之间的大小和相位关系。

数字电路按集成度高低分为小规模集成电路(SSI，1～10 门/片)、中规模集成电路(MSI，10～100 门/片)、大规模集成电路(LSI，100～1000 门/片)和超大规模路(VLSI，大于1000 门/片)。

数字电路又可分为**组合逻辑电路**和**时序逻辑电路**两大类，其中，组合逻辑电路的输出只与当时的输入变量有关，与电路的原状态无关，而时序逻辑电路，其输出不但与当时的输入变量有关，还与电路的原状态有关，即有“记忆”功能。

13.2 数制与码制

数制就是计数规则，即进位的制度，常见数制有十进制、二进制、八进制、十六进制等。当数码不表示数量的大小而只是作为不同事物的代号时，这些数码称为代码，编制代码时遵循的规则称为码制。

13.2.1 数制

十进制数是生活中最常用的进位制数，但若在数字电路中采用十进制，必须用 10 个电路状态与之相对应，这样将需要更复杂的硬件。而二进制数只有 0、1 两个数码，用两种电路状态就可以完美表达，电路简单，所以在数字电路中广泛采用二进制。然而，二进制数中的数位较多，不易读写，因而计算机编程常采用八进制和十六进制。

1. 十进制

十进制(decimal)用到 0、1、2、3、4、5、6、7、8、9 共 10 个数字符号，满 10 进 1，基数为 10。一个数的大小由它的数码大小和数码所处的位置即“权”决定，例如：

$$1234.56=1\times10^3+2\times10^2+3\times10^1+4\times10^0+5\times10^{-1}+6\times10^{-2}$$

其中，10^3、10^2、10^1、10^0、10^{-1}、10^{-2}……为十进制的权。

2. 二进制

二进制(binary)有 0、1 两个数字符号，满 2 进 1，是以 2 为基数的计数体制，各位数的权值是 2 的幂。

【例 13.1】 将二进制整数$(10010101)_2$转换为十进制数。

【解】 将二进制数按位权展开，可得

$$\begin{aligned}(10010101)_2&=(1\times2^7+0\times2^6+0\times2^5+1\times2^4+0\times2^3+1\times2^2+0\times2^1+1\times2^0)_{10}\\&=(128+16+4+1)_{10}=(149)_{10}\end{aligned}$$

3. 八进制和十六进制

八进制(octal)有 0～7 共 8 个数字符号，满 8 进 1，是以 8 为基数的计数体制，各位数的

权值是 8 的幂。

【例 13.2】 将八进制数$(18.7)_8$ 转换为十进制数。

【解】 将八进制数按位权展开，可得

$$(18.7)_8=(1\times8^1+8\times8^0+7\times8^{-1})_{10}=(16.875)_{10}$$

同理，满 16 进 1、基数为 16 时称为十六进制(hexa decimal)。十六进制数中的 16 个数字符号为 0、1、2、3、4、5、6、7、8、9、A、B、C、D、E、F。其中，A～F 分别代表十进制数的 10～15，各位数的权值是 16 的幂。

【例 13.3】 求十六进制数$(3F)_{16}$ 所对应的十进制数的值。

【解】 将该数按权展开，可得

$$(3F)_{16}=(3\times16^1+15\times16^0)_{10}=(63)_{10}$$

4. 数制转换

数制之间的转换，可归为两类：十进制数与 2^n 进制数间的转换以及 2^n 进制数之间的转换。

(1) 十进制数与 2^n 进制数间的转换。

① 2^n 进制数转换成十进制数：由二进制、八进制、十六进制数的一般表达式可知，只要将它们按位权展开，求各位数值之和，即可得到对应的十进制数。

② 十进制数转换成 2^n 进制数：十进制数转换成 2^n 进制数时，要将其整数部分和小数部分分别转换，结果合并为目的数制形式，转换原则是**整数部分除基取余，小数部分乘基取整**。

【例 13.4】 将 $(169.35)_{10}$ 转换为二进制数。

【解】 整数部分　　　　　　　　　　　　小数部分

整数部分	余		小数部分	整	
2 | 169			0.35		
2 | 84	1	低	× 2		
2 | 42	0		0.70	0	高
2 | 21	0		× 2		
2 | 10	1		0.4	1	
2 | 5	0		× 2		
2 | 2	1		0.8	0	
2 | 1	0		× 2		
0	1	高	0.6	1	低

$(169.35)_{10}\approx(10101001.0101)_2$

【例 13.5】 将 $(169.35)_{10}$ 转换为十六进制数。

【解】

整数部分	余	小数部分	整
16 | 169		0.35	
16 | 10	9	× 16	
0	A	0.6	5
		× 16	
		0.6	9

$$(169.35)_{10}\approx(A9.59)_{16}$$

从例中可知，十进制小数有时不能用二进制、八进制、十六进制小数精确地表示出来，这

时只能根据精度要求，保留小数到一定的位数，近似地表示。

(2) 2^n 进制数之间的转换。3位二进制数构成1位八进制数，4位二进制数构成1位十六进制数，位数不足时用0补足。

【例 13.6】 试将二进制数$(1110010101.001011010)_2$转换成八进制数。

【解】 001 110 010 101. 001 011 010

1 6 2 5. 1 3 2

$(1110010101.001011010)_2=(1625.132)_8$

【例 13.7】 试将八进制数$(571.472)_8$转换成二进制数。

【解】 5 7 1 . 4 7 2

101 111 001 . 100 111 010

$(571.472)_8=(101111001.100111010)_2$

【例 13.8】 试将二进制数$(111101.11111)_2$转换成十六进制数。

【解】 0011 1101. 1111 1000

3 D. F 8

$(111101.11111)_2=(3D.F8)_{16}$

【例 13.9】 试将十六进制数$(1AE.5B)_{16}$转换成二进制数。

【解】 1 A E. 5 B

0001 1010 1110. 0101 1011

$(1AE.5B)_{16}=(110101110.01011011)_2$

如果要实现八进制数和十六进制数之间的转换，均可通过二进制数作为转换媒介。

13.2.2 码制

1. BCD 码

用4位二进制数来表示数字0～9，这种代码称为二-十进制代码(Binary Coded Decimal)，简称BCD码。二进制数没有十进制数直观，BCD码作为二进制数与十进制数之间的桥梁，被广泛应用于数据显示等环节。

常见的BCD码有8421BCD码、5421BCD码和2421BCD码等，它们的区别是各数位的权有所不同，例如，8421BCD各位的权分别为“8,4,2,1”，而5421BCD各位的权分别为“5,4,2,1”。

【例 13.10】 将下列BCD码转换为十进制数。

【解】 $(1001)_{8421BCD}=(1\times8+0\times4+0\times2+0\times1)=(9)_{10}$

$(1001)_{2421BCD}=(1\times2+0\times4+0\times2+0\times1)=(3)_{10}$

2. ASCII 码

美国信息交换标准代码(American Standard Code Information Interchange, ASCII)是由美国国家标准化协会制定的一种信息代码，应用于计算机与通信领域，目前已成为国际通用的标准代码。

当ASCII码由7位二进制数$b_7b_6b_5b_4b_3b_2b_1$表示时，称为基础ASCII码，用来表示所有的大写和小写字母、数字0～9、标点符号以及在美式英语中使用的特殊控制字符。

其中，0～31及127(共33个)是控制字符或通信专用字符(其余为可显示字符)，如控制符 LF(换行)、CR(回车)、FF(换页)、DEL(删除)、BS(退格)、BEL(振铃)等、通信专用字符如 SOH(文头)、EOT(文尾)、ACK(确认)等；8、9、10 和 13 分别转换为退格、制表、换行和回车字符。

32～126(共 95 个)是字符(32sp 是空格)，其中 48～57 为 0～9 共 10 个阿拉伯数字；65～90 为 26 个大写英文字母，97～122 号为 26 个小写英文字母，其余为一些标点符号、运算符号等。

13.3 基本逻辑门电路

逻辑代数是英国数学家乔治・布尔(George Boole)于 19 世纪中叶提出的，又叫布尔代数，它是研究逻辑电路的重要工具。在逻辑代数中，实现逻辑关系的电路称为逻辑电路，简称逻辑门。

13.3.1 3 种基本逻辑门电路

在逻辑代数中，有与、或、非 3 种基本逻辑运算，3 种逻辑的含义可以由图 13.2 所示的指示灯控制电路来帮助理解。

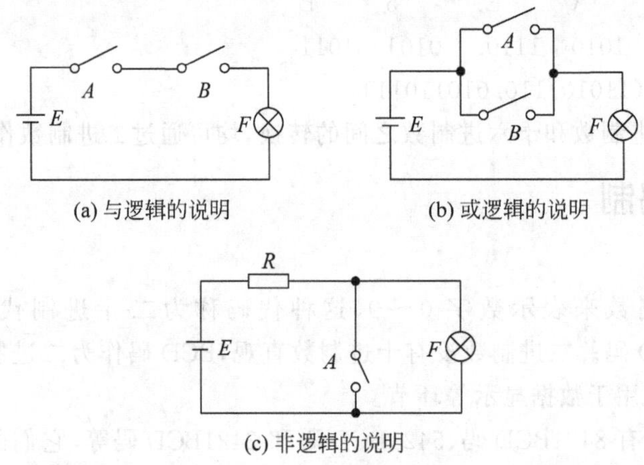

图 13.2 用于说明与、或、非逻辑的指示灯控制电路

图 13.2(a)中，只有所有开关都闭合，灯才点亮；图 13.2(b)中只要有一个开关闭合，灯就点亮；图 13.2(c)中，开关闭合则灯灭；反之灯亮。

如果用开关闭合代表条件具备，灯亮代表事件发生，则图 13.2(a)表明当所有条件全部具备时，事件才发生，这种因果关系称为**与逻辑**，又称**逻辑乘**。

图 13.2(b)表明几个条件中只要有一个条件具备，事件就发生，这种因果关系就是**或逻辑**，又称**逻辑加**。

图 13.2(c)表明条件具备则事件不发生，反之事件发生，这种因果关系称为**非逻辑**。

实现与、或、非逻辑的电路分别为**与门**、**或门**、**非门**，逻辑关系表达式分别为

与逻辑 $F=A\cdot B$ (13.1)

或逻辑 $F=A+B$ (13.2)

$$\text{非逻辑} \quad F=\overline{A} \tag{13.3}$$

假设条件具备和不具备分别用逻辑 1 和逻辑 0 表示，将电路输入和输出的逻辑状态填入表格，该表格称为**真值表**，与逻辑、或逻辑、非逻辑的真值表分别如表 13.1、表 13.2 和表 13.3 所示。

表 13.1 与逻辑真值表

A	B	F
0	0	0
0	1	0
1	0	0
1	1	1

表 13.2 或逻辑真值表

A	B	F
0	0	0
0	1	1
1	0	1
1	1	1

表 13.3 非逻辑真值表

A	F
0	1
1	0

3 种门电路的逻辑符号如图 13.3 所示，其中，图 13.3(a)分别为与、或、非门的矩形轮廓符号形式，图 13.3(b)为它们的特定外形符号形式，两种表达形式通用。

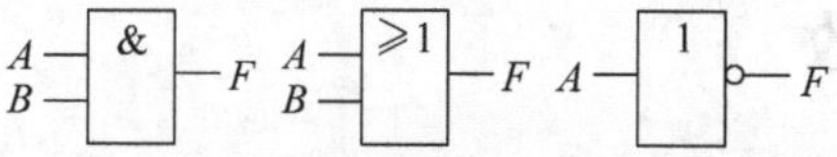

(a) 与、或、非门的矩形轮廓符号

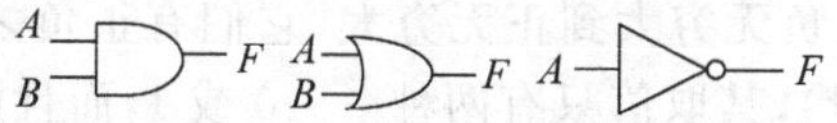

(b) 与、或、非门的特定外形符号

图 13.3 与、或、非门的逻辑符号

13.3.2 基本逻辑门的组合

基本逻辑门除与门、或门、非门外，还有实现它们复合逻辑运算的门电路，如与非门、或非门、异或门、同或门等，它们的真值表与表达式分别如表 13.4、表 13.5、表 13.6 和表 13.7 所示。

表 13.4 与非门真值表 $F=\overline{A\cdot B}$

A	B	F
0	0	1
0	1	1
1	0	1
1	1	0

表 13.5 或非门真值表 $F=\overline{A+B}$

A	B	F
0	0	1
0	1	0
1	0	0
1	1	0

表 13.6 异或门真值表 $F=A\oplus B=A\overline{B}+\overline{A}B$

A	B	F
0	0	0
0	1	1
1	0	1
1	1	0

表 13.7 同或门真值表 $F=A\odot B=AB+\overline{A}\overline{B}$

A	B	F
0	0	1
0	1	0
1	0	0
1	1	1

与非门、或非门、异或门、同或门的逻辑符号如图 13.4 所示。

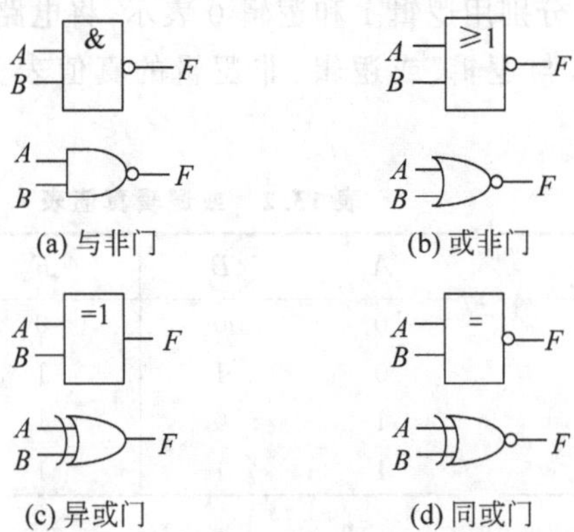

图 13.4　几种复合逻辑门的逻辑符号

13.4　逻辑代数

逻辑代数的变量与普通代数一样，也是用字母来表示的。但应注意，二者本质不同。代数中变量的取值范围可能从负无穷大到正无穷大，它们有正负之别，可以比较大小，但逻辑代数中的变量(称为逻辑变量)，其取值只有两种——0 或 1，而且此处的 0 和 1 不再具有“数”的概念，而只是用来代表统一体中互相矛盾的两个方面，即两种状态。例如，表示开关的闭合与断开、三极管的饱和与截止、电位的高与低、信号的有与无，等等，通常称为逻辑 0 和逻辑 1。

逻辑代数有一套完整的运算规则，这些规则为分析和设计逻辑电路提供了理论依据。

13.4.1　基本运算法则

1. 基本公式

(1) $\overline{1}=0$；$\overline{0}=1$。

(2) $1\cdot1=1$；$1\cdot0=0\cdot1=0$；$0\cdot0=0$。

(3) $1+1=1$；$0+1=1+0=1$；$0+0=0$。

(4) $1\cdot A=A$；$0\cdot A=0$；$1+A=1$；$0+A=A$。

(5) $A\cdot\overline{A}=0$；$A+\overline{A}=1$。

(6) $A\cdot A=A$；$A+A=A$。

(7) $\overline{\overline{A}}=A$。

(8) 如果 $A\neq0$，则 $A=1$；如果 $A\neq1$，则 $A=0$。

2. 基本定律

(1) 交换律 $A+B=B+A$；$A\cdot B=B\cdot A$。

(2) 结合律 $A+(B+C)=(A+B)+C$；$A(BC)=(AB)C$。

(3) 分配律 $A(B+C)=AB+AC$；$A+BC=(A+B)(A+C)$。

【例 13.11】 证明 $A+BC=(A+B)(A+C)$。

【证】

$$(A+B)(A+C)=A\cdot A+AC+AB+BC$$

$$=A(1+C+B)+BC$$
$$=A+BC$$

(4) 反演律(摩根定律)

$$\overline{ABC\cdots}=\overline{A}+\overline{B}+\overline{C}+\cdots;\ \overline{A+B+C+\cdots}=\overline{A}\cdot\overline{B}\cdot\overline{C}\cdot\cdots$$

(5) 吸收律

$$A+AB=A$$
$$A+\overline{A}B=A+B$$
$$AB+\overline{A}C+BC=AB+\overline{A}C$$

【例 13.12】 证明 $A+\overline{A}B=A+B$。

【证】 依据分配律得

$$A+\overline{A}B=(A+\overline{A})(A+B)$$
$$=A+B$$

【例 13.13】 证明 $AB+\overline{A}C+BC=AB+\overline{A}C$。

【证】

$$AB+\overline{A}C+BC=AB+\overline{A}C+ABC+\overline{A}BC$$
$$=AB+ABC+\overline{A}C+\overline{A}BC$$
$$=AB(1+C)+\overline{A}C(1+B)$$
$$=AB+\overline{A}C$$

13.4.2 逻辑函数的表示方法

由上述各种运算建立起来的因果关系是一种函数关系，一般地，如果输入逻辑变量 A、B、C……的取值确定以后，输出逻辑变量 Z 值也被唯一确定，那么就称 Z 是 A、B、C……的逻辑函数，并写成

$$Z=F(A,B,C,\cdots)$$

任何一个逻辑函数都可以用逻辑表达式、真值表、逻辑图和卡诺图表示，几种函数的表示方法可以相互转换，它们是同一个函数的不同表达形式。

1. 逻辑表达式

逻辑表达式由逻辑变量和与、或、非等运算符号构成，如：

$$F=A\cdot B+C \tag{13.4}$$

2. 真值表

将函数式 $F=A\cdot B+C$ 中输入变量的所有取值(3 个变量共 8 种取值)代入函数式，得出相应的输出值，填入真值表，就是该函数的真值表表示法，如表 13.8 所示。

表 13.8　$F=A\cdot B+C$ 的真值表

A	B	C	F	A	B	C	F
0	0	0	0	1	0	0	0
0	0	1	1	1	0	1	1
0	1	0	0	1	1	0	1
0	1	1	1	1	1	1	1

3. 逻辑图

将逻辑函数中变量的逻辑关系用与、或、非等逻辑符号表示出来，就可以画出表示函数关系的逻辑图。式(13.4)的逻辑图如图13.5所示。

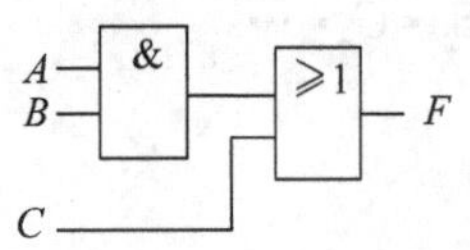

图13.5 式(13.4)的逻辑图

4. 卡诺图

逻辑变量的所有组合用小方格的形式构成平面图，即为卡诺图，是一种图形描述逻辑函数的方法，详细内容见13.4.3节。

【例13.14】 写出如表13.9所示函数Y的逻辑表达式，并且画出实现该函数的逻辑图。

表13.9 函数Y的真值表

A	B	C	Y	A	B	C	F
0	0	0	0	1	0	0	0
0	0	1	1	1	0	1	0
0	1	0	0	1	1	0	0
0	1	1	1	1	1	1	1

【解】 由真值表可知，使事件Y发生的条件共有3个，而每个条件都是3个输入变量同时满足某组合，所以应用与式表达每个条件，再将所有与式相或来表达所有条件的逻辑相加，得到函数

$$Y=\overline{A}\overline{B}C+\overline{A}BC+ABC \tag{13.5}$$

根据函数式画出逻辑图如图13.6所示。

【例13.15】 根据如图13.7所示的逻辑图，写出函数表达式，并且列出其真值表。

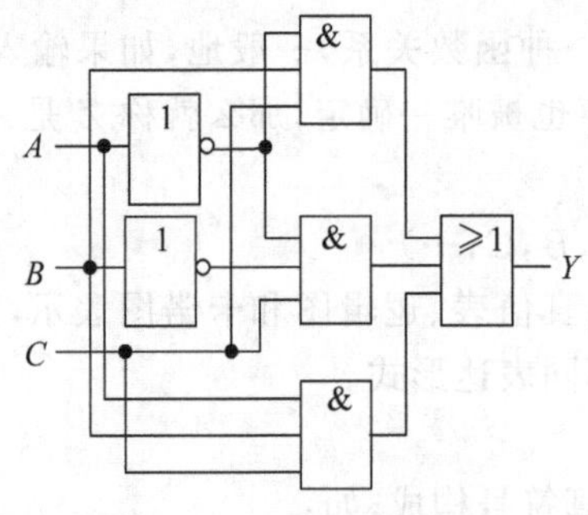

图13.6 函数Y的逻辑图

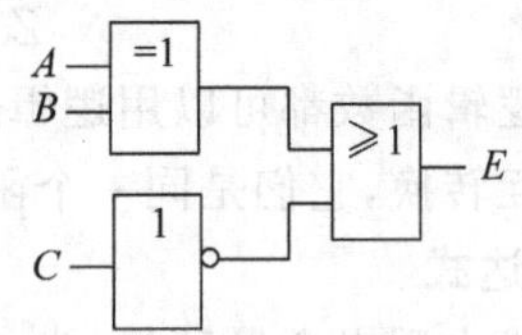

图13.7 例13.15的逻辑图

【解】 由图13.7得函数

$$E=A\oplus B+\overline{C} \tag{13.6}$$

将输入变量A、B、C的8种组合取值代入式(13.6)，得到真值表如表13.10所示。

表13.10 函数E的真值表

A	B	C	E	A	B	C	E
0	0	0	1	1	0	0	1
0	0	1	0	1	0	1	1
0	1	0	1	1	1	0	1
0	1	1	1	1	1	1	0

13.4.3　逻辑函数的化简

化简逻辑函数将使电路所需逻辑门的数量以及逻辑门输入端数目大大减少，既提高了电路的集成度、降低功耗，又降低了电路纠错和维修的成本，因此，逻辑门的数量以及逻辑门输入端数目成为函数化简的重要参数。

1. 代数化简法

逻辑函数的代数化简法，就是运用逻辑代数的基本运算法则进行化简。

【例 13.16】 化简函数 $F=(\overline{\bar{A}B+C})ABD+AD$。

【解】

$$
\begin{aligned}
F &= (\overline{\bar{A}B+C})ABD+AD \\
&= AD((\overline{\bar{A}B+C})B+1) \\
&= AD
\end{aligned}
$$

【例 13.17】 化简函数 $F=AB+\bar{A}C+\bar{B}C$。

【解】

$$
\begin{aligned}
F &= AB+\bar{A}C+\bar{B}C \\
&= AB+\bar{A}C+BC+\bar{B}C \\
&= AB+C(\bar{A}+B+\bar{B}) \\
&= AB+C
\end{aligned}
$$

【例 13.18】 化简函数 $F=ABC+A(\bar{B}+\bar{C})$。

【解】

$$
\begin{aligned}
F &= ABC+A(\bar{B}+\bar{C}) \\
&= ABC+A\overline{BC} \\
&= A(BC+\overline{BC}) \\
&= A
\end{aligned}
$$

2. 卡诺图化简法

1）最小项

观察乘积项 $\bar{A}\bar{B}\bar{C}$、$\bar{A}\bar{B}C$、$\bar{A}B\bar{C}$、$\bar{A}BC$、$A\bar{B}\bar{C}$、$A\bar{B}C$、$AB\bar{C}$、ABC，它们有如下特点。

每个乘积项都由 3 个变量 A、B、C 组成，它们或以原变量或以反变量形式出现一次且仅出现一次，这样的乘积项称为这 3 个变量的**最小项**。最小项常用 m_i 表示，它的真值表见表 13.11。从表中可见最小项最重要的特点即 n 个变量对应 2^n 个最小项，对变量的任一组取值中只有一组最小项的值是 1，其他最小项的值皆为 0，全体最小项之和为 1。

表 13.11　三变量最小项真值表

ABC 取值	$\bar{A}\bar{B}\bar{C}$ (m_0)	$\bar{A}\bar{B}C$ (m_1)	$\bar{A}B\bar{C}$ (m_2)	$\bar{A}BC$ (m_3)	$A\bar{B}\bar{C}$ (m_4)	$A\bar{B}C$ (m_5)	$AB\bar{C}$ (m_6)	ABC (m_7)
000	1	0	0	0	0	0	0	0
001	0	1	0	0	0	0	0	0

续表

ABC 取值	$\overline{A}\overline{B}\overline{C}$ (m_0)	$\overline{A}\overline{B}C$ (m_1)	$\overline{A}B\overline{C}$ (m_2)	$\overline{A}BC$ (m_3)	$A\overline{B}\overline{C}$ (m_4)	$A\overline{B}C$ (m_5)	$AB\overline{C}$ (m_6)	ABC (m_7)
010	0	0	1	0	0	0	0	0
011	0	0	0	1	0	0	0	0
100	0	0	0	0	1	0	0	0
101	0	0	0	0	0	1	0	0
110	0	0	0	0	0	0	1	0
111	0	0	0	0	0	0	0	1

2）卡诺图化简方法

如果两个最小项中仅有一个变量不同，则这两个最小项可以化简，这两个最小项称为逻辑相邻。美国工程师卡诺用小方格表示 n 变量的全部最小项，并且使逻辑相邻的最小项在几何位置上也相邻，这样的图形称为卡诺图。卡诺图化简步骤如下。

先将逻辑式中的最小项分别用 1 填入相应的小方格内。如果乘积项不是最小项，应先化成最小项。化简过程中应遵循的原则如下。

(1) 把取值为 1 的 2^n 个相邻小方格圈成矩形。圈子个数要尽量少，圈中 1 的个数要尽量多。

(2) 每一个圈中必须包含至少一个未被圈过的“新 1”，直到图中所有的 1 均被圈过。为了扩大圈子，圈过的 1 可重复利用。

(3) 消去圈中变化了的变量，留下不变的变量组成与式，最后将各与式相或。不变的变量如果表现为 1 则写成原变量形式，表现为 0 则写成反变量形式。

【例 13.19】 卡诺图如图 13.8 所示，在卡诺图上化简函数。

【解】 需要注意的是，$\overline{A}\overline{B}C$ 和 $A\overline{B}C$ 代数相邻，可以圈在一起，化简结果为

$$F=\overline{B}C+\overline{A}B+A\overline{C}$$

【例 13.20】 化简函数 $F_{(A,B,C,D)}=m_1+m_5+m_7+m_9+m_{13}+m_{15}$。

【解】 将最小项填入卡诺图中的相应位置，卡诺图如图 13.9 所示，化简结果为

$$F=\overline{C}D+BD$$

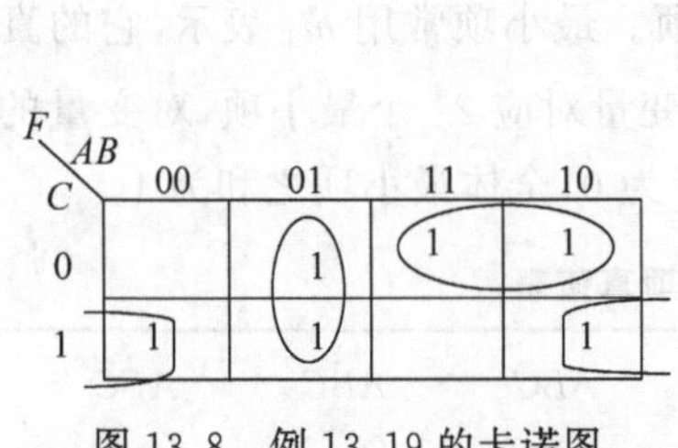

图 13.8 例 13.19 的卡诺图

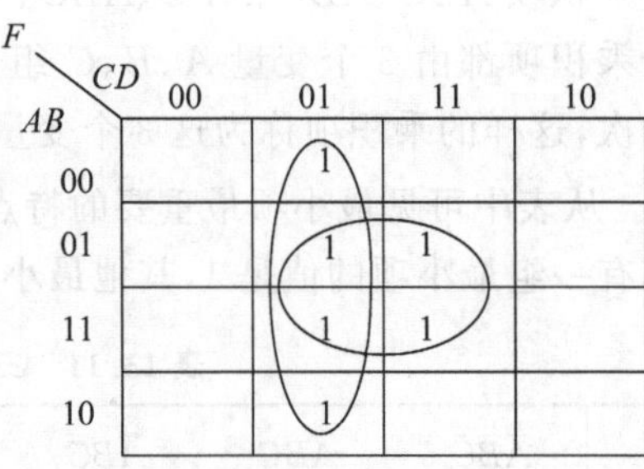

图 13.9 例 11.20 的卡诺图

【例 13.21】 卡诺图如图 13.10 所示，在卡诺图上化简函数。

【解】 化简结果为

$$F=\overline{A}+B\overline{D}$$

【例 13.22】 卡诺图如图 13.11 所示，在指定卡诺图上化简函数。

【解】 4 个角的最小项也代数相邻，可以用一个圈子圈起，化简结果为

$$F=\overline{B}\overline{D}+BD$$

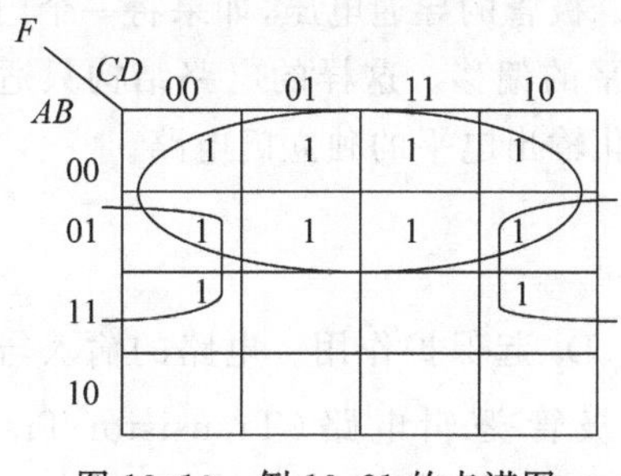

图 13.10 例 13.21 的卡诺图

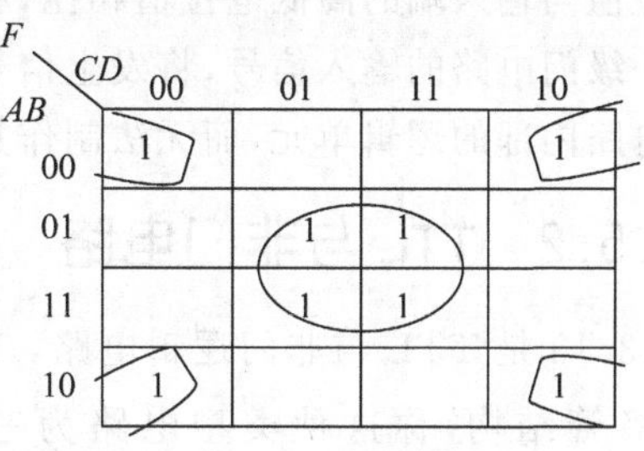

图 13.11 例 13.22 的卡诺图

13.5 TTL 门电路

13.5.1 二极管门电路

最简单的门电路是由二极管构成的，二极管构成的与、或、非门电路如图 13.12 所示。以与门为例，可以从 3 个方面分析它的工作原理。

(1) A、B 两个输入端均输入高电平，即 $V_A=V_B=3\text{V}$，二极管 D_a、D_b 都导通，设二极管的正向导通压降 $V_\text{D}=0.7\text{V}$，则 $V_F=V_A+V_\text{D}=3.7\text{V}$，输出高电平，即 F 为逻辑 1。

(2) A、B 中有一个为高电平，另一个为低电平，则其中一个二极管优先导通，使 F 点

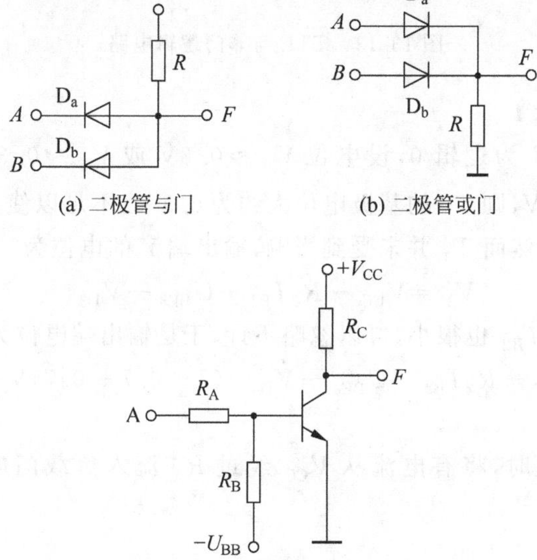

图 13.12 二极管构成的门电路

$V_F=0.7\text{V}$,F 为逻辑 0。

(3) A、B 均为低电平,二极管 D_a、D_b 都导通,$V_F=V_A+V_D$,输出低电平,F 为逻辑 0。

或门与非门工作原理分析方法与之类似,由读者自行讨论。

尽管由二极管构成的门电路结构简单,但是却存在着电平偏移的严重不足。输出端的高低电位值与输入端的高低电位值相比,相差一个二极管的导通电压,如果将一个门的输出作为下一级门电路的输入信号,将发生信号高低电平的偏移。这样的电路结构只适用于制作集成电路内部的逻辑单元,而无法制作具有标准化输出电平的独立门电路。

13.5.2 TTL 与非门电路

图 13.13 是 TTL 与非门逻辑电路,二极管 D_1、D_2 起保护作用。电路的输入与输出端均为三极管结构,称这种类型电路为三极管-三极管-逻辑电路(Transistor-Transistor-Logic),简称 TTL 电路。下面从两方面对与非门的工作原理加以讨论。

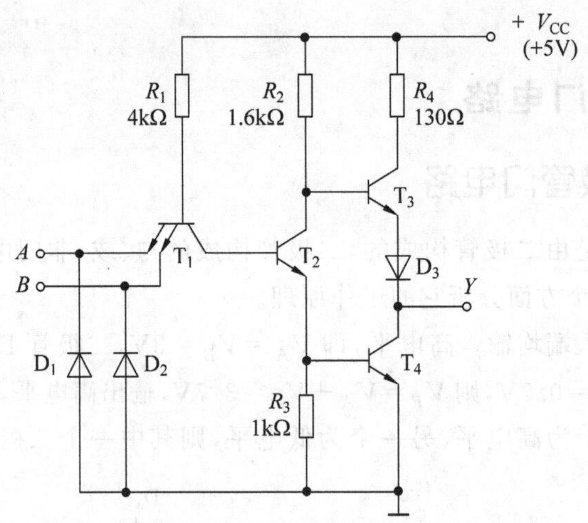

图 13.13 TTL 与非门逻辑电路

1. 输入不全为逻辑 1

当输入端 A 或者 B 为逻辑 0,设电位 $V_A\approx0.3\text{V}$ 或 $V_B\approx0.3\text{V}$,则 T_1 的基极电位 $V_{B1}\approx(0.3+0.7)\text{V}=1\text{V}$,则 T_2 的基极电位大约为 0.3 V,不足以使其发射结导通,因而 T_2 截止,导致 T_4 也截止。然而 T_3 并未受到影响,输出端 Y 的电位为

$$V_Y=V_{CC}-R_2I_{B2}-U_{BE3}-V_{D3} \tag{13.7}$$

其中 I_{B2} 很小,于是 R_2I_{B2} 也很小,可以忽略不计,于是输出端电位为

$$V_Y=V_{CC}-R_2I_{B2}-U_{BE3}-V_D=(5-0.7-0.7)\text{V}\approx3.6\text{V} \tag{13.8}$$

即输出端 Y 为逻辑 1。

当输出端 Y 接负载时,将有电流从 V_{CC} 经过 R_4 流入负载门电路,该电流又称为**拉电流**。

2. 输入全为逻辑 1

当输入端 A 和 B 全部为逻辑 1,设电位 $V_A=V_B\approx3.6\text{V}$,则 T_1 的两个发射结都处于反向偏置,T_2 获得足够的基极电流,饱和导通,T_2 的发射极电流在 R_3 上产生的压降又为 T_4

提供足够的基极电流，使得 T_4 也饱和导通，由于三极管饱和导通时 U_{CE} 为 0.1～0.3V，于是，输出端电位 V_Y 为 0.1～0.3V，即输出端 Y 为逻辑 0。

当输出端 Y 接负载时，将有电流由负载门的 V_{CC} 经由负载门的输入端流入本电路的 T_4 管，该电流又称为**灌电流**。

由讨论得知，TTL 与非电路的逻辑功能可以用式(13.9)表示：

$$Y=\overline{A\cdot B} \tag{13.9}$$

图 13.14 为 74LS00(二输入四与非门)和 74LS20(四输入二与非门)的逻辑符号。

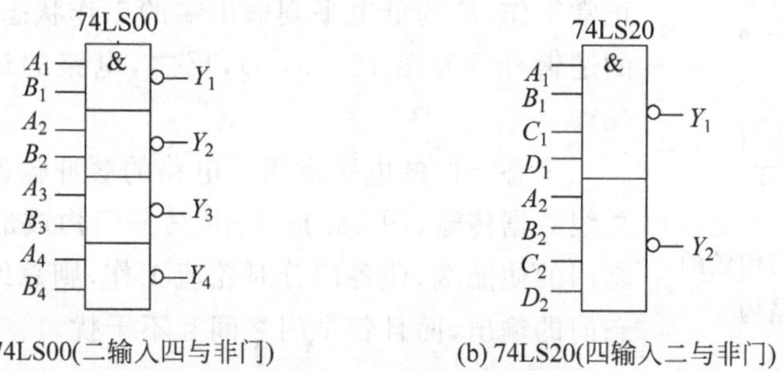

(a) 74LS00(二输入四与非门)　　(b) 74LS20(四输入二与非门)

图 13.14 TTL 与非门逻辑符号

13.5.3 TTL 三态输出与非门电路

所谓三态是指输出端除了逻辑 1 和逻辑 0 状态外，还有第三种状态——高阻状态。三态输出与非门逻辑电路及其逻辑符号如图 13.15 所示。在图 13.15(a)中，A、B 仍然为输入端，只是多出了一个控制端或称使能端 E。

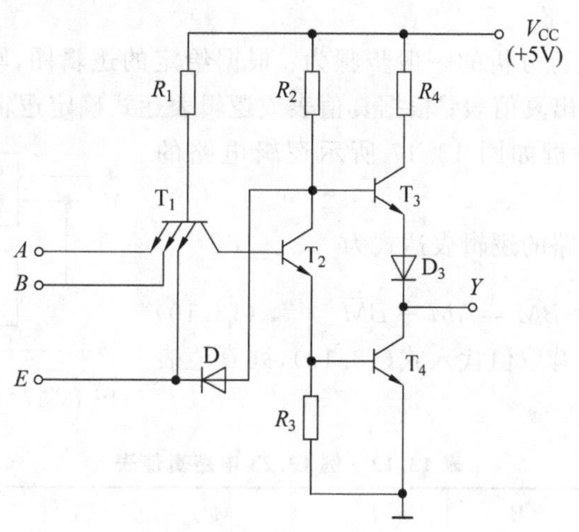

(a) 三态输出与非门逻辑电路

(b) 逻辑符号(控制端高电平有效型)　　(c) 逻辑符号(控制端低电平有效型)

图 13.15 三态输出与非门逻辑电路及其逻辑符号

当$E=1$时，二极管D截止，E端对三态与非门电路没有任何约束，电路正常工作，实现与非逻辑。

当$E=0(V_E\approx0.3\text{V})$时，二极管D导通，则它将$T_3$的基极电位钳位在1V，使得$T_3$串联$D_3$后该段电路有效截止；另一方面，依据二极管优先导通的特性，3个输入端只要有一个为低电平，则T_1的基极电位将为1V，致使T_2和T_4截止。至此，输出端的上下两处均开路，处于高阻状态。

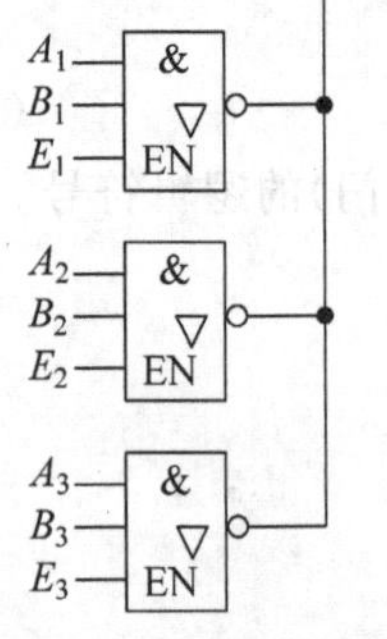

图 13.16 三态门构成的总线结构

由对图13.15(a)的分析得知，控制端E为高电平时与非门正常工作，E为低电平则输出端的工作状态为高阻，与之相对应的逻辑符号为图13.15(b)，反之，电路的逻辑符号为图13.15(c)。

三态结构的电路常用于电路的缓冲输出结构或者计算机的总线数据传输，图13.16是由三态门构成的总线结构。控制三态门的使能端，使各门分时轮流工作，则总线将分别接收每个三态门的输出，而且各个门之间互不干扰。

13.6 组合逻辑电路的分析与设计

组合逻辑电路的分析与设计是完全相反的两个过程，下面分别加以介绍。

13.6.1 组合逻辑电路的分析

所谓分析，就是对给定的组合逻辑电路，找出其输出与输入之间的逻辑关系，进而描述其逻辑功能。

对组合逻辑电路进行分析的一般步骤为：根据给定的逻辑图，写出逻辑表达式；对逻辑表达式进行化简；列出真值表；根据真值表或逻辑表达式确定逻辑功能。

【例 13.23】 试分析如图13.17所示逻辑电路的功能。

【解】 (1) 写出电路的逻辑表达式为

$$F=\overline{\overline{AM}\cdot\overline{B\overline{M}}}=AM+B\overline{M} \tag{13.10}$$

(2) 将M、A、B所有取值代入式(13.10)，列真值表如表13.12所示。

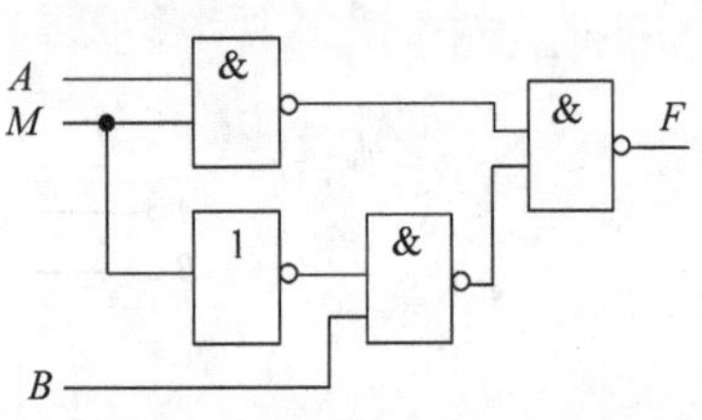

图 13.17 例13.23的电路逻辑图

表 13.12 例 13.23 电路真值表

M	A	B	F	M	A	B	F
0	0	0	0	1	0	0	0
0	0	1	1	1	0	1	0
0	1	0	0	1	1	0	1
0	1	1	1	1	1	1	1

分析表13.12，当$M=0$时，$F=B$；$M=1$时，$F=A$。M为控制信号，它将控制输入信号A和B的传输。

13.6.2　组合逻辑电路的设计

组合逻辑电路的设计是分析的逆过程，根据给出的实际逻辑问题，经过逻辑抽象，用最少数量和最少种类的逻辑门实现给定逻辑功能，并画出电路逻辑图。

对组合逻辑电路进行设计的一般步骤为：分析设计要求，对输入和输出变量进行"逻辑约定"，即指定各变量的逻辑1和逻辑0所代表的实际意义；根据输入与输出之间的因果关系，列写真值表；由真值表写出逻辑表达式，并对逻辑表达式进行化简；画出逻辑电路图。

【例13.24】 某工厂有3个车间和1个供应电力的发电站，发电站有2台电动机 X 和 Y，Y 的功率是 X 的2倍。要求设计逻辑电路完成如下电动机控制任务：

(1) 当3个车间都不用电时，X、Y 都不开。

(2) 当1个车间用电时，只开 X。

(3) 当2个车间用电时，只开 Y。

(4) 当3个车间都用电时，X、Y 都开。

【解】 设3个车间为 A、B、C，用电为1，不用电为0，输出 X、Y 电动机开为1，不开为0。根据题意，列真值表如表13.13所示，由表可分别得出输出 X、Y 的函数表达式为

$$X=\overline{A}\overline{B}C+\overline{A}B\overline{C}+A\overline{B}\overline{C}+ABC \tag{13.11}$$

$$Y=\overline{A}BC+A\overline{B}C+AB\overline{C}+ABC \tag{13.12}$$

表13.13　例13.24的真值表

A	B	C	X	Y
0	0	0	0	0
0	0	1	1	0
0	1	0	1	0
0	1	1	0	1
1	0	0	1	0
1	0	1	0	1
1	1	0	0	1
1	1	1	1	1

对式(13.11)和式(13.12)进行卡诺图化简，如图13.18所示，可见函数 X 已经是最简函数，不能化简，而函数 Y 可化简为

$$Y=AC+BC+AB \tag{13.13}$$

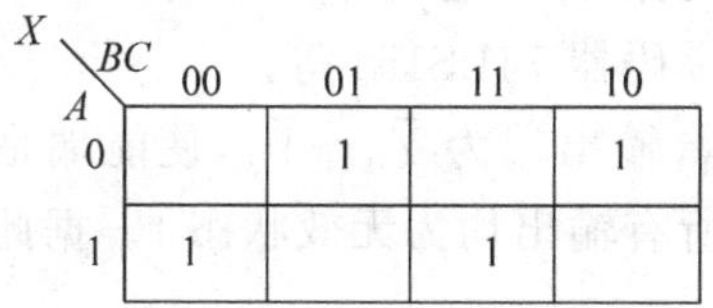

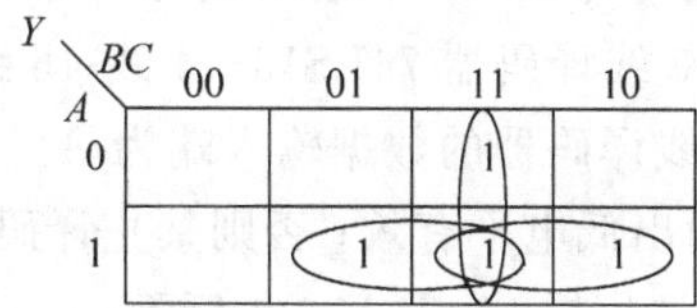

图13.18　例13.24的卡诺图

逻辑电路如图 13.19 所示。

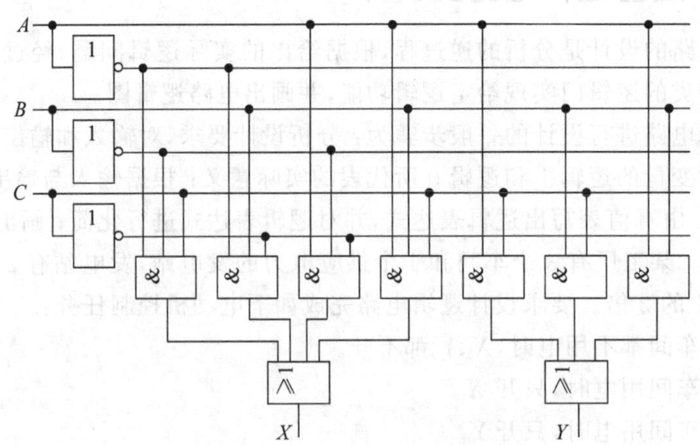

图 13.19 例 13.24 电路逻辑图

如果电路均采用与非门实现该电路，则需要将 X 和 Y 分别变换为式(13.14)和式(13.15)，电路逻辑图在此不赘述。

$$X=\overline{A}\overline{B}C+\overline{A}B\overline{C}+A\overline{B}\overline{C}+ABC=\overline{\overline{\overline{A}\overline{B}C}\cdot\overline{\overline{A}B\overline{C}}\cdot\overline{A\overline{B}\overline{C}}\cdot\overline{ABC}} \tag{13.14}$$

$$Y=AC+BC+AB=\overline{\overline{AC}\cdot\overline{BC}\cdot\overline{AB}} \tag{13.15}$$

13.7 常用组合逻辑部件

常用组合逻辑部件与基本门电路相比，集成度更高，属于中规模集成电路。使用中规模集成芯片实现逻辑功能，电路更简洁，成本更低。本节重点介绍两类常用组合逻辑部件：译码器和数据选择器。

13.7.1 译码器

译码是编码的逆过程，其功能是将输入的二进制代码译成对应的输出信号或另一种形式的代码。译码器的用途很广，在数据传输中可以通过译码器来实现数据的分时传输，也可以应用于数据的显示电路等等。

1. 二进制译码器

二进制译码器的输入是二进制代码，输出是与输入代码一一对应的有效电平信号。若输入有 n 位，则可译出 2^n 个输出信号。常用的集成二进制译码器有双 2 线-4 线译码器 74LS139、3 线-8 线译码器 74LS138、4 线-16 线译码器 74LS154 等。

设 2 线-4 线译码器的数据输入端为 A_1、A_0，输出端为 $\overline{Y}_0\sim\overline{Y}_3$，使能端是 $\overline{S}$。当 $\overline{S}=0$ 时允许译码，输出低电平有效；否则禁止译码，所有输出均为无效状态 1。据此要求，得出该 2 线-4 线译码器功能表如表 13.14 所示。

表 13.14 2 线-4 线译码器功能表

输入			输出			
$\overline{S}$	A_1	A_0	$\overline{Y}_3$	$\overline{Y}_2$	$\overline{Y}_1$	$\overline{Y}_0$
1	×	×	1	1	1	1
0	0	0	1	1	1	0
0	0	1	1	1	0	1
0	1	0	1	0	1	1
0	1	1	0	1	1	1

由此得到：

$$\overline{Y}_0=\overline{\overline{\overline{S}}\,\overline{A}_1\overline{A}_0}\quad \overline{Y}_1=\overline{\overline{\overline{S}}\,\overline{A}_1A_0}$$

$$\overline{Y}_2=\overline{\overline{\overline{S}}A_1\overline{A}_0}\quad \overline{Y}_3=\overline{\overline{\overline{S}}A_1A_0} \tag{13.16}$$

根据逻辑式(13.16)画出电路逻辑图如图 13.20 所示。

双 2 线-4 线译码器 74LS139 内部包含两套上述电路，其逻辑符号如图 13.21 所示。

3 线-8 线译码器 74LS138 的工作原理与 74LS139 类似，其功能表如表 13.15 所示，逻辑符号如图 13.22 所示。

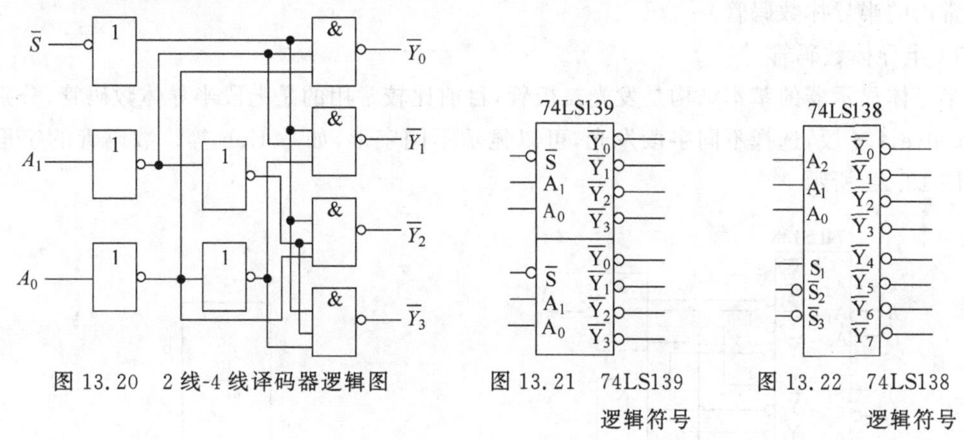

图 13.20 2 线-4 线译码器逻辑图　　图 13.21 74LS139 逻辑符号　　图 13.22 74LS138 逻辑符号

表 13.15 74LS138 的功能表

输入					输出							
$\overline{S}_1$	$\overline{S}_2+\overline{S}_3$	A_2	A_1	A_0	$\overline{Y}_0$	$\overline{Y}_1$	$\overline{Y}_2$	$\overline{Y}_3$	$\overline{Y}_4$	$\overline{Y}_5$	$\overline{Y}_6$	$\overline{Y}_7$
×	1	×	×	×	1	1	1	1	1	1	1	1
0	×	×	×	×	1	1	1	1	1	1	1	1
1	0	0	0	0	0	1	1	1	1	1	1	1
1	0	0	0	1	1	0	1	1	1	1	1	1
1	0	0	1	0	1	1	0	1	1	1	1	1
1	0	0	1	1	1	1	1	0	1	1	1	1
1	0	1	0	0	1	1	1	1	0	1	1	1
1	0	1	0	1	1	1	1	1	1	0	1	1
1	0	1	1	0	1	1	1	1	1	1	0	1
1	0	1	1	1	1	1	1	1	1	1	1	0

【例 13.25】 试画出用 74LS138 实现的例 13.24 中电动机 X 和 Y 的控制电路逻辑图。

【解】 由式(13.11)得

$$X=\overline{A}\overline{B}C+\overline{A}B\overline{C}+A\overline{B}\overline{C}+ABC$$
$$=\overline{\overline{\overline{A}\overline{B}C}\cdot\overline{\overline{A}B\overline{C}}\cdot\overline{A\overline{B}\overline{C}}\cdot\overline{ABC}}$$
$$=\overline{\overline{Y}_1\cdot\overline{Y}_2\cdot\overline{Y}_4\cdot\overline{Y}_7} \tag{13.17}$$

由式(13.12)得

$$Y=\overline{A}BC+A\overline{B}C+AB\overline{C}+ABC$$
$$=\overline{\overline{\overline{A}BC}\cdot\overline{A\overline{B}C}\cdot\overline{AB\overline{C}}\cdot\overline{ABC}}$$
$$=\overline{\overline{Y}_3\cdot\overline{Y}_5\cdot\overline{Y}_6\cdot\overline{Y}_7} \tag{13.18}$$

由 74LS138 实现上式的逻辑图如图 13.23 所示。

2. 显示译码器

显示译码器能够翻译二进制代码,使数据直观地显示出来供人们读取。常用的显示元件有半导体数码管,亦称发光二极管显示器(简称 LED 显示器);液晶数字显示器,如液晶显示器、电泳显示器等;气体放电显示器,如辉光数码管、等离子体显示板等。这里仅介绍目前常用的半导体数码管。

1) 半导体数码管

半导体显示器的基本结构是发光二极管,目前比较常用的是七段半导体数码管,分别为 a、b、c、d、e、f、g 段,选择不同字段发光,可以显示不同字形,如 1、E、F 等。数码管的字形结构如图 13.24 所示。

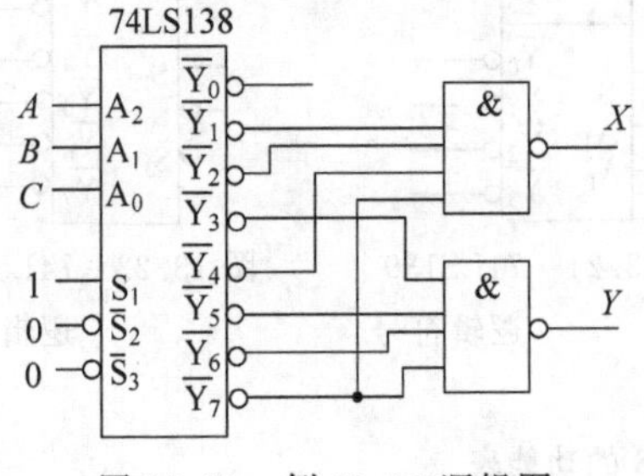

图 13.23 例 13.25 逻辑图

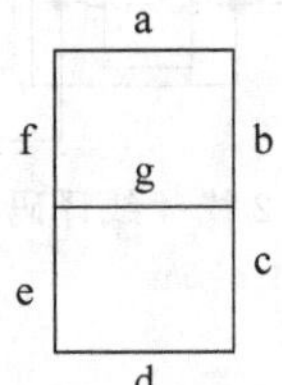

图 13.24 半导体数码管的字形结构

七段发光二极管分为共阴极和共阳极两种接法,如图 13.25 所示。

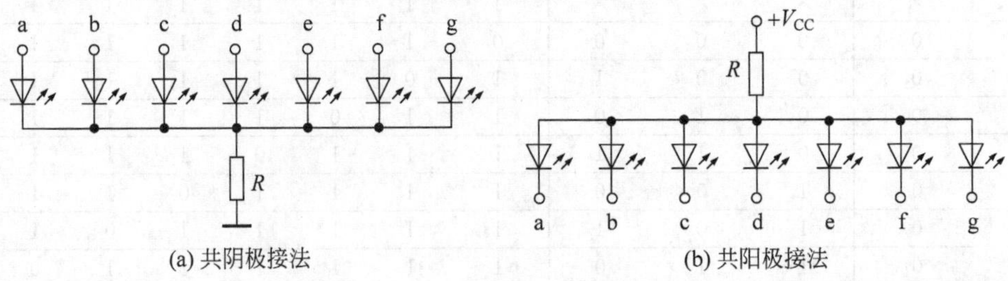

图 13.25 半导体数码管两种接法

2）七段显示译码器 7448

七段显示译码器 7448 输出高电平有效，用以驱动共阴极显示器。下面介绍能驱动 BS201A 工作的 4 线-7 线译码器 7448。7448 的功能列于表 13.16。图 13.26 为 7448 驱动数码管 BS201A 的连接图。

表 13.16 7448 的功能表

数字（或功能）	输入						$\overline{BI}/\overline{RBO}$	输出						
	$\overline{LT}$	$\overline{RBI}$	A_3	A_2	A_1	A_0		Y_a	Y_b	Y_c	Y_d	Y_e	Y_f	Y_g
	1	1	0	0	0	0	1	1	1	1	1	1	1	1
1	1	×	0	0	0	1	1	0	1	1	0	0	0	0
2	1	×	0	0	1	0	1	1	1	0	1	1	0	1
3	1	×	0	0	1	1	1	1	1	1	1	0	0	1
4	1	×	0	1	0	0	1	1	0	1	1	0	1	1
5	1	×	0	1	0	1	1	1	0	1	1	0	1	1
6	1	×	0	1	1	0	1	0	0	1	1	1	1	1
7	1	×	0	1	1	1	1	1	1	1	0	0	0	0
8	1	×	1	0	0	0	1	1	1	1	1	1	1	1
9	1	×	1	0	0	1	1	1	1	1	0	0	1	1
10	1	×	1	0	1	0	1	0	0	0	1	1	0	1
11	1	×	1	0	1	1	1	0	0	1	1	0	0	1
12	1	×	1	1	0	0	1	0	1	0	0	0	1	1
13	1	×	1	1	0	1	1	1	0	0	1	0	1	1
14	1	×	1	1	1	0	1	0	0	0	1	1	1	1
15	1	×	1	1	1	1	1	0	0	0	0	0	0	0
关灯	×	×	×	×	×	×	0（输入）	0	0	0	0	0	0	0
灭零	1	0	0	0	0	0	0	0	0	0	0	0	0	0
灯测试	0	×	×	×	×	×	1	1	1	1	1	1	1	1

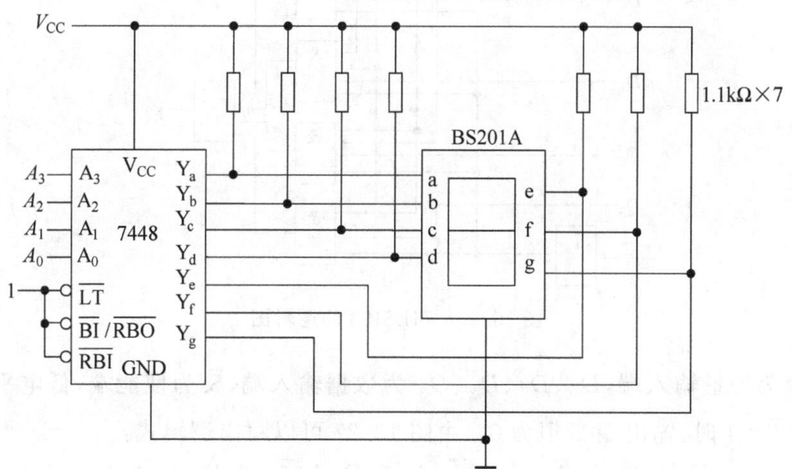

图 13.26 7448 驱动数码管 BS201A 的连接图

(1) 灭灯输入 $\overline{\text{BI}}$。$\overline{\text{BI}}/\overline{\text{RBO}}$ 是灭灯输入或灭零输出端，当 $\overline{\text{BI}}/\overline{\text{RBO}}$ 作输入端而且 $\overline{\text{BI}}=0$ 时，无论其他输入端是什么电平，输出 $Y_a \sim Y_g$ 均为 0，字形消隐。

(2) 试灯输入 $\overline{\text{LT}}$。当 $\overline{\text{LT}}=0$ 时，$\text{BI}/\overline{\text{RBO}}$ 是输出端，且 $\overline{\text{RBO}}=1$，此时无论其他输入是什么电平，输出 $Y_a \sim Y_g$ 均为 1，即七段管都亮，这一功能测试数码管发光管的好坏。

(3) 灭零输入 $\overline{\text{RBI}}$。当 $\overline{\text{LT}}=1$，$\overline{\text{RBI}}=0$，输入变量为 0000 时，七段输出 $Y_a \sim Y_g$ 全为 0，不显示 0 字形。此时 $\overline{\text{RBO}}$ 为输出端且 $\overline{\text{RBO}}=0$。

(4) 灭零输出 RBO。RBO=0 表示译码器已将本来应该显示的零熄灭了。当该片灭零时，$\overline{\text{RBO}}=0$ 作为控制相邻的低一位的灭零输入信号，允许低一位灭零。反之，如果 RBO=1 则说明本位处于显示状态。

将灭零输入端和灭零输出端配合使用，可以实现多位数码显示系统的灭零控制，整数部分把高位 $\overline{\text{RBO}}$ 与低位 $\overline{\text{RBI}}$ 相连，$\overline{\text{RBI}}$ 最高位接 0，最低位接 1；小数部分的 $\overline{\text{RBO}}$ 与高位 $\overline{\text{RBI}}$ 相连，$\overline{\text{RBI}}$ 最高位接 1，最低位接 0，这样就可以把前、后多余的零熄灭了。这种连接方式，使整数部分只有在高位是零而且被熄灭的情况下，低位才会有灭零输入信号。同样，小数部分只有在低位是零而且被熄灭时，高位才有灭零输入信号。

13.7.2 数据选择器

数据选择器也称多路选择器(multiplexer)，从多路数据中选择一路进行输出，简称 MUX。常用的数据选择器有 2 选 1、4 选 1、8 选 1 和 16 选 1 等。

一片 74LS153 中包含两个 4 选 1 数据选择器，其中之一的逻辑图如图 13.27 所示，图 13.28 是 74LS153 的逻辑符号。

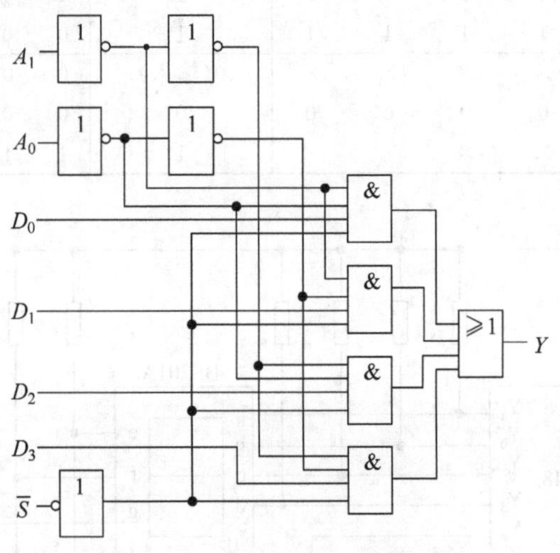

图 13.27 74LS153 的逻辑图

A_1、A_0 为地址输入端，D_0、D_1、D_2、D_3 为数据输入端，$\overline{S}$ 为使能端，低电平有效，Y 为输出端。当 $\overline{S}=1$ 时，输出端 Y 恒为 0。由图 13.27 可以写出逻辑式：

$$Y=(D_0\overline{A}_1\overline{A}_0+D_1\overline{A}_1A_0+D_2A_1\overline{A}_0+D_3A_1A_0)\overline{\overline{S}} \tag{13.19}$$

双 4 选 1 数据选择器 74LS153 的功能如表 13.17 所示。74LS151 是 8 选 1 数据选择器，有 3 个地址输入端，8 个数据输入端，两个输出端 Y、$\overline{Y}$。$\overline{S}$ 为使能端，低电平有效。

74LS151 的功能表如表 13.18 所示,逻辑符号如图 13.29 所示。

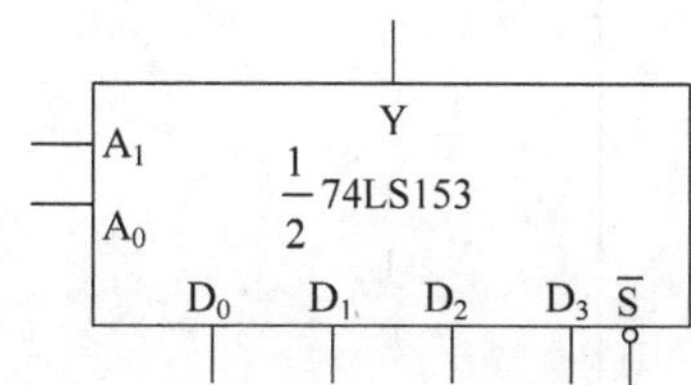

图 13.28 74LS153 的逻辑符号

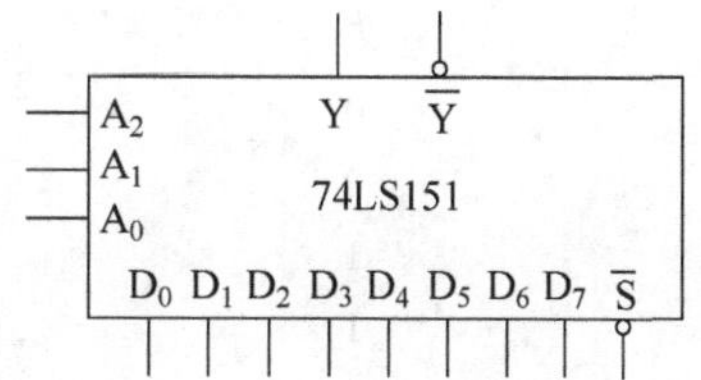

图 13.29 74LS151 的逻辑符号

表 13.17 74LS153 的功能表

输入			输出
$\overline{S}$	A_1	A_0	Y
1	×	×	0
0	0	0	D_0
0	0	1	D_1
0	1	0	D_2
0	1	1	D_3

表 13.18 74LS151 的功能表

输入				输出	
$\overline{S}$	A_2	A_1	A_0	Y	$\overline{Y}$
1	×	×	×	0	1
0	0	0	0	D_0	$\overline{D}_0$
0	0	0	1	D_1	$\overline{D}_1$
0	0	1	0	D_2	$\overline{D}_2$
0	0	1	1	D_3	$\overline{D}_3$
0	1	0	0	D_4	$\overline{D}_4$
0	1	0	1	D_5	$\overline{D}_5$
0	1	1	0	D_6	$\overline{D}_6$
0	1	1	1	D_7	$\overline{D}_7$

【例 13.26】 用 74LS151 实现函数 $Z = AB + \overline{B}C + \overline{A}\overline{B}\overline{C}$。

【解】 将逻辑式用最小项表示,得

$$Z = AB\overline{C} + ABC + A\overline{B}C + \overline{A}\overline{B}C + \overline{A}\overline{B}\overline{C}$$

将逻辑变量 A、B、C 对应接到地址输入端 A_2、A_1、A_0,使能端 $\overline{S}$ 接 0,则可知:

$$D_6=1,\quad D_7=1,\quad D_5=1,\quad D_1=1,\quad D_0=1,$$

$$D_2=0,\quad D_3=0,\quad D_4=0$$

这样,74LS151 的输出端 Y 就是逻辑函数 Z,逻辑电路如图 13.30 所示。

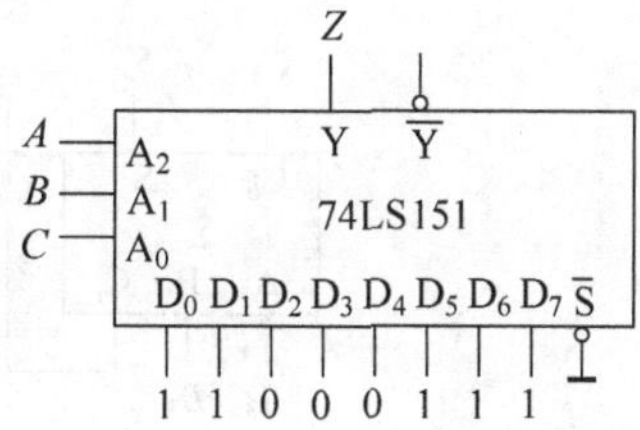

图 13.30 用 74LS151 实现逻辑函数

13.8 综合设计与应用

13.8.1 全加器的设计与应用

1. 全加器

除了被加数和加数外,输入端还考虑来自低位的进位 C_i,这样的电路构成全加器(full adder)。全加器真值表见表 13.19,其中输出 C_o 是本位向高位的进位输出。全加器的逻辑符号如图 13.31 所示。

表 13.19 全加器真值表

A	B	C_i	S	C_o
0	0	0	0	0
0	0	1	1	0
0	1	0	1	0
0	1	1	0	1
1	0	0	1	0
1	0	1	0	1
1	1	0	0	1
1	1	1	1	1

由真值表得到输出函数表达式：

$$\begin{aligned} S &= \overline{A}\,\overline{B}C_i + \overline{A}B\overline{C}_i + A\overline{B}\,\overline{C}_i + ABC_i \\ &= A \oplus B \oplus C_i \end{aligned} \tag{13.20}$$

$$\begin{aligned} C_o &= \overline{A}BC_i + A\overline{B}C_i + AB\overline{C}_i + ABC_i \\ &= AB + AC_i + BC_i \end{aligned} \tag{13.21}$$

图 13.31 全加器的逻辑符号

2. 二进制超前进位加法器

串行加法器采用串行运算方式，是从二进制数的最低位开始，逐位相加至最高位，最后得出和数。4 位串行进位的并行加法器如图 13.32 所示。两个 4 位相加数的每一位分别同时送到相应全加器的输入端，进位的数据串行传送，最低位 C_i 应设置成电平 0。采用此种形式，可构成任意位二进制加法器。

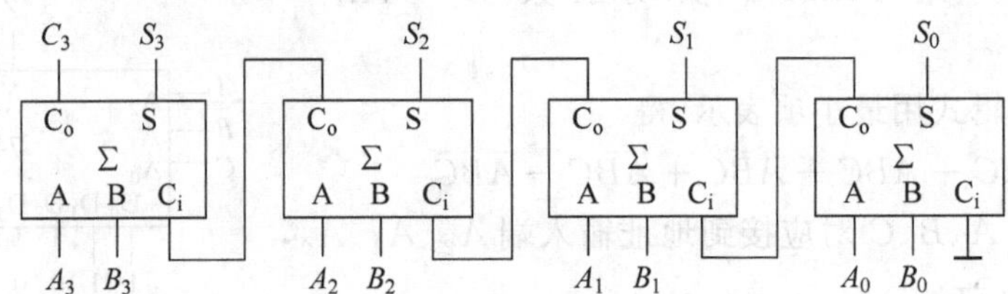

图 13.32 4 位串行进位并行加法器

因为进位信号需要串行传递，最后一位的进位输出要经过 4 位全加器传递之后才能形成，如果位数增加，那么传输延迟时间将更长，所以这种串行进位并行加法器的工作速度比较慢。

把串行进位改为快速进位(又称超前进位)，可以比较好地解决这个问题。常用的中规模集成 4 位二进制超前进位加法器 74LS283，速度快，适用于高速数字计算机、数据处理及控制系统。为扩充相加数的位数，还可将 74LS283 级联起来，74LS283 的逻辑符号如图 13.33 所示。

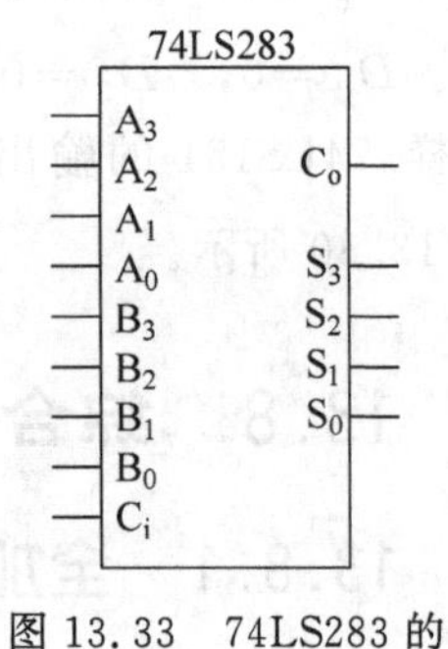

图 13.33 74LS283 的逻辑符号

13.8.2 数值比较器的设计与应用

比较两个数 A、B 大小的逻辑电路称为数值比较器。此电路的输入是待比较的两个数 A 和 B，输出为比较结果。

1. 1位数值比较器

1位数值比较器是多位比较器的基础,比较的结果见表13.20。

表13.20　1位数值比较器真值表

A	B	$Y_{(A>B)}$	$Y_{(A=B)}$	$Y_{(A<B)}$
0	0	0	1	0
0	1	0	0	1
1	0	1	0	0
1	1	0	1	0

$$
\begin{aligned}
Y_{(A>B)} &= A\overline{B} \\
Y_{(A=B)} &= AB + \overline{A}\overline{B} \\
Y_{(A<B)} &= \overline{A}B
\end{aligned}
\tag{13.22}
$$

依据式(13.22),读者可以自行画出逻辑图。

2. 4位数值比较器74LS85

比较两个多位数的大小时,必须从高向低逐位比较,只有在高位相等时,才需要比较低位。集成4位数值比较器74LS85,输入待比较的两个数为 $A=A_3A_2A_1A_0$ 和 $B=B_3B_2B_1B_0$,输出比较结果为 $Y_{(A>B)}$、$Y_{(A=B)}$ 和 $Y_{(A<B)}$。74LS85还设有3个级联输入端 $I_{(a>b)}$、$I_{(a=b)}$、$I_{(a<b)}$,当高4位均相等时,需要看3个级联输入端,当 $I_{(a>b)}$、$I_{(a=b)}$、$I_{(a<b)}$ 取值为100时,则比较结果为 $A>B$,有 $Y_{(A>B)}=1$;当取值为010时,则比较结果为 $A=B$,有 $Y_{(A=B)}=1$;当取值为001时,则比较结果为 $A<B$,有 $Y_{(A<B)}=1$。

图13.34为两片74LS85接成8位数值比较器的逻辑图,用以比较两个8位数据 $A=A_7A_6A_5A_4A_3A_2A_1A_0$ 和 $B=B_7B_6B_5B_4B_3B_2B_1B_0$。

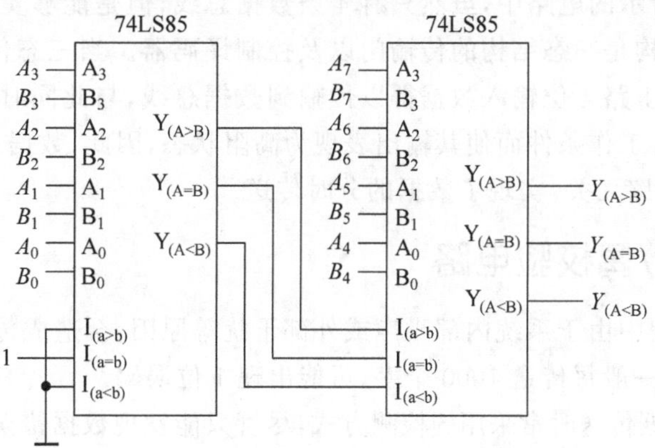

图13.34　两片74LS85接成8位数值比较器

13.8.3　多路数据复用传输

在数字通信中,为了扩大传输容量、提高传输效率,常使多路信号在同一信道上传输而互不干扰,这种方式叫作多路复用。综合运用组合逻辑电路,可以构成不同形式的多路数据复用传输电路。

1. 多路数据复用传输形式一

在图 13.35 中,数据选择器与译码器共同实现了多路数据分时复用与传输。74LS138 能否正常译码取决于 $\overline{S}_3$,即 74LS151 的输出。以 $ABC=000$ 为例,74LS151 的输出 Y 将等于输入信号 X_0。如果 $X_0=1$,则 $Y=1=\overline{S}_3$,74LS138 不满足工作条件,所有输出端均为无效状态 1,于是 $F_0=1$;如果 $X_0=0$,则 $Y=0$,$\overline{S}_3=0$,74LS138 正常译码,$F_0=0$,可见,当 $ABC=000$ 时,F_0 与 X_0 是一致的。同理,ABC 的不同取值也实现了信号 X_i 到对应输出端 F_i 的传递。上述应用中发送端与接收端之间只用了一条数据线,如果信号路数更多,则节约效果更明显。

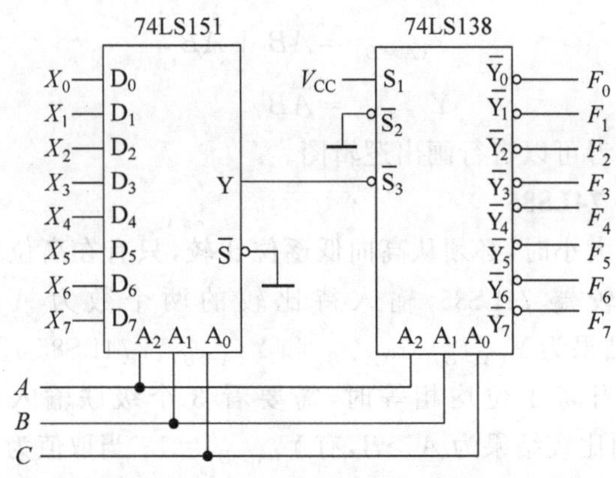

图 13.35 多路数据复用传输形式一

2. 多路数据复用传输形式二

在如图 13.36 所示的电路中,虽然只有 4 条数据总线,但是能够实现 4 路 16 位数据的分时传输,其核心结构是三态结构的传输门以及控制译码器。当三态传输门的使能端得到低电平 0 时,相应的 1 路 4 位输入数据得以传输到数据总线,与此同时,其余 3 个传输门的使能端由于没有获得工作条件而使其输出表现为高阻状态,因此,数据总线某一时间只传输 1 路数据而与其余 3 路无关,实现了数据的分时传送。

13.8.4 奇/偶校验电路

数据在传输过程中由于系统内部噪声或外部干扰等原因,会造成传输错误。据统计,由于噪声引入的误差,一般每传送 1000 个字,可能出现 1 位误码。

奇/偶校验是数据传送时常采用的检测方式,尽管只能发现数据错误而不能纠错,但因其实现较为简单——仅仅需要异或门,而被广泛应用。奇/偶校验分为奇校验和偶校验两种。

奇校验的方法是:在传送每一个字节的时候另外附加 1 位作为校验位——当待发送数据中 1 的个数为奇数时,这个校验位就是 0,否则就是 1,用来保证数据在发送时 1 的个数为奇数。

接收方收到数据时再次检测,数据中 1 的个数仍然是奇数,则表示传送正确,否则表示传送错误。例如,若需要传输数据 00111000,数据中含有 3 个 1,则奇校验位就为 0,当接收端仍能检测到 1 的个数为奇数,则认定传输过程中未发生错误。

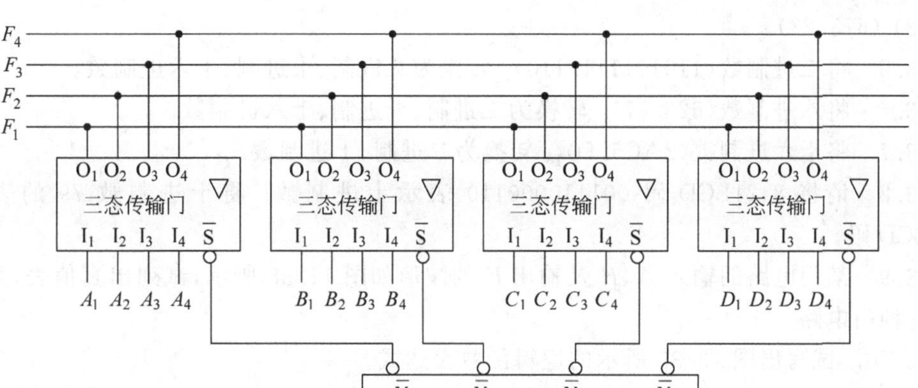

图 13.36 多路数据复用传输形式二

偶校验的方法是：当数据中 1 的个数为偶数的时候，这个校验位就是 0，否则这个校验位就是 1，用来保证数据在发送时 1 个数为偶数。如上例需要传输数据 00111000，数据中含有 3 个 1，则偶校验位就为 1，当接收端仍能检测到 1 的个数为偶数，则认定传输过程中未发生错误。

奇/偶校验的原理框图如图 13.37 所示，其中接入奇偶发生器的“1 或 0”将由奇偶校验方式的不同来决定。如果读取数据时发现与校验规则不符，则关闭接收器，CPU 会命令数据重新发送。

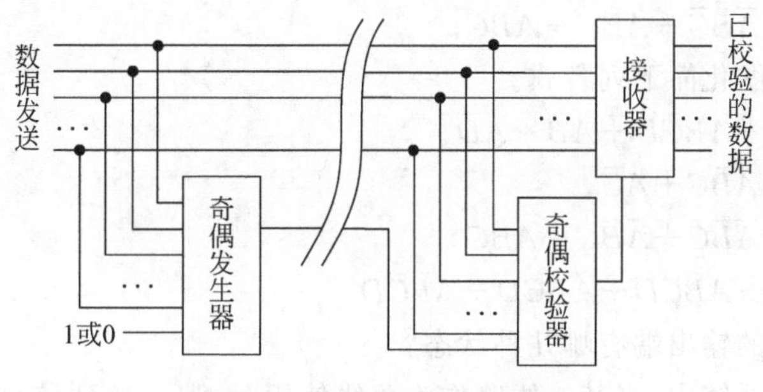

图 13.37 奇/偶校验的原理框图

习题

13.1 在数字电路中，正常工作中的晶体管的工作状态是什么？模拟电路中情况又如何？

13.2 如果对 160 个符号进行二进制编码，则至少需要几位二进制数？

13.3 将下列二进制数转换成十进制数。

(1) $(11000101)_2$。

(2) $(1010010.01)_2$。

13.4 将下列十进制数转换成二进制数。

(1) $(101)_{10}$。

(2) $(673.23)_{10}$。

13.5 将二进制数$(110101111.110)_2$转换为八进制、十进制、十六进制数。

13.6 将八进制数$(623.77)_8$转换为二进制、十进制、十六进制数。

13.7 将十六进制数$(2AC5.D)_{16}$转换为二进制、十进制数。

13.8 请将 8421BCD 码 001110000110 表示十进制数；将十进制数 79 的表示为 8421BCD 码。

13.9 某门电路的输入 A、B 及输出 F 的波形如图 11.38 所示，试列出真值表，判断它是哪一种门电路。

13.10 试写出图 13.39 所示的逻辑函数表达式。

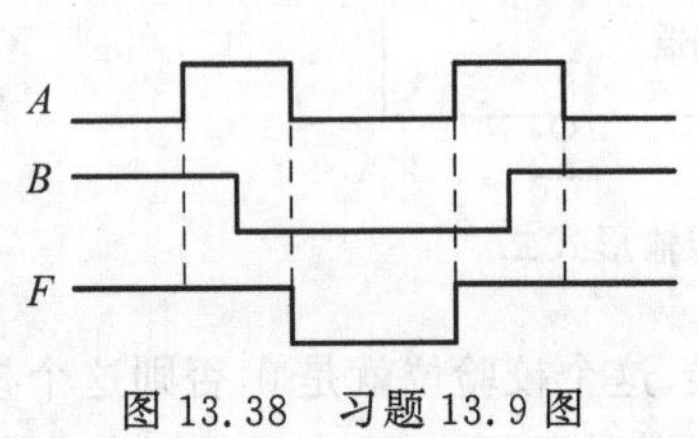

图 13.38 习题 13.9 图

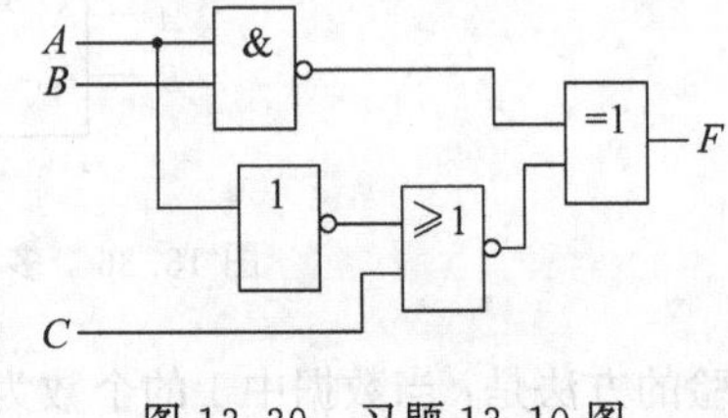

图 13.39 习题 13.10 图

13.11 用代数法化简下列各式。

(1) $F=\overline{ABC}+A\bar{B}C+ABC$。

(2) $F=AB+ABCD+\bar{A}C+\bar{A}BC$。

(3) $F=A\bar{B}\bar{C}+AC+\bar{A}BC+\bar{B}C\bar{D}$。

(4) $F=\bar{A}\bar{B}\bar{C}+\bar{A}B\bar{C}+A\bar{B}C+ABC$。

13.12 用卡诺图化简下列各式。

(1) $F=A\bar{B}CD+AB\bar{C}D+A\bar{B}+A\bar{D}$。

(2) $F=\bar{A}B\bar{C}+A\bar{B}C+A\bar{C}$。

(3) $F=\bar{A}BC+\bar{A}\bar{B}\bar{C}+\bar{A}\bar{B}C+A\bar{B}\bar{C}$。

(4) $F=AB\bar{C}D+ABCD+\bar{A}BCD+A\bar{B}\bar{C}D$。

13.13 三态门的输出端有哪几种状态？

13.14 在数字系统中，当某一线路作为总线使用时，那么接到该总线的所有输出设备（或元件）必须具有什么结构，才不会产生数据冲突？

13.15 将 TTL 与非门作非门使用，则多余输入端应做怎样的处理？

13.16 写出如图 13.40 所示电路输出信号 F 的逻辑表达式，并说明其功能。

13.17 设计一个三输入的奇偶校验电路，当输入中 1 的个数为奇数时，电路输出为 1，输入中 1 的个数为偶数时，电路输出为 0。画出用最简门电路实现的逻辑电路图。

13.8 某公司 A、B、C 3 个股东，分别占有 50%、30%、20% 的股份。设计一个三输入三输出的多数表决器，用于开会时按股份大小输出表决结果——赞成、平局和否决，分别用 X、Y、Z 表示。用最简门电路实现，并画出逻辑电路图。

视频 13.1

13.19 设计一个故障显示的控制电路，要求：

(1) 两台电动机 A 和 B 正常工作时，绿灯 F_1 亮。

(2) A 或 B 发生故障时，黄灯 F_2 亮。

(3) A 和 B 都发生故障时,红灯 F_3 亮。

用最简门电路实现,并画出逻辑电路图。

13.20　分析如图 13.41 所示的译码器,写出函数 F 的最简表达式。

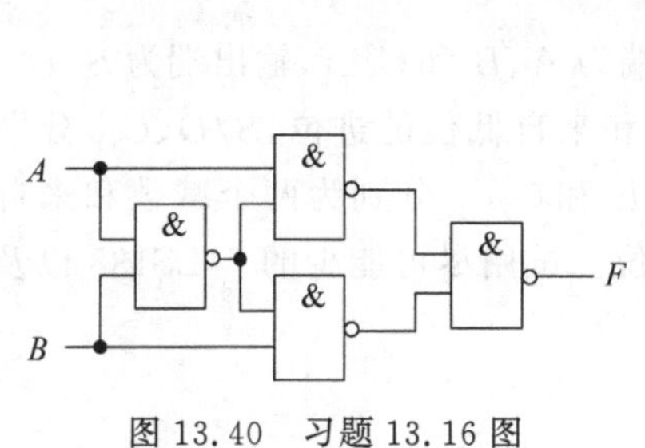

图 13.40　习题 13.16 图

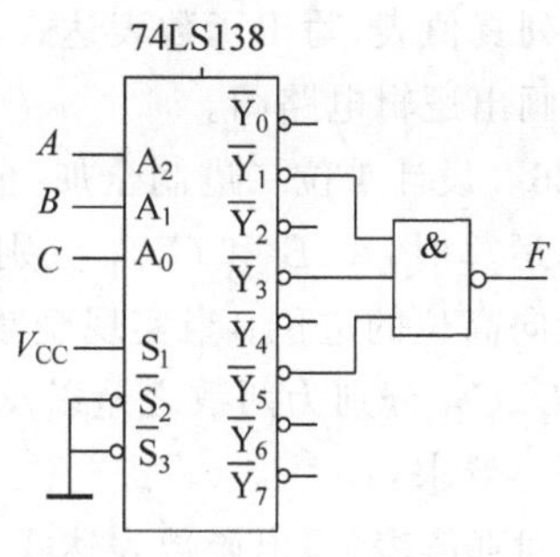

图 13.41　习题 13.20 图

13.21　分析如图 13.42 所示的数据选择器,写出函数 F 的表达式(不必化简)。

13.22　写出如图 13.43 所示的输出函数 F 的表达式(不必化简)。

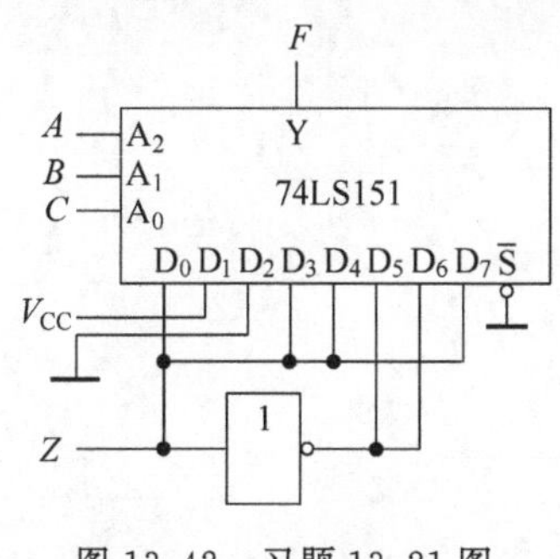

图 13.42　习题 13.21 图

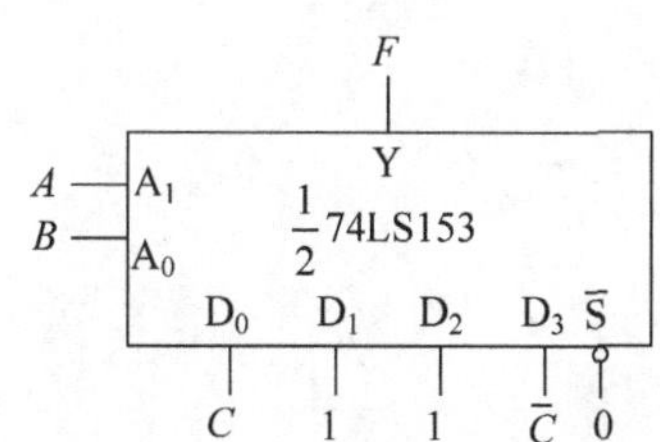

图 13.43　习题 13.22 图

13.23　分别用 74LS151 和 74LS138 以及若干最简门电路实现如下逻辑函数,讨论用上述两种芯片实现逻辑函数的异同。

$$Y_{1(A,B,C)}=\overline{A}\overline{B}\overline{C}+\overline{A}BC+A\overline{B}C+ABC$$

$$Y_{2(A,B,C)}=\overline{A}B\overline{C}+\overline{A}BC+A\overline{B}\overline{C}+ABC$$

13.24　设计一个函数发生器,M_1、M_0 为功能选择输入,A、B 为逻辑变量,F 为函数发生电路的输出。当 M_1、M_0 取不同的值时,电路有不同的逻辑功能,如表 13.21 所示,分别用以下两种方案实现:

(1) 74LS151 以及若干最简门电路。

(2) 74LS138 以及若干最简门电路。

视频 13.2

视频 13.3

表 13.21　逻辑功能表

M_1	M_2	F
0	0	A
0	1	$A+B$
1	0	AB
1	1	$\overline{A}$

13.25 设计1位二进制全减器：已知被减数与减数分别为 A 和 B，来自低位的借位为 C_{i-1}，输出为两数之差 D 以及向高位的借位 C_O。请用74151实现(允许附加少量门电路)。要求：

(1) 列真值表，写出函数表达式。

(2) 画出逻辑电路图。

13.26 设计1位二进制全加/全减器，输入端为 A、B 和 C_{i-1}，输出端为 S/D、C_O。当实现全加运算时，A、B 和 C_{i-1} 分别为两个加数和来自低位的进位，S/D、C_O 分别为两数之和以及向高位的进位；当实现全减运算时，A、B 和 C_{i-1} 分别为两个减数和来自低位的借位，S/D、C_O 分别为两数之差以及向高位的借位。试用尽可能少的74LS138以及最简门电路实现。要求：

视频 13.4

(1) 列真值表，写出函数表达式。

(2) 画出逻辑电路图。

13.27 用4位数据比较器74LS85实现两个10位数据的比较，画出逻辑电路图。

视频 13.5

第14章 触发器和时序逻辑电路

CHAPTER 14

到目前为止，我们研究的数字电路都是组合逻辑电路，即电路在某一时刻的输出完全取决于该时刻的输入。本章将介绍时序逻辑电路。与组合逻辑电路不同，时序逻辑电路在某一时刻的输出不仅取决于该时刻的输入，还取决于电路原来的状态。我们称这种电路是具有记忆的，因为它们"记住"了过去时刻的状态。

时序逻辑电路的基本单元是触发器(Flip Flop，FF)。触发器是具有记忆功能的基本逻辑单元，能够存储一位二值数据。

14.1 触发器

按照不同的分类方式，触发器有不同的分类结果。

按照稳定状态，触发器可分为单稳态触发器、双稳态触发器和无稳态触发器。顾名思义，单稳态触发器只能稳定一个状态，可以是0态，也可以是1态；双稳态触发器是既可以稳定在0态，又可以稳定在1态；无稳态触发器没有稳定状态，在0态和1态之间变化，也称为多谐振荡器。本节主要介绍双稳态触发器。

按照逻辑功能，触发器可分为基本RS触发器、钟控RS触发器、D触发器、JK触发器等。

按照触发方式，触发器可分为电平触发、脉冲触发和边沿触发3种。触发器的电路结构决定了其触发方式。当触发信号到达时，触发器的输出状态将随之变化。

14.1.1 基本RS触发器

基本RS触发器是各种触发器电路中结构形式最简单的一种，也是许多复杂电路结构触发器的基本组成部分。图14.1(a)是由两个与非门交叉连接构成的基本RS触发器的电路结构。

Q 和 $\bar{Q}$ 为触发器的两个输出端，通常 Q 和 $\bar{Q}$ 的状态具有互补性，规定以 Q 端的状态表示触发器的状态，即 $Q=1$ 时，触发器为1状态，也称置位状态；$Q=0$ 时，触发器为0状态，也称为复位状态。$\bar{S}_D$ 和 $\bar{R}_D$ 是触发器的控制信号输入端，且低电平有效，因此，其逻辑符号中在输入端引线靠近方框处加有空心圈"o"，如图14.1(b)所示。在图14.1(a)中，与非门的输出被重新引入作为两个与非门的输入，因此，前一时刻的输出 Q 和 $\bar{Q}$ 会影响当前与非门的输出。为此，通过对变量加上标表示状态的时序。规定触发器前一时刻的状态用 Q^n 表

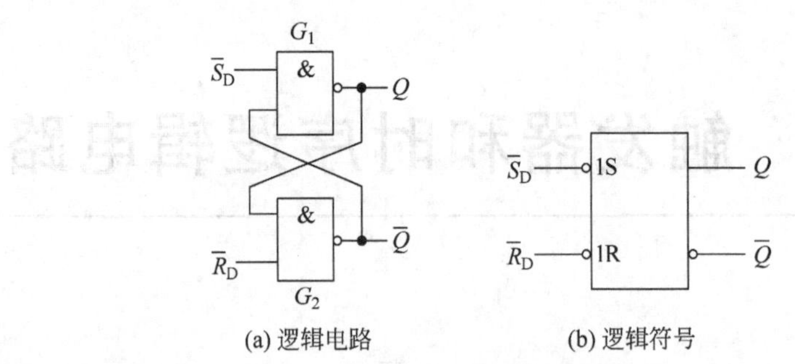

(a) 逻辑电路　　(b) 逻辑符号

图 14.1　基本 RS 触发器

示，称为**现态**；新的状态用 Q^{n+1} 表示，称为**次态**。基本 RS 触发器的逻辑功能分析如下：

(1) $\overline{S}_D=0,\overline{R}_D=1$。当 $\overline{S}_D$ 为低电平时，不论触发器的原状态如何，新的状态 $Q^{n+1}=1,\overline{Q}^{n+1}=0$，触发器为 1 状态。

(2) $\overline{S}_D=1,\overline{R}_D=0$。当 $\overline{R}_D$ 为低电平时，不论触发器的原状态如何，新的状态 $Q^{n+1}=0,\overline{Q}^{n+1}=1$，触发器为 0 状态。

(3) $\overline{S}_D=1,\overline{R}_D=1$。两个输入端均为高电平，当触发器的原状态 $Q^n=0,\overline{Q}^n=1$ 时，触发器新的状态 $Q^{n+1}=0,\overline{Q}^{n+1}=1$；当触发器的原状态 $Q^n=1,\overline{Q}^n=0$ 时，触发器新的状态 $Q^{n+1}=1,\overline{Q}^{n+1}=0$。不论原状态如何，都有 $Q^{n+1}=Q^n$，即触发器处于保持状态。

(4) $\overline{S}_D=0,\overline{R}_D=0$。两个输入端均为低电平，使得 $Q^{n+1}=\overline{Q}^{n+1}=1$，在此状态下，如果两个低电平随后同时变为高电平，翻转快的与非门输出将变为 0，即触发器的输出状态将无法确定，称其为禁用状态。**故基本 RS 触发器在正常工作时，不允许两个输入端同时为 0。**

由上述分析，可得基本 RS 触发器的功能如表 14.1 所示。

表 14.1　基本 RS 触发器的功能表

$\overline{S}_D$	$\overline{R}_D$	Q^n	Q^{n+1}	$\overline{Q}^{n+1}$	功　能
0	0	0	1	1	禁用
		1	1	1	
0	1	0	1	0	置 1(置位)
		1	1	0	
1	0	0	0	1	置 0(复位)
		1	0	1	
1	1	0	0	1	保持
		1	1	0	

从表 14.1 中可以看出，触发器的次态不仅与输入有关，还与原状态有关。仅 $\overline{S}_D$ 有效时，触发器为 1 状态，故 $\overline{S}_D$ 端称为置位端或直接置 1 端(Set Direct)；仅 $\overline{R}_D$ 有效时，触发器为 0 状态，故 $\overline{R}_D$ 端称为复位端或直接置 0 端(Reset Direct)。

图 14.2　基本 RS 触发器的波形图

图 14.2 是在给定 $\overline{S}_D$ 和 $\overline{R}_D$ 时，触发器的输出波形图。其中“……”表示输出高、低电平都有可能，无法确定。

基本 RS 触发器也可以由“或非门”构成，限于篇幅，此处不再赘述。

基本 RS 触发器的输出受输入信号的影响，不便控制。而数字电路中，往往需要系统各部分协调工作，为此需要引入一个控制信号(也称时钟信号 Clock Pulse，简称 CP)，由此构成了时钟控制 RS 触发器。

14.1.2 时钟控制 RS 触发器

时钟控制 RS 触发器也称为钟控 RS 触发器或同步 RS 触发器。其电路结构和逻辑符号如图 14.3(a)和图 14.3(b)所示。

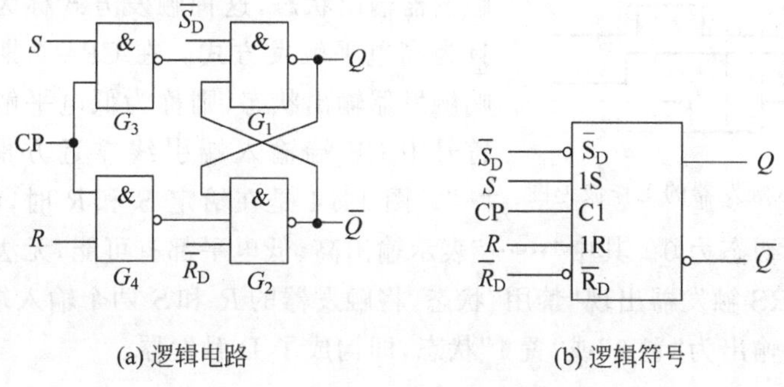

(a) 逻辑电路　　(b) 逻辑符号

图 14.3　钟控 RS 触发器

钟控 RS 触发器是在基本 RS 触发器结构基础上增加了控制电路 G_3 和 G_4。R 和 S 是信号输入端，CP 是时钟脉冲输入端。$\overline{S}_D$ 和 $\overline{R}_D$ 用于预置触发器的初始状态，工作过程中处于高电平，对电路工作状态无影响。钟控 RS 触发器的逻辑功能分析如下：

(1) CP=0 时，G_3 和 G_4 被封锁，输出均为 1，R、S 的输入状态不影响触发器的输出，$Q^{n+1}=Q^n$，触发器处于保持状态。

(2) CP=1 时，触发器的输出由 R、S 的输入状态决定。

① $S=0,R=0$，G_3 和 G_4 输出均为 1，$Q^{n+1}=Q^n$，触发器处于保持状态；

② $S=0,R=1$，G_3 输出为 1，G_4 输出均为 0，$Q^{n+1}=0$，触发器输出 0 状态；

③ $S=1,R=0$，G_3 输出为 0，G_4 输出均为 1，$Q^{n+1}=1$，触发器输出 1 状态；

④ $S=1,R=1$，G_3 和 G_4 输出均为 0，G_1 和 G_2 输出均为 1，当时钟 CP 由 1 变 0 后，触发器输出状态与 G_1、G_2 两个门的动作时间有关，难以确定，故为禁用状态。

由上述分析，可得钟控 RS 触发器的功能如表 14.2 所示。

表 14.2　钟控 RS 触发器的功能表

CP	S	R	Q^n	Q^{n+1}	$\overline{Q}^{n+1}$	功　能
0	X	X	0	0	1	保持
			1	1	0	
1	0	0	0	0	1	保持
			1	1	0	
1	0	1	0	0	1	置 0(复位)
			1	0	1	

续表

CP	S	R	Q^n	Q^{n+1}	$\overline{Q}^{n+1}$	功 能
1	1	0	0	1	0	置 1(置位)
			1	1	0	
1	1	1	0	1	1	禁用
			1	1	1	

注：表中“X”表示任意状态。

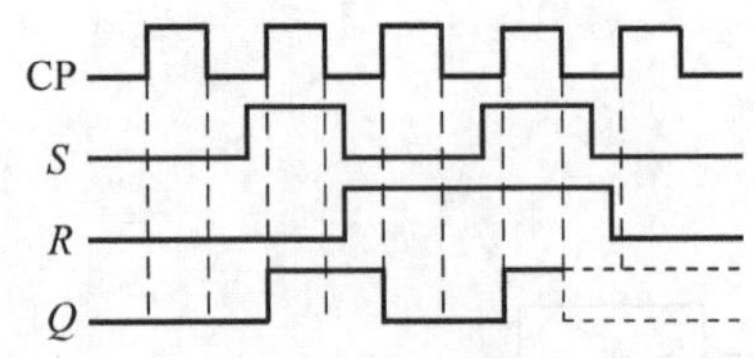

图 14.4 钟控 RS 触发器的工作波形图

钟控 RS 触发器在 CP=1 期间，输入信号会影响触发器输出状态，这种触发方式称为电平触发方式，且为高电平触发方式。在 CP=0 期间，输入信号影响触发器输出状态，则称为低电平触发方式，在逻辑符号中 CP 端输入端引线靠近方框处加一空心圈“∘”。图 14.4 是在给定 S 和 R 时，触发器的输出波形图，设触发器的初态为 0。其中“……”表示输出高、低电平都有可能，无法确定。

为避免钟控 RS 触发器出现“禁用”状态，将触发器的 R 和 S 两个输入端互反，触发器的输入端变为一个，输出为“置 0”或“置 1”状态，即构成了 D 触发器。

14.1.3 D 触发器

常见的 D 触发器逻辑符号如图 14.5 所示，D 是信号输入端，CP 是时钟脉冲输入端，$\overline{S}_D$ 和 $\overline{R}_D$ 用于预置触发器的初始状态，工作过程中处于高电平。符号中 CP 端的“>”表示触发器是边沿触发类型，时钟信号 CP 输入端引线靠近方框处有空心圈“o”，表示该触发方式为下降沿(CP 由 1 跳变到 0)触发，若没有空心圈“o”，则表示该触发方式为上升沿(CP 由 0 跳变到 1)触发。与电平触发方式相比，边沿触发时间短，有效地避免输入端干扰信号对输出信号的影响，实现抗干扰功能。

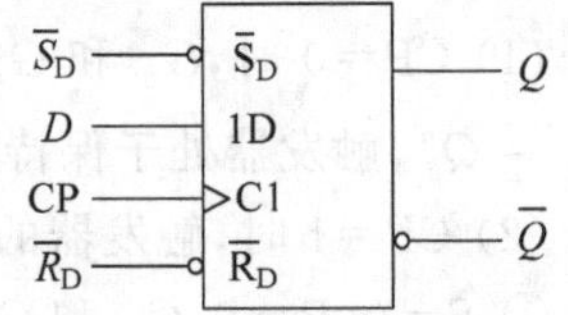

图 14.5 D 触发器逻辑符号

D 触发器的功能如表 14.3 所示。

表 14.3 D 触发器的功能表

D	Q^n	Q^{n+1}	功 能
0	X	0	置 0(复位)
1	X	1	置 1(置位)

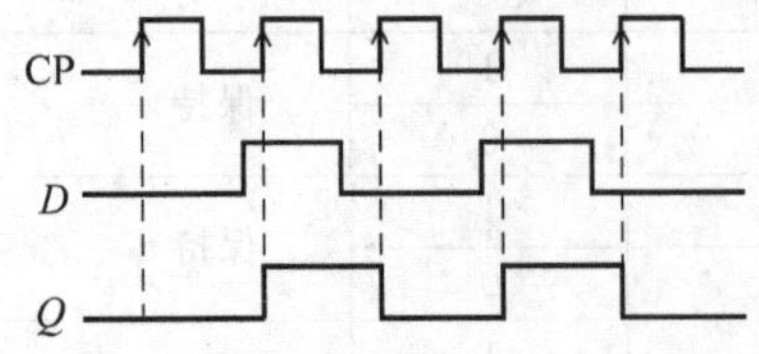

图 14.6 上升沿触发的 D 触发器工作波形图

D 触发器的输入信号只有一个，新的输出状态仅取决于触发时刻前的输入，其特征方程为

$$Q^{n+1}=D \tag{14.1}$$

D 触发器的输出受 CP 时钟控制，如图 14.5 所示的上升沿触发的 D 触发器，式(14.1)中新的输出仅在 CP 由 0 跳变到 1 有效，其余 CP 时钟期间，输出始终保持不变。图 14.6 是在给定 D 时，触发

器的输出波形图，设触发器的初态为0。

D触发器虽然避免了钟控RS触发器“禁用”状态，但其输入端仅有一个，功能较少。为此，又出现了功能更加完善的JK触发器。

14.1.4　JK触发器

图14.7是常用的JK触发器的逻辑符号。J和K是信号输入端，CP是时钟脉冲输入端，为下降沿触发，$\bar{S}_D$和$\bar{R}_D$功能同D触发器。

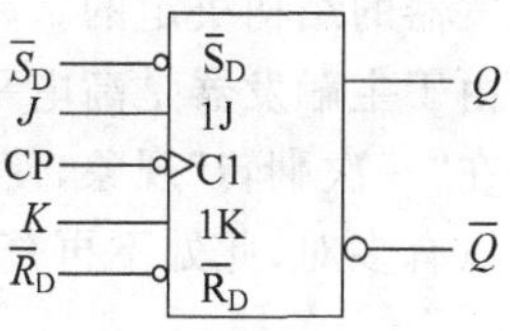

图14.7　JK触发器逻辑符号

JK触发器功能如表14.4所示。

表14.4　JK触发器的功能表

J	K	Q^n	Q^{n+1}	功　能
0	0	0	0	保持
		1	1	
0	1	0	0	置0(复位)
		1	0	
1	0	0	1	置1(置位)
		1	1	
1	1	0	1	翻转(计数)
		1	0	

JK触发器的输出与J、K输入信号，以及原状态有关，其特征方程为

$$Q^{n+1}=J\bar{Q}^n+\bar{K}Q^n \tag{14.2}$$

JK触发器的输出受CP时钟控制，如图14.7所示的下降沿触发的JK触发器，式(14.2)中新的输出仅在CP由1跳变到0有效，其余CP时钟期间，输出始终保持不变。

图14.8是在给定J和K时，触发器的输出波形图，设触发器的初态为0。

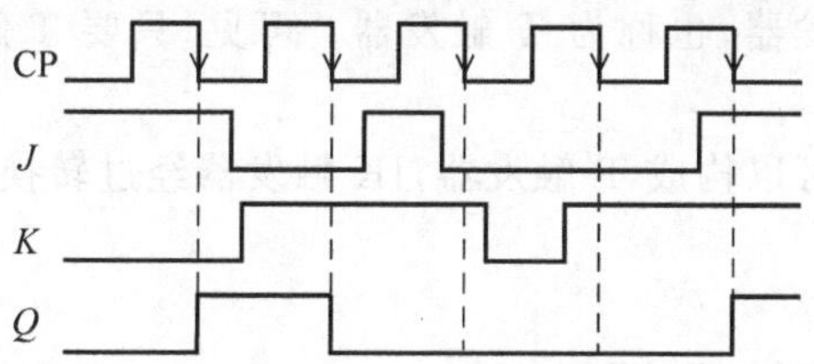

图14.8　下降沿触发的JK触发器工作波形图

还有一种常见的JK触发器，由两个钟控RS触发器(“主触发器”和“从触发器”)构成，共用同一个时钟脉冲信号，称为“主从型JK触发器”。图14.9是主从型JK触发器的逻辑符号，J和K是信号输入端，也是主触发器的输入信号，主触发器的输出连到从触发器的输入端。CP是时钟脉冲输入端，表示主触发器和从触发器均是CP高电平触发方式。通常时钟脉冲CP直接连到主触发器，经过非门连到从触发器，当主触发器处于触发时刻(高电平)时，从触发器处于保持状态(低电平)；反之亦然，即主和从触

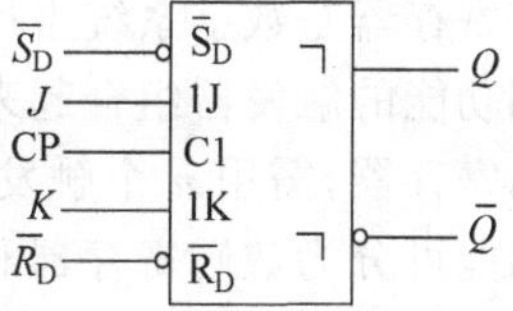

图14.9　主从型JK触发器逻辑符号

发器"分时"触发。触发器的输出端 Q 是由从触发器引出的，即时钟脉冲 CP 由高电平变到低电平的时候，输出才可能发生变化，故外在表现为下降沿触发。输出符号中的"¬"表示"延迟输出"，即时钟脉冲 CP 的触发电平(高电平)结束，输出状态才开始改变，这是由主从型触发器的结构决定的。

由于主触发器是高电平触发，在 CP=1 期间输入信号都将对主触发器起作用，因此输出存在"一次翻转"现象，使用时要注意。为了提高灵活性，有些集成电路 JK 触发器的输入端可以有多对，此处不再赘述。

14.1.5 触发器的转换

在集成触发器的产品中，每一种触发器都有固定的逻辑功能。根据应用环境不同，可以利用转换的方法获得具有其他功能的触发器。例如，将 JK 触发器的 J、K 两端连在一起，并设其为 T 端，就得到所需的 T 触发器。根据式(14.2)可得 T 触发器的逻辑功能为

$$Q^{n+1} = T\overline{Q}^n + \overline{T}Q^n \tag{14.3}$$

即当输入信号 T 为 0 状态时，输出保持不变；当输入信号 T 为 1 状态时，输出与原状态相反，即"翻转"功能。其逻辑符号和功能表如图 14.10 和表 14.5 所示。

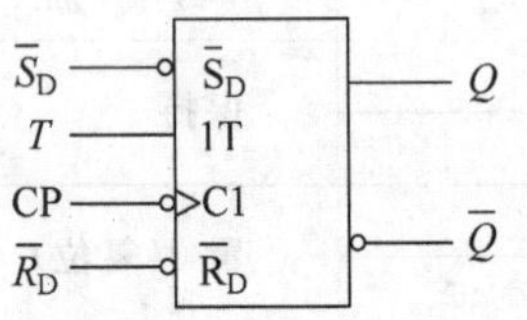

图 14.10 T 触发器逻辑符号

表 14.5 T 触发器的功能表

T	Q^n	Q^{n+1}	功　能
0	0	0	保持
	1	1	
1	0	1	翻转(计数)
	1	0	

在计数电路中，往往还会用到另外一种触发器，每来一个 CP 时钟信号时，触发器的状态就翻转一次，即翻转触发器，也称为 T′触发器。可见，只要 T 触发器的输入信号为 1 状态，就可得到 T′触发器。

当然，由 D 触发器也可以构成 T′触发器，JK 触发器经过转换也可以构成 D 触发器，等等，本书不再赘述。

14.2 常用时序逻辑电路

14.2.1 寄存器

寄存器是数字系统常用的逻辑部件，用来存放指令、数据等。寄存器是由门电路和具有存储功能的触发器组合起来构成的。一个触发器可以存储一位二进制数，存放 n 位二进制数的寄存器，需用 n 个触发器来构成。按照不同的分类方式，寄存器具有不同的分类结果。按功能可分为数码寄存器和移位寄存器；按工作方式可分为左移、右移和双向移位寄存器；按输入/输出方式可分为串入/串出、串入/并出、并入/串出和并入/并出寄存器。

1. 数码寄存器

数码寄存器通常由 D 触发器或 RS 触发器组成，仅有寄存二进制数的功能。图 14.11

是由 4 个上升沿触发的 D 触发器构成的数码寄存器，能够同时存储 4 位数 d_3、d_2、d_1 和 d_0，待存数据分别连接 D 触发器的输入端。当需要取出该数时，只要给 CP 时钟一个上升沿信号即可。如果不存入新的数据，那么可以重复取出原来的数据。

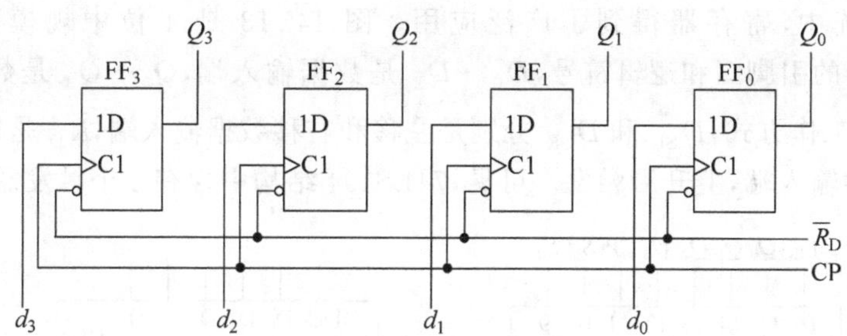

图 14.11　4 位数码寄存器

2. 移位寄存器

移位寄存器除了寄存数码的功能，还具有移位功能。“移位”是指每来一个时钟脉冲，寄存器中所寄存的数据就向左或向右顺序移动一位。因此，移位寄存器可用作串/并、并/串转换，计数，以及构成伪随机信号发生器等。

1）基本原理

图 14.12 是由 4 个 D 触发器构成的具有右移功能的移位寄存器。前一触发器的输出端接下一触发器的输入端，待存入数据从数据输入端 D_I 依次输入，即数据串行输入，在时钟脉冲 CP 的作用下，存入的数据依次向右移位，经过 4 个时钟脉冲，数据全部存入 4 个触发器。一般存入数据前，先将触发器清零。如寄存的数据为 1100，当第一个时钟脉冲到来时，4 个触发器的数据依次右移，Q_0 存入待存数据的最高位；当第二个时钟脉冲到来时，4 个触发器的数据仍依次右移，Q_0 存入待存数据的次高位。以此类推，每来一个时钟脉冲，移位一次，存入一个新数据，直到第四个时钟脉冲作用后，4 位数据全部存入，存数据操作结束。如表 14.6 所示的状态表描述了上述移位存数过程。

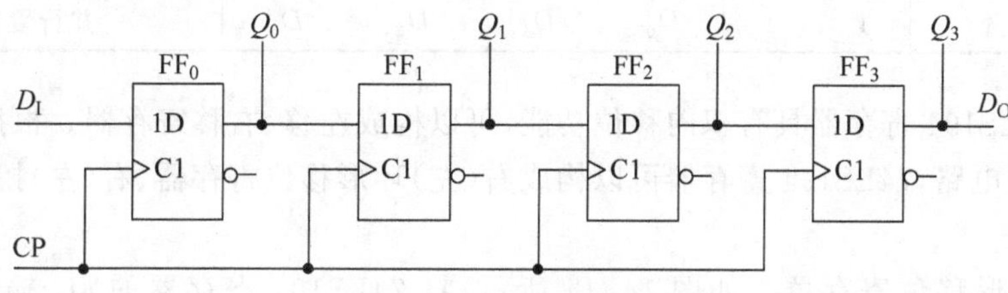

图 14.12　4 位移位寄存器

表 14.6　右移寄存器状态表

CP	Q_0	Q_1	Q_2	Q_3
0	0	0	0	0
1	1	0	0	0
2	1	1	0	0
3	0	1	1	0
4	0	0	1	1

数据存储完成后，可通过 $Q_3 \sim Q_0$ 并行输出数据，即串入/并出移位寄存器。也可以再经过 4 个时钟脉冲，从 D_O 端串行输出 4 位数据，即串入/串出移位寄存器。

2）集成寄存器

在数字系统中，寄存器得到了广泛应用。图 14.13 是 4 位中规模集成电路——74LS194 寄存器的引脚图和逻辑符号，$D_0 \sim D_3$ 是数据输入端，$Q_0 \sim Q_3$ 是数据输出端，S_1 和 S_0 用于选择工作方式，D_{SL} 和 D_{SR} 分别是左移和右移数据输入端，$\overline{R}_D$ 是复位端，低电平有效，CP 是时钟输入端，上升沿触发。可见，74LS194 结构中含有 4 个触发器。

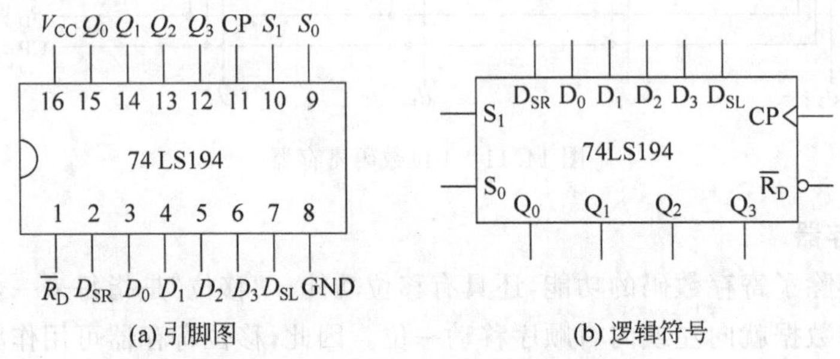

图 14.13 74LS194 的引脚图和逻辑符号

74LS194 寄存器的逻辑功能如表 14.7 所示。

表 14.7 74LS194 逻辑功能表

输入				输出				功能
$\overline{R}_D$	CP	S_1	S_0	Q_0^{n+1}	Q_1^{n+1}	Q_2^{n+1}	Q_3^{n+1}	
0	X	X	X	0	0	0	0	清零（复位）
1	↑	0	0	Q_0^n	Q_1^n	Q_2^n	Q_3^n	保持
1	↑	0	1	D_{SR}	Q_0^n	Q_1^n	Q_2^n	右移
1	↑	1	0	Q_1^n	Q_2^n	Q_3^n	D_{SL}	左移
1	↑	1	1	D_0	D_1	D_2	D_3	并行置数

可见，74LS194 寄存器具有双向移位功能，可以构成左移、右移寄存器。根据其功能，采用适当的连接电路，74LS194 寄存器可以构成右（左）环形移位寄存器、右（左）扭环形移位寄存器。

(1) 右环形移位寄存器。如图 14.14 所示，将 74LS194 寄存器的 Q_3 输出端连接到 D_{SR} 端，就可以构成右环形移位寄存器。首先，在 S_1 端加高电平，使得 $S_1S_0=11$，在时钟脉冲 CP 作用下，寄存器的输出 $Q_0Q_1Q_2Q_3=1101$，寄存器并行置数；然后，在 S_1 端加低电平，使得 $S_1S_0=01$，每来一个时钟脉冲，寄存器循环右移一位，输出状态如表 14.8 所示。继续输入时钟脉冲时，寄存器将始终循环输出 1101、1110、0111、1011 四个状态，即构成了模 4 计数器。当输出信号由任何一个 Q 端引出时，就得到了对时钟信号的四分频信号。

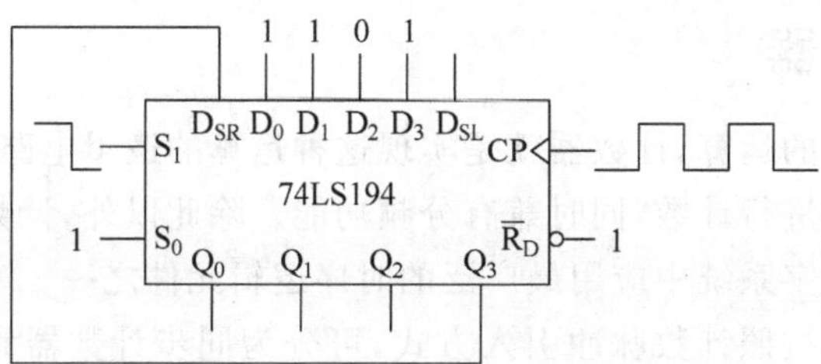

图 14.14　74LS194 构成右环形移位寄存器

表 14.8　右环形移位寄存器状态表

CP	S_1	D_{SR}	Q_0	Q_1	Q_2	Q_3
↑	1	1	1	1	0	1
↑	0	0	1	1	1	0
↑	0	1	0	1	1	1
↑	0	1	1	0	1	1
↑	0	1	1	1	0	1

(2) 右扭环形移位寄存器。如图 14.15 所示，将 74LS194 寄存器的 Q_3 输出端通过非门连接到 D_{SR} 端，就构成了右扭环形移位寄存器。输出状态如表 14.9 所示。继续输入时钟脉冲时，寄存器将始终循环输出 1101、0110、1011、0101、0010、1001、0100 和 1010 八个状态，即构成了模 8 计数器。

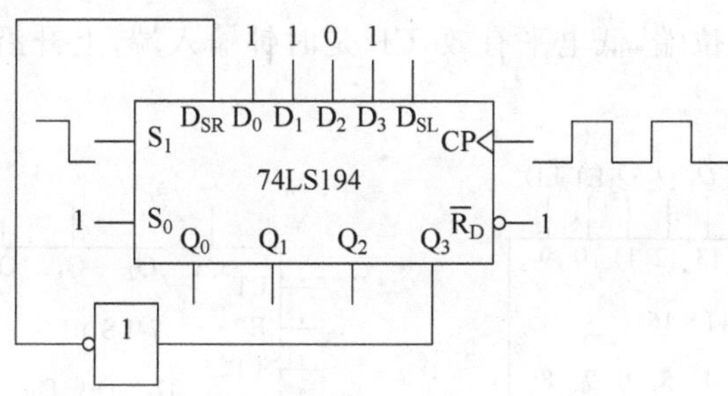

图 14.15　74LS194 构成右扭环形移位寄存器

表 14.9　右扭环形移位寄存器状态表

CP	S_1	D_{SR}	Q_0	Q_1	Q_2	Q_3
↑	1	0	1	1	0	1
↑	0	1	0	1	1	0
↑	0	0	1	0	1	1
↑	0	0	0	1	0	1
↑	0	1	0	0	1	0
↑	0	0	1	0	0	1
↑	0	1	0	1	0	0
↑	0	1	1	0	1	0
↑	0	0	1	1	0	1

14.2.2 计数器

计数是一种最简单的运算,计数器就是实现这种运算的逻辑电路。在数字系统中,计数器主要是对脉冲的个数进行计数,同时兼有分频功能。除此以外,计数器还可以对系统进行定时、顺序控制等,是数字系统中应用最广泛的时序逻辑元件之一。

计数器种类很多。按照计数脉冲引入方式,可分为同步计数器和异步计数器两种;按照计数方式,可分为加法计数器、减法计数器和加/减可逆计数器;按照计数进制,可分为二进制计数器、十进制计数器和任意进制计数器。

集成计数器具有功能较完善、通用性强、功耗低、工作速率高且可以方便地进行扩展等许多优点,因而得到了广泛应用。本节主要介绍集成计数器芯片及其应用,而对集成计数器内部结构设计由读者自行完成。

1. 四位二进制同步计数器

1) 集成计数器芯片

n 位二进制同步计数器是指计数器有 n 个输出端(即有 n 个触发器,各触发器 CP 端采用相同的时钟信号),每来一个时钟脉冲,n 个输出端状态按照二进制数的自然态序循环,共计 2^n 个独立状态。4 位二进制同步计数器是指计数器有 4 个输出端,输出状态从 0000～1111 循环,共计 16 种状态,也称模 16(M16)计数器。图 14.16 是一种常见的 4 位二进制同步集成计数器 74LS161 的引脚图和逻辑符号,$D_0 \sim D_3$ 是输入端,$Q_0 \sim Q_3$ 是输出端(Q_3 是高位,Q_0 是低位),EP 和 ET 是使能控制端,RCO 是进位输出端,$\overline{\text{LD}}$ 是同步预置控制端,低电平有效,$\bar{R}_\text{D}$ 是异步复位端,低电平有效,CP 是时钟输入端,上升沿触发。74LS161 的功能如表 14.10 所示。

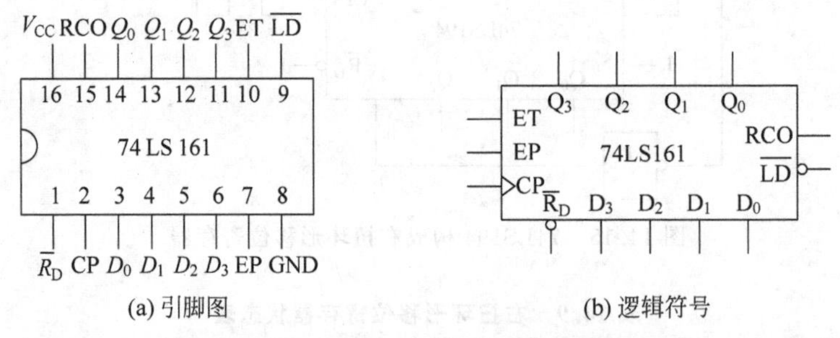

(a) 引脚图　(b) 逻辑符号

图 14.16　74LS161 的引脚图和逻辑符号

表 14.10　74LS161 逻辑功能表

$\bar{R}_\text{D}$	CP	$\overline{\text{LD}}$	EP	ET	Q_0^{n+1}	Q_1^{n+1}	Q_2^{n+1}	Q_3^{n+1}	功能
0	X	X	X	X	0	0	0	0	置 0
1	↑	0	X	X	D_0	D_1	D_2	D_3	置数
1	X	1	0	X	Q_0^n	Q_1^n	Q_2^n	Q_3^n	保持
1	X	1	X	0	Q_0^n	Q_1^n	Q_2^n	Q_3^n	保持
1	↑	1	1	1					计数

“计数”功能是指,每来一个时钟信号,输出加 1。仅当输出 1111 时,RCO 输出高电平,

再来一个时钟信号，输出变为 0000，RCO 输出低电平。可见，74LS161 处于计数功能时，RCO 输出信号为时钟信号 CP 的 16 分频。

2) 任意模数计数器的设计

实际应用中，除了二进制计数器外，还需要用到其他进制的计数器，称为任意进制计数器，通常用 N 表示进制数，N 进制计数器(也称“模 N 计数器”)有 N 种不同的状态，分别对应表示 N 个不同的数码。当输入 N 个计数脉冲后，能够返回到初始状态。

下面举例说明如何利用 74LS161 集成芯片构成模 7 计数器。

视频 14.1

(1) $\bar{R}_D$ 强制清零法。在模 7 计数器中，输出状态只有 7 个，取 0000～0110 状态，0110 状态之后再次出现 0000，实现电路如图 14.17 所示。当输出为 0111 时，与非门输出 0，即 $\bar{R}_D$ 端为低电平，使得输出端不必等待 CP 信号，强制输出变为 0000，与非门输出随之变为 1，$\bar{R}_D$ 无效，74LS161 处于计数状态。**采用 $\bar{R}_D$ 强制清零法实现模 N 计数器时，将 N 转化为二进制数，其中为 1 的 Q 端作为与非门的输入端，与非门的输出端接 $\bar{R}_D$，其他引脚的连接使得 74LS161 工作于计数状态即可**。该方法实现时，输出端不可避免地出现了 0111 状态(即 7 个以外的状态)，且持续的时间长短与与非门动作时间有关，用于其他电路的控制时可能造成误动作，为此，经常采用 $\overline{LD}$ 置数法实现任意进制计数器。

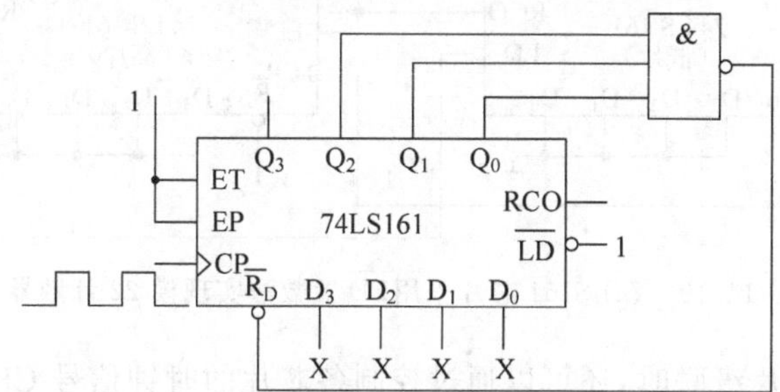

图 14.17　$\bar{R}_D$ 强制清零法实现模 7 计数器

(2) $\overline{LD}$ 置数法。采用 $\overline{LD}$ 置数法实现模 7 计数器的电路如图 14.18 所示。当输出为 0110 时，与非门输出 0，即 $\overline{LD}$ 端为低电平，但此时并不能使输出端置数，只有在 CP 上升沿来到，输出端被置数为 0000，与非门输出随之变为 1，$\overline{LD}$ 无效，74LS161 处于计数状态。**采用 $\overline{LD}$ 置数法实现模 N 计数器时，将($N-1$)转化为二进制数，其中为 1 的 Q 端作为与非门的输入端，与非门的输出端接 $\overline{LD}$，其他引脚的连接使 74LS161 工作于计数状态即可**。该方法实现时，输出端不会出现 7 个以外的其他状态。

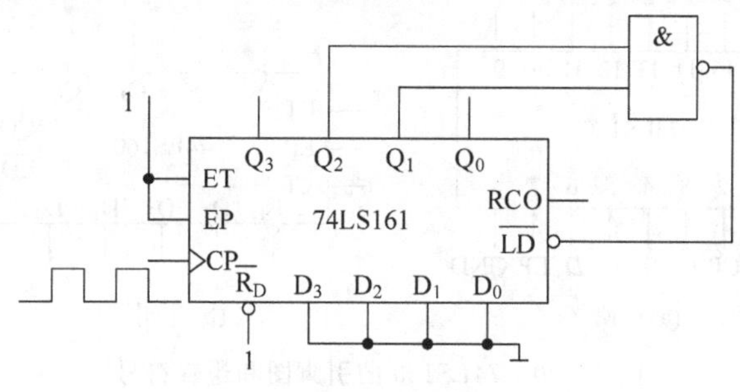

图 14.18　$\overline{LD}$ 置数法实现模 7 计数器

实际上，模 7 计数器可以取 0000～1111 中任意连续 7 个状态，只是置数初值和末状态不同，具体实现电路本书不再赘述。

通过上述方法，使用一片 74LS161 芯片能够实现模 1～模 16 的计数器，如想实现模数大于 16 的计数器，一片 74LS161 芯片将无法满足要求，需要多片 74LS161 芯片级联实现。

图 14.19 是 $\overline{LD}$ 置数法实现模 22 计数器电路。采用两片 74LS161 芯片：一片的输出作为 8 位输出端的高 4 位（称为“高片”），另一片的输出作为 8 位输出端的低 4 位（称为“低片”），计数状态为 00000000～11111111，共计 256 个，模 22 计数器只取前 22 个状态，即 00000000～00010101。电路中，两芯片共用同一个时钟信号，低片每来一个脉冲计数加 1，每计 16 个状态，高片计 1 个状态，通过高片的使能控制端 EP 和 ET 控制高片是“保持”状态还是“计数”状态。当 8 位输出 00010101 时，与非门输出 0，再到 CP 上升沿来到，$\overline{LD}$ 使得两芯片均置数，输出 00000000，即实现了模 22 计数器。当然，计数器模数超过 256，还需要继续扩展芯片。

视频 14.2

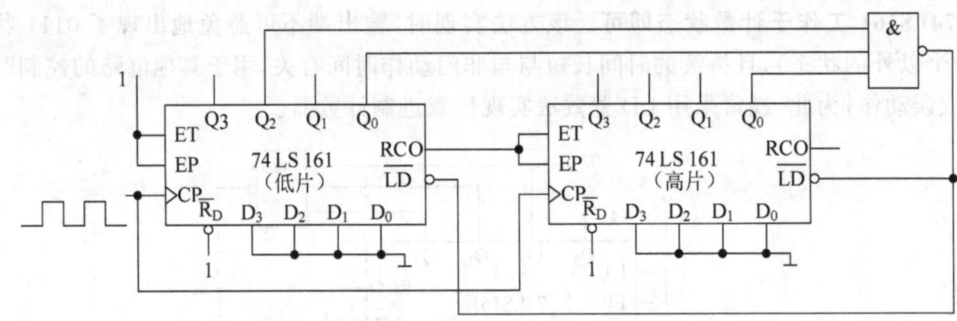

图 14.19　74LS161 芯片采用 $\overline{LD}$ 置数法实现模 22 计数器

多片 74LS161 芯片级联时，还可以通过控制各芯片的时钟信号 CP，控制各芯片的计数时刻，从而实现不同进制的计数器，限于篇幅，本书不再赘述。

在实际生活中，我们常用到的数制是十进制，计数结果也常采用十进制显示，74LS160 芯片就是一种常用的十进制同步集成计数器。

2. 十进制同步计数器

十进制同步计数器 74LS160 芯片的引脚图和逻辑符号与 74LS161 芯片完全相同，如图 14.20 所示，各引脚功能也与 74LS161 芯片完全一致，唯一的区别是 74LS160 芯片是模 10 计数器，每来一个时钟信号，计数加 1，输出状态在 0000～1001 循环。

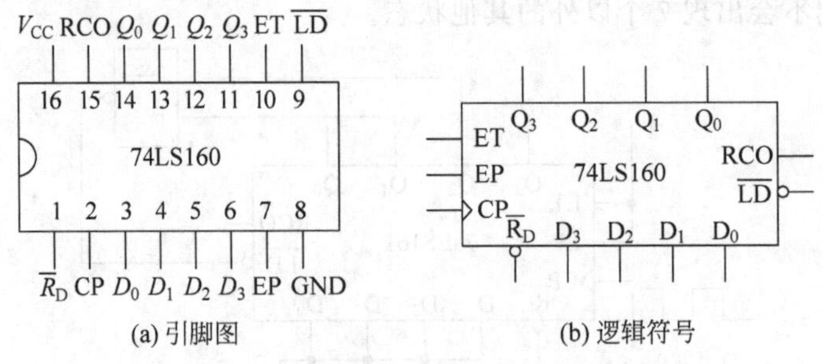

图 14.20　74LS160 的引脚图和逻辑符号

图 14.21 是 74LS160 芯片采用 $\overline{LD}$ 置数法实现模 22 计数器的电路。与 74LS161 芯片电路不同之处是与非门的输入端信号不同。采用 LD 置数法实现模 N 计数器时，74LS160 是将($N-1$)的每一位数分别转换成十进制数(即进行 8421BCD 码转换)，为 1 的 Q 端作为与非门的输入端。

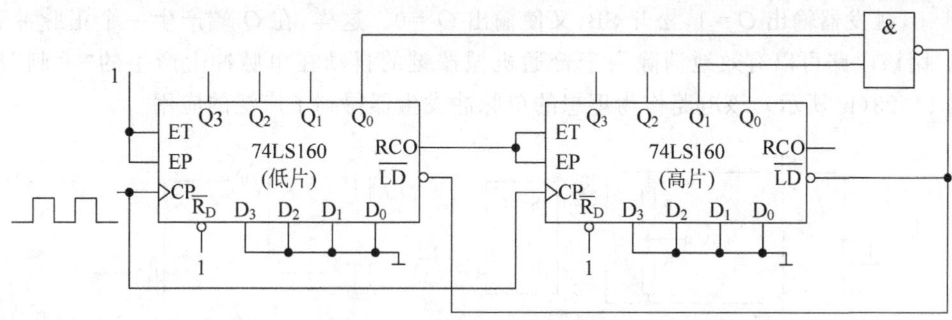

图 14.21 74LS160 芯片采用$\overline{LD}$置数法实现模 22 计数器

一片 74LS160 芯片可以实现模数不超过 10 的任意进制计数器，两片 74LS160 芯片级联可以实现模数不超过 100 的任意进制计数器，使用中应根据具体要求确定使用的芯片数量。

14.3 工程应用

14.3.1 应用一——消除机械开关接触“抖动”

当开关的触点和开关闭合处的接触面撞击时，会发生几次物理振动或抖动，然后才能形成最后的固定接触。虽然这些抖动的持续时间很短，但是它们会产生电压尖脉冲，这些电压尖脉冲在数字系统中常常是不可接受的，这种情况如图 14.22(a)所示。

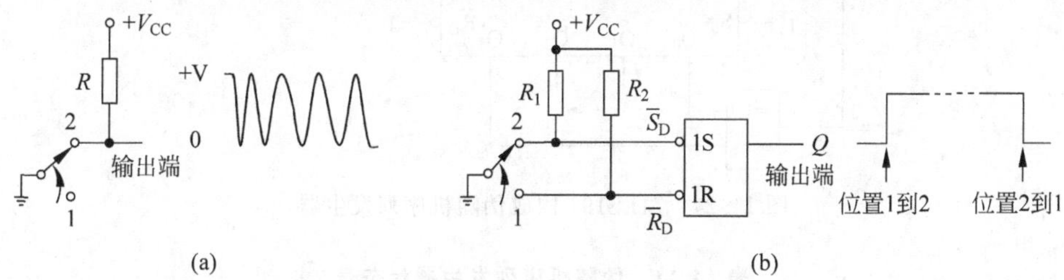

图 14.22 触发器用以消除开关的接触抖动

基本 RS 触发器可以用来消除开关抖动的影响，如图 14.22(b)所示。开关通常处在位置 1，保持 $\overline{R}_D$ 输入为低电平，触发器复位。当开关合向位置 2 时，由于上拉电阻连接 V_{CC}，$\overline{R}_D$ 就变为高电平，开关闭合的第一次接触，$\overline{S}_D$ 变为低电平。尽管在开关抖动之前，$\overline{S}_D$ 在低电平上仅仅保持了很短的时间，但是这点时间足以使触发器置位。此后，由于开关抖动在 $\overline{S}_D$ 输入上产生的任何电压尖脉冲不会影响触发器，因此保持为置位状态。注意触发器的 Q 输出提供了从低电平到高电平的净变化，因此消除了由于触点抖动而产生的电压尖脉冲。类似地，当开关拨回到位置 1 时，就会产生从高电平到低电平的净变化。

14.3.2 应用二——用基本 RS 触发器组成单脉冲发生器

用复合按钮 SB 与两个电阻 R 组成输入信号产生电路，使输入信号 $\bar{R}$、$\bar{S}$ 相反，如图 14.23(a)所示。未按下按钮 SB 时，$\bar{R}_D=0$，$\bar{S}_D=1$，触发器输出 $Q=0$；按下 SB 时，$\bar{R}=1$，$\bar{S}_D=0$，触发器输出 $Q=1$，松开 SB，又使输出 $Q=0$。这样，在 Q 端产生一个正脉冲和负脉冲。用该电路可以有效地消除由于普通机械按键的抖动在单脉冲上产生的"毛刺"现象(如图 14.23(b)所示)，该电路作为理想的单脉冲发生器得到了广泛的应用。

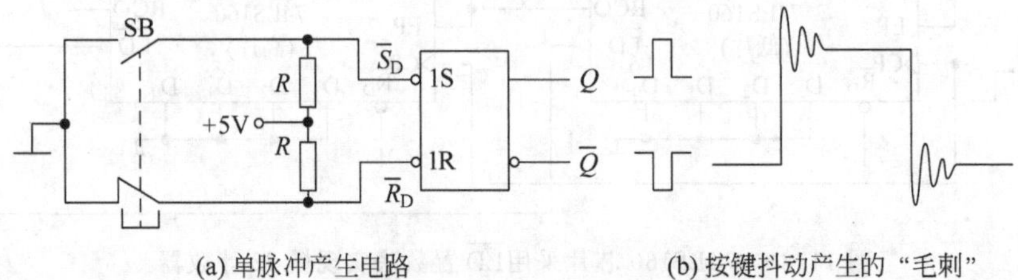

(a) 单脉冲产生电路　　(b) 按键抖动产生的"毛刺"

图 14.23　基本 RS 触发器组成单脉冲发生器

14.3.3 应用三——用 74LS194 构成伪随机序列发生器

伪随机序列(m 序列)在通信系统有着广泛的应用，如码分复用、码分多址和扩频通信等，也常用于跳频通信和加密通信。图 14.24 是由 74LS194 寄存器构成的伪随机序列发生器，将 74LS194 寄存器的 Q_0 和 Q_3 输出端通过异或门连接到 D_{SR} 端即可，电路简单，易于实现。74LS194 寄存器的输出状态如表 14.11 所示。

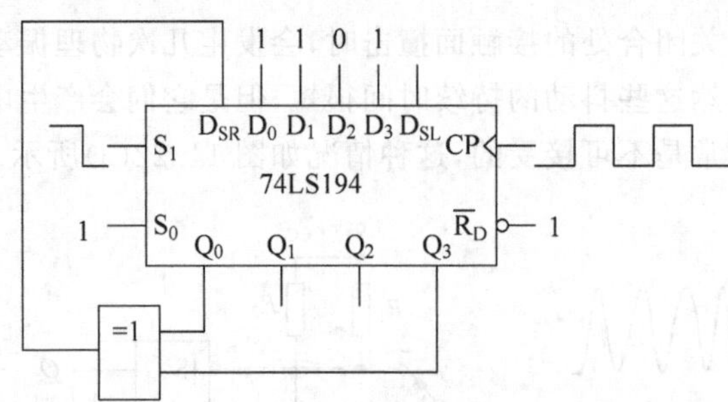

图 14.24　74LS194 构成伪随机序列发生器

表 14.11　伪随机序列发生器状态表

CP	S_1	D_{SR}	Q_0	Q_1	Q_2	Q_3	CP	S_1	D_{SR}	Q_0	Q_1	Q_2	Q_3
↑	1	0	1	1	0	1	↑	0	1	1	1	0	0
↑	0	0	0	1	1	0	↑	0	1	1	1	1	0
↑	0	1	0	0	1	1	↑	0	0	1	1	1	1
↑	0	0	1	0	0	1	↑	0	1	0	1	1	1
↑	0	0	0	1	0	0	↑	0	0	1	0	1	1
↑	0	0	0	0	1	0	↑	0	1	0	1	0	1
↑	0	1	0	0	0	1	↑	0	1	1	0	1	0
↑	0	1	1	0	0	0	↑	0	0	1	1	0	1

继续输入时钟脉冲时，寄存器将始终在 15 个状态循环输出，即构成了模 15 计数器。同时，当输出信号从 Q_3 端引出时，就得到了周期为 15 的伪随机序列，其一个周期的信号为 101100100011110。

14.3.4　应用四——用 74LS161 构成序列信号发生器

采用 74LS161 和数据选择器可以构成序列信号发生器，且产生的序列随机可控，实现简单。图 14.25 是采用 74LS161 计数器和 74LS151 数据选择器构成的“101011”序列信号发生器。在如图 14.25 所示的电路结构中，74LS161 的连接构成了模 6 计数器，其输出为 0000～0101 循环，而将 74LS161 的 Q_2、Q_1 和 Q_0 分别连到 74LS151 数据选择器的 A_2、A_1 和 A_0，使得 74LS151 的输出端 Y 分别选择 D_0～D_5 信号循环输出，即得到了 101011 序列，而 74LS151 的 D_6 和 D_7 始终未被选择，其输入端不影响输出序列，故输入 0 和 1 均可，不受限制。

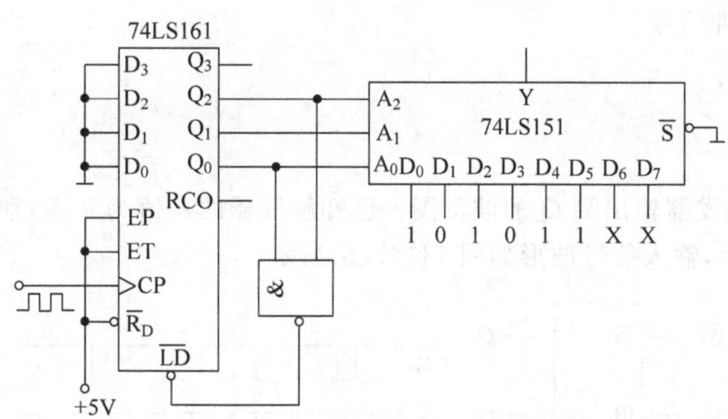

图 14.25　101011 序列信号发生器

在如图 14.25 所示的电路中，74LS151 有 8 个输入端，故该电路可以产生长度不超过 8 的序列，如序列长度超过 8，可通过芯片扩展得到。一片 74LS161 最长可以产生长度为 16 的序列信号。

14.3.5　应用五——用 74LS161 构成顺序脉冲发生器

在一些数字系统中，往往需要系统按照事先规定的顺序进行运算或操作，这就需要给数字系统相应的控制信号。顺序脉冲发生器就是用来产生这样一组在时间上有一定先后顺序脉冲的电路，使控制器形成所需要的各种控制信号。

顺序脉冲发生器也称为节拍脉冲发生器，一般由计数器和译码器组成。计数脉冲作为时间基准，由计数器的输入端送入，译码器将计数器状态译成输出端的顺序脉冲，使输出端的状态按照一定时间、一定顺序轮流为高电平状态或者低电平状态。图 14.26 是采用 74LS161 计数器和 74LS138 译码器构成的顺序脉冲发生器。该发生器中 74LS161 的连接构成了模 7 计数器，其输出为 0000～0110 循环。74LS161 的 Q_2、Q_1 和 Q_0 分别连到 74LS138 译码器的 A_2、A_1 和 A_0，使得 74LS138 的输出端 $\overline{Y}_0$～$\overline{Y}_6$ 按顺序分别输出低电平脉冲信号，因此可以在输出端得到一组顺序的控制信号。

在如图 14.26 所示的电路中，74LS138 有 8 个输出端，故该电路最多可以产生 8 个顺序

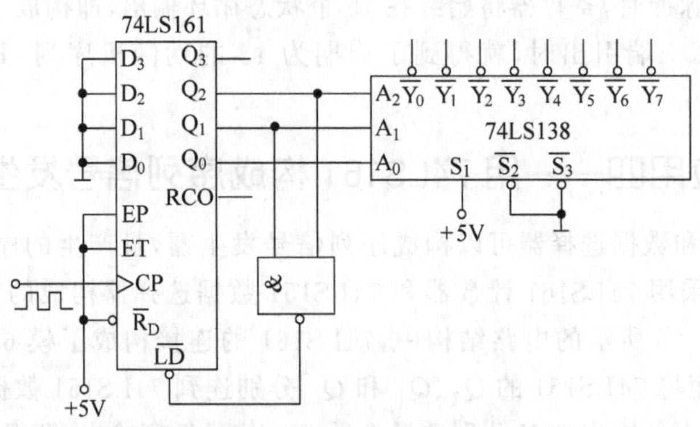

图 14.26 顺序脉冲发生器

脉冲信号，如所需控制信号超过 8 个，可通过芯片扩展得到。一片 74LS161 最长可以产生一组 16 个顺序脉冲信号。

习题

14.1 画出触发器输出端 Q 的波形图。已知触发器的初值为 0 态，触发器的逻辑符号如图 14.27(a)所示，输入信号波形如图 14.27(b)所示。

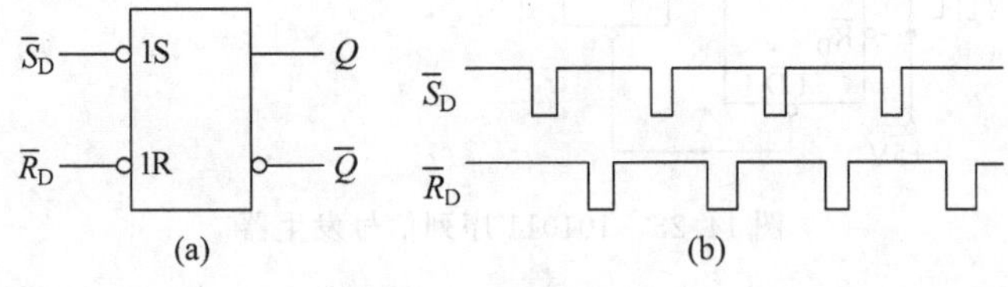

图 14.27 习题 14.1 图

14.2 对于图 14.28 给出的输入波形，画出图 14.27(a)触发器的输出波形。假设触发器的初值为 0 态。

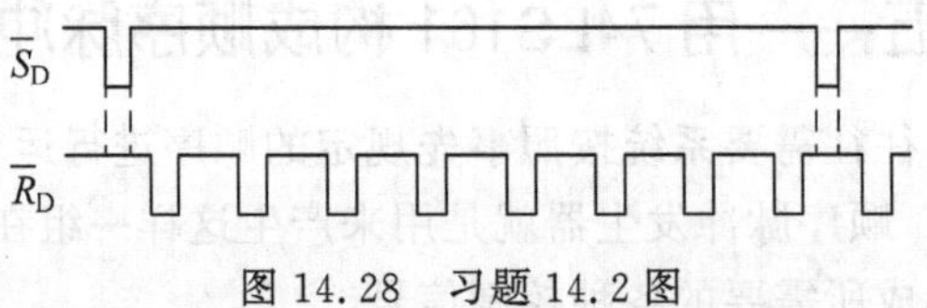

图 14.28 习题 14.2 图

14.3 画出触发器输出端 Q 的波形图。已知触发器的初值为 0 态，触发器的逻辑符号如图 14.29(a)所示，脉冲和输入信号波形如图 14.29(b)所示。

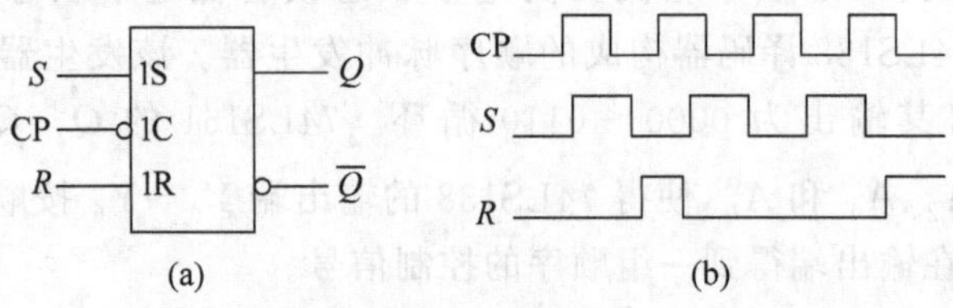

图 14.29 习题 14.3 图

14.4 画出触发器输出端 Q 的波形图。已知触发器的初值为 0 态,触发器的逻辑符号如图 14.30(a)所示,脉冲和输入信号波形如图 14.30(b)所示。

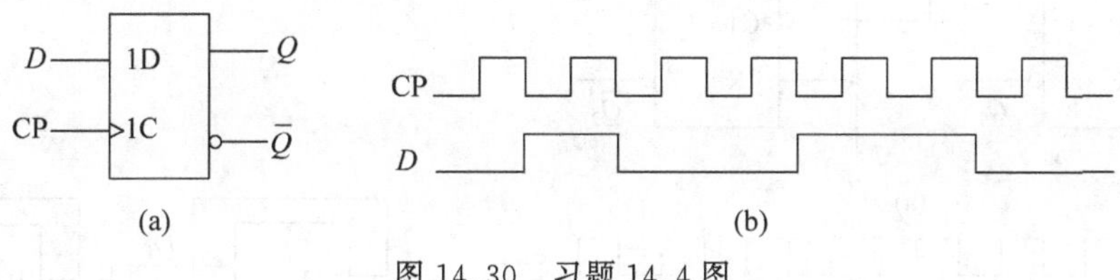

图 14.30 习题 14.4 图

14.5 画出触发器输出端 Q 的波形图。已知触发器的初值为 0 态,触发器的逻辑符号如图 14.31(a)所示,脉冲和输入信号波形如图 14.31(b)所示。

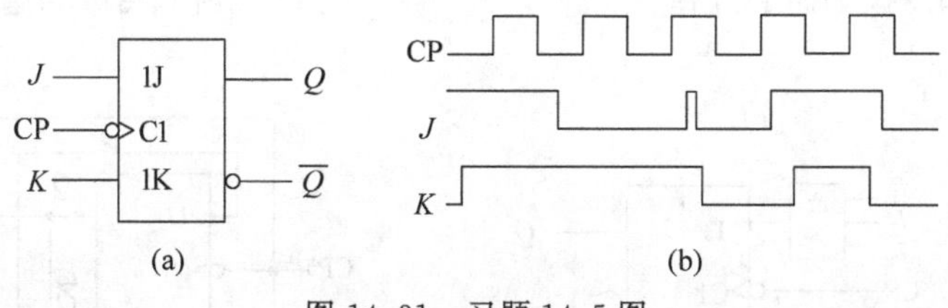

图 14.31 习题 14.5 图

14.6 试画出如图 14.32 所示各电路中输出端 Q 的波形图,指出哪个具有计数功能。假设 Q 的初值均为 0 态。

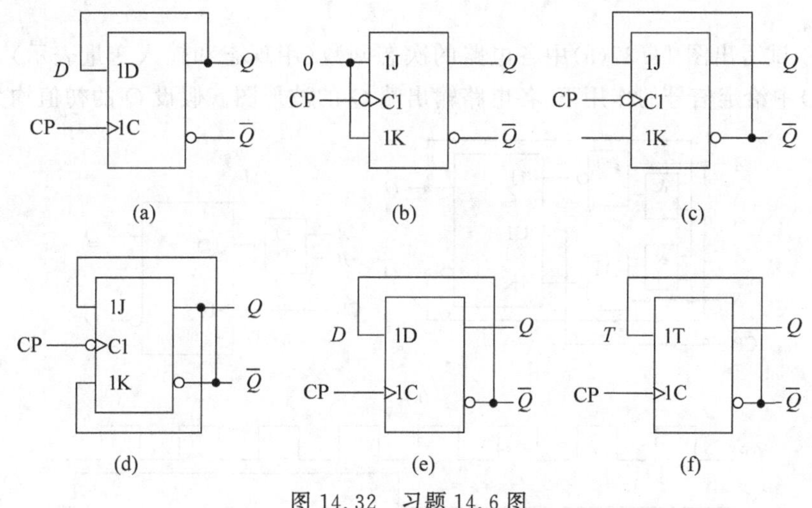

图 14.32 习题 14.6 图

14.7 在如图 14.33(a)所示的电路中,已知 CP 和 T 的波形如图 14.33(b)所示,试画出 Q_1 和 Q_2 的波形图。假设 Q_1 和 Q_2 的初值均为 0 态。

14.8 如图 14.34 所示时钟脉冲 CP 的频率为 1000Hz,试求 Q_1 和 Q_2 波形的频率各为多少?画出 CP、Q_1 和 Q_2 的波形图。假设 Q_1 和 Q_2 的初值均为 0 态。

14.9 如图 14.35 所示,串行数据通过与门加在触发器上,试确定输出端 Q 上得到的串行数据。每个位时间都有一个时钟脉冲,最右边的位首先加入。假设 Q 的初值为 0 态。

14.10 分析如图 14.36 所示的电路,画出 Y_1 和 Y_2 的波形图,说明该电路功能。假设 Y_1 和 Y_2 的初值均为 0 态。

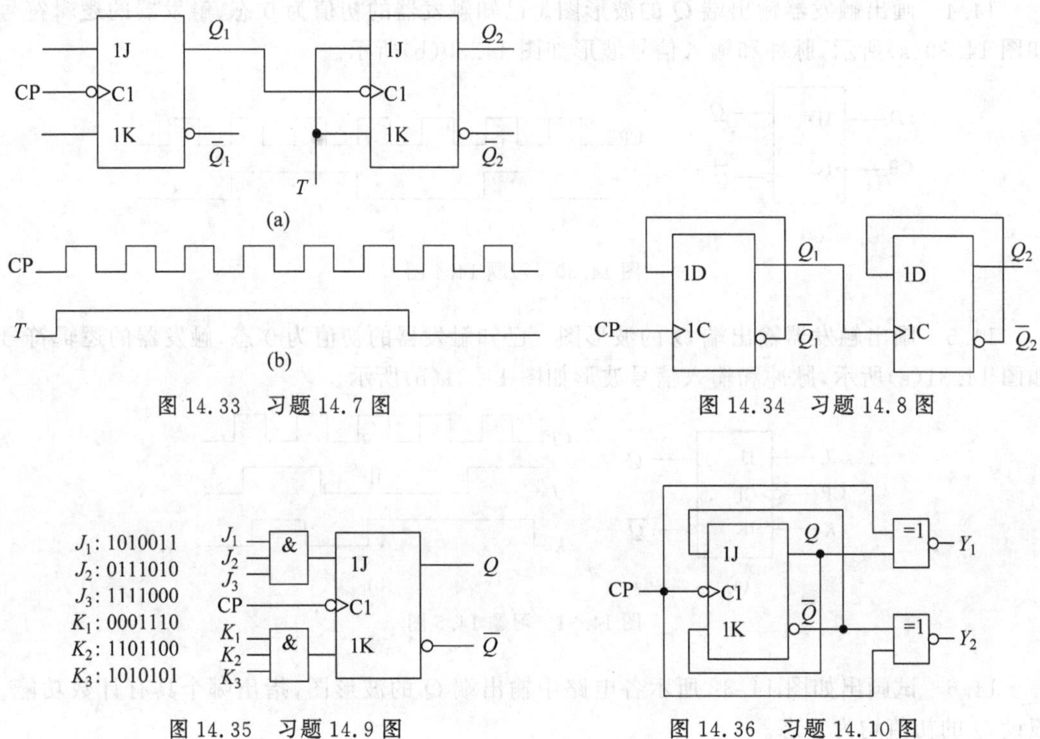

图 14.33　习题 14.7 图

图 14.34　习题 14.8 图

图 14.35　习题 14.9 图

图 14.36　习题 14.10 图

14.11　试写出图 14.37(a)中各电路的次态函数(用现态和输入变量表示),并画出在图 14.37(b)中给定信号的作用下,各电路输出端 Q 的波形图。假设 Q 的初值均为 0 态。

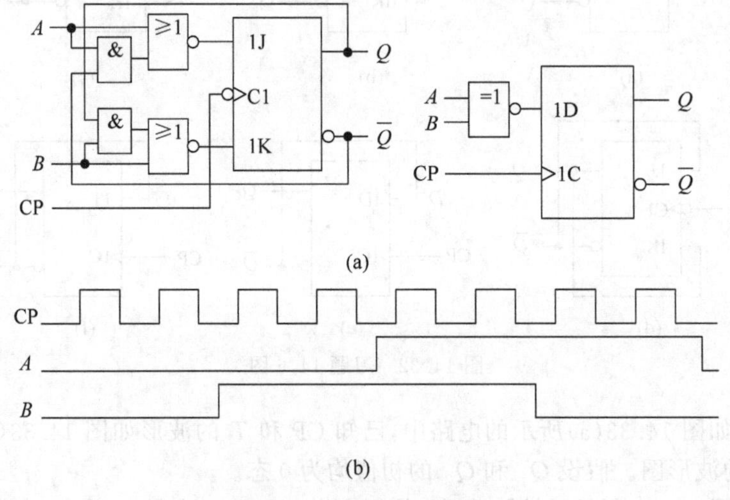

图 14.37　习题 14.11 图

14.12　已知图 14.38 中的数据输入和时钟,试确定图 14.12 移位寄存器中每一个触发器的状态,并画出 $Q_0 \sim Q_3$ 端波形图。假设该寄存器初始值均为 1。

14.13　使用两个 74HC194 双向移位寄存器创建一个 8 位双向移位寄存器,试画出连接图。

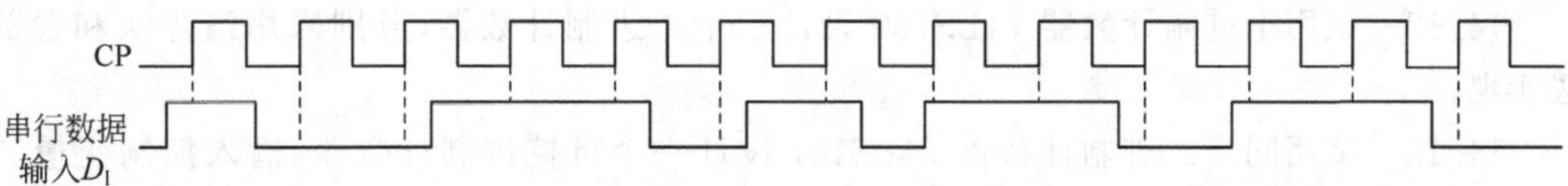

图 14.38 习题 14.12 图

14.14 试确定如图 14.39 所示输入的 74HC194 的 Q 输出。输入 $D_0 \sim D_3$ 均为高电平。

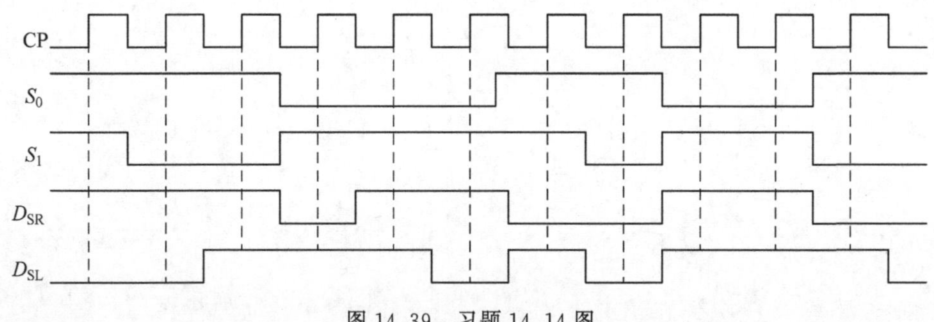

图 14.39 习题 14.14 图

14.15 试分析如图 14.40 所示电路中计数器的模数。

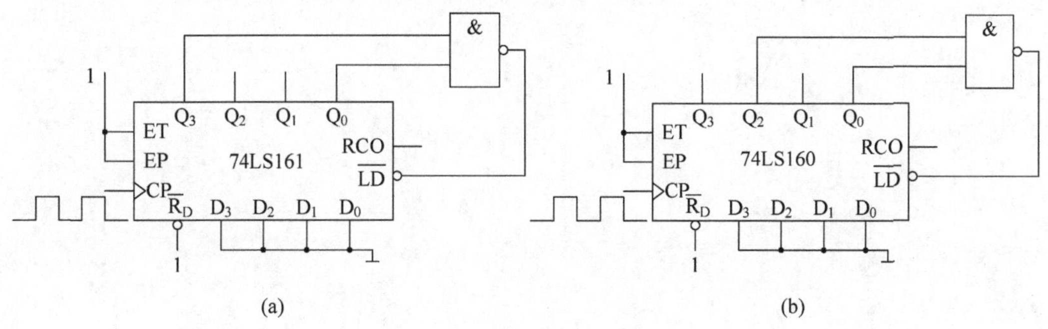

图 14.40 习题 14.15 图

14.16 试分析如图 14.41 所示电路在 M 为 1 和 0 时各为几进制计数器。

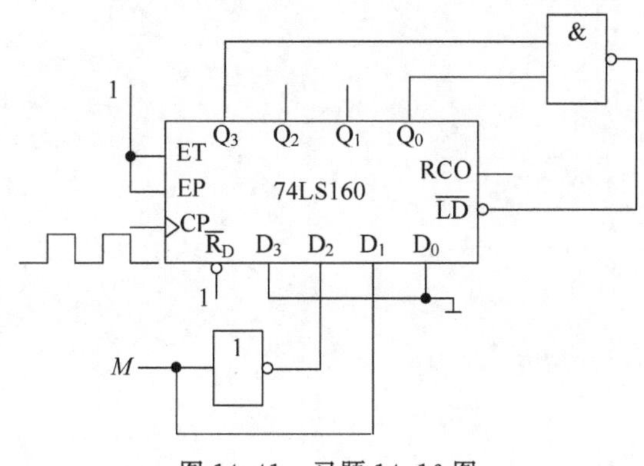

图 14.41 习题 14.16 图

14.17 试用十进制计数器 74LS160 设计三十二进制计数器，分别采用清零法和置数法实现。

14.18 试用同步二进制计数器 74LS161 设计一个可控进制计数器，输入控制变量 A 为 1 时工作在十二进制，A 为 0 时工作在十四进制。

14.19 试用同步二进制计数器 74LS161 设计模 365 计数器。

14.20 设计一个序列信号发生器电路，在时钟信号 CP 作用下周期性地输出 0110101101 序列信号。

第 15 章 半导体存储器

CHAPTER 15

随着现代信息技术的快速发展,数据的处理能力不断增强,数据量急剧增长,为此,需要能够存储大量程序和各种数据的记忆部件,即存储器。半导体存储器(semiconductor memory)是一种以半导体电路作为存储媒体的存储器,是电子设备最基本的元件之一,是现代信息技术的重要组成部分。

半导体存储器具有高速度、大容量、低功耗、低成本、类型多、功能强等优点,并且存储单元阵列和主要外围逻辑电路兼容,可制作在同一芯片上,使输入输出接口大为简化,广泛用于各种电子产品的数据存储中。

为了描述存储器的存储量,下面先介绍一些术语。

(1) **存储单元**(cell):用于存储一位数据(1bit)的电路单元。

(2) **字节**(Byte,B),1Byte=8bit,常用的有 KB、MB、GB 等,转换关系如下:

1KB=1024B(2^{10}B)

1MB=1024KB($2^{10}\times2^{10}$B)

1GB=1024MB($2^{10}\times2^{10}\times2^{10}$B)

(3) **字**(Word),1Word=(1~8)Byte。

(4) **容量**:表示特定存储器单元或整个存储器系统存储数据的比特数量。

(5) **密度**:容量的另一种表示,半导体存储器密度高,就意味着存储的数据多。

(6) **地址**:半导体存储中数据管理的一种模式,表示数据在存储系统中的位置。

半导体存储器能够存储大量二值数据,内部单元数量庞大。前面学习的存储 1 位数据的触发器,所有的输入、输出都是直接对外的。但是,当存储海量数据时,每位数据对外都留有接口是不现实的。对存储器而言,为解决内部海量存储数据和输入输出接口(引脚)的有限性之间的矛盾,采用如图 15.1 所示的结构,包括地址译码器、存储矩阵和输入输出缓冲器 3 部分。存储矩阵作为海量二值数据存放地,它的存储方式是由地址管理的,地址译码是对数据进行访问的一种方式。存储矩阵由许多存储单元排列而成,每个存储单元可以存放 1 位二进制数据,由二极管构成,也可以由三极管或 MOS 管构成。存储单元都有对应的地址代码,每个输入地址选中一组存储单元。

半导体存储器有两种分类方法。第一种是从存/取的功能分,也是常用的分类方法,分为只读存储器(Read Only-Memory,ROM)和随机存取存储器(Random-Access-Memory,RAM)。ROM 在正常工作时,以读取信息为主,掉电之后信息不丢失,具有**不易失性**,如相机的存储卡;而 RAM 能够随时进行读写,读、写功能对等,掉电之后信息丢失,具有**易失**

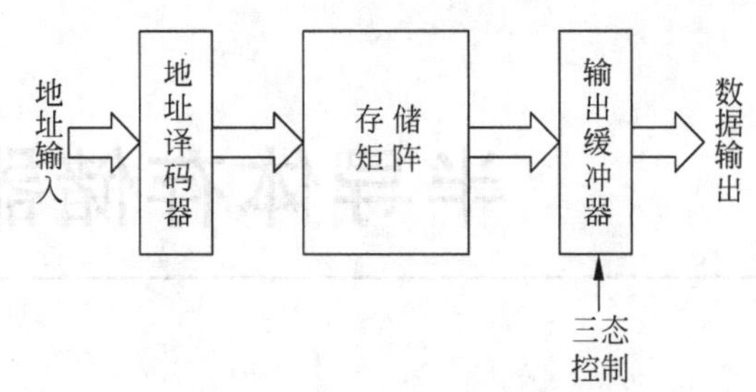

图 15.1　存储器的一般结构图

性，如计算机中的内存等。第二种是从半导体工艺分，分为主流工艺双极型晶体管存储器和 MOS 型场效应管存储器。主流工艺双极型晶体管存储器的存储速度快、功耗大；MOS 型场效应管存储器的存储速度较慢，但功耗小、集成度高。

15.1 只读存储器

只读存储器结构比较简单，存储的数据固定不变。工作时，只能读出数据，不能写入数据。

15.1.1 ROM 的结构和工作原理

ROM 的结构包括存储矩阵和地址译码器两个主要部分，如图 15.2 所示。存储矩阵是以字为单位进行存储的。图 15.2 中，$A_0 \sim A_{n-1}$ 为**地址线**，$W_0 \sim W_{N-1}$ 为字单元的地址选择线，简称**字线**。字线与地址线数量之间关系为 $N=2^n$。地址译码器根据输入的地址代码从 $W_0 \sim W_{N-1}$ 中选择一条字线，确定与地址代码相对应的一组存储单元位置。被选中的一组存储单元中的各位数据经**位线** $D_0 \sim D_{M-1}$ 传送到数据输出端。

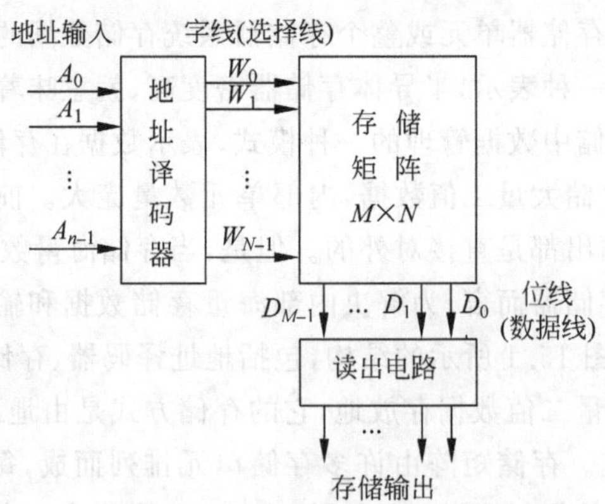

图 15.2　ROM 的电路结构框图

实际应用中，通常以“字数”(字线数量)N 和“位数”(位线数量)M 的乘积表示存储器的容量，容量越大，存储的数据越多。存储容量的计算公式如下：

$$\textbf{存储容量} = \textbf{字数}(N) \times \textbf{位数}(M) = 2^n \times M$$

下面以图 15.3 为例说明 ROM 存储器的工作原理。

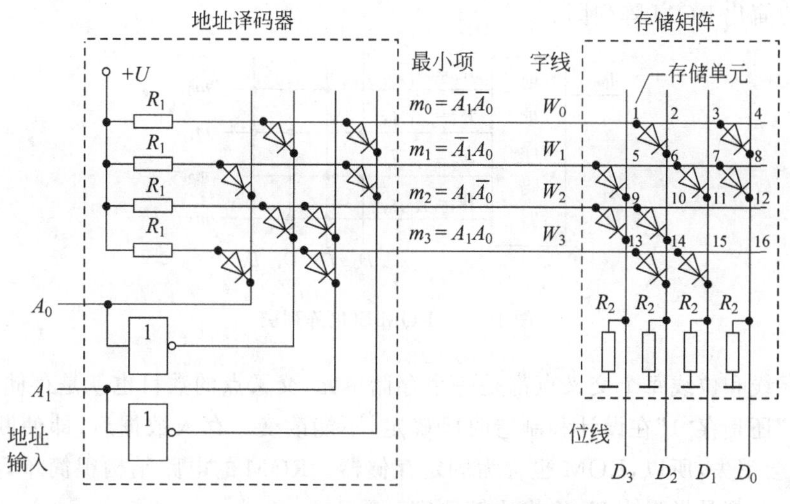

图 15.3 二极管 ROM 的电路结构

图 15.3 是具有 2 位地址输入代码和 4 位数据输出的二极管 ROM 电路。地址译码器由 4 个二极管与门组成，两位地址代码 A_1A_0 可指定 4 个不同的地址。4 条字线的逻辑式分别为 $W_0=\overline{A}_1\overline{A}_0$，$W_1=\overline{A}_1A_0$，$W_2=A_1\overline{A}_0$ 和 $W_3=A_1A_0$，即最小项 $m_0\sim m_3$，每次只选中一条字线。存储矩阵有 4 条字线和 4 条位线，共有 16 个交叉点，每个交叉点都可看作一个存储单元。如：字线 W_0 与位线有 4 个交叉点，其中与位线 D_0 和 D_2 交叉处接有二极管。当选中 W_0（$A_1A_0=00$，W_0 为高电平）字线时，两个二极管导通，使位线 D_0 和 D_2 为 1，相当于接有二极管的交叉点存 1。交叉点处没有接二极管时，如位线 D_1 和 D_3，交叉点存 0。因此，在数据输出端得到 $D_3D_2D_1D_0=0101$。4 位位线的逻辑关系为或逻辑，逻辑式如下：

$$D_0=W_0+W_1$$

$$D_1=W_1+W_3$$

$$D_2=W_0+W_2+W_3$$

$$D_3=W_1+W_2$$

全部 4 个地址对应的存储内容列于表 15.1 中。

表 15.1 图 15.3ROM 中的数据表

地 址		译 码 输 出				存 储 矩 阵			
A_1	A_0	W_3	W_2	W_1	W_0	D_3	D_2	D_2	D_0
0	0	0	0	0	1	0	1	0	1
0	1	0	0	1	0	1	0	1	1
1	0	0	1	0	0	1	1	0	0
1	1	1	0	0	0	0	1	1	0

为了观察方便，实际经常采用阵列图的形式表示地址译码器和存储矩阵之间对应的逻辑关系，地址译码器和存储矩阵的交叉点处的二极管用一个圆点“·”代替，当译码器选中某一字线时，该字线上有圆点的位线对应输出“1”，没有圆点的位线对应输出“0”。图 15.4 是

对图 15.3 的简化 ROM 阵列图。

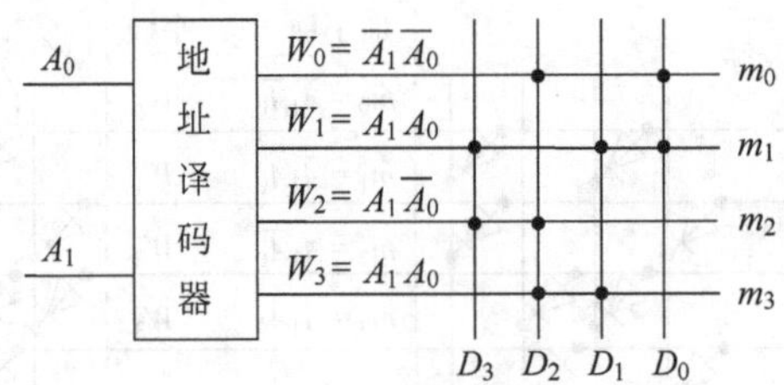

图 15.4 ROM 简化阵列图

可见,字线和位线每个交叉点都是一个存储单元,交叉点的数目也就是存储单元数。存储单元存"0"还是存"1"在设计和制造时已确定,不能改变。存入数据后,即使断开电源,所存数据也不会消失,所以,ROM 也称为固定存储器。ROM 的电路结构很简单,集成度可以做得很高,一般都是批量生产,价格比较便宜。

15.1.2 ROM的分类及特点

ROM 从功能上可分为掩模只读存储器,可编程只读存储器和可擦除的可编程只读存储器等。

1. 掩模只读存储器

掩模只读存储器(Mask ROM)是固定结构的 ROM,其中存储的数据是由制作过程中使用的掩模板决定的,这种掩模板是按照用户的要求专门设计的。在产品生产出来之后,它的内部数据不可以改变。如果修改数据,需要根据新的数据重新掩模,生产周期比较长。当然,数据不变的好处是可靠性高,适合大量生产,价格便宜。

2. 可编程只读存储器

可编程只读存储器(Programmable ROM,PROM)的结构同样由存储矩阵、地址译码器和输出电路组成。但出厂时存储矩阵中的所有存储单元的内容全部为 1,用户可根据需要自行确定存储单元的内容。对 PROM 编程需要在编程器上完成。

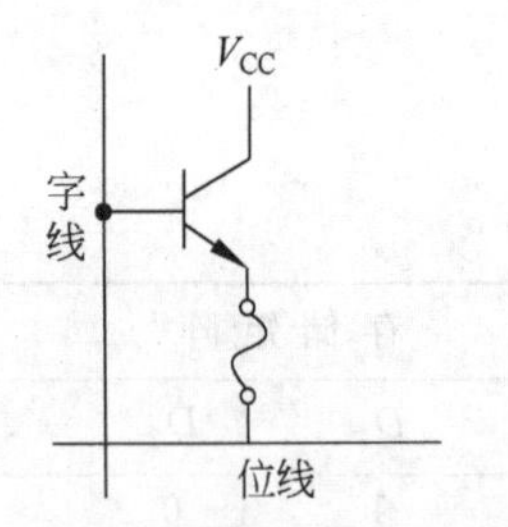

图 15.5 熔丝型 PROM 的存储单元

图 15.5 是熔丝型 PROM 存储单元的结构图,省略了前面的字线来源(址译码部分)及后面的缓冲输出,仅专注于存储单元。最早的 PROM 采用的是熔丝结构。它由一只三极管和串接在发射极的快速熔断丝组成。三极管的发射结相当于接在字线与位线之间的二极管,熔断丝用很细的低熔点合金丝或多晶硅导线制成。出厂时,字线和位线都是相连的,写入数据时,运用三极管电流放大效应,将拟存入"0"的存储单元上的熔断丝进行过电流熔断。

存储器正常工作时,并不需要大电流,但在编程的时候,需要精准地控制每一位需要熔断的三极管处于放大状态,因此在写入的时候,一定要采用编程器。为了配合编程的时候有写入的功能,在最后的输出结构中设置了读写放大器结构。编程时是写入状态,编程结束后正常使用时,是读取状态。熔断丝被烧断后不能恢复。可见,PROM 的内容写入以后,就不可能修改了,只能编程一次,也称为一次编程只读存储器。

3. 可擦除的可编程只读存储器

PROM仍无法满足经常修改存储内容的需要，这就要求生产一种可以擦除重写的ROM。最早研究成功并投入使用的可擦除的可编程ROM是使用紫外线照射进行擦除的(Ultra-Violet Erasable PROM，UVEPROM)。UVEPROM的特点是在使用过程中可反复编程。这类芯片封装的顶部留有石英窗口，以便紫外线可以照射进去进行擦除。UVEPROM使用的时候需要编程器和擦除器。后来出现了用电信号擦除的可编程ROM(Electrically Erasable PROM，E^2PROM)。E^2PROM最主要的特点是写和擦都用电介质，不需要另外换光介质。E^2PROM可以用特定的电压抹除芯片上的信息，以便写入新的数据。后来又出现了新一代的用电信号擦除的可编程ROM——快闪存储器，即“闪存”。“闪存”是一种长寿命、非易失性的存储器，数据删除是以固定的区块为单位进行，区块大小一般为256KB～20MB。闪存是E^2PROM的变种，但E^2PROM只能在字节水平上进行删除和重写，这样闪存的更新速度远高于E^2PROM，所以被称为Flash Erasable E^2PROM，或简称为Flash Memory。由于其断电时仍能保存数据，闪存通常被用来保存设置信息，如在计算机的BIOS(基本输入输出程序)、PDA(个人数字助理)、数码相机中保存资料等。

15.2　随机存取存储器

随机存取存储器也称为随机读/写存储器，可以随时从任何一个指定地址的存储单元读出数据，也可以随时将数据写入指定的存储单元。它的最大优点是读写方便、使用灵活，缺点是一旦停电，所存数据随之丢失，不利于数据的长期保存。

15.2.1　RAM的结构和工作原理

RAM的结构如图15.6所示，包括地址译码器、存储矩阵、读/写($R/\overline{W}$)控制电路、片选控制($\overline{CS}$)电路和输入/输出(I/O)控制电路。RAM的存储矩阵也是由大量存储单元构成的，与ROM不同的是，RAM存储单元中的数据并不是预先固定的，而是取决于外部输入信息，因此，其存储单元具有记忆功能。读/写控制电路可以控制“读”和“写”操作，当$R/\overline{W}=1$时，执行读出操作，RAM将存储矩阵中的内容送到I/O端；当$R/\overline{W}=0$时，执行写入操作，RAM将I/O端的输入数据写入存储矩阵中。片选控制电路控制RAM芯片是否工作，当

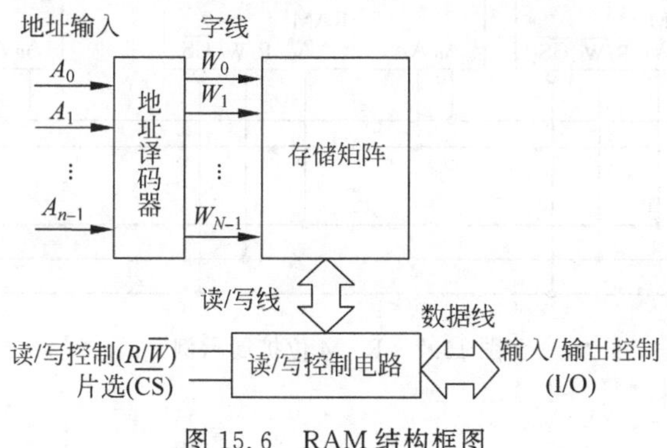

图15.6　RAM结构框图

片选端 $\overline{CS}=0$ 时，该 RAM 芯片被选中工作，I/O 端与外部总线连通，交换数据；当 $\overline{CS}=1$ 时，该片 RAM 不工作，呈高阻状态，不能与外部总线交换数据。

15.2.2 RAM 的分类及特点

根据所采用的存储单元工作原理的不同，随机存取存储器又分为静态存取存储器(Static RAM，SRAM)和动态存取存储器(Dynamic RAM，DRAM)。SRAM 的存储单元是由静态触发器和门控管构成的，靠触发器的自保功能存储数据，只要不断电，数据就能永久保存。DRAM 的存储单元是利用 MOS 管栅极电容可以存储电荷的原理制成的，由于电容电荷会泄漏，故需要定时给栅极电容补充电荷，即“刷新”。与 DRAM 相比，SRAM 的存储单元所用元件数目多、功耗大、集成度低，价格高于 DRAM。但是 SRAM 读取速度更快，常用于高速存取场合。DRAM 由于结构简单，集成度远高于 SRAM，所以同样面积的硅片可以做出更大容量的 DRAM，价格低于 SRAM，但是存取速度不如 SRAM 快。

15.3 存储器的应用

15.3.1 存储器容量扩展

当一片 ROM 或 RAM 元件不能满足存储要求时，就需要将它们组合起来，以构成更大容量的存储器。

1. 位扩展

如果一片 ROM 或 RAM 中的字数够用、位数不够用时，需要进行位扩展。具体方法为：将几片 ROM 或 RAM 的地址线、读/写线和片选线分别并接后，各片位数的和即为扩展后的位数。

【例 15.1】 用 8 片 1024×1 位的 RAM 扩展成一个 1024×8 位的 RAM。

【解】 分别将 8 片 RAM 的地址线 $A_0 \sim A_9$、读写线 $R/\overline{W}$ 和片选线 $\overline{CS}$ 连在一起，实现电路如图 15.7 所示。8 片 RAM 的 I/O 端同时工作，即每次输入/出 8 位数据。

视频 15.1

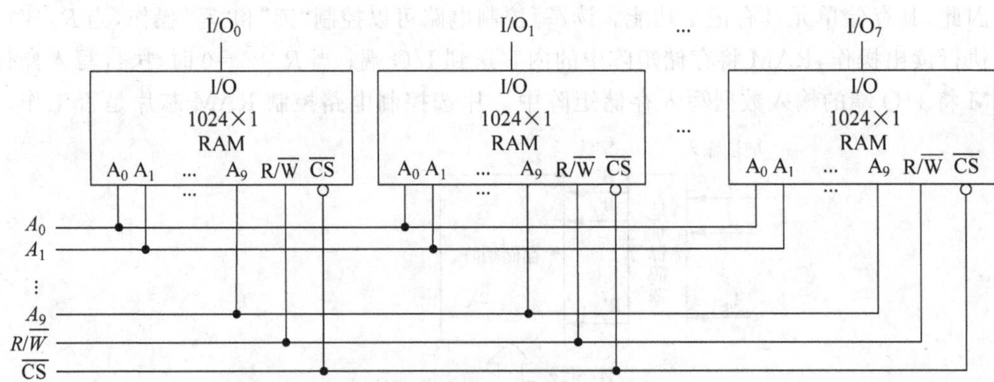

图 15.7 RAM 位扩展示例

2. 字扩展

如果一片 RAM 或 ROM 位数够用、字数不够用时，需要进行字扩展。具体方法为：将几片 ROM 或 RAM 的读/写线分别连到一起，地址线也分别连到一起作为低位地址，高位地址通过译码器等方式控制每片 ROM 或 RAM 的片选信号，以便各片 ROM 或 RAM 分时工作，各片的位线分别连到一起作为输出。

【例 15.2】 用 4 片 256×8 位的 RAM 扩展成 1024×8 位的 RAM。

【解】

视频 15.2

$$芯片数=\frac{1024\times 8}{256\times 8}=4(片)$$

每一片 RAM 提供 256 个字，需要 256 个地址（通过地址线 $A_0\sim A_7$ 控制），将 4 片 RAM 的地址线 $A_0\sim A_7$ 和读/写线 $R/\overline{W}$ 分别连到一起，用两位 A_8 和 A_9 区分 4 片 RAM，即将 A_8 和 A_9 译成 $\overline{Y}_0\sim\overline{Y}_3$，分别接 4 片 RAM 的 $\overline{\text{CS}}$，逻辑状态如表 15.2 所示。

表 15.2 RAM 片选信号状态表

A_9	A_8	$\overline{CS_1}$	$\overline{CS_2}$	$\overline{CS_3}$	$\overline{CS_4}$
0	0	0	1	1	1
0	1	1	0	1	1
1	0	1	1	0	1
1	1	1	1	1	0

扩展后的电路如图 15.8 所示。

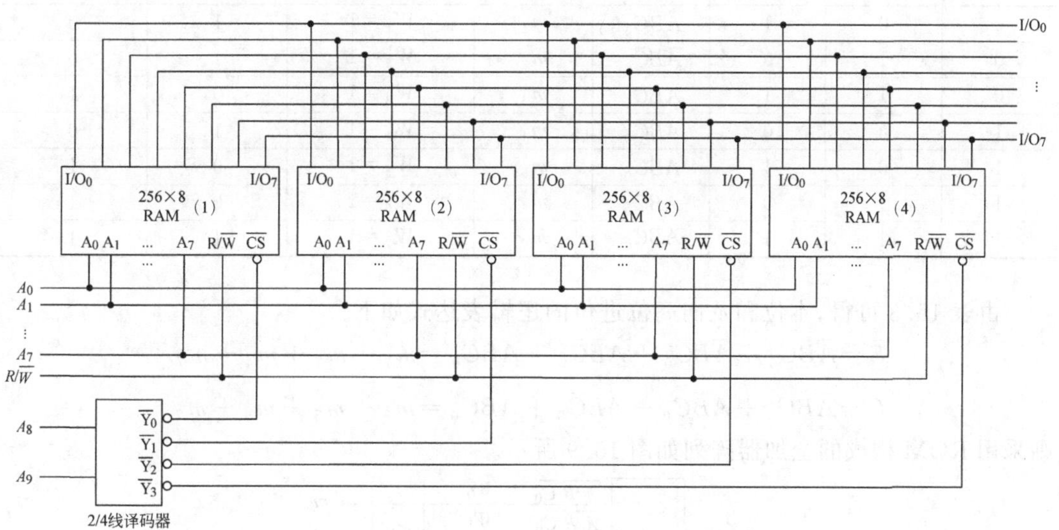

图 15.8 RAM 字扩展示例

3. 字位扩展

当字数和位数都不够用时，需先进行位扩展，后进行字扩展，此处不再赘述。

15.3.2 ROM实现组合逻辑函数

在数字系统中ROM的应用十分广泛，如用于组合逻辑、波形变换、字符产生以及计算机的数据和程序存储等，本节主要介绍使用ROM实现组合逻辑函数。

设计思路：ROM的地址输入端作为逻辑函数的变量输入端，数据端作为逻辑函数的输出端，地址译码器(即与阵)获得最小项，或阵获得最小项之和。

设计步骤：

(1) 根据逻辑函数的输入、输出变量数，确定ROM容量，选择合适的ROM。

(2) 写出逻辑函数的最小项表达式，画出ROM阵列图。

(3) 根据阵列图对ROM进行编程。

1. ROM构成全加器

输入变量：A—加数，B—被加数，C_0—低位进位数。

输出变量：S—本位和数，C—本位向高位进位数。

采用ROM实现全加器的逻辑状态如表15.3所示。

表15.3 ROM构成全加器的逻辑状态

地址译码器					存储矩阵		
输入变量(地址线)			译码输出		被选中的字线	输出变量(位线)	
A	B	C_0	最小项	编号		S	C
0	0	0	$\overline{A}\overline{B}\overline{C}_0$	m_0	$W_0=1$	0	0
0	0	1	$\overline{A}\overline{B}C_0$	m_1	$W_1=1$	1	0
0	1	0	$\overline{A}B\overline{C}_0$	m_2	$W_2=1$	1	0
0	1	1	$\overline{A}BC_0$	m_3	$W_3=1$	0	1
1	0	0	$A\overline{B}\overline{C}_0$	m_4	$W_4=1$	1	0
1	0	1	$A\overline{B}C_0$	m_5	$W_5=1$	0	1
1	1	0	$AB\overline{C}_0$	m_6	$W_6=1$	0	1
1	1	1	ABC_0	m_7	$W_7=1$	1	1

由表15.3可得，本位和及向高位进位的逻辑表达式如下：

$$S=\overline{A}\overline{B}C_0+\overline{A}B\overline{C}_0+A\overline{B}\overline{C}_0+ABC_0=m_1+m_2+m_4+m_7$$

$$C=\overline{A}BC_0+A\overline{B}C_0+AB\overline{C}_0+ABC_0=m_3+m_5+m_6+m_7$$

则采用ROM构成的全加器阵列如图15.9所示。

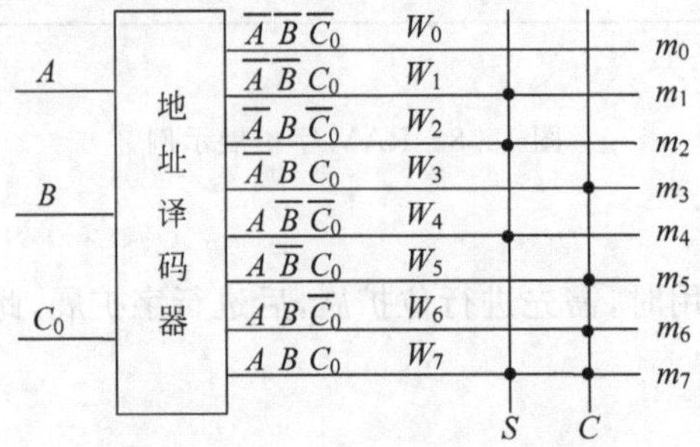

图15.9 ROM构成的全加器阵列

2. ROM 构成序列脉冲发生器

前面利用计数器和数据选择器设计了任意序列脉冲发生器，本节利用计数器和 ROM 来设计实现。如要产生 8 位序列脉冲 11000100，其波形如图 15.10 所示。

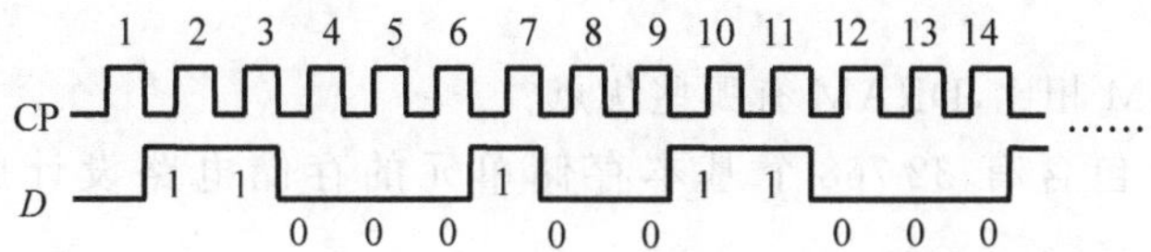

图 15.10 ROM 构成序列脉冲发生器的波形

即 ROM 位线的输出为 11000100 序列。其逻辑状态如表 15.4 所示。

表 15.4 ROM 构成 8 位序列脉冲的逻辑状态

脉 冲	二 进 制 数			最小项	编号	被选中的字线	位线 D
CP	A	B	C_0				
0	0	0	0	$\bar{Q}_2\bar{Q}_1\bar{Q}_0$	m_0	$W_0=1$	0
1	0	0	1	$\bar{Q}_2\bar{Q}_1Q_0$	m_1	$W_1=1$	1
2	0	1	0	$\bar{Q}_2Q_1\bar{Q}_0$	m_2	$W_2=1$	1
3	0	1	1	$\bar{Q}_2Q_1Q_0$	m_3	$W_3=1$	0
4	1	0	0	$Q_2\bar{Q}_1\bar{Q}_0$	m_4	$W_4=1$	0
5	1	0	1	$Q_2\bar{Q}_1Q_0$	m_5	$W_5=1$	0
6	1	1	0	$Q_2Q_1\bar{Q}_0$	m_6	$W_6=1$	1
7	1	1	1	$Q_2Q_1Q_0$	m_7	$W_7=1$	0
8	0	0	0	$\bar{Q}_2\bar{Q}_1\bar{Q}_0$	m_0	$W_0=1$	0
9				…			

在脉冲 CP 的作用下，$W_0 \sim W_7$ 依次被选中，依次输出 01100010。电路如图 15.11 所示。

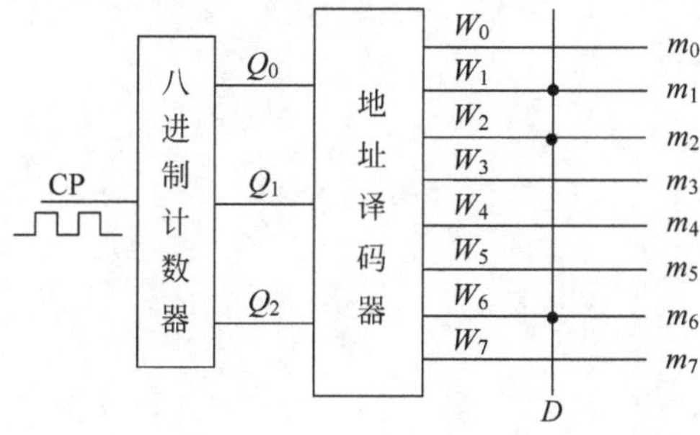

图 15.11 ROM 构成的 8 位序列脉冲发生器电路

习题

15.1 简述 RAM 和 ROM 的异同点。

15.2 若存储器芯片的容量为 128KB×8 位，则：

(1) 访问该芯片需要多少位地址？

(2) 假定该芯片在存储器中的首地址为 A0000H，末地址应为多少？

15.3 某计算机的字长是 32 位，它的存储容量是 64KB，若按字编址，试分析其寻址范围。

15.4 与 SRAM 相比，DRAM 有哪些优点？

15.5 将一个包含有 32 768 个基本存储单元的存储电路设计成 4096 个字节的 RAM，则：

(1) 该 RAM 有几根数据线？

(2) 该 RAM 有几根地址线？

15.6 有一个容量为 256×4b 的 RAM，则：

(1) 该 RAM 有多少个基本存储单元？

(2) 该 RAM 每次访问几个存储单元？

(3) 该 RAM 有多少根地址线？

15.7 某一 SRAM 芯片，其容量为 1024×8b，除电源和接地外，该芯片引脚的最小数目是多少？

15.8 采用 DRAM2164(64KB×1b)芯片设计实现容量为 64KB×8b 的存储器，试画出电路图。

15.9 采用 1KB×4b 的芯片设计实现容量为 2KB×8b 的存储器，试画出电路图。

15.10 使用 6116(2KB×8b)芯片组成一个 64KB 的存储器，试写出产生片选信号的地址线，画出电路图。

第16章 数模转换和模数转换

CHAPTER 16

在现代控制、通信及检测等领域,实际对象往往都是一些模拟量(如温度、压力、位移、图像等),要使计算机或数字仪表能够识别、处理,必须将这些模拟量转换成数字量,经由数字系统(如计算机或数字仪表等)分析、处理,而其输出的数字量往往需要转换为相应的模拟量才能被执行机构所接受,模拟量和数字量互相转换已经成为信息系统中不可缺少的部分。模数(Analog to Digital,A/D)和数模(Digital to Analog,D/A)转换是模拟信号和数字信号之间进行相互转换的方法。将模拟量转换成数字信号的电路,称为模数转换器(Analog to Digital Converter,ADC);将数字信号转换为模拟信号的电路称为数模转换器(Digital to Analog Converter,DAC),也称为转换接口,图16.1是一个包含A/D和D/A转换的控制系统。转换精度与转换速度是衡量D/A转换器和A/D转换器的重要技术指标。D/A转换器和A/D转换器发展了三十多年,从电子管型转换器问世,历经分立半导体、集成电路发展过程,经历了多次的技术革新,开发了种类繁多的A/D转换芯片,从而满足在不同应用场合的使用要求。

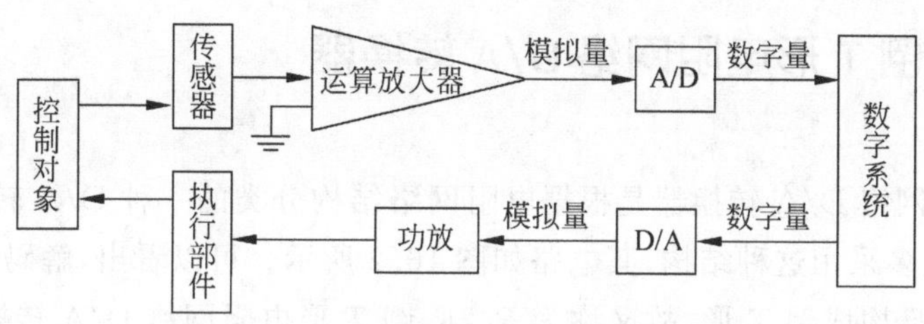

图16.1　包含A/D和D/A转换的控制系统

16.1　D/A 转换

D/A转换器是把数字量转换成模拟量的线性电路元件,是现实世界中数字量到模拟量的桥梁。由于实现转换的工作原理、电路结构以及工艺技术的不同,各D/A转换器可以进行多种分类。

根据数模转换方式分为并行D/A转换器和串行D/A转换器。并行D/A转换器通过一个模拟量参考电压和一个电阻梯形网络产生以参考量为基准的分数值的权电流或权电压,用由数码输入量控制的一组开关决定哪一些电流或电压相加起来形成输出量,工业自动控制系统采用的并行D/A转换器大多是10位、12位,转换精度达0.5%～0.1%。串行D/

A 转换器是将数字量转换成脉冲序列的数目，一个脉冲相当于数字量的一个单位，然后将每个脉冲变为单位模拟量，并将所有的单位模拟量相加，得到与数字量成正比的模拟量输出。

根据输入、输出特征可以分为电压输出型、电流输出型、乘算型 3 类。电压输出型 D/A 转换器虽有直接从电阻阵列输出电压的，但一般采用内置输出放大器以低阻抗输出。直接输出电压的元件仅用于高阻抗负载，由于无输出放大器部分的延迟，故常作为高速 D/A 转换器使用。电流输出型 D/A 转换器直接输出电流，但应用中通常外接电流/电压转换电路得到电压输出。电流/电压可以直接在输出引脚上连接一个负载电阻，实现电流/电压转换。但多采用的是外接运算放大器的形式。另外，对于大部分 CMOS D/A 转换器来说，当输出电压不为零时不能正确动作，所以必须外接运算放大器。由于在 D/A 转换器的电流建立时间上加入了外接运算放入器的延迟，使 D/A 响应速度变慢。D/A 转换器中有使用恒定基准电压的，也有在基准电压输入上加交流信号的，后者由于能得到数字输入和基准电压输入相乘的结果而输出，因而称为乘算型 D/A 转换器。乘算型 D/A 转换器一般不仅可以进行乘法运算，而且可以作为使输入信号数字化地衰减的衰减器及对输入信号进行调制的调制器使用。

根据转换时间的长短，D/A 转换器可分为：低速 D/A 转换器，建立时间≥100μs；中速 D/A 转换器，建立时间为 10～100μs；高速 D/A 转换器，建立时间为 1～10μs；较高速 D/A 转换器，建立时间为 100ns～1μs；超高速 D/A 转换器，建立时间＜100ns。

根据电阻网络的结构可以分为权电阻网络 D/A 转换器、T 形电阻网络 D/A 转换器、倒 T 形电阻网络 D/A 转换器、权电流 D/A 转换器等形式，其中以倒 T 形电阻网络 D/A 转换器较为常用。

16.1.1 倒 T 形电阻网络 D/A 转换器

1. 结构

倒 T 形电阻网络 D/A 转换器是根据电阻网络结构分类的一种 D/A 转换器，目前生产的 D/A 转换器大多采用这种结构，其电路如图 16.2 所示。可以看出，解码网络电阻只有两种：即 R 和 $2R$，且构成倒 T 形，故又称为 R-$2R$ 倒 T 形电阻网络 D/A 转换器。其中 S_0～S_{n-1} 为电子模拟开关，R-$2R$ 电阻解码网络呈倒 T 形，运算放大器 A 组成反向比例运算电路，其输出为模拟电压 U。$D_{n-1},\cdots,D_1,D_0$ 是输入的 n 位二进制数，各位的数码分别控制相应的模拟开关。当二进制数码为 1 时，开关 S_i 接运算放大器的反相输入端（$u_- \approx 0$）；二进制数码为 0 时开关 S_i 将 $2R$ 电阻接“地”。

2. 电流与电压

分析 R-$2R$ 电阻网络可以发现，从 U_R 向左看的二端网络等效电阻均为 R。根据运算放大器线性运用的“虚地”的概念可知，无论模拟开关 S_i 处于何种位置，与 S_i 相连的 $2R$ 电阻均将接“地”（地或虚地）。因此，设基准电压 U_R，由 U_R 端输入的电流为

$$I = \frac{U_R}{R} \tag{16.1}$$

流经 $2R$ 电阻的电流与开关位置无关，为确定值，流入每个 $2R$ 电阻的电流从高位到低

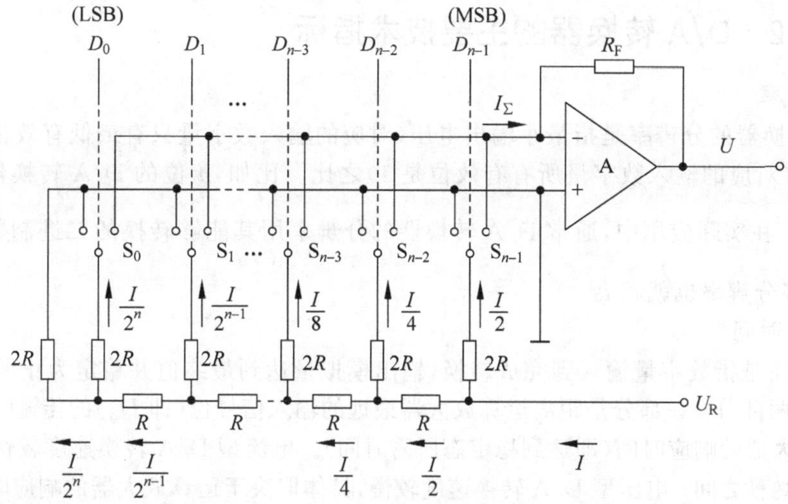

图 16.2 倒 T 形电阻网络 D/A 转换器

位按 2 的整数倍递减，即流过各开关支路(从右到左)的电流分别为$\frac{U_R}{2^1R}=\frac{I}{2}$，$\frac{U_R}{2^2R}=\frac{I}{4}$，$\frac{U_R}{2^3R}=\frac{I}{8}$，…，$\frac{U_R}{2^{n-1}R}=\frac{I}{2^{n-1}}$，$\frac{U_R}{2^nR}=\frac{I}{2^n}$，可见，$U_R$ 端输入的电流 I 向左每经过一个节点，电流就减少为之前的一半。

当输入数字量为 D_{n-1}，…，D_1，D_0 时，则流入运算放大器的电流为

$$\begin{aligned}I_\Sigma &= D_{n-1}\frac{I}{2^1}+D_{n-1}\frac{I}{2^2}+\cdots+D_1\frac{I}{2^{n-1}}+D_0\frac{I}{2^n}\\&=\frac{I}{2^n}(D_{n-1}2^{n-1}+D_{n-1}2^{n-2}+\cdots+D_1 2^1+D_0 2^0)\\&=\frac{I}{2^n}\sum_{i=0}^{n-1}D_i 2^i\end{aligned} \tag{16.2}$$

因此运算放大器输出的模拟电压 U 为

$$U=-I_\Sigma R_F=-\frac{IR_F}{2^n}\sum_{i=0}^{n-1}D_i 2^i \tag{16.3}$$

当 $R_F=R$ 时，将式(16.1)代入式(16.3)，则有

$$U=-\frac{U_R}{2^n}\sum_{i=0}^{n-1}D_i 2^i \tag{16.4}$$

可见，输出模拟电压 U 正比于数字量的输入，变化范围是 $0\sim-\frac{(2^n-1)U_R}{2^n}$。

倒 T 形电阻网络 D/A 转换器电路中电阻种类少，只有 R 和 $2R$ 两种阻值电阻，可以达到较高的精度，而且各支路电流恒定不变，在开关状态变化时，不需要电流建立时间，所以电路转换速度高，使用广泛，如 8 位的 DAC0832，10 位的 CB7520 和 CC7520 等。

16.1.2 D/A 转换器的主要技术指标

1. 分辨率

D/A 转换器的分辨率是指最小输出电压(对应的输入数字量只有最低有效位是 1)与最大输出电压(对应的输入数字量所有有效位是 1)之比。比如,n 位的 D/A 转换器的分辨率是$\frac{1}{(2^n-1)}$。在实际应用中,通常 D/A 转换器的分辨率用其能够转换的二进制数的位数表示,位数越多分辨率也就越高。

2. 转换时间

转换时间是指数字量输入到完成转换,输出模拟量达到最终值并稳定为止所需的时间。该时间包括两部分:一部分是距离运算放大器最远的输入信号位(即 D_0)的传输时间,另一部分是运算放大器的响应时间(即达到稳定态所需时间)。电流型 D/A 转换速度较快,一般在几纳秒到几百纳秒之间;电压型 D/A 转换速度较慢,具体取决于运算放大器的响应时间。

3. 精度

D/A 转换器精度指实际输出电压与理论值之间的误差,与 D/A 转换器的结构和接口电路配置有关,一般采用数字量的最低有效位(Least Significant Bit,LSB)作为衡量单位。

4. 转换误差

当数字量变化时,理想的 D/A 转换器输出特性是线性的,转换误差是实际的 D/A 转换特性与理想转换特性之间的最大偏差。

转换误差表示形式有两种:一种是模拟输出电压满量程的百分数,如 0.1%FSR(Full Scale Range);一种定义为最低有效位 LSB 位数。在电路设计中,一般要求转换误差不大于$\pm\frac{1}{2}$LSB。

转换误差可以分为静态误差和动态误差。产生静态误差的主要原因有:基准电压 U_R 的波动、运算放大器的零点漂移、模拟开关导通时的内阻和压降及电阻网络中电阻阻值的偏差等原因。动态误差是在转换的动态过程中产生的附加误差。

5. 温度系数和增益系数

温度系数和增益系数体现了工作温度的影响程度。温度系数是指在输入不变的情况下,输出模拟电压随温度变化产生的变化量,通常用在满刻度输出条件下温度每升高 1℃的输出电压变化百分数表示。增益系数是指在输入不变的情况下,输入与输出传递特性曲线的斜率随温度变化产生的变化量,通常用在满刻度输出条件下温度每升高 1℃的斜率变化百分数表示。

此外,还有线性度、低逻辑电平的数值、功率损耗等。

16.1.3 AD7520 转换器

AD7520(包括 CB7520 和 CC7520)是没有数据锁存器的 10 位 CMOS 数模转换器,采用倒 T 形电阻网络,其电路原理图如图 16.3 所示,$R=10\text{k}\Omega$,$2R=20\text{k}\Omega$,集成在芯片上的 CMOS 型模拟开关,外接运算放大器。AD7520 的外引线排列及连接电路如图 16.4 所示,可以采用同相和反相两种电压输出方式,反相时,$U=-\frac{R+R_{w1}}{R}\frac{U_R}{2^{10}}D_{10}$;同相时,$U=\left(1+\frac{R_{w1}}{R_1}\right)\frac{U_R}{2^{10}}D_{10}$。

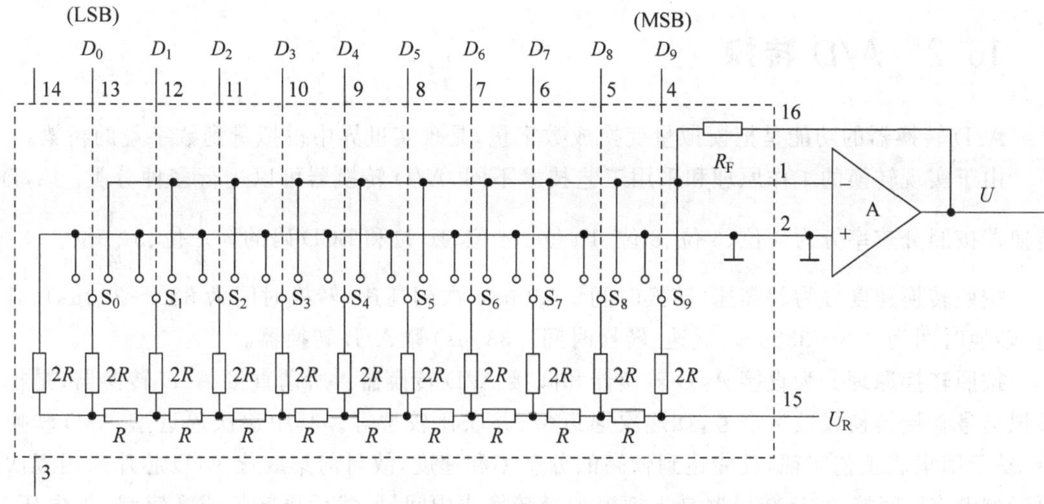

图 16.3　AD7520 电路原理图

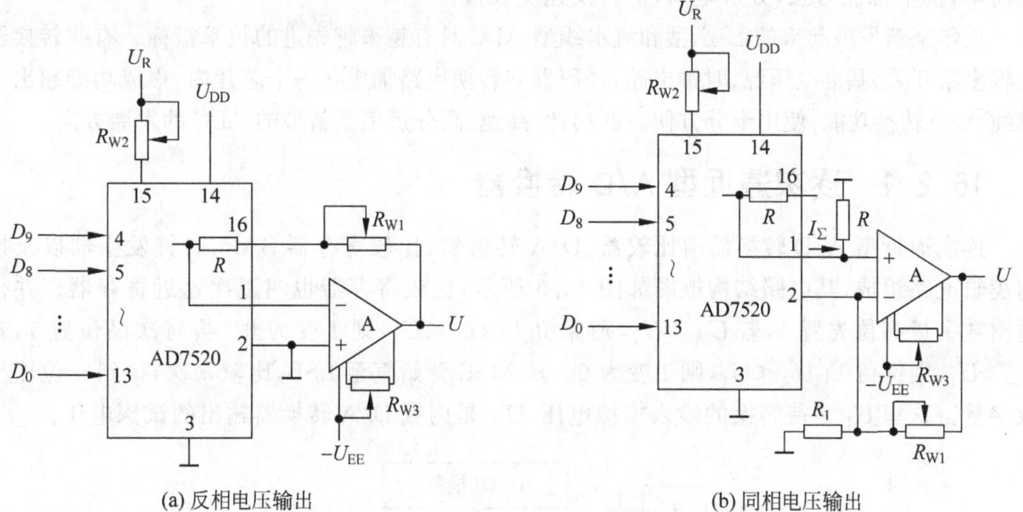

(a) 反相电压输出　　　(b) 同相电压输出

图 16.4　AD7520 的外引线排列及连接电路

AD7520 共有 16 个引脚，各引脚的功能如下。

(1) 引脚 1 为模拟电流 I_{O1} 输出端，接到运算放大器的反相输入端。

(2) 引脚 2 为模拟电流 I_{O2} 输出端，一般接"地"。

(3) 引脚 3 为接"地"端。

(4) 引脚 13 为 10 位数字量的输入端。

(5) 引脚 14 为 CMOS 模拟开关的 $+U_{DD}$ 电源接线端。

(6) 引脚 15 为参考电压电源接线端，U_R 可为正值或负值。

(7) 引脚 16 为芯片内部一个电阻 R 的引出端，该电阻作为运算放大器的反馈电阻，它的另一端在芯片内部接 I_{O1} 端。

16.2 A/D 转换

A/D 转换器的功能是把模拟量变换成数字量，是现实世界中模拟量到数字量的桥梁。

由于实现转换的工作原理和采用工艺技术不同，A/D 转换器可以进行多种分类。A/D 转换器按照分辨率分为 4 位、6 位、8 位、10 位、14 位、16 位和 BCD 码的 $3\frac{1}{2}$位、$5\frac{1}{2}$位。

按照转换速度分为超高速(转换时间≤330ns)、次超高速(转换时间为 330～3.3μs)、高速(转换时间为 3.3～333μs)、低速(转换时间>330μs)等 A/D 转换器。

按照转换原理分为直接 A/D 转换器和间接 A/D 转换器。所谓直接 A/D 转换器，是把模拟信号直接转换成数字信号，如逐次逼近型、并联比较型等。其中逐次逼近型 A/D 转换器，易于用集成工艺实现，且能达到较高的分辨率和速度，故目前集成化 A/D 芯片采用逐次逼近型者多；间接 A/D 转换器是先把模拟量转换成中间量，然后再转换成数字量，如电压/时间转换型(积分型)、电压/频率转换型、电压/脉宽转换型等。其中积分型 A/D 转换器电路简单，抗干扰能力强，分辨率高，但转换速度较慢。

近年来新发展起来的Σ-△型和流水线型 ADC 具有越来越先进的技术指标。有些转换器还将多路开关、基准电压源、时钟电路、译码器和转换电路集成在一个芯片内，集成功能超出了单纯 A/D 转换功能，使用十分方便。低功耗、高速、高分辨率是新型的 ADC 的发展方向。

16.2.1 逐次逼近型 A/D 转换器

逐次逼近型 A/D 转换器由比较器、D/A 转换器、比较寄存器 SAR、时钟发生器以及控制逻辑电路组成，其电路结构框图如图 16.5 所示，比较寄存器也叫逐次逼近寄存器。并行输出数字量高位先置 1，若 $U_A > U_I$，则保留 1；$U_A < U_I$，则 1 变为 0。再将次高位置 1，若 $U_A > U_I$，则保留 1；$U_A < U_I$，则 1 变为 0。从 MSB 开始直至 LSB，比较 n 次，得到 n 位输出数字量。这里 U_I 是待转换的输入模拟电压，U_A 是内置 D/A 转换器输出的试探电压。

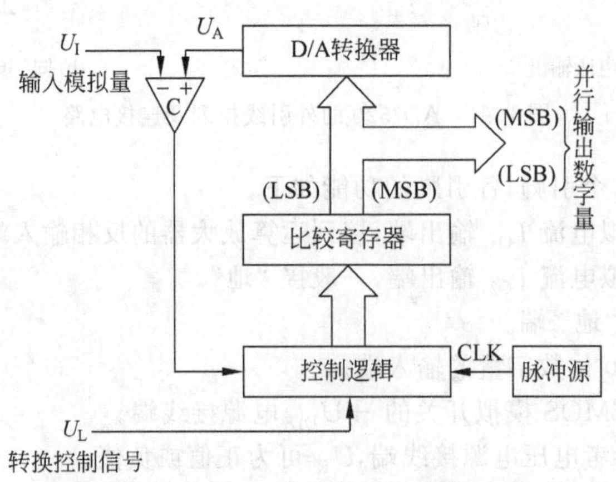

图 16.5 逐次逼近型 A/D 转换器电路结构框图

图 16.6 是某 3 位逐次渐进型 A/D 转换器具体电路。移位寄存器初始状态 $Q_1Q_2Q_3Q_4Q_5$=10000，当 $U_A > U_I$ 时，$U_B=1$，CP_1(即第一个时钟脉冲，ClockPulse)后，移位寄存器

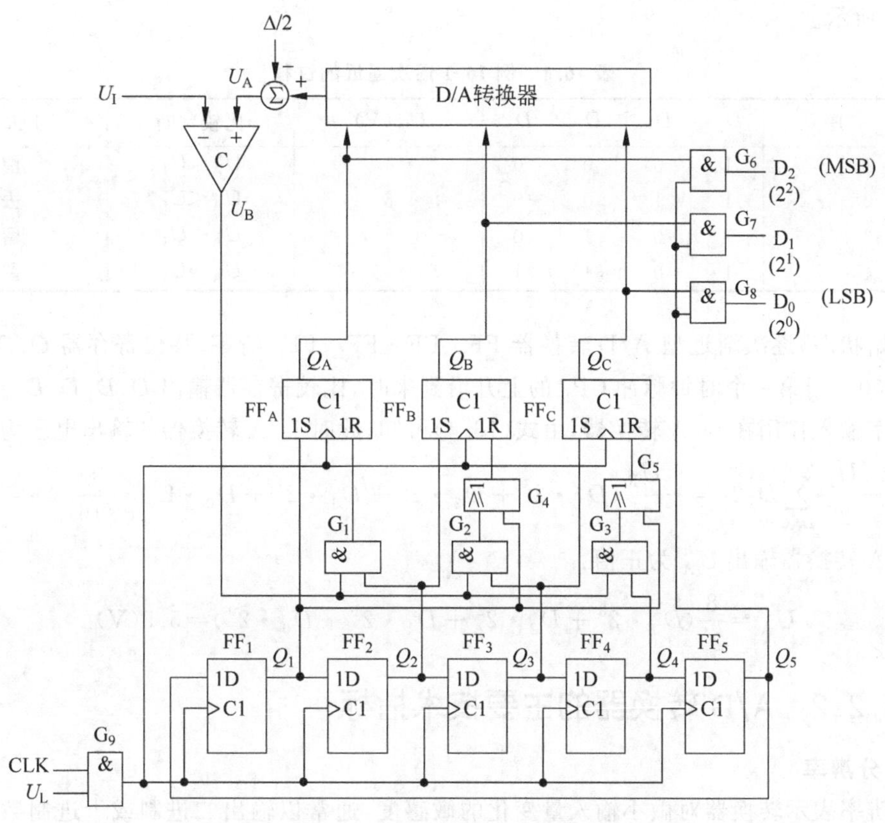

图 16.6 某 3 位逐次渐进型 A/D 转换器具体电路

为 01000，$Q_AQ_BQ_C=100$；CP_2 后，移位寄存器为 00100，$Q_AQ_BQ_C=D_2 10$，D_2 值确定。CP_3 后，移位寄存器为 00010，$Q_AQ_BQ_C=D_2D_1 1$，D_1 值确定。CP_4 后，移位寄存器为 00001，$Q_AQ_BQ_C=D_2D_1D_0$，D_0 值确定，同时输出 $D_2D_1D_0$。CP_5 后，移位寄存器为 10000，$Q_AQ_BQ_C=D_2D_1D_0$，但对下一步没有影响。移位寄存器状态变化如图 16.7 所示。这里把输出数字量为 1 时对应的输入模拟电压称为量化单元，记作 Δ。可见，该 3 位逐次渐进型 A/D 转换器完成一次转换所需要的时间是(3+2)个 CP 时间。

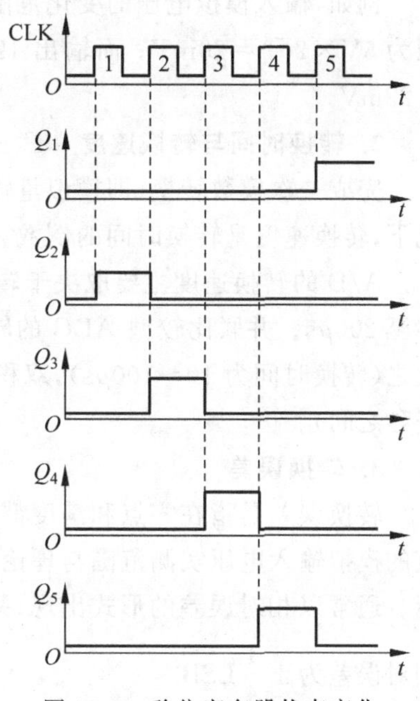

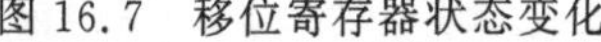
图 16.7 移位寄存器状态变化

视频 16.1

通常 n 位逐次渐进型 A/D 转换器完成一次转换所需要的时间是($n+2$)个时钟信号周期。因此，逐次渐进型 A/D 转换器速度较快。

【例 16.1】 4 位逐次渐近型 A/D 转换器，输入的模拟电压 $U_I=5.52V$，D/A 转换器的基准电压 U_R 为 8V，请说明逐次逼近的过程和转换结果。

【解】 $U_R=8V$，$U_I=5.52V$，逐次逼近的过程如

表 16.1 所示。

表 16.1 例 16.1 逐次逼近的过程

顺序	D_3	D_2	D_1	D_0	U_A(V)	比较判断	1 去留
1	1	0	0	0	4	$U_A<U_I$	留
2	1	1	0	0	6	$U_A<U_I$	去
3	1	0	1	0	5	$U_A<U_I$	留
4	1	0	1	1	5.5	$U_A\approx U_I$	留

初始状态，逐次渐近型 A/D 转换器 FF_0、FF_1、FF_2、FF_3 清零，移位寄存器 $Q_1Q_2Q_3Q_4Q_5=10000$，当第一个时钟脉冲 CP_1 的上升沿到来时，比较寄存器输出 $D_3D_2D_1D_0=1000$，作为数字输入作用在 D/A 转换器，由式(16.4)可知，此时 D/A 转换器的输出电压为

$$U_A=-\frac{U_R}{2^n}\sum_{i=0}^{n-1}D_i2^i=-\frac{U_R}{2^4}(D_3\cdot 2^3+D_2\cdot 2^2+D_1\cdot 2^1+D_0\cdot 2^0)=\frac{8}{16}\times 8=4(\text{V})$$

D/A 转换器输出 U_A 为正值：

$$U_A=\frac{8}{2^4}(D_3\cdot 2^3+D_2\cdot 2^2+D_1\cdot 2^1+D_0\cdot 2^0)=5.5(\text{V})$$

16.2.2 A/D 转换器的主要技术指标

1. 分辨率

分辨率表示转换器对微小输入量变化的敏感度，通常以输出二进制或十进制数字的位数表示分辨率的高低，因为位数越多，量化单位越小，对输入信号的分辨能力就越高。

例如，输入模拟电压的变化范围为 0～5V，输出 8 位二进制数可以分辨的最小模拟电压为 $5\text{V}\times 2^{-8}=20\text{mV}$；而输出 12 位二进制数可以分辨的最小模拟电压为 $5\text{V}\times 2^{-12}\approx 1.22\text{mV}$。

2. 转换时间与转换速度

完成一次模数转换(即模拟量输入到完成转换)所需要的时间称为转换时间，大多数情况下，转换速度是转换时间的倒数。

A/D 的转换速度主要取决于转换电路的类型，常用 A/D 转换器的转换时间约为几微秒至 200μs。并联比较型 ADC 的转换速度最高(转换时间可小于 50ns)，逐次逼近型 ADC 次之(转换时间为 10～100μs)，双积分型 ADC 转换速度较低(转换时间在几十毫秒至数百毫秒之间)。

3. 转换误差

转换误差是指在零点和满度都校准以后，在整个转换范围内，分别测量各个数字量所对应的模拟输入电压实测范围与理论范围之间的偏差，取其中的最大偏差作为转换误差的指标。通常以相对误差的形式出现，并以最大量化误差 LSB 为单位表示。例如，ADC0801 的相对误差为 $\pm\frac{1}{4}$LSB。

4. 电源抑制

反映 A/D 转换器对供电电源电压变化的抑制能力，通常采用改变供电电源电压使数据

发生 1LSB 变化时所对应的电源电压变化范围来表示。

5. 温度系数和增益系数

温度系数和增益系数体现了工作温度对 A/D 转换器的影响程度。温度系数是指与数字输出量对应的模拟输入量随温度变化产生的变化量，增益系数是输入与输出传递特性曲线的斜率随温度变化产生的变化量。通常用温度每升高 1℃的所产生的相对误差表示。

16.2.3　ADC0809 转换器

ADC0809 是内部有三态输出门的 CMOS 8 位逐次逼近型 A/D 转换器，可以根据地址锁存器进行通道译码，从而选通 8 路模拟输入信号中的一个进行 A/D 转换。它的功能结构图如图 16.8 所示，由 8 路模拟开关、地址锁存译码器、比较器、8 位开关树形 D/A 转换器、定时和控制、逐次逼近寄存器、三态门组成。

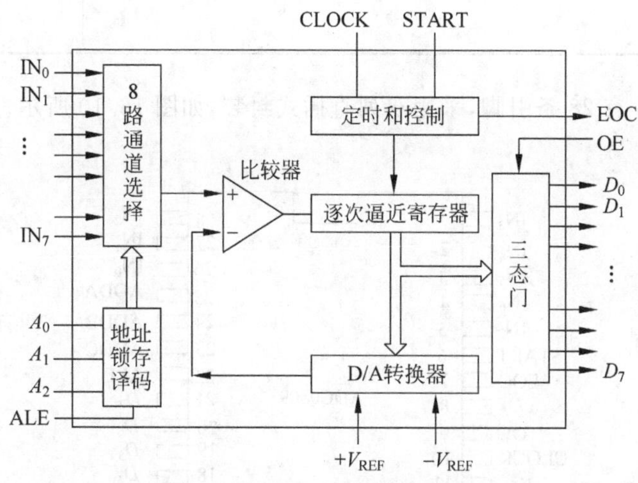

图 16.8　ADC0809 功能结构图

ADC0809 的主要控制信号与工作时序如图 16.9 所示，ALE 是 3 位通道选通地址(ADDC、ADDB、ADDA)信号的锁存信号。当模拟量送至某一输入端(IN_i)，由 3 位地址信号确定 i 的值，即模拟信号的地址，而地址信号由 ALE 上升沿锁存。START 是转换启动信号，下降沿处启动有效。EOC 是表明 ADC0809 转换情况的信号，当启动转换后，EOC 为

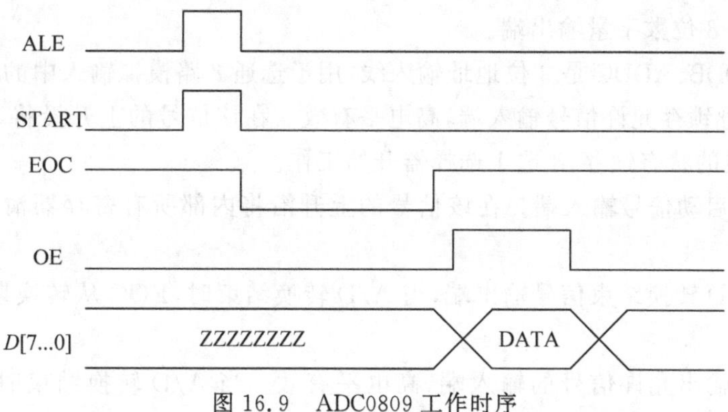

图 16.9　ADC0809 工作时序

低电平，约 100μs 后，转换结束，EOC 回到高电平。在 EOC 上升沿后，若输出使能信号 OE 为高电平，则控制打开三态缓冲器，把 ADC0809 转换完成的 8 位数据传至数据总线。至此，ADC0809 完成一次转换。表 16.2 是通道选择表。

表 16.2　通道选择表

C	B	A	被选择通道
0	0	0	IN_0
0	0	1	IN_1
0	1	0	IN_2
0	1	1	IN_3
1	0	0	IN_4
1	0	1	IN_5
1	1	0	IN_6
1	1	1	IN_7

ADC0809 芯片有 28 条引脚，采用双列直插式封装，如图 16.10 所示。下面说明各引脚的功能。

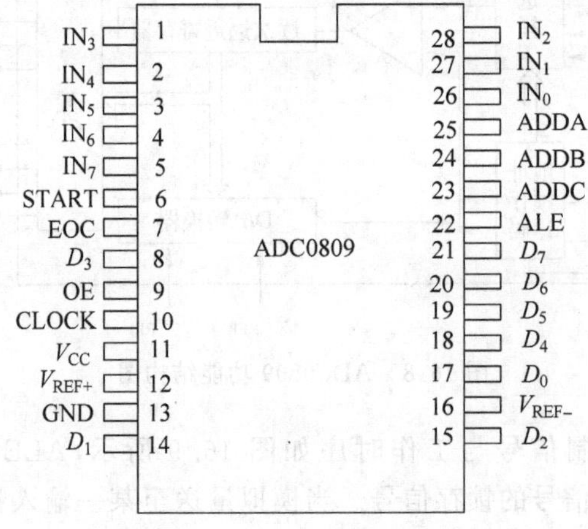

图 16.10　ADC0809 引脚图

$IN_0 \sim IN_7$ 是 8 路模拟量输入端。

$D_0 \sim D_7$ 是 8 位数字量输出端。

ADDA、ADDB、ADDC 是 3 位地址输入线，用于选通 8 路模拟输入中的一路。

ALE 是地址锁存允许信号输入端，高电平有效。在该信号的上升沿将 ADDA、ADDB、ADDC 三选择线的状态锁存，8 选 1 选择器开始工作。

START 是启动信号输入端。在该信号的上升沿将内部所有寄存器清零，在下降沿起动 A/D 转换。

EOC 是 A/D 转换结束信号输出端，当 A/D 转换结束时，EOC 从转换期间的低电平变为高电平。

OE 是数据输出允许信号的输入端，高电平有效。当 A/D 转换结束时，OE 输入高电平，才能打开输出三态门，输出数字量。

CLK 是时钟脉冲输入端。要求时钟频率不高于 640kHz。

VREF(+)、VREF(−)为正负基准电压的输入端。该电压确定输入模拟量的电压范围。一般 VREF(+)接 VCC 端,VREF(−)接 GND 端。当电源电压 VCC 为+5V 时,模拟量的电压范围为 0~(+5)V。

VCC 为电源端,电压为+5V。

GND 为接地端。

8 位逐次逼近型 A/D 转换器——ADC0809,具有转换起停控制端,A/D 转换时间为 100μs,模拟输入电压不需要零点和满刻度校准,工作温度范围为−40℃~85℃,仅为约 15mW 的低功耗特性。

16.3 转换器的选择及工程应用实例

16.3.1 转换器的选择

不论是传统型 ADC 还是新发展起来的 ADC 都有各自的优缺点和适应场合。在选用 ADC 时,从完成的功能出发,不仅要考虑应用的精度、速度等主要技术指标,还要考虑其他因素。针对实际应用的具体要求尽量做到选型合理,简化设计、降低成本、提高性价比。

1. 专用功能转换器

专用功能转换器作为首选,这样可以大大减轻设计负担、降低成本、提供高的有效性和可靠性。例如,对音频信号进行采集、存储、处理,可以选用音频转换器 AD1974,设计误差小于 2℃的温度测量仪时,可以旋转温度转换器 AD7814,其温度测量范围为−55℃~125℃。

2. 输入信号的特征

尽量使用转换器的输入信号特征与要转换的信号特征匹配,从而使转换器的分辨率得到有效使用。输入信号的特征主要包括输入信号的形式(单端或差动输入)、输入信号范围、输入通道类型和数量。

3. 工作电源和功耗

要根据应用环境确定工作电源形式,考虑内部基准、激励源等多种具体功能上的差异,在满足转换性能的要求下,应该尽量采用低功耗、低电压供电的转换器。

16.3.2 应用实例

温湿度通常是许多系统和网络需要监测的重要参数,随着电子技术的发展,近代测量技术也有了飞速的发展。目前湿度测量从原理上可以划分为二三十种之多。但湿度测量始终是世界计量领域中最著名的难题之一。湿度是温度的函数,温度的变化决定性地影响着湿度的测量结果。无论使用哪种方法,精确地测量和控制温度是第一位的。比如即使是一个隔热良好的恒温恒湿箱,其工作室内的温度也存在一定的梯度。所以此空间内的湿度也难以完全均匀一致。其次,由于原理和方法差异较大,各种测量方法之间难以直接校准和认定,大多只能用间接办法比对。所以在两种测量湿度方法之间相互校对全湿程(相对湿度为 0~100%)的测量结果,或者要在所有温度范围内校准各点的测量结果,是十分困难的事。例如,通风干湿球湿度计要求有规定风速的流动空气,而饱和盐法则要求严格密封,两者无法比对。数字温湿度传感器很好地解决了这些难题,其中典型代表 DHT11 数字温湿度传感器由于其超快响应、抗干扰能力强、性价比极高、极高的可靠性和长期稳定性等优点，广泛应用在暖通空调、除湿器、温室、冷链仓储、测试及检测设备、汽车、医疗卫生等多个方面。例如，随着科技的逐渐发展，家庭智能化在世界范围内的日渐普及，将家庭生活智能化，智能温湿度控制（空调、热水器、加湿器等）成为了智能家居必不可少的一部分，DHT11 数字温湿度传感器信号传输距离可达 20 米以上，同时体积小、功耗低，很好地满足了智能家居远程、智能的需求。

DHT11 数字温湿度传感器是一款含有已校准数字信号输出的温湿度复合传感器，它综合应用了数据采集技术和温湿度传感技术，传感器内置模数转换器，直接将温度和湿度模拟量在内部转换成数字量，并且串行输出 40bit 数据，依次是 8bit（湿度整数部分）＋8bit（湿度小数部分）＋8bit（温度整数部分）＋8bit（温度小数部分）＋8bit（校验和）。

DHT11 的工作时序如图 16.11 所示，DHT11 控制器在工作之初，首先至少将电平拉低 18ms，然后拉高 20～40μs 后等待 DHT11 的应答；当 DHT11 检测到信号后，首先将总线拉低约 80μs，然后再拉高 80μs 作为应答信号，工作时序如图 16.11(a)所示。传输数字 0 时，DHT11 拉低总线 50μs，然后再拉高 26～28μs，时序如图 16.11(b) 所示。传输数字 1 时，DHT11 拉低总线 50μs，然后再拉高 70μs，时序如图 16.11(c)所示。

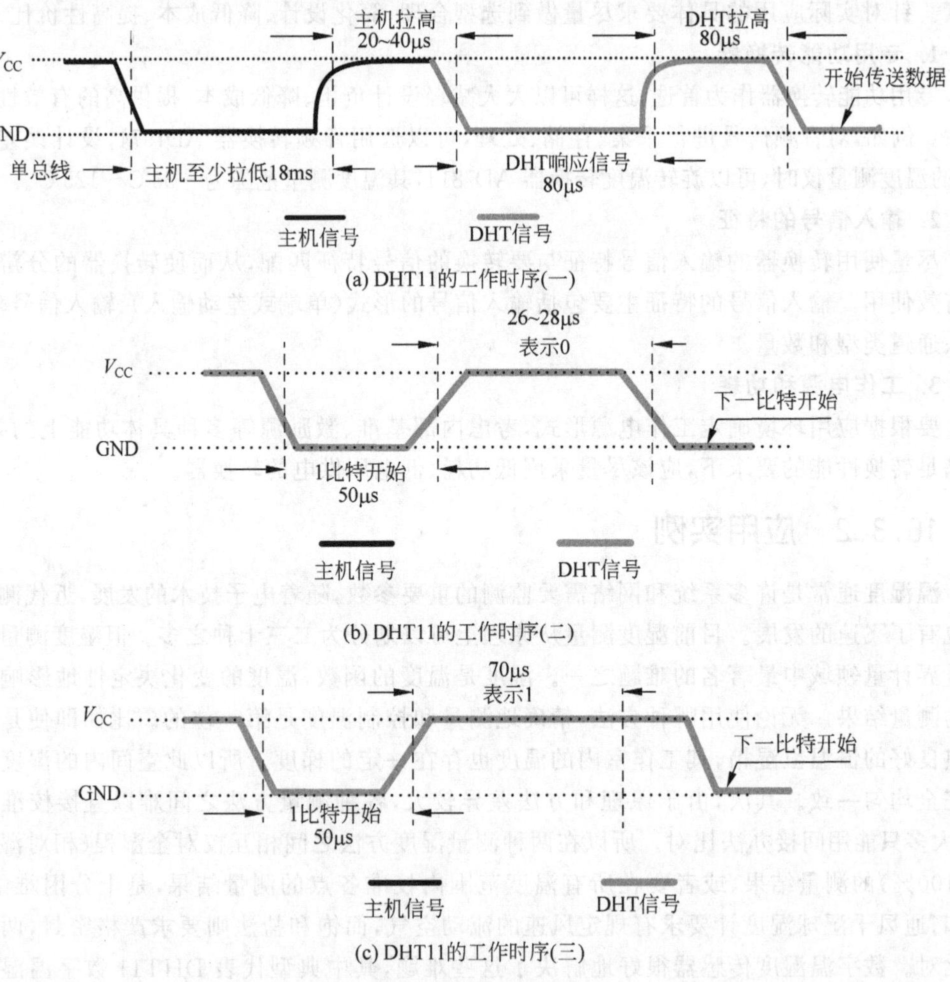

图 16.11　DHT11 的工作时序

习题

16.1　在图16.1中，当 $n=4$，$D_3D_2D_1D_0=1101$ 时，$U_R=10V$，$R_F=R=10k\Omega$，计算此时输出电压 U、I、I_Σ。

16.2　在图16.1中，当 $n=8$，输入数字量为00000001时，$U=-0.04V$，计算输入数字量为11011000和01101000时的输出电压 U。

16.3　一个8位D/A转换器的最小输出电压增量为0.04V，若输入数字为11001001，输出电压是多少？

16.4　某10位倒T形电阻网络型D/A转换器，当 $U_R=10V$，$R=10k\Omega$，$R_F=10k\Omega$，试求当输入数字量为0FDH时 U 的值。

16.5　某D/A转换器的最小输出电压为0.04V，最大输出电压为10.2V，试求该转换器的分辨率和位数。

16.6　在10位倒T形电阻网络DAC中，$U_R=-10V$，为保证 U_R 偏离标准值所引起的误差小于 $\frac{1}{2}$LSB，求 U_R 变化量 ΔU_R 与 U_R 的比值范围。

视频16.2

16.7　某测量设备中有一个D/A转换器，如果要求该D/A转换器的精度小于0.05%，应该选择多少位的D/A转换器？

16.8　4位逐次渐近型A/D转换器，输入的模拟电压 $U_I=8.2V$，D/A转换器的基准电压 U_R 为$-10V$，请说明逐次逼近的过程和转换结果。

16.9　逐次渐近型A/D转换器，如果8位的D/A转换器的最大输出电压 U_O 为9.965V，当输入的模拟电压 $U_I=6.525V$ 时，该A/D转换器输出的数字量是多少？

16.10　3位逐次渐近型A/D转换器，输入的模拟电压 $U_I=5.8V$，若时钟脉冲CP的频率为1kHz，试问转换一次所需时间是多少？

16.11　逐次比较型A/D转换器，要求输出4位二进制数字，转换时间为 $10\mu s$，求该时钟信号的周期。

视频16.3

参考文献

[1] 秦曾煌,姜三勇.电工学[M].7版.北京:高等教育出版社,2009.
[2] 孙立山,陈希有.电路理论基础[M].4版.北京:高等教育出版社,2013.
[3] 顾伟驷,贾爱民,龙胜春,等.现代电工学[M].2版.北京:科学出版社,2009.
[4] 孙骆生.电工学基本教程[M].4版.北京:高等教育出版社,2008.
[5] 吴延荣,王克河,曲怀敬,等.电工学[M].北京:中国电力出版社,2012.
[6] 孙陆梅,于军,杨潇.电工学[M].北京:中国电力出版社,2007.
[7] 王其红.电工学基础教程[M].北京:电子工业出版社,2007.
[8] 朱承高,贾学堂,郑益慧,等.电工学概论[M].2版.北京:高等教育出版社,2008.
[9] Umans S D.电机学[M].刘新正,苏少平,高琳,译,7版.北京:电子工业出版社,2014.
[10] Hambley A R.电工学原理及应用[M].熊兰,等译.4版.北京:机械工业出版社,2010.
[11] Wildi T,Buchla D M.电机、拖动及电力系统[M].潘再平,等译.6版.北京:机械工业出版社,2015.
[12] Floyd T L.交直流电路基础系统方法[M].殷瑞祥,等译.北京:机械工业出版社,2014.
[13] 唐介.电工与电子技术概论[M].大连:大连理工大学出版社,2008.
[14] Malvino A,Bates D.电子电路原理[M].李冬梅,等译.北京:机械工业出版社,2014.
[15] Tse D,Viswanath P.无线通信基础[M].李锵,等译.北京:人民邮电出版社,2007.
[16] 门宏.识读无线电电路图[M].北京:人民邮电出版社,2004.
[17] Walter Banzhaf.从零起步学电子[M].王龙,译.2版.北京:人民邮电出版社,2012.
[18] 康华光,陈大钦,张林.电子技术基础——模拟部分[M].5版.北京:高等教育出版社,2006.
[19] 童诗白,华成英.模拟电子技术基础[M].5版.北京:高等教育出版社,2015.
[20] 阎石.数字电子技术基础[M].6版.北京:高等教育出版社,2016.
[21] Floyd T L.数字电子技术基础[M].余璆,等译.9版.北京:电子工业出版社,2008.
[22] 张瑾,李泽光,韩睿.EDA技术及应用[M].北京:清华大学出版社,2018.
[23] 张弢,徐国龙.继电接触器控制系统[J].工程建设与设计,2011(8):90-94.
[24] 刘宝华,孔令丰,郭兴明.国内外现行电磁辐射防护标准介绍与比较[J].辐射防护,2008,1(28):51-56.
[25] 李妮,邬雄,裴春明.工频电磁场长期曝露健康风险的预防性政策分析[J].高电压技术,2011,12(37):2930-2936.
[26] 李妮,邬雄,刘兴发,等.国际标准工频电磁场公众曝露限值比较及启示[J].现代电力,2013,3(30),54-58.
[27] 邬雄,龚宇清,李妮.确定工频磁场公众曝露限值的分析[J].高电压技术,2009,9(35):2091- 2095.
[28] 李宏,巢哲雄,吕浩,等.我国居民区工频电场限值的合理性分析[J].核安全,2015,3(14):24-29.
[29] 李玉文,齐宇勃.电磁辐射污染与防护[J].环境科学与管理,2006,4(31):65-67.
[30] 程小兰.电磁辐射的污染与防护[J].放射学实践,2014,6(29):711-714.
[31] 张淑琴,张彭.电磁辐射的危害与防护[J].工业安全与环保,2008,3(34):30-34
[32] 罗穆夏,张普选,马晓.电磁辐射与电磁防护[J].防护装备技术研究,2009,5:26-30.
[33] 薛加民.发光二极管——光二极管也能自制[J].无线电,2014(1):72-75.
[34] 薛加民.为什么是蓝光LED——2014年诺贝尔物理奖原理简析[J].无线电,2014(12):70-72.
[35] 杨超.电视机视频输出电路[P].中国专利:CNIO2045516.2011,05.
[36] 王琦.集成运放的非线性失真分析及电路应用[J].中国新通信,2016,18(17):119-120.

图书资源支持

感谢您一直以来对清华大学出版社图书的支持和爱护。为了配合本书的使用，本书提供配套的资源，有需求的读者请扫描下方的“书圈”微信公众号二维码，在图书专区下载，也可以拨打电话或发送电子邮件咨询。

如果您在使用本书的过程中遇到了什么问题，或者有相关图书出版计划，也请您发邮件告诉我们，以便我们更好地为您服务。

我们的联系方式：

地　　址：北京市海淀区双清路学研大厦 A 座 714

邮　　编：100084

电　　话：010-83470236　010-83470237

资源下载：http://www.tup.com.cn

客服邮箱：tupjsj@vip.163.com

QQ：2301891038（请写明您的单位和姓名）

教学资源・教学样书・新书信息

人工智能科学与技术
人工智能|电子通信|自动控制

资料下载・样书申请

书圈

用微信扫一扫右边的二维码，即可关注清华大学出版社公众号。